经济数学基础

微积分 （第4版）

韩玉良 于永胜 郭 林 编著

清华大学出版社
北 京

内 容 简 介

本书根据教育部高等学校财经类专业微积分教学大纲的要求编写而成.全书分为 11 章,内容包括:准备知识、极限与连续、导数与微分、中值定理与导数的应用、不定积分、定积分、定积分的应用、微分方程初步、级数、多元函数的微分学、重积分.

本书可作为高等学校经济、管理类各专业的教材.

图书在版编目(CIP)数据

微积分/韩玉良,于永胜,郭林编著. —4 版. —北京:清华大学出版社,2015(2023.8重印)
(经济数学基础)
ISBN 978-7-302-38595-0

Ⅰ. ①微… Ⅱ. ①韩… ②于… ③郭… Ⅲ. ①微积分—高等学校—教材 Ⅳ. ①O172

中国版本图书馆 CIP 数据核字(2014)第 311529 号

责任编辑:刘　颖
封面设计:常雪影
责任校对:刘玉霞
责任印制:杨　艳

出版发行:清华大学出版社
　　网　　　址:http://www.tup.com.cn,http://www.wqbook.com
　　地　　　址:北京清华大学学研大厦 A 座　　　　邮　　编:100084
　　社　总　机:010-83470000　　　　　　　　　　邮　　购:010-62786544
　　投稿与读者服务:010-62776969,c-service@tup.tsinghua.edu.cn
　　质量反馈:010-62772015,zhiliang@tup.tsinghua.edu.cn
印　装　者:三河市人民印务有限公司
经　　　销:全国新华书店
开　　　本:185mm×230mm　　印　　张:22.25　　　　字　　数:456 千字
版　　　次:2000 年 6 月第 1 版　　2015 年 1 月第 4 版　　印　　次:2023 年 8 月第 11 次印刷
定　　　价:63.00 元

产品编号:058630-05

经济数学基础

序

　　"经济数学基础"是高等学校经济类和管理类专业的核心课程之一. 该课程不仅为后继课程提供必备的数学工具,而且是培养经济管理类大学生数学素养和理性思维能力的最重要途径. 作为山东省高等学校面向 21 世纪教学内容和课程体系改革计划的项目,中国煤炭经济学院和烟台大学的部分老师组成课题组,详细研究了国内外一些有关的资料,根据经济管理专业的特点和教学大纲的要求,并结合自己的教学经验,编写了这套"经济数学基础"教材,包括《微积分》、《线性代数》、《概率统计》和《数学实验》. 经过了一年多的试用,在充分听取校内外专家意见的基础上,课题组对教材进行了全面的修改和完善,使之达到了较高的水平. 这套教材有以下特点:

　　第一,在加强基础知识的同时,注意把数学知识与解决经济问题结合起来. 在教材各部分都安排了经济应用的内容,同时在例题、习题中增加了相当数量的经济应用问题,这有助于培养学生应用数学知识解决实际问题,特别是经济问题的能力.

　　第二,增加了数学实验的内容. 其中一部分是与教学内容相关的演示与实验,借助于这些演示和实验,可以帮助学生更直观地理解和掌握所学的知识;另一部分是提供一些研究型问题(其中有相当一部分是经济方面的),让学生参与运用所学的数学知识建立模型,再通过上机实验来解决实际问题. 应该说,这是对传统教学方法和教学过程较大的改革.

　　第三,为了解决低年级大学生普遍感到高等数学课抽象难学、不易掌握的问题,对一些重要的概念和定理尽可能从实际问题出发,从几何、物理或经济的直观背景出发,提出问题,然后再进行分析和论证,最后得到结论. 对一些比较难的定理,则注重运用从特殊到一般的归纳推理方式.这样由浅入深使学生易于接受和掌握,同时在学习中领略了数学概念、数学理论的发现和发展过程,这对培养学生创造性思维能力是有帮助的.

相信这套教材的出版,对经济和管理类专业大学生的学习及综合素质的提高,定会起到积极的作用.

郭大钧

于山东大学南院

2000 年 6 月 16 日

随着以计算机为代表的现代技术的发展及市场经济对多元化人才的需求,我国人才培养的策略和规模都发生了巨大的变化,相应的教学理念和教学模式也在不断的调整之中,作为传统教育科目的大学数学受到了很大的冲击,改革与探索势在必行.在此背景下,1998 年我们承担了山东省高等学校面向 21 世纪教学内容和课程体系改革计划的一个项目,编写了一套适合财经类专业使用的"经济数学基础"系列教材.这套系列教材包括《微积分》《微积分学习指导》《线性代数》《线性代数学习指导》《概率统计》《概率统计学习指导》《数学实验》7 本书,于2000 年 8 月出版.这套系列教材 2001 年获得山东省优秀教学成果奖.结合教学实际,2004 年、2007 年教材分别出版了第 2版和第 3 版.

随着我国高等教育改革的深入进行,大多数普通本科院校将培养适应社会需要的应用型人才作为主要的人才培养模式,因此基础课的课时被大量压缩.这对经济管理类专业大学数学基础课的教学提出了新的更高的要求:在大幅度减少课时的同时,一方面要满足为后继课程提供数学基础知识与基本技能的需要,另一方面还要兼顾研究生入学考试大纲中对于数学知识与技能的要求,同时还要保证课程的教学质量.正是在这一背景下我们对"经济数学基础"系列教材进行了新的修订.

本次修订基于以下原则:一是覆盖研究生入学考试大纲中数学 3 的全部内容;二是保证知识的系统性、连贯性.在上述原则的基础上,对一些不是必要的内容进行了适当的精简,对一些比较重要但可以精简的内容加了" * "号,供教师在教学中根据课时及学生学习情况进行适当的取舍.

高等教育的发展使得教学环境和教学对象都发生了非常大

的变化,为了适应学生个性化发展的需求,很多学校都实行了分层次教学. 本套教材通过辅助图书——学习指导的配合,可以灵活地实现这一教学实践的实施.

在本书的修订过程中,许多使用本教材的老师提出了宝贵的建议,我们在此致谢. 同时我们诚恳希望广大师生在今后的使用过程中能继续提出宝贵意见,以便将来作进一步修改. 最后感谢清华大学出版社对本系列教材的再版给予的大力支持.

编 者

2014 年 8 月

目录

第 1 章

准 备 知 识

本章为课程的学习做准备,先介绍一些在数学中广泛应用的术语和记号,然后介绍函数的概念及一些常用函数.

1.1 集合与符号

1. 集合

集合这一概念描述如下:一个集合是由确定的一些对象汇集的总体.组成集合的这些对象被称为集合的**元素**.通常用大写字母 $A,B,C,\cdots$ 表示集合,用小写字母 $a,b,c,\cdots$ 表示集合的元素.

x 是集合 E 的元素这件事记为 $x\in E$(读作 x 属于 E);

y 不是集合 E 的元素这件事记为 $y\notin E$(读作 y 不属于 E).

如果集合 E 的任何元素都是集合 F 的元素,则称 E 是 F 的**子集合**,简称为**子集**,记为

$$E\subset F(读作 E 包含于 F),$$

或者

$$F\supset E(读作 F 包含 E).$$

如果集合 E 的任何元素都是集合 F 的元素,并且集合 F 的任何元素也都是集合 E 的元素(即 $E\subset F$ 并且 $F\subset E$),则称集合 E 与集合 F **相等**,记为

$$E=F.$$

为了方便起见,引入一个不含任何元素的集合——空集合 $\varnothing$.另外还约定:空集合 $\varnothing$ 是任何集合 E 的子集,即 $\varnothing\subset E$.

2. 数集

全体整数的集合、全体有理数的集合、全体实数的集合和全体复数的集合都是经常遇到的集合,约定分别用字母 $\mathbb{Z}$, $\mathbb{Q}$, $\mathbb{R}$ 和 $\mathbb{C}$ 来表示这些集合,即

$\mathbb{Z}$ 表示全体整数的集合；

$\mathbb{Q}$ 表示全体有理数的集合；

$\mathbb{R}$ 表示全体实数的集合；

$\mathbb{C}$ 表示全体复数的集合.

另外,将非负整数、非负有理数和非负实数的集合分别记为 $\mathbb{Z}_+$, $\mathbb{Q}_+$ 和 $\mathbb{R}_+$,显然有

$$\mathbb{Z}_+ \subset \mathbb{Z} \subset \mathbb{Q} \subset \mathbb{R} \subset \mathbb{C}$$

和

$$\mathbb{Z}_+ \subset \mathbb{Q}_+ \subset \mathbb{R}_+.$$

集合可以通过罗列其元素或指出其元素应满足的条件等办法来给出. 例如

$$\{1,2,3,4,5\}$$

表示由 $1,2,3,4,5$ 这 5 个数字组成的集合,而 $\{x \in \mathbb{R} \mid x > 3\}$ 表示大于 3 的实数组成的集合. 又如：2 的平方根的集合可以记为 $\{x \in \mathbb{R} \mid x^2 = 2\}$ 或 $\{-\sqrt{2}, \sqrt{2}\}$.

在本课程中经常遇到以下形式的实数集的子集.

(1) 区间

为了书写简练,将各种**区间**的符号、名称、定义列成表格,如表 1.1 所示 $(a, b \in \mathbb{R}$ 且 $a < b)$.

表 1.1   区间的记法及含义

符　号		名　称	定　义
(a,b)	有限区间	开区间	$\{x \mid a < x < b\}$
$[a,b]$		闭区间	$\{x \mid a \leqslant x \leqslant b\}$
$(a,b]$		半开区间	$\{x \mid a < x \leqslant b\}$
$[a,b)$		半开区间	$\{x \mid a \leqslant x < b\}$
$(a,+\infty)$	无限区间	开区间	$\{x \mid x > a\}$
$[a,+\infty)$		闭区间	$\{x \mid x \geqslant a\}$
$(-\infty,a)$		开区间	$\{x \mid x < a\}$
$(-\infty,a]$		闭区间	$\{x \mid x \leqslant a\}$

(2) 邻域

设 $a \in \mathbb{R}$, $\delta > 0$. 数集 $\{x \mid |x - a| < \delta\}$ 表示为 $U(a, \delta)$,即

$$U(a, \delta) = \{x \mid |x - a| < \delta\} = (a - \delta, a + \delta),$$

称为 a 的 δ **邻域**. 当不需要注明邻域的半径 δ 时,常把它表示为 $U(a)$,简称 a 的邻域.

数集 $\{x \mid 0 < |x - a| < \delta\}$ 表示为 $\overset{\circ}{U}(a, \delta)$,即

$$\overset{\circ}{U}(a, \delta) = \{x \mid 0 < |x - a| < \delta\} = (a - \delta, a + \delta) \setminus \{a\},$$

也就是在 a 的 δ 邻域 $U(a, \delta)$ 中去掉 a ,称为 a 的 δ **去心邻域**. 当不需要注明邻域半径 δ 时,常将它表示为 $\overset{\circ}{U}(a)$,简称 a 的去心邻域.

3. 逻辑符号

微积分的语言是由文字叙述和数学符号共同组成的,其中有些数学符号是借用数理逻辑的符号,使用这些数理逻辑的符号能使定义、定理的表述简明、准确. 数学语言的符号化是现代数学发展的一个趋势. 本书将普遍使用这些符号.

(1) 连词符号

符号"$\Rightarrow$"表示"蕴涵"或"推得",或"若……,则……".

符号"$\Leftrightarrow$"表示"必要充分",或"等价",或"当且仅当".

例如:设 A,B 是两个陈述句,可以是条件,也可以是命题,则 $A\Rightarrow B$ 表示若命题 A 成立,则命题 B 成立;或命题 A 蕴涵命题 B;称 A 是 B 的充分条件,同时也称 B 是 A 的必要条件. 如,n 是整数$\Rightarrow n$ 是有理数. $A\Leftrightarrow B$ 表示命题 A 与命题 B 等价;或命题 A 蕴涵命题 $B(A\Rightarrow B)$,同时命题 B 也蕴涵命题 $A(B\Rightarrow A)$;或 $A(B)$ 是 $B(A)$ 的必要充分条件. 再如,$A\subset B\Leftrightarrow$任意 $x\in A$,有 $x\in B$.

(2) 量词符号

符号"$\forall$"表示"对任意",或"对任意一个".

符号"$\exists$"表示"存在",或"能找到".

应用上述的数理逻辑符号表述定义、定理比较简练明确. 例如,数集 A 有上界、有下界和有界的定义:

$$数集\ A\ 有上界\Leftrightarrow\exists b\in\mathbb{R},\forall x\in A,有\ x\leqslant b.$$
$$数集\ A\ 有下界\Leftrightarrow\exists a\in\mathbb{R},\forall x\in A,有\ a\leqslant x.$$
$$数集\ A\ 有界\Leftrightarrow\exists M>0,\forall x\in A,有\ |x|\leqslant M.$$

设有命题"集合 A 中任意元素 a 都有性质 $P(a)$",用符号表示为

$$\forall a\in A,有\ P(a).$$

显然,这个命题的否命题是"集合 A 中存在某个元素 a_0 没有性质 $P(a_0)$",用符号表示为

$$\exists a_0\in A,没有\ P(a_0).$$

这两个命题互为否命题. 由此可见,否定一个命题,要将原命题中的"$\forall$"改为"$\exists$",将"$\exists$"改为"$\forall$",并将性质 P 否定. 例如,数集 A 有上界与数集 A 无上界是互为否命题,用符号表示就是:

$$数集\ A\ 有上界\Leftrightarrow\exists b\in\mathbb{R},\forall x\in A,有\ x\leqslant b.$$
$$数集\ A\ 无上界\Leftrightarrow\forall b\in\mathbb{R},\exists x_0\in A,有\ b<x_0.$$

4. 其他符号

(1) max 与 min

符号"max"表示"最大"(它是 maximum(最大)的缩写);符号"min"表示"最小"(它是 minimum(最小)的缩写). 例如,设 $a_1,a_2,\cdots,a_n$ 是 n 个数. 则:

$$\max\{a_1, a_2, \cdots, a_n\}$$

表示 n 个数 $a_1, a_2, \cdots, a_n$ 中的最大数；

$$\min\{a_1, a_2, \cdots, a_n\}$$

表示 n 个数 $a_1, a_2, \cdots, a_n$ 中的最小数.

(2) $n!$ 与 $n!!$

符号"$n!$"表示"不超过 n(正整数)的所有正整数的连乘积"，读作"n 的阶乘"即

$$n! = n(n-1)\cdots 3 \cdot 2 \cdot 1, \quad 7! = 7 \cdot 6 \cdot 5 \cdot 4 \cdot 3 \cdot 2 \cdot 1.$$

符号"$n!!$"表示"不超过 n 并与 n 有相同奇偶性的正整数的连乘积"，读作"n 的双阶乘"，即

$$(2k-1)!! = (2k-1)(2k-3)\cdots 5 \cdot 3 \cdot 1,$$
$$(2k-2)!! = (2k-2)(2k-4)\cdots 6 \cdot 4 \cdot 2,$$
$$9!! = 9 \cdot 7 \cdot 5 \cdot 3 \cdot 1, \quad 12!! = 12 \cdot 10 \cdot 8 \cdot 6 \cdot 4 \cdot 2.$$

规定：$0! = 1$.

(3) 连加符号 $\sum$ 与连乘符号 $\prod$

在数学中，常遇到一连串的数相加或一连串的数相乘，例如 $1+2+\cdots+n$ 或者 $m(m-1)\cdots(m-k+1)$ 等. 为简便起见，人们引入连加符号 $\sum$ 与连乘符号 $\prod$：

$$\sum_{i=1}^{n} x_i = x_1 + x_2 + \cdots + x_n, \qquad \prod_{i=1}^{n} x_i = x_1 x_2 \cdots x_n.$$

这里的指标 i 仅仅用以表示求和或求乘积的范围，把 i 换成别的符号 j, k 等，也同样表示同一和或同一乘积，例如

$$\sum_{j=1}^{n} x_j = x_1 + x_2 + \cdots + x_n = \sum_{i=1}^{n} x_i,$$
$$\prod_{j=1}^{n} x_j = x_1 x_2 \cdots x_n = \prod_{i=1}^{n} x_i.$$

人们通常把这样的指标称为"哑指标".

下面举几个例子说明连加符号 $\sum$ 与连乘符号 $\prod$ 的应用.

例 1.1 阶乘 $n!$ 的定义可以写成

$$n! = \prod_{j=1}^{n} j.$$

例 1.2 二项式定理可以表示为

$$(a+b)^n = \sum_{j=0}^{n} C_n^j a^j b^{n-j} = \sum_{k=0}^{n} C_n^k a^{n-k} b^k,$$

其中

$$C_n^k = \frac{n(n-1)\cdots(n-k+1)}{k!} = \frac{n!}{k!(n-k)!}.$$

习题 1.1

1. 写出集合 $A=\{0,1,2\}$ 的一切子集.

2. 如果 $A=\{0,1,2\}$,$B=\{1,2\}$,下列各种写法,哪些正确? 哪些不正确?

$$1\in A,\quad 0\notin B,\quad \{1\}\in A,\quad 1\subset A,\quad \{1\}\subset A,\quad 0\subset A,$$
$$\{0\}\subset A,\quad \{0\}\subset B,\quad A=B,\quad A\supset B,\quad \varnothing\subset A,\quad A\subset A.$$

3. 设 $A=\{(x,y)\,|\,x-y+2\geqslant 0\}$,$B=\{(x,y)\,|\,2x+3y-6\geqslant 0\}$,$C=\{(x,y)\,|\,x-4\leqslant 0\}$,在坐标平面上标出 $A\cap B\cap C$,$(A\cup B)\cap C$.

4. 用区间表示满足下列不等式的所有 x 的集合:

(1) $|x|\leqslant 3$;　(2) $|x-2|\leqslant 1$;　(3) $|x-a|<\varepsilon$(a 为常数,$\varepsilon>0$);

(4) $|x-3|<\dfrac{1}{10}$;　(5) $0<|x-1|<0.01$;　(6) $|x|>M$($M>0$).

5. 求邻域半径 δ,使 $x\in U(1,\delta)$ 时,$|2x-2|<\varepsilon$. 又若 ε 分别为 0.1,0.001 时,上述 δ 各等于多少?

1.2　函数

　　在自然科学、工程技术和某些社会科学中,函数是被广泛应用的数学概念之一,其重要意义远远超出了数学范围. 在数学中函数处于基础的核心地位. 函数是微积分的研究对象.

1. 函数概念

　　在一个自然现象或技术过程中,常常有几个量同时变化,它们的变化并非彼此无关,而是互相联系着,这是物质世界的一个普遍规律.

　　例 2.1　真空中自由落体,物体下落的时间 t 与下落的距离 s 互相联系着. 如果物体距地面的高度为 h,$\forall t\in\left[0,\sqrt{\dfrac{2h}{g}}\,\right]^{①}$,都对应一个距离 s. 已知 t 与 s 之间的对应关系为

$$s=\frac{1}{2}gt^2,$$

其中 g 是重力加速度,是常数.

　　例 2.2　球的半径 r 与该球的体积 V 互相联系着:$\forall r\in[0,\infty)$ 都对应一个球的体积 V. 已知 r 与 V 的对应关系是

---

① 当 $t=\sqrt{\dfrac{2h}{g}}$ 时,由 $s=\dfrac{1}{2}gt^2$ 有 $s=h$,即物体下落到地面.

$$V = \frac{4}{3}\pi r^3,$$

其中 π 是圆周率,是常数.

　　例 2.3　某地某日时间 t 与气温 T 互相联系着(如图 1.1),对 13 时至 23 时内任意时间 t 都对应着一个气温 T. 已知 t 与 T 的对应关系用图 1.1 中的气温曲线表示. 横坐标表示时间 t,纵坐标表示气温 T,曲线上任意点 $P(t,T)$ 表示在时间 t 对应着的气温 T.

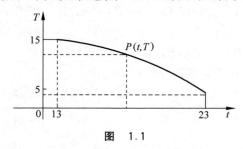

图　1.1

　　例 2.4　在标准大气压下,温度 T 与水的体积 V 互相联系着. 实测如表 1.2,对于数集 $\{0,2,4,6,8,10,12,14\}$ 中每个温度 T 都对应一个体积 V,已知 T 与 V 的对应关系用表 1.2 来表示.

表　1.2

温度/℃	0	2	4	6	8	10	12	14
体积/cm³	100	99.990	99.987	99.990	99.998	100.012	100.032	100.057

　　上述 4 个实例,分属于不同的学科,实际意义完全不同. 但是,从数学角度看,它们有一个共同的特征:都有一个数集和一个对应关系,对于数集中任意数 x,按照对应关系都对应 $\mathbb{R}$ 中惟一一个数. 于是有如下的函数概念.

　　定义 1.1　设 A 是非空数集. 若存在对应关系 f,对 A 中任意数 $x\,(\forall x \in A)$,按照对应关系 f,对应惟一一个 $y \in \mathbb{R}$,则称 f 是定义在 A 上的**函数**,表示为

$$f: A \to \mathbb{R},$$

数 x 对应的数 y 称为 x 的**函数值**,表示为 $y = f(x)$. x 称为**自变量**,y 称为**因变量**. 数集 A 称为函数 f 的**定义域**,函数值的集合 $f(A) = \{f(x) \mid x \in A\}$ 称为函数 f 的**值域**.

　　根据函数定义不难看到,上述例题皆为函数的实例.

　　关于函数概念的几点说明:

　　(1) 用符号 "$f: A \to \mathbb{R}$" 表示 f 是定义在数集 A 上的函数,十分清楚、明确. 在本书中,为方便起见,约定将 "f 是定义在数集 A 上的函数",用符号 "$y = f(x),x \in A$" 表示. 当不需要指明函数 f 的定义域时,又可简写为 "$y = f(x)$",有时甚至笼统地说 "$f(x)$ 是 x 的函数(值)".

　　(2) 根据函数定义,虽然函数都存在定义域,但常常并不明确指出函数 $y = f(x)$ 的定义

域,这时认为函数的定义域是自明的,即定义域是使函数 $y=f(x)$ 有意义的实数 x 的集合 $A=\{x\mid f(x)\in\mathbb{R}\}$. 例如函数 $f(x)=\sqrt{1-x^2}$,没有指出它的定义域,那么它的定义域就是使函数 $f(x)=\sqrt{1-x^2}$ 有意义的实数 x 的集合,即闭区间 $[-1,1]=\{x\mid\sqrt{1-x^2}\in\mathbb{R}\}$.

具有具体实际意义的函数,它的定义域要受实际意义的约束. 例如,上述例2.2,半径为 r 的球的体积 $V=\frac{4}{3}\pi r^3$ 这个函数,从抽象的函数来说,r 可取任意实数;从它的实际意义来说,半径 r 不能取负数,因此它的定义域是区间 $[0,\infty)$.

（3）函数定义指出:$\forall x\in A$,按照对应关系 f,对应惟一一个 $y\in\mathbb{R}$,这样的对应就是所谓的单值对应. 反之,一个 $y\in f(A)$ 就不一定只有一个 $x\in A$,使 $y=f(x)$. 例如函数 $y=\sin x$. $\forall x\in\mathbb{R}$,对应惟一一个 $y=\sin x\in\mathbb{R}$,反之,对 $y=1$,都有无限多个 $x=2k\pi+\frac{\pi}{2}\in\mathbb{R}$,$k\in\mathbb{Z}$,按照对应关系 $y=\sin x$,x 都对应1,即

$$\sin\left(2k\pi+\frac{\pi}{2}\right)=1,\quad k\in\mathbb{Z}.$$

（4）在函数 $y=f(x)$ 的定义中,要求对应于 x 值的 y 值是惟一确定的,这种函数也称为**单值函数**. 如果取消惟一这个要求,即对应于 x 值,可以有两个以上确定的 y 值与之对应,那么函数 $y=f(x)$ 称为**多值函数**. 例如函数 $y=\pm\sqrt{r^2-x^2}$ 是多（双）值函数.

为了便于讨论,总设法避免函数的多值性. 在一定条件下,多值函数可以分裂为若干**单值支**. 例如,双值函数 $y=\pm\sqrt{r^2-x^2}$ 就可以分成两个单值支:一支是不小于零的 $y=+\sqrt{r^2-x^2}$,另一支是不大于零的 $y=-\sqrt{r^2-x^2}$. 已知方程 $x^2+y^2=r^2$ 的图形是中心在原点、半径为 r 的圆周,这同时也就是双值函数 $y=\pm\sqrt{r^2-x^2}$ 的图形. 两个单值支就相当于把整个圆周分为上下两个半圆弧. 所以只要把各个分支弄清楚,由各个分支合起来的多值函数也就了如指掌. 今后如果没有特别声明,所讨论的都限于单值函数.

再看几个函数的例子.

例2.5　$\forall x\in\mathbb{R}$,对应的 y 是不超过 x 的最大整数. 显然,$\forall x\in\mathbb{R}$,都对应惟一一个 y. 这是一个函数（如图1.2所示）,表示为 $y=[x]$,即 $[2.5]=2$,$[3]=3$,$[0]=0$,$[-\pi]=-4$.

例2.6　有一些函数具有"分段"的表达式,例如,图1.3～图1.5所示的函数.

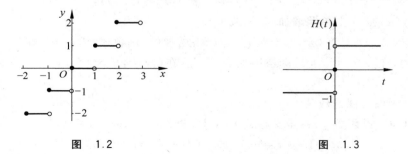

图　1.2　　　　　　　　　　　　　图　1.3

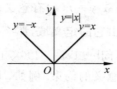

图　1.4

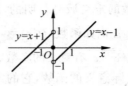

图　1.5

(1) 符号函数 $H(t)=\begin{cases}-1, & t<0, \\ 0, & t=0, \\ 1, & t>0;\end{cases}$

(2) $y=|x|=\begin{cases}x, & x\geqslant 0, \\ -x, & x<0;\end{cases}$ (3) $y=\begin{cases}x+1, & x<0, \\ 0, & x=0, \\ x-1, & x>0.\end{cases}$

2. 几类具有特殊性质的函数

(1) 有界函数

定义 1.2　设函数 $f(x)$ 在数集 A 上有定义,若函数值的集合

$$f(A)=\{f(x)\mid x\in A\}$$

有界,即 $\exists M>0,\forall x\in A$,有 $|f(x)|\leqslant M$,则称函数 $f(x)$ 在 A 上**有界**,否则称 $f(x)$ 在 A 上**无界**.

例如,函数 $y=\sin x$ 在 $(-\infty,+\infty)$ 内是有界的,因为对 $\forall x\in\mathbb{R}$,都有 $|\sin x|\leqslant 1$. 函数 $y=\dfrac{1}{x}$ 在 $(0,2)$ 上是无界的,在 $[1,\infty)$ 上是有界的.

(2) 单调函数

定义 1.3　设函数 $f(x)$ 在数集 A 上有定义,若 $\forall x_1,x_2\in A$ 且 $x_1<x_2$,有

$$f(x_1)<f(x_2)\quad (f(x_1)>f(x_2)),$$

则称函数 $f(x)$ 在 A 上**严格单调增加**(**严格单调减少**).上述不等式改为

$$f(x_1)\leqslant f(x_2)\quad (f(x_1)\geqslant f(x_2)),$$

则称函数 $f(x)$ 在 A 上**单调增加**(**单调减少**).

例如,函数 $y=x^3$ 在 $(-\infty,+\infty)$ 上是严格增加的. 函数 $y=2x^2+1$ 在 $(-\infty,0)$ 上是严格减少的,在 $[0,+\infty)$ 上是严格增加的.因此,在 $(-\infty,+\infty)$ 上,$y=2x^2+1$ 不是单调函数.

(3) 奇函数与偶函数

定义 1.4　设函数 $f(x)$ 定义在数集 A 上,若 $\forall x\in A$,有 $-x\in A$,且

$$f(-x)=-f(x)\quad (f(-x)=f(x)),$$

则称函数 $f(x)$ 是**奇函数(偶函数)**.

如果点 (x_0, y_0) 在奇函数 $y = f(x)$ 的图像上,即 $y_0 = f(x_0)$,则

$$f(-x_0) = -f(x_0) = -y_0,$$

即 $(-x_0, -y_0)$ 也在奇函数 $y = f(x)$ 的图像上,于是奇函数的图像关于原点对称.

同理可知,偶函数的图像关于 y 轴对称.

例如,函数 $y = x^4 - 2x^2$,$y = \sqrt{1-x^2}$,$y = \dfrac{\sin x}{x}$ 等均为偶函数;函数 $y = \dfrac{1}{x}$,$y = x^3$,$y = x^2 \sin x$ 等均为奇函数.

(4) 周期函数

定义 1.5　设函数 $f(x)$ 定义在数集 A 上,若 $\exists\, l > 0$, $\forall\, x \in A$,有 $x \pm l \in A$,且

$$f(x \pm l) = f(x),$$

则称函数 $f(x)$ 是**周期函数**,l 称为函数 $f(x)$ 的一个周期.

若 l 是函数 $f(x)$ 的周期,则 $2l$ 也是它的周期.不难用归纳法证明,若 l 是函数 $f(x)$ 的周期,则 $nl(n \in \mathbb{Z}_+)$ 也是它的周期.若函数 $f(x)$ 有最小的正周期,通常将这个最小正周期称为函数 $f(x)$ 的**基本周期**,简称为**周期**.

例如,$y = \sin x$ 就是周期函数,周期为 2π.再如,常函数 $y = 1$ 也是周期函数,任意正的实数都是它的周期.

3. 复合函数与反函数

(1) 复合函数

由两个或两个以上的函数用所谓"中间变量"传递的方法能产生新的函数.例如函数

$$z = \ln y \quad \text{与} \quad y = x - 1,$$

由"中间变量" y 的传递生成新函数

$$z = \ln(x - 1).$$

在这里,z 是 y 的函数,y 又是 x 的函数,于是通过中间变量 y 的传递得到 z 是 x 的函数.为了使函数 $z = \ln y$ 有意义,必须要求 $y > 0$,为使 $y = x - 1 > 0$,必须要求 $x > 1$.于是对函数 $z = \ln(x-1)$ 来说,必须要求 $x > 1$.

定义 1.6　设函数 $z = f(y)$ 定义在数集 B 上,函数 $y = \varphi(x)$ 定义在数集 A 上,G 是 A 中使 $y = \varphi(x) \in B$ 的 x 的非空子集,即

$$G = \{x \mid x \in A, \varphi(x) \in B\} \neq \varnothing,$$

$\forall\, x \in G$,按照对应关系 φ,对应惟一一个 $y \in B$,再按照对应关系 f,对应惟一一个 z,即 $\forall\, x \in G$,对应惟一一个 z,于是在 G 上定义了一个函数,表示为 $f \circ \varphi$,称为函数 $y = \varphi(x)$ 与 $z = f(y)$ 的**复合函数**,即

$$(f \circ \varphi)(x) = f[\varphi(x)], \quad x \in G,$$

y 称为中间变量.今后经常将函数 $y=\varphi(x)$ 与 $z=f(y)$ 的复合函数表示为

$$z=f[\varphi(x)], \quad x\in G.$$

例如,函数 $z=\sqrt{y}$ 的定义域是区间 $[0,+\infty)$,函数 $y=(x-1)(2-x)$ 的定义域是 $\mathbb{R}$.为使其生成复合函数,必须要求

$$y=(x-1)(2-x)\geqslant 0, \quad 即 \quad 1\leqslant x\leqslant 2,$$

于是,$\forall x\in[1,2]$,函数 $y=(x-1)(2-x)$ 与 $z=\sqrt{y}$ 生成了复合函数

$$z=\sqrt{(x-1)(2-x)}.$$

以上是两个函数生成的复合函数.不难将复合函数的概念推广到有限个函数生成的复合函数.例如,三个函数

$$u=\sqrt{z}, \quad z=\ln y, \quad y=2x+3,$$

生成的复合函数是

$$u=\sqrt{\ln(2x+3)}, \quad x\in[-1,+\infty).$$

我们不仅能够将若干个简单的函数生成为复合函数,而且还要善于将复合函数"分解"为若干个简单的函数.例如函数

$$y=\tan^5\sqrt[3]{\lg(\arcsin x)}$$

是由 5 个简单函数 $y=u^5,u=\tan v,v=\sqrt[3]{w},w=\lg t,t=\arcsin x$ 所生成的复合函数.

（2）反函数

在高中代数中已经学习了反函数,如对数函数是指数函数的反函数,反三角函数是三角函数的反函数.鉴于反函数的重要性,需要复习反函数的概念及其图像.

在圆的面积公式（函数）

$$S=\pi r^2$$

中,半径 r 是自变量,面积 S 是因变量,即对任意半径 $r\in[0,+\infty)$,对应惟一一个面积 S.这个函数还有一个性质:对任意面积 $S\in[0,+\infty)$,按此对应关系,也对应惟一一个半径 r,即

$$r=\sqrt{\frac{S}{\pi}}.$$

函数 $r=\sqrt{\dfrac{S}{\pi}}$ 就是所谓函数 $S=\pi r^2$ 的反函数.

在函数定义中,已知函数 $y=f(x)$,对任意 $x\in X$,按照对应关系 f,$\mathbb{R}$ 中有惟一一个 y 相对应,但对任意一个 $y\in f(X)$,不一定仅有惟一一个 $x\in X$,使 $f(x)=y$.即一个函数不一定存在反函数.

定义 1.7　设函数 $y=f(x),x\in X$.若对任意 $y\in f(X)$,有惟一一个 $x\in X$ 与之对应,使 $f(x)=y$,则在 $f(X)$ 上定义了一个函数,记为

$$x = f^{-1}(y), \quad y \in f(X),$$

称其为函数 $y = f(x)$ 的**反函数**.

$y = f(x)$ 与 $x = f^{-1}(y)$ 互为反函数.

反函数的实质在于它所表示的对应规律,用什么字母来表示反函数中的自变量与因变量是无关紧要的. 习惯上仍把自变量记作 x,因变量记作 y,则函数 $y = f(x)$ 的反函数 $x = f^{-1}(y)$ 写作 $y = f^{-1}(x)$.

$y = f^{-1}(x)$ 的图形与 $y = f(x)$ 的图形关于直线 $y = x$ 对称(如图 1.6 所示).

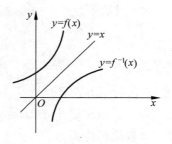

图 1.6

$x = f^{-1}(y)$ 记作 $y = f^{-1}(x)$ 并不影响函数的对应规律,例如:

函数	反函数	反函数
$y = 2x + 1$	$x = \dfrac{y-1}{2}$	$y = \dfrac{x-1}{2}$
$y = a^x$	$x = \log_a y$	$y = \log_a x$
$y = x^3$	$x = \sqrt[3]{y}$	$y = \sqrt[3]{x}$

由函数严格单调的定义不难证明下面的结论.

定理 1.1　若函数 $y = f(x)$ 在某区间 X 上严格增加(严格减少),则函数 $y = f(x)$ 存在反函数,且反函数 $x = f^{-1}(y)$ 在 $f(X)$ 上也严格增加(严格减少).

证明从略,作为练习.

注意　① 定理 1.1 的条件"函数是严格单调"中"严格"两字不可忽略. 如 $y = [x]$ 具有单调性,但因为它不是严格单调的函数,它不存在反函数.

② 函数是严格单调的仅是存在反函数的充分条件,如函数

$$y = \begin{cases} -x + 1, & -1 \leqslant x < 0, \\ x, & 0 \leqslant x \leqslant 1, \end{cases}$$

在区间 $[-1, 1]$ 上不是单调函数,但它存在反函数

$$x = f^{-1}(y) = \begin{cases} y, & 0 \leqslant y \leqslant 1, \\ 1 - y, & 1 < y \leqslant 2. \end{cases}$$

4. 初等函数

在数学的发展过程中,形成了最简单、最常用的 6 类函数.

(1) 常数函数　$y = c$.

（2）幂函数　$y = x^a$.

（3）指数函数　$y = a^x\ (a > 0, a \neq 1)$.

（4）对数函数　$y = \log_a x\ (a > 0, a \neq 1)$.

（5）三角函数

$$y = \sin x, \quad y = \cos x, \quad y = \tan x, \quad y = \cot x, \quad y = \sec x = \frac{1}{\cos x}, \quad y = \csc x = \frac{1}{\sin x}.$$

常用的恒等式有

$$\sin^2 x + \cos^2 x = 1, \quad \sec^2 x - \tan^2 x = 1, \quad \csc^2 x - \cot^2 x = 1.$$

和差化积公式为

$$\sin\alpha + \sin\beta = 2\sin\frac{\alpha+\beta}{2}\cos\frac{\alpha-\beta}{2}, \quad \sin\alpha - \sin\beta = 2\cos\frac{\alpha+\beta}{2}\sin\frac{\alpha-\beta}{2},$$

$$\cos\alpha + \cos\beta = 2\cos\frac{\alpha+\beta}{2}\cos\frac{\alpha-\beta}{2}, \quad \cos\alpha - \cos\beta = -2\sin\frac{\alpha+\beta}{2}\sin\frac{\alpha-\beta}{2}.$$

积化和差公式为

$$\sin\alpha\cos\beta = \frac{1}{2}\left[\sin(\alpha+\beta) + \sin(\alpha-\beta)\right], \quad \cos\alpha\sin\beta = \frac{1}{2}\left[\sin(\alpha+\beta) - \sin(\alpha-\beta)\right],$$

$$\cos\alpha\cos\beta = \frac{1}{2}\left[\cos(\alpha+\beta) + \cos(\alpha-\beta)\right], \quad \sin\alpha\sin\beta = -\frac{1}{2}\left[\cos(\alpha+\beta) - \cos(\alpha-\beta)\right].$$

（6）反三角函数

$$y = \arcsin x, \quad y = \arccos x, \quad y = \arctan x, \quad y = \operatorname{arccot} x.$$

这 6 类函数称为**基本初等函数**. 由基本初等函数经过有限次的四则运算以及有限次的复合生成的函数称为**初等函数**.

5. 双曲函数与反双曲函数

下面介绍工程技术上常用的一类函数——双曲函数及其反函数.

双曲正弦　　　$\sinh x = \dfrac{e^x - e^{-x}}{2}$；

双曲余弦　　　$\cosh x = \dfrac{e^x + e^{-x}}{2}$；

双曲正切　　　$\tanh x = \dfrac{e^x - e^{-x}}{e^x + e^{-x}}$.

这 3 个双曲函数的简单性态如下：

双曲正弦的定义域为 $(-\infty, +\infty)$，是奇函数，图形通过原点且关于原点对称. 它在区间 $(-\infty, +\infty)$ 上是单调增加的. 当 x 的绝对值很大时，它的图形在第一象限内接近于曲

线 $y=\dfrac{1}{2}e^{x}$；第三象限内接近于曲线 $y=-\dfrac{1}{2}e^{-x}$（如图 1.7 所示）.

双曲余弦的定义域为 $(-\infty,+\infty)$，是偶函数，图形通过点 $(0,1)$ 且关于 y 轴对称. 它在区间 $(-\infty,0)$ 内是单调减少的，在 $(0,+\infty)$ 内是单调增加的. $\cosh 0=1$ 是这个函数的最小值. 当 x 的绝对值很大时，它的图形在第一象限内接近于曲线 $y=\dfrac{1}{2}e^{x}$；在第二象限内接近于曲线 $y=\dfrac{1}{2}e^{-x}$（如图 1.7 所示）.

双曲正切的定义域为 $(-\infty,+\infty)$，是奇函数，图形通过原点且关于原点对称. 它在区间 $(-\infty,+\infty)$ 上是单调增加的. 它的图形夹在水平直线 $y=1$ 及 $y=-1$ 之间；当 x 的绝对值很大时，它的图形在第一象限内接近于直线 $y=1$；第三象限内接近于直线 $y=-1$（如图 1.8 所示）.

根据双曲函数的定义，可证明下列 4 个公式：

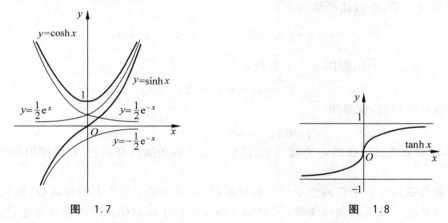

图 1.7　　　　　　　　　　　　　　图 1.8

$$\sinh(x+y)=\sinh x\cosh y+\cosh x\sinh y, \tag{1.1}$$
$$\sinh(x-y)=\sinh x\cosh y-\cosh x\sinh y, \tag{1.2}$$
$$\cosh(x+y)=\cosh x\cosh y+\sinh x\sinh y, \tag{1.3}$$
$$\cosh(x-y)=\cosh x\cosh y-\sinh x\sinh y. \tag{1.4}$$

下面证明公式（1.1），其他 3 个公式的证明是类似的. 由定义得

$$
\begin{aligned}
\sinh x\cosh y+\cosh x\sinh y &=\frac{e^{x}-e^{-x}}{2}\cdot\frac{e^{y}+e^{-y}}{2}+\frac{e^{x}+e^{-x}}{2}\cdot\frac{e^{y}-e^{-y}}{2}\\
&=\frac{e^{x+y}-e^{y-x}+e^{x-y}-e^{-(x+y)}}{4}\\
&\quad +\frac{e^{x+y}+e^{y-x}-e^{x-y}-e^{-(x+y)}}{4}
\end{aligned}
$$

$$= \frac{e^{x+y} - e^{-(x+y)}}{2} = \sinh(x+y).$$

由以上几个公式可推导出其他一些公式,例如:

在公式(1.4)中令 $x=y$,并注意到 $\cosh 0 = 1$,得

$$\cosh^2 x - \sinh^2 x = 1. \tag{1.5}$$

在公式(1.1)中令 $x=y$ 得

$$\sinh 2x = 2\sinh x \cosh x. \tag{1.6}$$

在公式(1.3)中令 $x=y$ 得

$$\cosh 2x = \cosh^2 x + \sinh^2 x. \tag{1.7}$$

以上关于双曲函数的公式(1.1)~公式(1.7)与三角函数的有关公式相类似,把它们对比一下可帮助记忆.

反双曲函数是双曲函数的反函数.下面推导它们的形式.

反双曲正弦是双曲正弦 $\sinh x$ 的反函数,记为 $\mathrm{arsinh}x$. 设函数 $y=\mathrm{arsinh}x$ 是函数 $x=\sinh y$ 的反函数,由双曲函数的定义

$$x = \frac{e^y - e^{-y}}{2}, \quad 即 \quad e^{2y} - 2xe^y - 1 = 0,$$

解出得 $e^y = x \pm \sqrt{x^2+1}$,但因 $e^y > 0$,故取正号得

$$e^y = x + \sqrt{x^2+1},$$

等式两端取自然对数,就得到

$$y = \mathrm{arsinh}x = \ln(x + \sqrt{x^2+1}).$$

由此可见,反双曲正弦函数的定义域是 $\mathbb{R}$,它是 $\mathbb{R}$ 上单调增加的奇函数.它的图形如图 1.9 所示.

反双曲余弦是双曲余弦函数 $\cosh x$ 的反函数.因为 $\cosh x$ 是 $\mathbb{R}$ 上的偶函数,故只在区间 $[0, +\infty)$ 上定义反双曲余弦函数,记为 $\mathrm{arcosh}x$. 类似于反双曲正弦的推导方法,可得

$$y = \mathrm{arcosh}x = \ln(x + \sqrt{x^2-1}).$$

由此可见,反双曲余弦函数的定义域是 $[1, +\infty)$,值域是 $[0, +\infty)$,在定义域上是单调增加的.它的图形如图 1.10 所示.

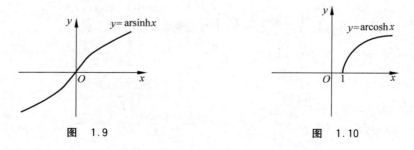

图   1.9   图   1.10

反双曲正切是双曲正切函数 $\tanh x$ 的反函数,记作 $\mathrm{artanh}x$. 类似于反双曲正弦的推导方法,可得

$$y = \mathrm{artanh}x = \frac{1}{2}\ln\frac{1+x}{1-x}.$$

它的定义域是开区间 $(-1,1)$,并且是 $(-1,1)$ 上的单调增加的奇函数.它的图形如图 1.11 所示.

6. 经济学中的常用函数

(1) 需求函数

在经济学中,购买者(消费者)对商品的需求这一概念的含义是购买者既有购买商品的愿望,又有购买商品的能力.也就是说,只有购买者同时具备了购买商品的欲望和支付能力两个条件,才称得上需求.影响需求的因素很多,如人口、收入、财产、该商品的价格,其他相关的价格以及消费者的偏好等.在所考虑的时间范围内,如果把除该商品价格以外的上述因素都看作是不变的因素,则可把该商品价格 P 看作是自变量,需求量 D 看作是因变量,即需求量 D 可视为该商品价格 P 的函数,称为需求函数,记作 $D = f(P)$.

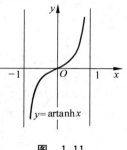

图   1.11

需求函数的图形称为需求曲线.需求函数一般是价格的递减函数.需求曲线通常是一条从左上方向右下方倾斜的曲线.即价格上涨,需求量则逐步减少;价格下降,需求量则逐步增大.引起商品价格和需求量反方向变化的原因在于:一是收入效应,亦即当价格上升或下降时,都会影响到个人的实际收入,从而影响购买力.例如:价格下降时,意味着购买者的实际收入增加,从而增加对该种商品的购买量;一些在原价格上无力购买的人,此时成为新的购买者,也使购买量增加.二是替代效应,一些商品之间在使用上存在着彼此可以替代的关系.当某种商品价格变化高于其他商品价格变化时,购买者就可能改变购买计划,以价格变得相对低的商品去替代价格变得较高的商品.例如:由于猪肉价格上涨幅度大了,人们就可能多购买些涨价幅度较小的鱼来代替部分猪肉的消费.但是,也有例外情况,需求曲线出现从左下方向右上方上升.例如:古画、文物等珍品价格越高,越被人们认为珍贵,对它们的需求量就越大.

最常用的需求函数类型为线性函数

$$D = \frac{a-P}{b}, \quad a > 0, b > 0.$$

线性函数的斜率为 $-\frac{1}{b} < 0$. 当 $P = 0$ 时,$D = \frac{a}{b}$,表示当价格为零时,购买者对该商品的需求量为 $\frac{a}{b}$,$\frac{a}{b}$ 也称为市场对该商品的饱和需求量.当 $P = a$ 时,$D = 0$,表示当价格上涨到 a 时,已没有人购买该商品(如图 1.12 所示).

若需求函数为 $D = \dfrac{a}{P+c} - b\ (a>0, b>0, c>0)$，此时，若 $P=0$，则 $D = \dfrac{a}{c} - b$，表示该

商品的饱和需求量为 $\dfrac{a}{c} - b$，当价格上升到 $P = \dfrac{a}{b} - c$ 时，商品的需求量下降为 0. 但若免

费赠送，并且给购买者以一定的如运输费用等方面的补贴（表现为负价格），鼓励购买，
则当 P 下降接近于 $-c$ 时，由需求曲线可见，该商品的需求量将无限增大（如图 1.13
所示）.

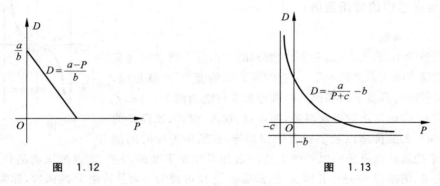

图   1.12   图   1.13

习惯上，不少经济分析的著作喜欢把需求函数写成反函数的形式，即 $P = \varphi^{-1}(D)$，但
从经济意义上分析时，仍应将 P 作为自变量，把 D 作为因变量. 例如前面介绍的两个需求
函数的反函数分别为

$$P = a - bD, \quad P = \frac{a}{D+b} - c.$$

常见的需求函数还有如下一些形式：

① $D = \dfrac{a - P^2}{b}\ (a>0, b>0)$，需求曲线如图 1.14 所示，其反函数为 $P = \sqrt{a - bD}$.

② $D = \dfrac{a - \sqrt{P}}{b}\ (a>0, b>0)$，需求曲线如图 1.15 所示，其反函数为 $P = (a - bD)^2$.

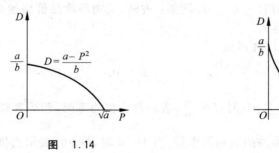

图   1.14   图   1.15

③ $D=\sqrt{\dfrac{a-P}{b}}$,需求曲线如图 1.16 所示,其反函数为 $P=a-bD^2$.

④ $D=a\mathrm{e}^{-bP}(a>0,b>0)$,需求曲线如图 1.17 所示,其反函数为 $P=\dfrac{2.303}{b}\lg\dfrac{a}{D}$.

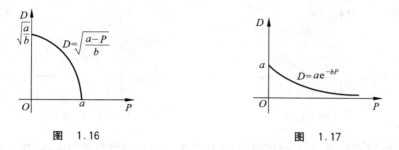

图　1.16　　　　　　　　　　　图　1.17

对于具体问题,可根据实际资料确定需求函数类型及其中的参数.

（2）供给函数

供给是与需求相对的概念,需求是就购买而言,而供给是就生产而言的.供给是指生产者在某一时刻内,在各种可能的价格水平上,对某种商品愿意并能够出售的数量.这就是说作为供给必须具备两个条件:一是有出售商品的愿望;二是有供应商品的能力,二者缺一便不能构成供给,供给不仅与生产中投入的成本及技术状况有关,而且与生产者对其他商品和劳务价格的预测等因素有关.供给函数是讨论在其他因素不变的条件下供应商品的价格与相应供给量的关系,即把供应商品的价格 P 作为自变量,而把相应的供给量 Q 作为因变量.供给函数一般表示为 $Q=q(P)$,即价格为 P 时,生产者愿意提供的商品量.

供给函数的图形称为供给曲线,它与需求曲线相反,一般是一条从左下方向右上方倾斜的曲线,即当商品价格上升时,供给量就会上升.当价格下降时,供给量随之下降.就是说,供给量随价格变动而发生同方向变动.但也有例外情况,例如:珍贵文物和古董等价格上升后,人们就会把存货拿出来出售,从而供给量增加,而当价格上升到一定限度后,人们会以为它们可能会更贵重,就会不再提供到市场出售,因而价格上升,供给量反而减少.此时供给曲线可能呈现的不是从左下方向右上方倾斜的形状.

常用的供给函数有如下几种类型.

① 线性供给函数

$$Q=-d+cP,\quad c>0,\ d>0,$$

供给曲线如图 1.18 所示,其反函数为

$$P=\frac{1}{c}Q+\frac{d}{c},\quad c>0,\ d>0.$$

由上式可见,$\dfrac{d}{c}$ 为价格的最低限,只有当价格大于 $\dfrac{d}{c}$ 时,生产者才会供应商品.

② $Q = \dfrac{aP - b}{cP + d}$ $(a > 0, b > 0, c > 0, d > 0)$，供给曲线如图 1.19 所示.由此式可知,该商品的最低价格为 $P = \dfrac{b}{a}$,而当价格上涨时,该商品有一饱和供给量 $\dfrac{a}{c}$.

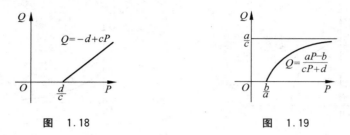

图　1.18　　　　　　　　　图　1.19

供给函数形式很多,它与市场组织、市场状况及成本函数有密切关系,这里不一一列举.

（3）总收益函数

设某种产品的价格为 P,相应的需求量为 D,则销售该产品的总收益 R 为 DP.又若需求函数为 $D = f(P)$,其反函数为 $P = g(D)$,则

$$R = DP = Dg(D).$$

如果取 $P = a - bD$,则可得总收益函数为

$$R = (a - bD)D = aD - bD^2 = \frac{a^2}{4b} - \left(\sqrt{b}D - \frac{a}{2\sqrt{b}}\right)^2.$$

由上式可知,当 $D = \dfrac{a}{2b}$ 时,所得总收益最大,其最大收益为 $R_{\max} = \dfrac{a^2}{4b}$.

习题 1.2

1. 下列函数是否表示同一函数? 为什么?

(1) $f(x) = \lg x^2$ 与 $g(x) = 2\lg x$；　(2) $f(x) = x$ 与 $g(x) = \sqrt{x^2}$；

(3) $f(x) = \dfrac{x}{x}$ 与 $g(x) = 1$；　　　(4) $f(x) = \dfrac{\pi}{2}x$ 与 $g(x) = x(\arcsin x + \arccos x)$.

2. 指出下列函数的奇偶性:

(1) $f(x) = 3x - x^3$；　　　　　(2) $f(x) = 4\cos 2x$；

(3) $f(x) = x\sin x$；　　　　　(4) $f(x) = e^x + e^{-x}$；

(5) $f(x) = e^x - e^{-x}$；　　　　(6) $f(x) = 2^x$；

(7) $f(x) = \ln \dfrac{1-x}{1+x}$；　　　(8) $f(x) = \sin x - \cos x$；

(9) $f(x) = x^2 + x + 1$.

3. 已知函数 $y = f(x)$ 在区间 $[a, b]$ 上的图像(在区间 $[a, b]$ 上随意画一条曲线,有的

点函数值为正,有的点函数值为负),描绘下列函数的图像:

(1) $y=|f(x)|$;   (2) $y=\dfrac{1}{2}[f(x)+|f(x)|]$;

(3) $y=\dfrac{1}{2}[f(x)-|f(x)|]$.

4. (1) 设 $f(x)=x^2$,$\varphi(x)=2^x$,求 $f[\varphi(x)]$ 和 $\varphi[f(x)]$;

(2) 设 $f(x)=\dfrac{1}{1-x}$,求 $f[f(x)]$;

(3) 设 $f(x+1)=x^2-3x+2$,求 $f(x)$.

5. 证明:若函数 $f(x)$ 是以 T 为周期的周期函数,则函数 $F(x)=f(ax)$ 是以 $\dfrac{T}{a}(a>0)$ 为周期的周期函数.

6. 求下列函数的反函数及反函数的定义域:

(1) $y=x^2$;   (2) $y=\dfrac{1}{x-1}$;

(3) $y=10^{x+1}$;   (4) $y=\sqrt{1-x^2}$;

(5) $y=\dfrac{1-x}{1+x}$;   (6) $y=\begin{cases} x, & -\infty<x<1, \\ x^2, & 1\leqslant x\leqslant 4, \\ 2^x, & 4<x<+\infty. \end{cases}$

7. 设需求函数由 $P+D=1$ 给出,试求总收益函数 R.

8. 某工厂对棉花的需求函数由 $PD^{1.4}=0.11$ 给出.

(1) 求总收益函数 R;

(2) 给出需求曲线和总收益曲线图.

9. 设某企业对某产品制定了如下的销售策略:购买 20kg 以下(包括 20kg)部分,10 元/kg;购买量小于等于 200kg 时,其中超过 20kg 的部分,7 元/kg;购买超过 200kg 的部分,5 元/kg,试写出购买量为 $x$kg 时的费用函数 $C(x)$.

牛　顿

大多数人都知道牛顿（Issac Newton，1642—1727）的名字和声誉，因为从他 1727 年去世至今 280 多年，这个万有引力定律的发现者仍然举世闻名不逊当年．他以磅礴之势对科学作出如此巨大的贡献，从而对文明生活影响之深远，超过一些国家的兴衰存亡．

牛顿于 1642 年 12 月 25 日（圣诞节）出生于英格兰乌尔斯托帕的一个小村庄里．牛顿是遗腹子，又是早产儿，出生时只有 3 磅重．他一生忘我地献身于科学，活到 85 岁的高龄．

牛顿的数学才能在早年就得到了发展，当他 14 岁时，就全神贯注地钻研数学，以致忽视了他在母亲的农场上的工作．牛顿青少年时写有题为《三顶冠冕》的诗，表达了他为科学献身的理想．

> 世俗的冠冕啊，
> 我鄙视它如同脚下的尘土，
> 它是沉重的，
> 而最后也是一场空虚；
> 可是现在我愉快地欢迎一顶荆棘的冠冕，
> 尽管刺得人痛，
> 但味道主要是甜；
> 我看见光荣之冠在我的面前呈现，
> 它充满着幸福，永恒无边．

1660 年，牛顿以"减费生"的身份考入了著名的剑桥大学三一学院，靠为学院做些杂活的收入支付学费．这所学院教授的自然科学知识当时在欧洲是首屈一指的．1665 年牛顿大学毕业，获学士学位，准备留校继续深造．但就在这期间，严重的鼠疫席卷英国，剑桥大学被迫关闭，牛顿被迫两次回到故乡避灾．在家乡安静的环境里，他专心思考数学、物理学和天文学的问题，思想火山积聚多年的活力终于爆发了，智慧的洪流滚滚奔腾．在短短的 18 个月中，22 岁到 24 岁的牛顿才华横溢，风华正茂，源源不竭地作出了人类思想史上无与伦比的发现：指数为负数和分数的二项式级数；微分学和积分学；作为了解太阳系结构的钥匙的万有引力定律；用三棱镜把日光分解为可见光谱，借此以解释彩虹的由来并有助于理解光的一般性质．1667 年牛顿回到剑桥，次年被聘任为"主修课研究员"并获硕士学位．1669 年，牛顿的老师，当时年仅 39 岁的著名数学家巴罗（Isaac Barrow，1630—

1677,英国数学家)为了举荐牛顿,自动辞去在剑桥的首席路卡斯教授职位,使年仅 26 岁的牛顿得以晋升为数学教授.

牛顿在数学上最卓越的贡献是创建微积分,正由于此,使他成了数学史上少有的杰出数学家.据牛顿自述,他于 1665 年 11 月发明正流数(微分)术,次年 5 月创反流数(积分)术,1669 年写成第一篇微积分论文《运用无穷多项方程的分析》,流数方法的系统叙述是在《流数术与无穷级数》一书中给出的,该书完成于 1671 年,出版于 1736 年,1687 年牛顿发表了巨著《自然哲学的数学原理》.

牛顿生前还曾留下不少闪光的格言,如

"如果我看的要比笛卡儿远一点,那就是因为我站在巨人的肩上的缘故."

"我不知道在别人看来,我是怎样的人;但在我自己看来,我不过就像一个在海滨玩耍的小孩,为不时发现比寻常更为光滑的卵石或比寻常更为美丽的一片贝壳而沾沾自喜,而对于展现在我面前的浩瀚的真理的海洋,却全然没有发现."

这些既表现了牛顿谦逊的美德,却也是至理真言.

数学与科学中的巨大进展几乎总是建立在几百年中作出点滴贡献的许多人的工作基础之上,但需要有一个人来走那最高、最后的一步,这个人要能足够敏锐地从纷乱的猜测和说明中清理出前人有价值的想法,要有足够的想象力把这些碎片重新组织起来,且能足够大胆地制订出一个宏伟的计划.牛顿就是这样一位在众多学科领域作出划时代贡献的科学巨人.

第 2 章

极限与连续

2.1 数列的极限

1. 数列极限的定义

定义在正整数集 $\mathbb{Z}_+$ 上的函数

$$f: \mathbb{Z}_+ \rightarrow \mathbb{R},$$

相当于用正整数编号的一串数

$$x_1 = f(1), \; x_2 = f(2), \cdots, x_n = f(n), \cdots.$$

这样的一个函数,或者说这样用正整数编号的一串实数,称之为一个**实数序列**,简称**数列**. 例如

$$\frac{1}{2}, \frac{2}{3}, \frac{3}{4}, \cdots, \frac{n}{n+1}, \cdots, \tag{2.1}$$

$$1, 3, 5, \cdots, 2n-1, \cdots, \tag{2.2}$$

$$1, 0, 1, \cdots, \frac{1-(-1)^n}{2}, \cdots, \tag{2.3}$$

$$1, \frac{1}{2}, \frac{1}{3}, \cdots, \frac{1}{n}, \cdots, \tag{2.4}$$

$$1, -\frac{1}{2}, \frac{1}{3}, -\frac{1}{4}, \cdots, (-1)^{n-1}\frac{1}{n}, \cdots, \tag{2.5}$$

$$a, a, a, \cdots, a, \cdots \tag{2.6}$$

都是数列. 一般地,数列写为

$$x_1, x_2, \cdots, x_n, \cdots.$$

数列中的每一个数称为数列的**项**. 第 n 项 x_n 称为数列的**一般项**或通项,以 $\{x_n\}$ 简记数列.

对于一个给定的数列 $\{x_n\}$,重要的不是去研究它的每一个项如何,而是要知道,当 n 无限增大时(记作 $n \rightarrow \infty$),它的项的变化趋势. 就以上 6 个数列来看:

数列(2.1)的各项的值随 n 增大而增大,越来越与 1 接近;

数列(2.2)的各项,随 n 的增大,各项的值越变越大,而且无限增大;

数列(2.3)的各项的值交替取得 0 与 1 两数,而不是与某一数接近;

数列(2.4)的各项的值随 n 增大越来越与 0 接近;

数列(2.5)的各项的值在数 0 两边跳跃,越来越与 0 接近;

数列(2.6)的各项的值都相同.

当 $n \to \infty$ 时,给定数列的项 x_n 无限接近某个常数 A,则数列 $\{x_n\}$ 称为收敛数列,常数 A 称为 $n \to \infty$ 时数列的极限. 例如,数列(2.1),(2.4),(2.5),(2.6)就是收敛数列,它们的极限分别为 $1, 0, 0, a$. 为了进一步理解无限接近的意义,考察数列(2.5),则有:

(1) n 为奇数时,x_n 为正数;n 为偶数时,x_n 为负数;当 n 越来越大时,x_n 的绝对值越来越小.

在数轴上,点 x_n 的位置交替出现在原点两侧,它与原点的距离随 n 增大而愈近.

(2) 取 0 点的 ε 邻域.

① 取 $\varepsilon = 2$,数列中一切项 x_n 全部在半径为 2 的邻域内.

② 取 $\varepsilon = 0.1$,数列中除开始的 10 项外,自第 11 项 x_{11} 起的一切项

$$x_{11}, x_{12}, \cdots, x_n, \cdots$$

全在半径为 0.1 的邻域内.

③ 如取 $\varepsilon = 0.0001$,只有开始的 10000 项在半径为 0.0001 的邻域外,自 10001 项起,后面的一切项

$$x_{10001}, x_{10002}, \cdots, x_n, \cdots$$

都在这个邻域内,如此推下去,逐渐缩小区间长度,即不论 ε 是如何小的数,总可找到一个整数 N,使数列中除开始的 N 项以外,自 $N+1$ 项起,后面的一切项

$$x_{N+1}, x_{N+2}, x_{N+3}, \cdots$$

都在 0 的 ε 邻域内.

(3) 因为点 0 的 ε 邻域内的点与原点的距离都小于 ε,故上述结果表明:对于任意小的正数 ε,总可找到足够大的正整数 N,使数列中自第 $N+1$ 项 x_{N+1} 起,后面的一切项对应的点与原点的距离永远小于 ε. 但点 x_n 与原点的距离为 $|x_n - 0|$,所以上面关于数列

$$\{x_n\} = \left\{ (-1)^{n-1} \frac{1}{n} \right\}$$

又可叙述为:对于任意小的正数 ε,总可以找到一个正整数 N,使当 $n > N$ 时,不等式 $|x_n - 0| < \varepsilon$ 成立,这样的一个数 0 称为数列 $\{x_n\} = \left\{ (-1)^{n-1} \frac{1}{n} \right\}$ 当 n 无限增大时的极限.

一般地,有下面的定义.

定义 2.1 设 $\{x_n\}$ 是一个数列,a 是常数. 若对于任意的正数 ε,总存在一个正整数 N,使得当 $n > N$ 时,不等式

$$|x_n - a| < \varepsilon$$

恒成立,则称常数 a 为数列 $\{x_n\}$ 当 $n \to \infty$ 时的**极限**,记为

$$\lim_{n \to \infty} x_n = a \quad \text{或} \quad x_n \to a \quad (n \to \infty).$$

这时则称数列是**收敛**的.否则称数列是**发散**的.

已知不等式

$$|x_n - a| < \varepsilon \Leftrightarrow a - \varepsilon < x_n < a + \varepsilon.$$

于是,数列 $\{x_n\}$ 的极限是 a 的几何意义是:任意一个以 a 为中心以 ε 为半径的邻域 $U(a, \varepsilon)$ 或开区间 $(a - \varepsilon, a + \varepsilon)$,数列 $\{x_n\}$ 中总存在一项 x_N,在此项后面的所有项 $x_{N+1}, x_{N+2}, \cdots$（即除了前 N 项以外）,它们在数轴上对应的点,都位于邻域 $U(a, \varepsilon)$ 或区间 $(a - \varepsilon, a + \varepsilon)$ 之中,至多能有 N 个点位于此邻域或区间之外（如图 2.1 所示）.因为 $\varepsilon > 0$ 可以任意小,所以数列中各项所对应的点 x_n 都无限集聚在点 a 附近.

定义中的正整数 N 与任意给定的正数 ε 有关,当 ε 减少时,一般地说,N 将会相应地增大.

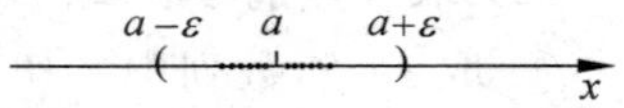

例 1.1 证明数列 $\left\{ \dfrac{n}{n+1} \right\}$ 的极限是 1.

图 2.1

证明 任意给定 $\varepsilon > 0$,要使

$$\left| \frac{n}{n+1} - 1 \right| = \frac{1}{n+1} < \varepsilon,$$

只要 $n > \dfrac{1}{\varepsilon} - 1$. 取 $N = \left[\dfrac{1}{\varepsilon} - 1 \right]$,则当 $n > N$ 时,必有

$$\left| \frac{n}{n+1} - 1 \right| < \varepsilon.$$

即

$$\lim_{n \to \infty} \frac{n}{n+1} = 1.$$

例 1.2 用数列极限的"ε-N"定义来检验:当 $|q| < 1$ 时,有

$$\lim_{n \to \infty} q^n = 0.$$

证明 $\forall \varepsilon > 0$,要使 $|q^n| = |q|^n < \varepsilon$ 成立,只需

$$n \ln |q| < \ln \varepsilon,$$

由于 $|q| < 1$,故 $\ln |q| < 0$,以负数 $\ln |q|$ 除上面不等式的两边,有

$$n > \frac{\ln \varepsilon}{\ln |q|}.$$

就是说,要使 $|q^n| < \varepsilon$,n 必须大于 $\dfrac{\ln \varepsilon}{\ln |q|}$,根据以上分析,取 $N = \left[\dfrac{\ln \varepsilon}{\ln |q|} \right]$,则当 $n > N$ 时,必有

$$|q^n| < \varepsilon,$$

即

$$\lim_{n \to \infty} q^n = 0, \quad |q| < 1.$$

2. 单调数列

定义 2.2　如果数列 $\{x_n\}$ 满足条件

$$x_n \leqslant x_{n+1}(x_n \geqslant x_{n+1}), \quad n \in \mathbb{Z}_+,$$

则称数列 $\{x_n\}$ 是**单调增加(单调减少)**的,单调增加和单调减少的数列统称为**单调数列**.

单调有界原理　单调有界数列必有极限.

例 1.3　欧拉数 e.

设 $x_n = \left(1 + \dfrac{1}{n}\right)^n$,证明数列 $\{x_n\}$ 收敛.

证明　(1)先证数列是单调增加的.

$$x_n = \left(1 + \frac{1}{n}\right)^n = 1 + \frac{n}{1!}\frac{1}{n} + \frac{n(n-1)}{2!}\frac{1}{n^2} + \frac{n(n-1)(n-2)}{3!}\frac{1}{n^3} + \cdots$$

$$+ \frac{n(n-1)\cdots(n-n+1)}{n!}\frac{1}{n^n}$$

$$= 1 + \frac{1}{1!} + \frac{1}{2!}\left(1 - \frac{1}{n}\right) + \frac{1}{3!}\left(1 - \frac{1}{n}\right)\left(1 - \frac{2}{n}\right) + \cdots$$

$$+ \frac{1}{n!}\left(1 - \frac{1}{n}\right)\left(1 - \frac{2}{n}\right)\cdots\left(1 - \frac{n-1}{n}\right),$$

$$x_{n+1} = \left(1 + \frac{1}{n+1}\right)^{n+1} = 1 + \frac{1}{1!} + \frac{1}{2!}\left(1 - \frac{1}{n+1}\right) + \frac{1}{3!}\left(1 - \frac{1}{n+1}\right)\left(1 - \frac{2}{n+1}\right) + \cdots$$

$$+ \frac{1}{n!}\left(1 - \frac{1}{n+1}\right)\left(1 - \frac{2}{n+1}\right)\cdots\left(1 - \frac{n-1}{n+1}\right)$$

$$+ \frac{1}{(n+1)!}\left(1 - \frac{1}{n+1}\right)\left(1 - \frac{2}{n+1}\right)\cdots\left(1 - \frac{n}{n+1}\right).$$

在这两个展开式中,除前两项相同外,后者的每个项都大于前者的相应项,且后者最后还多了一个数值为正的项,因此有

$$x_n < x_{n+1}.$$

(2)再证数列有上界.

因 $1 - \dfrac{1}{n}, 1 - \dfrac{2}{n}, \cdots, 1 - \dfrac{n-1}{n}$ 都小于 1,故

$$x_n < 1 + \frac{1}{1!} + \frac{1}{2!} + \cdots + \frac{1}{n!} < 1 + 1 + \frac{1}{2} + \frac{1}{2^2} + \cdots + \frac{1}{2^{n-1}}$$

$$= 1 + \frac{1 - \frac{1}{2^n}}{1 - \frac{1}{2}} = 3 - \frac{1}{2^{n-1}} < 3.$$

根据单调有界原理,数列 $\{x_n\} = \left\{ \left(1 + \frac{1}{n}\right)^n \right\}$ 有极限,将此极限记为 e,则

$$\lim_{n \to \infty} \left(1 + \frac{1}{n}\right)^n = \mathrm{e}.$$

e 是一个无理数,它的值是

$$\mathrm{e} = 2.718281828459045\cdots.$$

习题 2.1

1. 观察下列数列 $\{x_n\}$ 是否收敛,如果收敛,写出它们的极限.

(1) $x_n = \frac{1}{2^n}$; 　　　　　　　(2) $x_n = \cos \frac{n\pi}{4}$;

(3) $x_n = 2 + \frac{1}{n^2}$; 　　　　　　(4) $x_n = \begin{cases} 2n, & 1 \leqslant n \leqslant 100, \\ \dfrac{1}{n-200}, & n > 100; \end{cases}$

(5) $x_n = n(-1)^n$.

2. 根据数列极限的定义,证明下列极限:

(1) $\lim\limits_{n \to \infty} \dfrac{1}{n^2} = 0$; 　　　　　(2) $\lim\limits_{n \to \infty} \dfrac{3n+1}{2n+1} = \dfrac{3}{2}$;

(3) $\lim\limits_{n \to \infty} (\sqrt{n+1} - \sqrt{n}) = 0$; 　(4) $\lim\limits_{n \to \infty} \dfrac{5n^2}{7n - n^2} = -5$.

3. 证明数列 $\sqrt{2}$, $\sqrt{2 + \sqrt{2}}$, $\sqrt{2 + \sqrt{2 + \sqrt{2}}}$, $\cdots$ 的极限存在.

4. 对数列 $\{x_n\}$,若 $x_{2k-1} \to a(k \to \infty)$,$x_{2k} \to a(k \to \infty)$,证明 $x_n \to a(n \to \infty)$.

2.2　函数的极限

1. 当 $x \to \infty$ 时,函数 $f(x)$ 的极限

定义 2.3　设函数 $f(x)$ 在区间 $(a, +\infty)$ 上有定义,A 是常数.若 $\forall \varepsilon > 0$,$\exists X > 0$,$\forall x > X$,有

$$|f(x) - A| < \varepsilon,$$

则称函数 $f(x)$ 当 $x \to +\infty$ 时以 A 为极限,表示为

$$\lim_{x \to +\infty} f(x) = A \quad 或 \quad f(x) \to A \ (x \to +\infty).$$

函数 $f(x)(x\to+\infty)$ 的极限定义与数列 $\{x_n\}$ 的极限定义很相似.这是因为它们的自变量的变化趋势相同($x\to+\infty$ 与 $n\to+\infty$).

极限 $\lim\limits_{x\to+\infty}f(x)=A$ 有明显的几何意义(如图 2.2 所示).注意

$$|f(x)-A|<\varepsilon\Leftrightarrow A-\varepsilon<f(x)<A+\varepsilon.$$

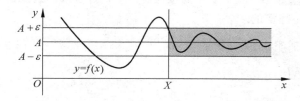

图　2.2

下面将极限 $\lim\limits_{x\to+\infty}f(x)=A$ 定义的分析语言与几何语言列表对比如表 2.1 所示.

表　2.1

分析语言	几何语言
$\forall\varepsilon>0$	在直线 $y=A$ 两侧,以两条直线 $y=A\pm\varepsilon$ 为边界,宽为 2ε 的带形区域
$\exists X>0$	在 x 轴上原点右侧总存在一点 X
$\forall x>X$	对 X 右侧的点 x,即 $\forall x\in(X,+\infty)$
$|f(x)-A|<\varepsilon$	函数 $y=f(x)$ 的图像位于上述带形区域之内

当自变量 $|x|$ 无限增大时,还有两种情况:一是 $x\to-\infty$;二是 $x\to\infty$(即 $|x|\to\infty$),函数 $f(x)$ 的极限定义分别给出.

定义 2.4　设函数 $f(x)$ 在区间 $(-\infty,a)$ 有定义,A 是常数,若对 $\forall\varepsilon>0$,$\exists X>0$,$\forall x<-X$,有

$$|f(x)-A|<\varepsilon,$$

则称函数 $f(x)$ 当 $x\to-\infty$ 时以 A 为极限,表示为

$$\lim_{x\to-\infty}f(x)=A\quad\text{或}\quad f(x)\to A\quad(x\to-\infty).$$

定义 2.5　设函数 $f(x)$ 在 $\{x\,|\,|x|>a\}$ 有定义,A 是常数,若对 $\forall\varepsilon>0$,$\exists X>0$,$\forall x$:$|x|>X$,有

$$|f(x)-A|<\varepsilon,$$

则称函数 $f(x)$ 当 $x\to\infty$ 时以 A 为极限,表示为

$$\lim_{x\to\infty}f(x)=A\quad\text{或}\quad f(x)\to A\quad(x\to\infty).$$

上述函数 $f(x)$ 的极限的 3 个定义($x\to+\infty$,$x\to-\infty$,$x\to\infty$)很相似.为了明显地看到它们的异同,将函数极限的 3 个定义对比如下:

$$\lim_{x \to +\infty} f(x) = A \Leftrightarrow \forall \varepsilon > 0, \exists X > 0, \forall x > X, 有 \mid f(x) - A \mid < \varepsilon.$$

$$\lim_{x \to -\infty} f(x) = A \Leftrightarrow \forall \varepsilon > 0, \exists X > 0, \forall x < -X, 有 \mid f(x) - A \mid < \varepsilon.$$

$$\lim_{x \to \infty} f(x) = A \Leftrightarrow \forall \varepsilon > 0, \exists X > 0, \forall x : \mid x \mid > X, 有 \mid f(x) - A \mid < \varepsilon.$$

注 定义 2.5 中 ε 刻画 $f(x)$ 与 A 的接近程度,X 刻画 $\mid x \mid$ 充分大的程度;ε 是任意给定的正数,X 是随 ε 而确定的.

例 2.1 用定义证明 $\lim\limits_{x \to \infty} \dfrac{1}{x} = 0$.

证明 $\forall \varepsilon > 0$,要使

$$\left| \frac{1}{x} - 0 \right| = \frac{1}{\mid x \mid} < \varepsilon,$$

只要 $\mid x \mid > \dfrac{1}{\varepsilon}$ 就可以了. 因此,$\forall \varepsilon > 0$,取 $X = \dfrac{1}{\varepsilon}$,则当 $\mid x \mid > X$ 时,有

$$\left| \frac{1}{x} - 0 \right| < \varepsilon,$$

即

$$\lim_{x \to \infty} \frac{1}{x} = 0.$$

例 2.2 证明：$\lim\limits_{x \to +\infty} \dfrac{x-1}{x+1} = 1$.

证明 不妨设 $x > -1$,$\forall \varepsilon > 0$,要使不等式

$$\left| \frac{x-1}{x+1} - 1 \right| = \frac{2}{x+1} < \varepsilon$$

成立,解得 $x > \dfrac{2}{\varepsilon} - 1$(限定 $0 < \varepsilon < 2$). 取 $X = \dfrac{2}{\varepsilon} - 1$,于是 $\forall \varepsilon > 0, \exists X = \dfrac{2}{\varepsilon} - 1 > 0, \forall x > X$,有 $\left| \dfrac{x-1}{x+1} - 1 \right| < \varepsilon$. 即

$$\lim_{x \to +\infty} \frac{x-1}{x+1} = 1.$$

例 2.3 证明：$\lim\limits_{x \to -\infty} 2^x = 0$.

证明 $\forall \varepsilon > 0$,要使 $\mid 2^x - 0 \mid = 2^x < \varepsilon$,只要 $x < \dfrac{\ln\varepsilon}{\ln 2}$ 就可以了(这里不妨设 $\varepsilon < 1$),取 $X = -\dfrac{\ln\varepsilon}{\ln 2}$,于是 $\forall \varepsilon > 0, \exists X = -\dfrac{\ln\varepsilon}{\ln 2}, \forall x < -X$,有 $\mid 2^x - 0 \mid < \varepsilon$,即

$$\lim_{x \to -\infty} 2^x = 0.$$

2. 当 $x \to x_0$ 时,函数 $f(x)$ 的极限

例 2.4 函数 $f(x) = 2x + 1$. 当 x 趋于 2 时,可以看到所对应的函数值趋于 5(如图 2.3 所示).

例 2.5 函数 $f(x) = \dfrac{x^2 - 4}{x - 2}$. 当 $x \neq 2$ 时,$f(x) = x + 2$. 由此可见,当 x 不等于 2 而趋于 2 时,对应的函数值 $f(x)$ 就趋于 4(如图 2.4 所示).

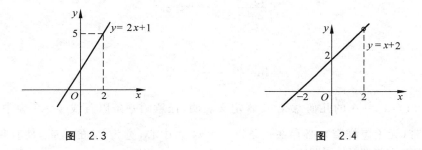

图 2.3   图 2.4

不难看出,上述两个例子和前面 $x \to \infty$ 时的极限存在情形相似,这里是"当 x 趋于 x_0(但不等于 x_0)时,对应的函数值 $f(x)$ 就趋于某一确定的数 A". 这两个"趋于"反映了 $f(x)$ 与 A 和 x 与 x_0 无限接近程度之间的关系.

在本节例 2.4 中,由于
$$|f(x) - A| = |(2x + 1) - 5| = |2x - 4| = 2|x - 2|,$$
所以要使 $|f(x) - 5|$ 小于任给的正数 ε,只要 $|x - 2| < \dfrac{\varepsilon}{2}$ 即可. 这里 $\dfrac{\varepsilon}{2}$ 表示 x 与 2 的接近程度,常把它记作 δ,因它与 ε 有关,所以有时也记作 $\delta(\varepsilon)$.

定义 2.6(函数极限的 ε-δ 定义) 设函数 $f(x)$ 在 x_0 的某个去心邻域内有定义,A 是常数,若 $\forall \varepsilon > 0$,$\exists \delta > 0$,$\forall x: 0 < |x - x_0| < \delta$,有
$$|f(x) - A| < \varepsilon,$$
则称函数 $f(x)$ 当 x 趋于 x_0 时以 A 为极限,表示为
$$\lim_{x \to x_0} f(x) = A \quad \text{或} \quad f(x) \to A \ (x \to x_0).$$

注 在此极限定义中,"$0 < |x - x_0| < \delta$"指出 $x \neq x_0$,这说明函数 $f(x)$ 在 x_0 的极限与函数 $f(x)$ 在 x_0 的情况无关,其中包含两层意思:其一,x_0 可以不属于函数 $f(x)$ 的定义域,其二,x_0 可以属于函数 $f(x)$ 的定义域,但这时函数 $f(x)$ 在 x_0 的极限与 $f(x)$ 在 x_0 的函数值 $f(x_0)$ 没有任何联系. 总之,函数 $f(x)$ 在 x_0 的极限仅与函数 $f(x)$ 在 x_0 附近的 x 的函数值有关,而与 $f(x)$ 在 x_0 的情况无关.

例 2.6　证明：$\lim\limits_{x\to\frac{1}{2}}\dfrac{4x^2-1}{2x-1}=2$.

证明　$\forall\varepsilon>0$,要使不等式

$$\left|\frac{4x^2-1}{2x-1}-2\right|=|2x+1-2|=2\left|x-\frac{1}{2}\right|<\varepsilon$$

成立,只需$\left|x-\dfrac{1}{2}\right|<\dfrac{\varepsilon}{2}$,取$\delta=\dfrac{\varepsilon}{2}$,于是$\forall\varepsilon>0$,$\exists\delta=\dfrac{\varepsilon}{2}>0$,$\forall x$：$0<\left|x-\dfrac{1}{2}\right|<\delta$,有

$$\left|\frac{4x^2-1}{2x-1}-2\right|<\varepsilon.$$

即

$$\lim_{x\to\frac{1}{2}}\frac{4x^2-1}{2x-1}=2.$$

极限$\lim\limits_{x\to x_0}f(x)=A$ 的几何意义：ε-δ 定义表明,任意画一条以直线 $y=A$ 为中心线,宽为 2ε 的横带(无论怎样窄),必存在一条以 $x=x_0$ 为中心,宽为 2δ 的直带,使直带内的函数图像全部落在横带内(如图 2.5 所示).

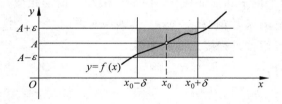

图　2.5

例 2.7　证明：$\lim\limits_{x\to x_0}c=c$,此处 c 为一常数.

证明　这里$|f(x)-A|=|c-c|=0$,因此对于任意给定的正数 ε,可任取一正数 δ,当 $0<|x-x_0|<\delta$ 时,能使不等式

$$|f(x)-A|=0<\varepsilon$$

成立.所以$\lim\limits_{x\to x_0}c=c$.

例 2.8　证明：$\lim\limits_{x\to x_0}x=x_0$.

证明　这里$|f(x)-A|=|x-x_0|$,因此对于任意给定的正数 ε,可取正数 $\delta=\varepsilon$,当 $0<|x-x_0|<\delta$ 时,不等式

$$|f(x)-A|=|x-x_0|<\varepsilon$$

成立.所以$\lim\limits_{x\to x_0}x=x_0$.

3. 左极限与右极限

在上述函数极限的定义中,如果仅讨论自变量 x 从 x_0 的左侧(或右侧)接近 x_0,即 $x \to x_0$ 而又始终保持 $x < x_0$(或 $x > x_0$)的情形,这时如果 $f(x)$ 有极限,该极限称为 $f(x)$ 在点 x_0 的**左极限**(或**右极限**).

定义 2.7 设函数 $f(x)$ 在 x_0 的左邻域(右邻域)有定义,A 是常数. 若 $\forall \varepsilon > 0$, $\exists \delta > 0$, $\forall x : x_0 - \delta < x < x_0$ $(x_0 < x < x_0 + \delta)$,有

$$| f(x) - A | < \varepsilon,$$

则称 A 是函数 $f(x)$ 在 x_0 的左极限(右极限). 记作

$$\lim_{x \to x_0^-} f(x) = A \quad 或 \quad f(x_0 - 0) = A \quad \left(\lim_{x \to x_0^+} f(x) = A \ 或 \ f(x_0 + 0) = A \right).$$

由定义 2.7 即可得到下面的结论.

定理 2.1 $\displaystyle \lim_{x \to x_0} f(x) = A \Leftrightarrow \lim_{x \to x_0^-} f(x) = \lim_{x \to x_0^+} f(x) = A$.

例 2.9 设 $f(x) = \begin{cases} 1, & x < 0, \\ x, & x \geqslant 0, \end{cases}$ 研究当 $x \to 0$ 时,$f(x)$ 的极限是否存在.

解 当 $x < 0$ 时,

$$\lim_{x \to 0^-} f(x) = \lim_{x \to 0^-} 1 = 1,$$

而当 $x > 0$ 时,

$$\lim_{x \to 0^+} f(x) = \lim_{x \to 0^+} x = 0.$$

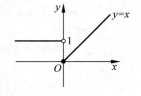

图 2.6

左右极限都存在但不相等,所以,由定理 2.1 可知,当 $x \to 0$ 时 $f(x)$ 不存在极限(如图 2.6 所示).

例 2.10 研究当 $x \to 0$ 时,$f(x) = |x|$ 的极限.

解 $$f(x) = |x| = \begin{cases} -x, & x < 0, \\ x, & x \geqslant 0. \end{cases}$$

显然 $\displaystyle \lim_{x \to 0^+} f(x) = \lim_{x \to 0^+} x = 0$,同理 $\displaystyle \lim_{x \to 0^-} f(x) = \lim_{x \to 0^-} (-x) = 0$. 所以,由定理 2.1 可得

$$\lim_{x \to 0} |x| = 0.$$

习题 2.2

1. 根据函数极限的定义证明:

(1) $\displaystyle \lim_{x \to 3} (3x - 1) = 8$;

(2) $\displaystyle \lim_{x \to -2} \frac{x^2 - 4}{x + 2} = -4$;

（3）$\lim\limits_{x \to \infty} \dfrac{1+x^3}{2x^3} = \dfrac{1}{2}$.

2. 证明函数 $f(x) = \dfrac{|x|}{x}$ 当 $x \to 0$ 时的极限不存在.

2.3 函数极限的性质和运算

1. 函数极限的性质

2.2 节给出了两类 6 种函数极限，即

$$\lim\limits_{x \to +\infty} f(x), \quad \lim\limits_{x \to -\infty} f(x), \quad \lim\limits_{x \to \infty} f(x);$$

$$\lim\limits_{x \to x_0} f(x), \quad \lim\limits_{x \to x_0^-} f(x), \quad \lim\limits_{x \to x_0^+} f(x).$$

每一种函数极限都有类似的性质和四则运算法则. 本节仅就函数极限 $\lim\limits_{x \to x_0} f(x)$ 给出一些收敛定理及其证明，读者不难对其他 5 种函数极限以及数列极限写出相应的定理，并给出证明.

定理 2.2（惟一性）　若极限 $\lim\limits_{x \to x_0} f(x)$ 存在，则它的极限值是惟一的.

证明　用反证法. 设 $\lim\limits_{x \to x_0} f(x) = a$，$\lim\limits_{x \to x_0} f(x) = b$，且 $a \neq b$，由极限定义，$\forall \varepsilon > 0$，对 $\dfrac{\varepsilon}{2}$，

$$\begin{cases} \exists \delta_1 > 0, \quad \forall x: 0 < |x - x_0| < \delta_1, \quad \text{有} \ |f(x) - a| < \dfrac{\varepsilon}{2}, \\ \exists \delta_2 > 0, \quad \forall x: 0 < |x - x_0| < \delta_2, \quad \text{有} \ |f(x) - b| < \dfrac{\varepsilon}{2}. \end{cases}$$

取 $\delta = \min\{\delta_1, \delta_2\}$，则当 $0 < |x - x_0| < \delta$ 时，

$$|f(x) - a| < \dfrac{\varepsilon}{2} \quad \text{与} \quad |f(x) - b| < \dfrac{\varepsilon}{2}$$

同时成立. 于是，当 $0 < |x - x_0| < \delta$ 时，有

$$|a - b| = |a - f(x) + f(x) - b| \leqslant |a - f(x)| + |f(x) - b| < \varepsilon,$$

因为 ε 是任意的，得出矛盾，所以 $a = b$.

定理 2.3（有界性）　若 $\lim\limits_{x \to x_0} f(x) = a$，则存在某个 $\delta_0 > 0$ 与 $M > 0$，当 $0 < |x - x_0| < \delta_0$ 时，有 $|f(x)| \leqslant M$.

证明　取 $\varepsilon = 1$，$\exists \delta_0 > 0$，当 $0 < |x - x_0| < \delta_0$ 时，有

$$|f(x) - a| < 1,$$

因

$$|f(x)| - |a| \leqslant |f(x) - a| < 1,$$

从而

$$| f(x) | \leqslant | a | + 1.$$

取 $M = | a | + 1$，于是 $\exists \delta_0 > 0$，当 $0 < | x - x_0 | < \delta_0$ 时，有

$$| f(x) | \leqslant M.$$

定理 2.4 若 $\lim_{x \to x_0} f(x) = a$，$\lim_{x \to x_0} g(x) = b$，且 $a > b$，则存在 $\delta > 0$，使当 $0 < | x - x_0 | < \delta$ 时，$f(x) > g(x)$.

证明 对 $\varepsilon = \dfrac{a-b}{2}$，$\exists \delta_1 > 0$，当 $0 < | x - x_0 | < \delta_1$ 时，有

$$| f(x) - a | < \frac{a-b}{2},$$

从而

$$f(x) > a - \frac{a-b}{2} = \frac{a+b}{2}.$$

$\exists \delta_2 > 0$，当 $0 < | x - x_0 | < \delta_2$ 时，有

$$| g(x) - b | < \frac{a-b}{2}.$$

从而

$$g(x) < b + \frac{a-b}{2} = \frac{a+b}{2}.$$

令 $\delta = \min\{\delta_1, \delta_2\}$，则当 $0 < | x - x_0 | < \delta$ 时，有

$$g(x) < \frac{a+b}{2} < f(x).$$

推论 1（保号性）　若 $\lim_{x \to x_0} f(x) = a$ 且 $a > 0 (a < 0)$，则存在 $\delta > 0$，当 $0 < | x - x_0 | < \delta$ 时，$f(x) > 0 (f(x) < 0)$.

推论 2（保序性）　若 $\lim_{x \to x_0} f(x) = a$，$\lim_{x \to x_0} g(x) = b$，且存在 $\delta > 0$，使当 $0 < | x - x_0 | < \delta$ 时，$f(x) \geqslant g(x)$，则 $a \geqslant b$.

2. 函数极限的四则运算

定理 2.5 设 $\lim_{x \to x_0} f(x) = a$，$\lim_{x \to x_0} g(x) = b$，则：

(1) $\lim_{x \to x_0} [f(x) \pm g(x)] = a \pm b = \lim_{x \to x_0} f(x) \pm \lim_{x \to x_0} g(x)$；

(2) $\lim_{x \to x_0} f(x) g(x) = ab = \lim_{x \to x_0} f(x) \lim_{x \to x_0} g(x)$；

(3) 当 $b \neq 0$ 时，$\lim_{x \to x_0} \dfrac{f(x)}{g(x)} = \dfrac{a}{b} = \dfrac{\lim_{x \to x_0} f(x)}{\lim_{x \to x_0} g(x)}$.

证明   只证(2),其余从略.

根据定理 2.3,由 $\lim\limits_{x \to x_0} f(x) = a$,存在 $\delta_0 > 0$,当 $0 < |x - x_0| < \delta_0$ 时,$|f(x)| \leqslant M$.

$$\forall \varepsilon > 0, \begin{cases} \exists \delta_1 > 0, \forall x : 0 < |x - x_0| < \delta_1, 有 |f(x) - a| < \varepsilon, \\ \exists \delta_2 > 0, \forall x : 0 < |x - x_0| < \delta_2, 有 |g(x) - b| < \varepsilon. \end{cases}$$

取 $\delta = \min\{\delta_0, \delta_1, \delta_2\}$,则当 $0 < |x - x_0| < \delta$ 时,有

$$\begin{aligned} |f(x)g(x) - ab| &= |f(x)g(x) - f(x)b + f(x)b - ab| \\ &\leqslant |f(x)||g(x) - b| + |b||f(x) - a| < M\varepsilon + |b|\varepsilon \\ &= (M + |b|)\varepsilon, \end{aligned}$$

即

$$\lim_{x \to x_0} f(x)g(x) = ab = \lim_{x \to x_0} f(x) \lim_{x \to x_0} g(x).$$

注   (1) 定理 2.5 的(1)、(2)可推广到有限多个函数的和或积的情形;

(2) 作为定理 2.5 中(2)的特殊情形,有

$$\lim_{x \to x_0} cf(x) = c \lim_{x \to x_0} f(x), \qquad \lim_{x \to x_0} [f(x)]^n = [\lim_{x \to x_0} f(x)]^n.$$

例 3.1   求 $\lim\limits_{x \to 1}(2x - 1)$.

解 $\lim\limits_{x \to 1}(2x - 1) = \lim\limits_{x \to 1} 2x - \lim\limits_{x \to 1} 1 = 2 \lim\limits_{x \to 1} x - \lim\limits_{x \to 1} 1 = 2 \times 1 - 1 = 1.$

例 3.2   求 $\lim\limits_{x \to 2} \dfrac{x^2 - 1}{x^3 + 3x - 1}$.

解
$$\begin{aligned} \lim_{x \to 2} \frac{x^2 - 1}{x^3 + 3x - 1} &= \frac{\lim\limits_{x \to 2}(x^2 - 1)}{\lim\limits_{x \to 2}(x^3 + 3x - 1)} = \frac{\lim\limits_{x \to 2} x^2 - \lim\limits_{x \to 2} 1}{\lim\limits_{x \to 2} x^3 + \lim\limits_{x \to 2} 3x - \lim\limits_{x \to 2} 1} \\ &= \frac{(\lim\limits_{x \to 2} x)^2 - \lim\limits_{x \to 2} 1}{(\lim\limits_{x \to 2} x)^3 + 3 \lim\limits_{x \to 2} x - \lim\limits_{x \to 2} 1} = \frac{2^2 - 1}{2^3 + 3 \times 2 - 1} = \frac{3}{13}. \end{aligned}$$

从例 3.1 和例 3.2 可以看出,对于有理整函数(多项式)和有理分式函数(分母不为零),求其极限时,只要把自变量 x 的极限值代入函数就可以了.

设多项式

$$f(x) = a_0 x^n + a_1 x^{n-1} + \cdots + a_n,$$

则

$$\begin{aligned} \lim_{x \to x_0} f(x) &= \lim_{x \to x_0}(a_0 x^n + a_1 x^{n-1} + \cdots + a_n) \\ &= a_0 (\lim_{x \to x_0} x)^n + a_1 (\lim_{x \to x_0} x)^{n-1} + \cdots + a_n \\ &= a_0 x_0^n + a_1 x_0^{n-1} + \cdots + a_n \\ &= f(x_0). \end{aligned}$$

对于有理分式函数

$$f(x) = \frac{P(x)}{Q(x)},$$

式中 $P(x)$, $Q(x)$ 均为多项式, 且 $Q(x_0) \neq 0$, 则

$$\lim_{x \to x_0} f(x) = \lim_{x \to x_0} \frac{P(x)}{Q(x)} = \frac{\lim\limits_{x \to x_0} P(x)}{\lim\limits_{x \to x_0} Q(x)} = \frac{P(x_0)}{Q(x_0)} = f(x_0).$$

若 $Q(x_0) = 0$, 上述结论不能用.

例 3.3 求 $\lim\limits_{x \to 2} \dfrac{2-x}{4-x^2}$.

解 本题分子、分母的极限均为零, 但它们有因子 $2-x$.

当 $x \to 2$ 时, $x \neq 2$, $x - 2 \neq 0$. 所以

$$\lim_{x \to 2} \frac{2-x}{4-x^2} = \lim_{x \to 2} \frac{2-x}{(2-x)(2+x)} = \lim_{x \to 2} \frac{1}{2+x} = \frac{1}{4}.$$

例 3.4 求 $\lim\limits_{x \to \infty} \dfrac{3x^3 - 4x^2 + 2}{7x^3 + 5x^2 - 3}$.

解 分子、分母极限均不存在, 用 x^3 除分子、分母, 然后求极限, 即

$$\lim_{x \to \infty} \frac{3x^3 - 4x^2 + 2}{7x^3 + 5x^2 - 3} = \lim_{x \to \infty} \frac{3 - \dfrac{4}{x} + \dfrac{2}{x^3}}{7 + \dfrac{5}{x} - \dfrac{3}{x^3}} = \frac{3}{7}.$$

例 3.5 求 $\lim\limits_{x \to \infty} \dfrac{2x^2 - 1}{3x^4 + x^2 - 2}$.

解 以 x^4 除分子、分母, 再求极限, 即

$$\lim_{x \to \infty} \frac{2x^2 - 1}{3x^4 + x^2 - 2} = \lim_{x \to \infty} \frac{\dfrac{2}{x^2} - \dfrac{1}{x^4}}{3 + \dfrac{1}{x^2} - \dfrac{2}{x^4}} = \frac{0}{3} = 0.$$

例 3.6 求 $\lim\limits_{n \to \infty} \dfrac{2n^2 - 2n + 3}{3n^2 + 1}$.

解 以 n^2 除分子、分母, 再求极限, 即

$$\lim_{n \to \infty} \frac{2n^2 - 2n + 3}{3n^2 + 1} = \lim_{n \to \infty} \frac{2 + \dfrac{2}{n} + \dfrac{3}{n^2}}{3 + \dfrac{1}{n^2}} = \frac{2}{3}.$$

例 3.7 求 $\lim\limits_{x \to 4} \dfrac{\sqrt{x} - 2}{x - 4}$.

解　$\lim\limits_{x \to 4} \dfrac{\sqrt{x} - 2}{x - 4} = \lim\limits_{x \to 4} \dfrac{(\sqrt{x} - 2)(\sqrt{x} + 2)}{(x - 4)(\sqrt{x} + 2)} = \lim\limits_{x \to 4} \dfrac{x - 4}{(x - 4)(\sqrt{x} + 2)}$

$\qquad\qquad\qquad = \lim\limits_{x \to 4} \dfrac{1}{\sqrt{x} + 2} = \dfrac{1}{4}.$

习题 2.3

1. 证明定理 2.5 的 (1)、(3).

2. 计算下列极限：

(1) $\lim\limits_{x \to 2} \dfrac{x^2 + 5}{x - 3}$;

(2) $\lim\limits_{x \to \sqrt{3}} \dfrac{x^2 - 3}{x^2 + 1}$;

(3) $\lim\limits_{x \to 1} \dfrac{x^2 - 2x + 1}{x^2 - 1}$;

(4) $\lim\limits_{x \to 0} \dfrac{4x^3 - 2x^2 + x}{3x^2 + 2x}$;

(5) $\lim\limits_{x \to \infty} \dfrac{x^2 - 1}{2x^2 + x + 5}$;

(6) $\lim\limits_{h \to 0} \dfrac{(x + h)^2 - x^2}{h}$;

(7) $\lim\limits_{x \to \infty} \dfrac{5x^2 + x}{x^4 - 3x^2 + 1}$;

(8) $\lim\limits_{x \to \frac{1}{2}} \dfrac{8x^3 - 1}{6x^2 - 5x + 1}$;

(9) $\lim\limits_{x \to 2} \dfrac{x - 2}{\sqrt[3]{x} - \sqrt[3]{2}}$;

(10) $\lim\limits_{n \to \infty} \dfrac{1 + 2 + \cdots + n}{n^2}$;

(11) $\lim\limits_{n \to \infty} \dfrac{(n + 1)(n + 2)(n + 3)}{5n^3}$.

2.4　两个重要极限

现在就 $x \to x_0$ 情形叙述函数极限存在判别准则.

准则（夹逼准则）　若函数 $f(x), g(x), h(x)$ 在点 x_0 的某去心邻域内满足条件

$$g(x) \leqslant f(x) \leqslant h(x),$$

且

$$\lim\limits_{x \to x_0} g(x) = A, \quad \lim\limits_{x \to x_0} h(x) = A,$$

则 $\lim\limits_{x \to x_0} f(x) = A.$

证明　$\forall \varepsilon > 0, \exists \delta_1 > 0$, 当 $0 < |x - x_0| < \delta_1$ 时, 有 $|g(x) - A| < \varepsilon$, 从而 $A - \varepsilon < g(x)$; $\exists \delta_2 > 0$, 当 $0 < |x - x_0| < \delta_2$ 时, 有 $|h(x) - A| < \varepsilon$, 从而 $h(x) < A + \varepsilon$.

取 $\delta = \min\{\delta_1, \delta_2\}$, 则当 $0 < |x - x_0| < \delta$ 时, 有

$$A - \varepsilon < g(x) \leqslant f(x) \leqslant h(x) < A + \varepsilon,$$

所以有 $\lim\limits_{x \to x_0} f(x) = A.$

例 4.1 证明：$\lim\limits_{x\to 0}\dfrac{\sin x}{x}=1$.

证明　x 改变符号时，函数值的符号不变，所以只需对于 x 由正值趋于零时来论证，即只需证明

$$\lim_{x\to 0^+}\frac{\sin x}{x}=1.$$

设 $\overset{\frown}{AP}$ 是以点 O 为圆心，半径为 1 的圆弧，过 A 作圆弧的切线与 OP 的延长线交于点 T，作 $PN\perp OA$.

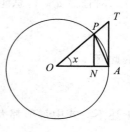

图 2.7

设 $\angle AOP=x$ 且 $0<x<\dfrac{\pi}{2}$（如图 2.7 所示），比较面积，显然有

$$\triangle OAP\text{ 的面积}<\text{扇形 }OAP\text{ 的面积}<\triangle OAT\text{ 的面积},$$

而 $PN=\sin x,OA=1,AT=\tan x$，从而得

$$\frac{1}{2}\sin x<\frac{x}{2}<\frac{1}{2}\tan x.$$

以 $\dfrac{1}{2}\sin x$ 除各项得

$$1<\frac{x}{\sin x}<\frac{1}{\cos x}\quad\text{或}\quad\cos x<\frac{\sin x}{x}<1.$$

从而

$$0<1-\frac{\sin x}{x}<1-\cos x=2\sin^2\frac{x}{2}\leqslant 2\left(\frac{x}{2}\right)^2.$$

当 $x\to 0$ 时，$\dfrac{1}{2}x^2\to 0$，利用夹逼准则，有

$$\lim_{x\to 0}\left(1-\frac{\sin x}{x}\right)=0\quad\text{即}\quad\lim_{x\to 0}\frac{\sin x}{x}=1.$$

这是一个十分重要的结果，在理论推导和实际演算中都有很大用处.

例 4.2　求 $\lim\limits_{x\to 0}\dfrac{1-\cos x}{x^2}$.

解　$\lim\limits_{x\to 0}\dfrac{1-\cos x}{x^2}=\lim\limits_{x\to 0}\dfrac{2\sin^2\frac{x}{2}}{x^2}=\dfrac{1}{2}\lim\limits_{x\to 0}\dfrac{\sin^2\frac{x}{2}}{\left(\frac{x}{2}\right)^2}=\lim\limits_{x\to 0}\dfrac{1}{2}\left(\dfrac{\sin\frac{x}{2}}{\frac{x}{2}}\right)^2=\dfrac{1}{2}\times 1^2=\dfrac{1}{2}.$

例 4.3　证明 $\lim\limits_{x\to\infty}\left(1+\dfrac{1}{x}\right)^x=\mathrm{e}$.

证明　在 2.1 节中，已证 $\lim\limits_{n\to\infty}\left(1+\dfrac{1}{n}\right)^n=\mathrm{e}$.

先讨论 $x\to+\infty$ 的情形.

对任意 $x>1$，总能找到两个相邻的正整数 n 和 $n+1$，使得 x 介于它们之间，即

$$n \leqslant x < n+1 \quad \text{或} \quad \frac{1}{n+1} < \frac{1}{x} \leqslant \frac{1}{n},$$

因此有

$$1 + \frac{1}{n+1} < 1 + \frac{1}{x} \leqslant 1 + \frac{1}{n},$$

上述不等式中每项都大于 1，于是

$$\left(1+\frac{1}{n+1}\right)^{n} < \left(1+\frac{1}{x}\right)^{x} < \left(1+\frac{1}{n}\right)^{n+1}.$$

显然，当 $x \to +\infty$ 时，随之也有 $n \to \infty$. 当 $n \to \infty$ 时，不等式两端均趋于 e，即

$$\lim_{n\to\infty}\left(1+\frac{1}{n+1}\right)^{n} = \lim_{n\to\infty}\frac{\left(1+\frac{1}{n+1}\right)^{n+1}}{1+\frac{1}{n+1}} = \frac{\lim\limits_{n\to\infty}\left(1+\frac{1}{n+1}\right)^{n+1}}{\lim\limits_{n\to\infty}\left(1+\frac{1}{n+1}\right)} = \mathrm{e},$$

$$\lim_{n\to\infty}\left(1+\frac{1}{n}\right)^{n+1} = \lim_{n\to\infty}\left(1+\frac{1}{n}\right)^{n}\left(1+\frac{1}{n}\right) = \lim_{n\to\infty}\left(1+\frac{1}{n}\right)^{n}\lim_{n\to\infty}\left(1+\frac{1}{n}\right) = \mathrm{e}.$$

故当 $x \to +\infty$ 时（随之 n 也趋于无穷），夹在中间的变量 $\left(1+\frac{1}{x}\right)^{x}$ 也趋于 e，即

$$\lim_{x\to+\infty}\left(1+\frac{1}{x}\right)^{x} = \mathrm{e}.$$

再证 $\lim\limits_{x\to-\infty}\left(1+\frac{1}{x}\right)^{x} = \mathrm{e}$.

令 $x=-(1+t)$，则当 $x \to -\infty$ 时，有 $t \to +\infty$，因此

$$\lim_{x\to-\infty}\left(1+\frac{1}{x}\right)^{x} = \lim_{t\to+\infty}\left(1-\frac{1}{1+t}\right)^{-(1+t)} = \lim_{t\to+\infty}\left(\frac{t}{1+t}\right)^{-(1+t)}$$

$$= \lim_{t\to+\infty}\left(\frac{1+t}{t}\right)^{1+t} = \lim_{t\to+\infty}\left(1+\frac{1}{t}\right)^{t}\left(1+\frac{1}{t}\right) = \mathrm{e}.$$

综合上面结果便有

$$\lim_{x\to\infty}\left(1+\frac{1}{x}\right)^{x} = \mathrm{e}.$$

这个极限也可换成另一种形式. 设 $x=\frac{1}{\alpha}$，则 $x\to\infty \Leftrightarrow \alpha\to 0$，于是有

$$\lim_{\alpha\to 0}(1+\alpha)^{\frac{1}{\alpha}} = \mathrm{e}.$$

例 4.4 求 $\lim\limits_{x\to\infty}\left(\frac{x}{1+x}\right)^{x}$.

解 $\left(\frac{x}{1+x}\right)^{x} = \dfrac{1}{\left(1+\frac{1}{x}\right)^{x}}$，故

$$\lim_{x \to \infty} \left(\frac{x}{1+x} \right)^x = \lim_{x \to \infty} \frac{1}{\left(1 + \frac{1}{x}\right)^x} = \frac{1}{\lim\limits_{x \to \infty}\left(1 + \frac{1}{x}\right)^x} = \frac{1}{e}.$$

例 4.5　求 $\lim\limits_{x \to \infty}\left(1 + \frac{2}{x}\right)^{3x}$.

解　令 $\alpha = \frac{2}{x}$, 则当 $x \to \infty$ 时 $\alpha \to 0$. 故

$$\lim_{x \to \infty}\left(1 + \frac{2}{x}\right)^{3x} = \lim_{\alpha \to 0}(1 + \alpha)^{\frac{6}{\alpha}} = \lim_{\alpha \to 0}\left[(1 + \alpha)^{\frac{1}{\alpha}}\right]^6 = e^6.$$

习题 2.4

求下列极限:

(1) $\lim\limits_{x \to 0} \dfrac{\sin 5x}{9x}$;

(2) $\lim\limits_{x \to \infty} x \sin \dfrac{3}{x}$;

(3) $\lim\limits_{x \to 1} \dfrac{\sin(x^2 - 1)}{x - 1}$;

(4) $\lim\limits_{x \to a} \dfrac{\sin x - \sin a}{x - a}$;

(5) $\lim\limits_{x \to 0} \dfrac{\sin(\sin x)}{x}$;

(6) $\lim\limits_{x \to \infty} \left(1 + \dfrac{1}{x + 3}\right)^x$;

(7) $\lim\limits_{x \to \frac{\pi}{2}} (1 + \cot x)^{\tan x}$;

(8) $\lim\limits_{x \to 0} (1 + 2x)^{\frac{1}{x}}$;

(9) $\lim\limits_{x \to \infty} \left(\dfrac{x^3 - 2}{x^3 + 3}\right)^{x^3}$.

2.5　无穷小与无穷大

1. 无穷小

定义 2.8　若 $\lim\limits_{x \to x_0} f(x) = 0$, 则称 $f(x)$ 是当 $x \to x_0$ 时的无穷小.

在此定义中, 将 $x \to x_0$ 换成 $x \to x_0^+$, $x \to x_0^-$, $x \to +\infty$, $x \to -\infty$, $x \to \infty$ 以及 $n \to \infty$, 可定义不同形式的无穷小. 例如:

当 $x \to 0$ 时, 函数 x^3, $\sin x$, $\tan x$ 都是无穷小.

当 $x \to +\infty$ 时, 函数 $\dfrac{1}{x^2}$, $\left(\dfrac{1}{2}\right)^x$, $\dfrac{\pi}{2} - \arctan x$ 都是无穷小.

当 $n \to \infty$ 时, 数列 $\left\{\dfrac{1}{n}\right\}$, $\left\{\dfrac{1}{2^n}\right\}$, $\left\{\dfrac{n}{n^2 + 1}\right\}$ 都是无穷小.

注　无穷小不是"很小的常数". 除去零外, 任何常数, 无论它的绝对值怎么小, 都不是

无穷小.

根据极限定义或极限四则运算定理,不难证明无穷小有以下性质.

性质 1   若函数 $f(x)$ 与 $g(x)(x \to x_0)$ 都是无穷小,则函数 $f(x) \pm g(x)(x \to x_0)$ 是无穷小.

性质 2   若函数 $f(x)(x \to x_0)$ 是无穷小,函数 $g(x)$ 在 x_0 的某去心邻域 $\mathring{U}(x_0, \delta)$ 有界,则 $f(x)g(x)(x \to x_0)$ 是无穷小.

特别地,若 $f(x)$ 与 $g(x)(x \to x_0)$ 都是无穷小,则函数 $f(x)g(x)(x \to x_0)$ 也是无穷小.

性质 3 $\lim\limits_{x \to x_0} f(x) = A \Leftrightarrow f(x) = A + \alpha(x)$,其中 $\alpha(x)(x \to x_0)$ 是无穷小.

证明   只证性质 3.

必要性.设 $\lim\limits_{x \to x_0} f(x) = A$,令 $\alpha(x) = f(x) - A$,则 $f(x) = A + \alpha(x)$,只需证明当 $x \to x_0$ 时 $\alpha(x)$ 是无穷小量.

事实上,因 $\lim\limits_{x \to x_0} f(x) = A$,$\forall \varepsilon > 0$,$\exists \delta > 0$,当 $0 < |x - x_0| < \delta$ 时,有 $|f(x) - A| < \varepsilon$,由定义 2.8 知,$\alpha(x) = f(x) - A$ 是无穷小.

充分性.设 $f(x) = A + \alpha(x)$,其中 $\alpha(x)(x \to x_0)$ 是无穷小,则 $f(x) - A = \alpha(x)$.因 $\alpha(x)(x \to x_0)$ 是无穷小,$\forall \varepsilon > 0$,$\exists \delta > 0$,当 $0 < |x - x_0| < \alpha$ 时,有 $|f(x) - A| = |\alpha(x)| < \varepsilon$.

所以 $\lim\limits_{x \to x_0} f(x) = A$.

2. 无穷大

与无穷小相反的一类变量是无穷大.如果当 $x \to x_0 (x \to \infty)$ 时,对应的函数 $f(x)$ 的绝对值无限地增大,则称当 $x \to x_0 (x \to \infty)$ 时,$f(x)$ 是无穷大.

定义 2.9   设 $f(x)$ 在 x_0 的某去心邻域有定义,若对 $\forall M > 0$,$\exists \delta > 0$,当 $0 < |x - x_0| < \delta$ 时,有

$$|f(x)| > M,$$

则称函数 $f(x)$ 当 $x \to x_0$ 时是无穷大,表示为

$$\lim\limits_{x \to x_0} f(x) = \infty \quad \text{或} \quad f(x) \to \infty \quad (x \to x_0).$$

将定义中不等式 $|f(x)| > M$ 改为

$$f(x) > M \quad \text{或} \quad f(x) < -M,$$

则称函数 $f(x)$ 当 $x \to x_0$ 时是正无穷大或负无穷大.分别表示为

$$\lim\limits_{x \to x_0} f(x) = +\infty \quad \text{或} \quad f(x) \to +\infty \ (x \to x_0),$$

$$\lim\limits_{x \to x_0} f(x) = -\infty \quad \text{或} \quad f(x) \to -\infty \ (x \to x_0).$$

注　无穷大不是数,不能把无穷大与很大的数混为一谈.

例 5.1　证明: $\lim\limits_{x\to 1}\dfrac{1}{x-1}=\infty$.

证明　$\forall M>0$. 要使 $\left|\dfrac{1}{x-1}\right|=\dfrac{1}{|x-1|}>M$,只需 $|x-1|<\dfrac{1}{M}$,取 $\delta=\dfrac{1}{M}$,于是 $\forall M>0$, $\exists \delta=\dfrac{1}{M}>0$,当 $0<|x-1|<\delta$ 时,有 $\left|\dfrac{1}{x-1}\right|>M$,即 $\lim\limits_{x\to 1}\dfrac{1}{x-1}=\infty$.

例 5.2　证明: $\lim\limits_{x\to +\infty} a^x=+\infty \ (a>1)$.

证明　$\forall M>0 \ (M>1)$,要使不等式

$$a^x>M$$

成立,解得 $x>\log_a M$,取 $X=\log_a M$,于是 $\forall M>0$,$\exists X=\log_a M$,当 $x>X$ 时,有 $a^x>M$,即 $\lim\limits_{x\to +\infty} a^x=+\infty \ (a>1)$.

3. 无穷小与无穷大的关系

定理 2.6　(1)若函数 $f(x)$ 当 $x\to x_0$ 时是无穷大,则 $\dfrac{1}{f(x)}$ 是无穷小; (2)若函数 $f(x)$ 当 $x\to x_0$ 时是无穷小,且 $f(x)\neq 0$,则 $\dfrac{1}{f(x)}$ 是无穷大.

证明　只证(2),(1)可类似地证明.

$\forall M>0$,因为当 $x\to x_0$ 时,$f(x)$ 是无穷小,对 $\varepsilon=\dfrac{1}{M}>0$,$\exists \delta>0$,当 $0<|x-x_0|<\delta$ 时,有 $|f(x)|<\dfrac{1}{M}$ 或 $\left|\dfrac{1}{f(x)}\right|>M$. 即函数 $\dfrac{1}{f(x)}$ 当 $x\to x_0$ 时是无穷大.

4. 无穷小的比较

首先比较 3 个无穷小 $\left\{\dfrac{1}{n}\right\}$,$\left\{\dfrac{1}{n^2}\right\}$ 与 $\left\{\dfrac{1}{n^3}\right\}$ $(n\to\infty)$ 趋近于 0 的速度,见表 2.2.

表　2.2

n	1	2	4	8	10	⋯	100	⋯	$\to\infty$
$\dfrac{1}{n}$	1	0.5	0.25	0.125	0.1	⋯	0.01	⋯	$\to 0$
$\dfrac{1}{n^2}$	1	0.25	0.0625	0.015625	0.01	⋯	0.0001	⋯	$\to 0$
$\dfrac{1}{n^3}$	1	0.0625	0.015625	0.001953	0.001	⋯	0.00001	⋯	$\to 0$

由表 2.2 看到,这 3 个无穷小趋于 0 的速度有明显差异,$\left\{\frac{1}{n^2}\right\}$ 比 $\left\{\frac{1}{n}\right\}$ 快,而 $\left\{\frac{1}{n^3}\right\}$ 比 $\left\{\frac{1}{n^2}\right\}$ 快.

定义 2.10 设 $f(x)$ 与 $g(x)$ 当 $x \to x_0$ 时都是无穷小,且 $g(x) \neq 0$.

(1) 若 $\lim\limits_{x \to x_0} \dfrac{f(x)}{g(x)} = 0$,则称 $f(x)$ 是比 $g(x)$ 高阶的无穷小. 记为

$$f(x) = o(g(x)) \quad (x \to x_0).$$

(2) 若 $\lim\limits_{x \to x_0} \dfrac{f(x)}{g(x)} = b \neq 0$,则称 $f(x)$ 与 $g(x)$ 是同阶无穷小. 记为

$$f(x) = O(g(x)) \quad (x \to x_0).$$

(3) 若 $\lim\limits_{x \to x_0} \dfrac{f(x)}{g(x)} = 1$,则称 $f(x)$ 与 $g(x)$ 是等价无穷小,记为

$$f(x) \sim g(x) \quad (x \to x_0).$$

(4) 若以 $x(x \to 0)$ 为标准无穷小,且 $f(x)$ 与 $x^{\alpha}(\alpha > 0)$ 是同阶无穷小,则称 $f(x)$ 是关于 x 的 α 阶无穷小.

例如,(1) 因 $\lim\limits_{x \to 0} \dfrac{\tan x}{x} = \lim\limits_{x \to 0} \dfrac{\sin x}{x} \cdot \lim\limits_{x \to 0} \dfrac{1}{\cos x} = 1$,所以 $\tan x$ 与 x 是等价无穷小,即 $\tan x \sim x$.

(2) 因 $\lim\limits_{x \to 0} \dfrac{1 - \cos x}{x^2} = \lim\limits_{x \to 0} \dfrac{\sin^2 \dfrac{x}{2}}{2\left(\dfrac{x}{2}\right)^2} = \dfrac{1}{2}$,所以 $1 - \cos x$ 是关于 x 的二阶无穷小.

(3) 因 $\lim\limits_{x \to 0} \dfrac{3x^4 - x^3 + x^2}{5x^2} = \lim\limits_{x \to 0}\left(\dfrac{3}{5}x^2 - \dfrac{1}{5}x + \dfrac{1}{5}\right) = \dfrac{1}{5}$,所以 $3x^4 - x^3 + x^2$ 与 $5x^2$ 是同阶无穷小.

关于等价无穷小,有一个重要性质,即:

设 $\alpha \sim \alpha', \beta \sim \beta'$,且 $\lim \dfrac{\beta'}{\alpha'}$ 存在,则 $\lim \dfrac{\beta}{\alpha}$ 也存在,且

$$\lim \frac{\beta}{\alpha} = \lim \frac{\beta'}{\alpha'}.$$

这是因为 $\lim \dfrac{\beta}{\alpha} = \lim\left(\dfrac{\beta}{\beta'} \cdot \dfrac{\beta'}{\alpha'} \cdot \dfrac{\alpha'}{\alpha}\right) = \lim \dfrac{\beta}{\beta'} \lim \dfrac{\beta'}{\alpha'} \lim \dfrac{\alpha'}{\alpha} = \lim \dfrac{\beta'}{\alpha'}$.

这个性质表明,求两个无穷小之比的极限时,分子及分母都可用等价无穷小来代替. 因此,如果用来代替的无穷小选得适当的话,可以使计算简化.

例 5.3 求 $\lim\limits_{x \to 0} \dfrac{\tan 2x}{\sin 5x}$.

解 当 $x \to 0$ 时,$\tan 2x \sim 2x, \sin 5x \sim 5x$,所以

$$\lim_{x \to 0} \frac{\tan 2x}{\sin 5x} = \lim_{x \to 0} \frac{2x}{5x} = \frac{2}{5}.$$

例 5.4   求 $\lim\limits_{x\to 0}\dfrac{\sin x}{x^3+3x}$.

解   当 $x\to 0$ 时，$\sin x \sim x$，无穷小 x^3+3x 与它本身显然是等价的，所以

$$\lim_{x\to 0}\frac{\sin x}{x^3+3x}=\lim_{x\to 0}\frac{x}{x(x^2+3)}=\lim_{x\to 0}\frac{1}{x^2+3}=\frac{1}{3}.$$

习题 2.5

1. 两个无穷小的商是否一定是无穷小？举例说明之.

2. 根据函数极限定义或无穷大定义填写表 2.3.

表　2.3

	$f(x)\to A$	$f(x)\to\infty$	$f(x)\to+\infty$	$f(x)\to-\infty$
$x\to x_0$	$\forall\,\varepsilon>0,$ $\exists\,\delta>0,$ 当 $0<\vert x-x_0\vert<\delta$ 时, 有 $\vert f(x)-A\vert<\varepsilon$			
$x\to x_0^+$				
$x\to x_0^-$				
$x\to\infty$				
$x\to+\infty$				
$x\to-\infty$				

3. 根据定义证明：

(1) $y=\dfrac{x-3}{x}$ 当 $x\to 3$ 时为无穷小；

(2) $y=x\sin\dfrac{1}{x}$ 当 $x\to 0$ 时为无穷小；

(3) 当 $x\to 0$ 时，函数 $y=\dfrac{1+2x}{x}$ 是无穷大.

4. 两个无穷大的和是否仍为无穷大？举例说明之.

5. 当 $x\to 0$ 时，$2x-x^2$ 与 x^2-x^3 相比，哪一个是高阶无穷小？

6. 证明：

(1) $\arctan x\sim x\ (x\to 0)$；　　　　(2) $1-\cos x\sim\dfrac{x^2}{2}\ (x\to 0)$；

(3) $\dfrac{1}{2}(1-x^2)\sim 1-x\ (x\to 1)$.

7. 利用等价无穷小的性质,求下列极限:

(1) $\lim\limits_{x \to 0} \dfrac{\tan 3x}{2x}$;

(2) $\lim\limits_{x \to 0} \dfrac{\sin(x^n)}{(\sin x)^m}$ (n, m 为正整数).

2.6   连续函数

自然界中许多现象,如空气或水的流动、气温的变化、生物的生长等,都是在连续不断地运动和变化. 这种现象反映到数学关系上,就是函数的连续性.

1. 连续函数的概念

实际应用中遇到的函数常有这样一个特点:当自变量的改变非常小时,相应的函数值的改变也非常小. 如气温作为时间的函数,就有这种性质. 为了用数学表达函数的上述特性,先介绍增量(改变量)的概念.

在函数 $y = f(x)$ 的定义域中,设自变量 x 由 x_0 变到 x_1,相应的函数值由 $f(x_0)$ 变到 $f(x_1)$,称差 $\Delta x = x_1 - x_0$ 为自变量 x 的增量(改变量),相应的

$$\Delta y = f(x_1) - f(x_0) = f(x_0 + \Delta x) - f(x_0)$$

称为函数 $y = f(x)$ 的增量.

注 $\Delta x, \Delta y$ 是完整的记号,它们可正、可负,也可为零.

下面给出连续函数的定义.

定义 2.11   设函数 $f(x)$ 在 x_0 及其邻域有定义,如果当自变量的增量趋于 0 时,相应的函数的增量也趋于 0,即

$$\lim_{\Delta x \to 0} \Delta y = 0 \quad \text{或} \quad \lim_{\Delta x \to 0} [f(x_0 + \Delta x) - f(x_0)] = 0, \tag{2.7}$$

则称函数 $y = f(x)$ 在点 x_0 连续.

由于

$$\lim_{\Delta x \to 0} [f(x_0 + \Delta x) - f(x_0)] = 0 \Longleftrightarrow \lim_{\Delta x \to 0} f(x_0 + \Delta x) = f(x_0),$$

如用 x 记 $x_0 + \Delta x$,则 $\Delta x \to 0 \Longleftrightarrow x \to x_0$,于是

$$\lim_{x \to x_0} f(x) = f(x_0). \tag{2.8}$$

故定义 2.11 可叙述为下面的形式.

定义 2.12   设函数 $y = f(x)$ 在 x_0 及其邻域有定义,若

$$\lim_{x \to x_0} f(x) = f(x_0),$$

则称函数 $y = f(x)$ 在点 x_0 连续.

用"ε-δ"语言,可将函数在一点连续的定义叙述如下.

定义 2.13 若对 $\forall \varepsilon > 0$，$\exists \delta > 0$，当 $|x - x_0| < \delta$ 时，不等式

$$|f(x) - f(x_0)| < \varepsilon$$

恒成立，则称函数 $f(x)$ 在点 x_0 连续.

由表达式(2.8)可知，$f(x)$ 在点 x_0 连续必须满足以下 3 个条件.

(1) $f(x)$ 在点 x_0 有确切的函数值 $f(x_0)$；

(2) 当 $x \to x_0$ 时，$f(x)$ 有确定的极限；

(3) 这个极限值就等于 $f(x_0)$.

定义 2.14 设函数 $y = f(x)$ 在点 x_0 及其左邻域(右邻域)有定义，若

$$\lim_{x \to x_0^-} f(x) = f(x_0) \quad \left(\lim_{x \to x_0^+} f(x) = f(x_0) \right),$$

则函数 $f(x)$ 在点 x_0 左连续(右连续).

定义 2.15 如果函数 $f(x)$ 在开区间 (a, b) 内每一点都连续，则称函数 $f(x)$ 在区间 (a, b) 内连续；如果函数 $f(x)$ 在 (a, b) 内连续，同时在 a 点右连续，在 b 点左连续，则称函数 $f(x)$ 在闭区间 $[a, b]$ 上连续.

从几何上看，$f(x)$ 的连续性表示，当横轴上两点距离充分小时，函数图形上的对应点的纵坐标之差也很小，这说明连续函数的图形是一条无间隙的连续曲线.

例 6.1 多项式函数和有理函数在其定义域内是连续的.

例 6.2 $f(x) = \sin x$ 在 $\mathbb{R}$ 上连续.

证明 任取 $x_0 \in \mathbb{R}$，对 $\forall x \in \mathbb{R}$，有不等式

$$\left| \cos \frac{x + x_0}{2} \right| \leqslant 1 \quad \text{与} \quad \left| \sin \frac{x - x_0}{2} \right| \leqslant \frac{|x - x_0|}{2}.$$

$\forall \varepsilon > 0$，要使不等式

$$|\sin x - \sin x_0| = 2 \left| \cos \frac{x + x_0}{2} \right| \left| \sin \frac{x - x_0}{2} \right| \leqslant 2 \frac{|x - x_0|}{2} = |x - x_0| < \varepsilon$$

成立，只需取 $\delta = \varepsilon$. 于是，$\forall \varepsilon > 0$，$\exists \delta = \varepsilon > 0$. $\forall x : |x - x_0| < \delta$，有 $|\sin x - \sin x_0| < \varepsilon$，即

$$\lim_{x \to x_0} \sin x = \sin x_0,$$

因此正弦函数 $\sin x$ 在 x_0 连续. 由 x_0 的任意性得 $\sin x$ 在 $\mathbb{R}$ 上连续.

2. 函数的间断点

定义 2.16 如果函数 $y = f(x)$ 在点 x_0 不满足连续性定义的条件，则称函数 $f(x)$ 在点 x_0 间断(或不连续). x_0 称为函数 $f(x)$ 的间断点(或不连续点).

$f(x)$ 在点 x_0 不满足连续性定义的条件有以下 3 种情况：

(1) 函数 $f(x)$ 在点 x_0 无定义；

(2) 函数 $f(x)$ 在点 x_0 有定义，但 $\lim_{x \to x_0} f(x)$ 不存在；

（3）在 $x=x_0$ 处 $f(x)$ 有定义，$\lim\limits_{x \to x_0} f(x)$ 存在，但 $\lim\limits_{x \to x_0} f(x) \neq f(x_0)$.

因此，间断点分为以下 2 类.

定义 2.17 若 x_0 为 $f(x)$ 的间断点，但 $f(x)$ 在点 x_0 的左、右极限都存在，则称 x_0 为 $f(x)$ 的第一类间断点. 当 $f(x_0-0) \neq f(x_0+0)$ 时，x_0 称为 $f(x)$ 的跳跃间断点。当 $f(x_0-0)=f(x_0+0)$ 时，即极限 $\lim\limits_{x \to x_0} f(x)=A$ 存在，但 $f(x_0)$ 无意义或 $f(x_0)$ 有意义但 $f(x_0) \neq A$，则称 x_0 为 $f(x)$ 的可去间断点.

例 6.3 讨论 $f(x)=\begin{cases} \dfrac{x}{|x|}, & x \neq 0, \\ 0, & x=0 \end{cases}$ 在 $x=0$ 点的连续性.

解 $\lim\limits_{x \to 0^-} f(x)=-1$，$\lim\limits_{x \to 0^+} f(x)=1$. 左极限和右极限都存在，但不相等，$f(x)$ 在 $x=0$ 不连续（如图 2.8 所示）.

定义 2.18 若 $f(x)$ 在 x_0 的左、右极限至少有一个不存在，称 x_0 为 $f(x)$ 的第二类间断点.

例 6.4 设 $f(x)=\begin{cases} \dfrac{1}{x}, & x \neq 0, \\ 0, & x=0. \end{cases}$ $x=0$ 是 $f(x)$ 的第几类间断点？

解 函数在 $x=0$ 点的左、右极限不存在，所以 $x=0$ 是 $f(x)$ 的第二类间断点（如图 2.9 所示）.

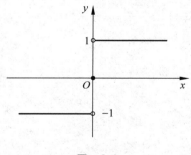

图   2.8

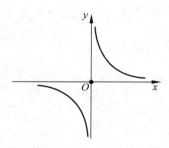

图   2.9

图   2.10

例 6.5 设 $f(x)=\begin{cases} \sin\dfrac{1}{x}, & x \neq 0, \\ 0, & x=0. \end{cases}$ 问 $x=0$ 是 $f(x)$ 的第几类间断点？

解 函数在 $x=0$ 点的左、右极限不存在，所以 $x=0$ 是 $f(x)$ 的第二类间断点（如图 2.10 所示）.

若 x_0 是 $f(x)$ 的可去间断点,则改变点 x_0 的函数值或适当定义在点 x_0 的函数值,可使函数 $f(x)$ 在点 x_0 连续,这就是"可去"的含义.

例 6.6 设 $f(x) = \begin{cases} x, & x \neq 1, \\ \dfrac{1}{2}, & x = 1. \end{cases}$ 求 $f(x)$ 的间断点,并判断间断点类型.

解 当 $x \neq 1$ 时,$f(x) = x$ 是连续的,故间断点只可能出现在 $x = 1$ 点. $f(1) = \dfrac{1}{2}$,$\lim\limits_{x \to 1} f(x) = 1$,所以 $\lim\limits_{x \to 1} f(x) \neq f(1)$,故 $x = 1$ 是 $f(x)$ 的可去间断点(如图 2.11 所示).

例 6.7 求 $f(x) = \dfrac{x^2 - 1}{x - 1}$ 的间断点,并判断间断点类型.

解 当 $x \neq 1$ 时,$f(x) = \dfrac{x^2 - 1}{x - 1} = x + 1$ 是连续的,故间断点只可能出现在 $x = 1$ 点.

$$\lim_{x \to 1} \frac{x^2 - 1}{x - 1} = \lim_{x \to 1} (x + 1) = 2,$$

但 $f(x)$ 在 $x = 1$ 点无意义,故在 $x = 1$ 处 $f(x)$ 间断.

若补充定义

$$f(x) = \begin{cases} \dfrac{x^2 - 1}{x - 1}, & x \neq 1, \\ 2, & x = 1, \end{cases}$$

则 $f(x)$ 在 $x = 1$ 处连续,$x = 1$ 是 $f(x)$ 的可去间断点(如图 2.12 所示).

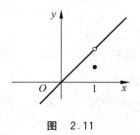

图 2.11　　　　　　　　　图 2.12

3. 初等函数的连续性

由于初等函数是由基本初等函数经过有限次加、减、乘、除运算及有限次复合而成的. 因而只需讨论基本初等函数的连续性,以及经上述运算后得出的函数的连续性. 又由于三角函数和对应的反三角函数、指数函数与对数函数互为反函数. 因此还需证明反函数的连续性.

定理 2.7 若函数 $f(x)$ 与 $g(x)$ 都在 x_0 连续,则函数

$$f(x) \pm g(x), \quad f(x)g(x), \quad \frac{f(x)}{g(x)} \ (g(x_0) \neq 0)$$

在 x_0 也连续.

证明略.

定理 2.8　若函数 $y=\varphi(x)$ 在 x_0 连续，且 $y_0=\varphi(x_0)$，而函数 $z=f(y)$ 在 y_0 连续，则复合函数 $z=f[\varphi(x)]$ 在 x_0 连续.

证明　已知 $z=f(y)$ 在 y_0 连续，即 $\forall\,\varepsilon>0,\exists\,\eta>0,\forall\,y:|y-y_0|<\eta$，有 $|f(y)-f(y_0)|<\varepsilon$.

又已知 $y=\varphi(x)$ 在 x_0 连续，且 $y_0=\varphi(x_0)$，即对上述 $\eta>0,\exists\,\delta>0,\forall\,x:|x-x_0|<\delta$，有

$$|\varphi(x)-\varphi(x_0)|=|y-y_0|<\eta.$$

于是，$\forall\,\varepsilon>0(\exists\,\eta>0,$ 从而 $)\exists\,\delta>0,\forall\,x:|x-x_0|<\delta$，有 $(|\varphi(x)-\varphi(x_0)|=|y-y_0|<\eta,$ 从而 $)$

$$|f[\varphi(x)]-f[\varphi(x_0)]|=|f(y)-f(y_0)|<\varepsilon.$$

注　在定理 2.8 中，把函数 $y=\varphi(x)$ 在 x_0 连续改为 $\lim\limits_{x\to x_0}\varphi(x)$ 存在，则有下面的命题.

命题　若 $\lim\limits_{x\to x_0}\varphi(x)=y_0$，而函数 $z=f(y)$ 在 y_0 连续，则当 $x\to x_0$ 时，极限 $\lim\limits_{x\to x_0}f[\varphi(x)]$ 存在，且

$$\lim\limits_{x\to x_0}f[\varphi(x)]=f(y_0).$$

于是，由 $\lim\limits_{x\to x_0}\varphi(x)=y_0$ 及 $\lim\limits_{x\to x_0}f[\varphi(x)]=f(y_0)$，则有

$$\lim\limits_{x\to x_0}f[\varphi(x)]=f(\lim\limits_{x\to x_0}\varphi(x)).$$

即在命题的条件下，函数符号 f 与极限符号可以交换次序.

例 6.8　求极限 $\lim\limits_{x\to 0}\dfrac{\ln(1+2x)}{x}$.

解　$\lim\limits_{x\to 0}\dfrac{\ln(1+2x)}{x}=\lim\limits_{x\to 0}\ln(1+2x)^{\frac{1}{x}}=\ln\lim\limits_{x\to 0}(1+2x)^{\frac{1}{x}}=\ln e^2=2.$

在命题中，把 $x\to x_0$ 换成 $x\to\infty$，可得类似的结论.

定理 2.9　严格增加（或减少）的连续函数的反函数也是严格增加（或减少）的连续函数.

证明略.

现在讨论基本初等函数的连续性.

（1）三角函数的连续性.

前面已经证明了正弦函数 $y=\sin x$ 在 $(-\infty,\infty)$ 上连续. 用类似的方法可以证明余弦函数 $y=\cos x$ 在 $(-\infty,\infty)$ 上连续. 再由定理 2.7，立即可以得到函数 $\tan x,\cot x,\sec x,\csc x$ 在其定义域内是连续的.

（2）反三角函数（主值支）在其定义域上都符合反函数连续性的条件，故它们在各自的定义域上连续.

（3）指数函数 $y=a^x(a>0,a\neq 1)$ 在 $(-\infty,\infty)$ 上连续.（证明略）

（4）对数函数是指数函数的反函数，指数函数是严格单调的函数，在其定义域上符合

反函数连续性定理的条件,故对数函数在其定义域上是连续的.

(5) 幂函数 $y=x^{\mu}$ 在定义域 $(0,\infty)$ 上连续.

事实上,$y=x^{\mu}=\mathrm{e}^{\mu\ln x}$,由指数函数、对数函数的连续性以及复合函数的连续性定理,立即得到幂函数的连续性.

综合以上讨论可得下面的结论.

定理 2.10　基本初等函数在其定义域上是连续的.

由基本初等函数的连续性,及连续函数的四则运算和复合函数的连续性即可证得下面定理.

定理 2.11　一切初等函数在其定义域内都是连续的.

这个结论对判别函数的连续性和求函数的极限都很方便. 例如,若函数 $f(x)$ 是初等函数,且点 x_0 属于函数 $f(x)$ 的定义域,那么函数 $f(x)$ 在点 x_0 连续.

求初等函数 $f(x)$ 在定义域内一点 x_0 的极限就化为求函数 $f(x)$ 在点 x_0 的函数值.

4. 闭区间上连续函数的性质

定理 2.12(有界性定理)　若函数 $f(x)$ 在闭区间 $[a,b]$ 上连续,则它在 $[a,b]$ 上有界. 即存在 $M>0$,$\forall x\in[a,b]$,有 $|f(x)|\leqslant M$.

一般说来,开区间上的连续函数不一定有界. 例如 $f(x)=\dfrac{1}{x}$ 在 $(0,1)$ 上连续,但它无界.

定理 2.13(最值定理)　若函数 $f(x)$ 在闭区间 $[a,b]$ 上连续,则 $f(x)$ 在 $[a,b]$ 上必有最小值和最大值. 即在 $[a,b]$ 上至少有一点 ξ_1 和一点 ξ_2,$\forall x\in[a,b]$,有

$$f(\xi_1)\leqslant f(x)\leqslant f(\xi_2).$$

这时,$f(\xi_1)$ 就是 $f(x)$ 在 $[a,b]$ 上的最小值,$f(\xi_2)$ 就是最大值. 达到最小值和最大值的点 ξ_1 或 ξ_2 有可能是闭区间的端点,并且这样的点未必是惟一的(如图 2.13 所示).

注　(1) 开区间内连续的函数不一定有此性质. 如函数 $f(x)=\tan x$ 在 $\left(-\dfrac{\pi}{2},\dfrac{\pi}{2}\right)$ 内连续,但

$$\lim_{x\to\frac{\pi}{2}^-}\tan x=+\infty,\qquad \lim_{x\to-\frac{\pi}{2}^+}\tan x=-\infty,$$

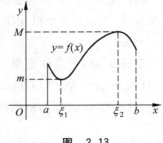

图　2.13

所以 $f(x)=\tan x$ 在 $\left(-\dfrac{\pi}{2},\dfrac{\pi}{2}\right)$ 内就取不到最大值与最小值.

(2) 若函数在闭区间上有间断点,也不一定有此性质. 例如函数

$$y=f(x)=\begin{cases}-x+1, & 0\leqslant x<1,\\ 1, & x=1,\\ -x+3, & 1<x\leqslant 2\end{cases}$$

在闭区间[0,2]上有一间断点 $x=1$,它取不到最大值和最小值(如图 2.14 所示).

定理 2.14(零点定理) 若函数 $f(x)$ 在闭区间[a,b]上连续,且 $f(a)$ 与 $f(b)$ 异号,则在(a,b)内至少存在一点 ξ,使

$$f(\xi) = 0.$$

其几何意义是:在闭区间[a,b]上定义的连续曲线 $y=f(x)$ 在两个端点 a 与 b 的图像分别在 x 轴的两侧,则此连续曲线至少与 x 轴有一个交点,交点的横坐标即 ξ(如图 2.15 所示).

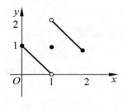

图　2.14

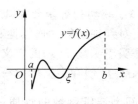

图　2.15

定理 2.14 说明,如 $f(x)$ 是闭区间[a,b]上的连续函数,且 $f(a)$ 与 $f(b)$ 异号,则方程 $f(x)=0$ 在(a,b)内至少有一个根.

例 6.9 估计方程 $x^3-6x+2=0$ 的根的位置.

解 设 $f(x)=x^3-6x+2$,则 $f(x)$ 在($-\infty,+\infty$)上连续.

$$f(-3)=-7<0, \quad f(-2)=6>0, \quad f(-1)=7>0, \quad f(0)=2>0,$$
$$f(1)=-3<0, \qquad f(2)=-2<0, \quad f(3)=11>0.$$

根据定理 2.14,方程在($-3,-2$),($0,1$),($2,3$)内各至少有一个根.再因该方程为三次方程,至多有 3 个根,因此在区间($-3,-2$),($0,1$) 和($2,3$)内,各有方程 $x^3-6x+2=0$ 的一个根.

定理 2.15(介值性定理) 若函数 $f(x)$ 在闭区间[a,b]上连续,M 与 m 分别是 $f(x)$ 在[a,b]上的最大值和最小值,c 是 M,m 间任意数(即 $m \leqslant c \leqslant M$),则在[$a,b$]上至少存在一点 ξ,使

$$f(\xi) = c.$$

证明 如果 $m=M$,则函数 $f(x)$ 在[a,b]上是常数,定理显然成立.如果 $m<M$,则在闭区间[a,b]上必存在两点 x_1 和 x_2,使

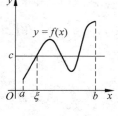

图　2.16

$f(x_1)=m$, $f(x_2)=M$.如图 2.16 所示,不妨设 $x_1<x_2$ 且 $m<c<M$.作函数 $\phi(x)=f(x)-c$, $\phi(x)$ 在[a,b]上连续且 $\phi(x_1)=f(x_1)-c<0$, $\phi(x_2)=f(x_2)-c>0$.

由零点存在定理,在区间(x_1,x_2)内至少存在一点 ξ,使 $\phi(\xi)=f(\xi)-c=0$,即

$$f(\xi) = c.$$

习题 2.6

1. 研究下列函数的连续性,并画出函数的图形:

(1) $f(x)=\begin{cases} x^2, & 0 \leqslant x \leqslant 1, \\ 2-x, & 1 < x \leqslant 2; \end{cases}$　　(2) $f(x)=\begin{cases} x, & -1 \leqslant x \leqslant 1, \\ 1, & |x|>1. \end{cases}$

2. 求下列函数的间断点,并指出其类型:

(1) $y=\dfrac{x}{(1+x)^2}$;　　　　　　(2) $y=\dfrac{x}{\sin x}$;

(3) $y=\dfrac{1}{\ln|x|}$;　　　　　　　(4) $y=\arctan\dfrac{1}{x}$;

(5) $y=e^{-\frac{1}{x}}$;　　　　　　　　(6) $y=\dfrac{x}{\tan x}$.

3. 给 $f(0)$ 补充定义一个什么数值,能使 $f(x)$ 在点 $x=0$ 处连续?

(1) $f(x)=\dfrac{\sqrt{1+x}-\sqrt{1-x}}{x}$;　　(2) $f(x)=\ln(1+kx)^{\frac{m}{x}}$.

4. 设 $f(x)=\begin{cases} \dfrac{\sin 2x}{x}, & x<0, \\ 3x^2-2x+k, & x \geqslant 0. \end{cases}$ 问当 k 为何值时,函数 $f(x)$ 在其定义域内连续? 为什么?

5. 证明方程 $x^5-3x=1$ 在 1 与 2 之间至少存在一个实根.

6. 证明在区间 $(0,2)$ 内至少有一点 x_0,使 $e^{x_0}-2=x_0$.

7. 若函数 $f(x)$ 在 $[a,b]$ 上连续且 $f(x) \neq 0$,证明函数 $f(x)$ 在 $[a,b]$ 上不变号.

2.7* 连续复利

如果你有钱,可能将它投资来赚取利息.支付利息有很多种方式,例如,一年一次或一年多次.如果支付利息的方式比一年一次频繁得多且利息不被取出,则对投资者是有利的,因为可以用利息来赚取利息.这种方式称为**复式的**.你可能已注意到银行所提供的账户无论在利率上还是在复利方式上都有所不同.有些账户提供的复利是一年一次,有些是一年 4 次,而另一些则是每天计复利.有些甚至提供的是连续复利.

一个声称每年支付一次、复利为 8% 的银行账户与一个提供每年支付 4 次、复利为 8% 的账户之间有何差异呢? 两种情况中 8% 都是年利率.一年支付一次、复利为 8% 的表述意味着在每年末都要加上当前余额的 8%.这相当于当前余额乘上 1.08.因此,如果存入 100 元人民币,则余额 B 为

$$
\begin{aligned}
\text{一年后} \quad & B = 100 \times 1.08; \\
\text{两年后} \quad & B = 100 \times 1.08^2; \\
t \text{ 年后} \quad & B = 100 \times 1.08^t.
\end{aligned}
$$

而一年支付 4 次、复利为 8% 的表述意味着在每年要加上 4 次（每 3 个月一次）利息,每次要加上当前余额的 8%/4=2%. 因此,如果存入 100 元,则在年末,已计入 4 次复利,该账户将拥有 100×1.02^4 元. 所以余额 B 为

$$
\begin{aligned}
\text{一年后} \quad & B = 100 \times 1.02^4; \\
\text{两年后} \quad & B = 100 \times 1.02^8; \\
t \text{ 年后} \quad & B = 100 \times 1.02^{4t}.
\end{aligned}
$$

注意,8% 不是每 3 个月的利率,年利率被分为 4 个 2% 的支付额. 在上述两个复利方式下计算一年后的总余额显示

$$
\begin{aligned}
\text{一年 1 次复利} \quad & B = 100 \times 1.08 = 108.00; \\
\text{一年 4 次复利} \quad & B = 100 \times 1.02^4 = 108.24.
\end{aligned}
$$

因而,随着年份的延续,由于利息赚利息,每年 4 次复利可赚得更多的钱. 一般来说,支付复利的次数越频繁,可赚取的钱越多（尽管所增加的可能并不很大）.

通过引入**年有效收益**的概念,可以测算出复利的效果. 由于在一年支付 4 次,复利 8% 的条件下投资 100 元,一年之后可增长到 108.24 元,在这种情况下年有效收益为 8.24%. 现在有两种利率来描述同一投资行为:一年支付 4 次的 8% 复利和 8.24% 的年有效收益. 银行称 8% 为**年百分率**,也称 8% 为**票面率**（票面的意思是"仅在名义上"）. 然而,年有效收益确切地告诉你一笔投资所得的利息究竟有多少. 因此,为比较两种银行账户,只需比较年有效收益.

如果年百分率为 r 的利息一年支付 n 次,那么一年中要加上 n 次 r/n 倍的当前余额. 因此当初存款 P 元时,年有效收益和 t 年后余额分别为

$$
B = P\left(1 + \frac{r}{n}\right)^n \quad \text{和} \quad B = P\left(1 + \frac{r}{n}\right)^{nt}.
$$

注意,这里 r 是票面率.

年有效收益随复利次数的增加而趋近于 Pe^r. 当年有效收益达到这一值时,我们就说这种利息是连续支付的复利.

如果初始存款为 P 的利息水平是年率为 r 的连续复利,则 t 年后,余额 B 可用以下公式算得

$$
B = Pe^{rt},
$$

这里,r 仍是票面率.

在解有关复利的问题时,重要的是要弄清利率是票面率还是年有效收益,以及复利是否是连续的.

例 7.1　求年率为 6% 的连续复利的年有效收益.

解　一年后,投资 P 变为 $Pe^{0.06} \approx P(1.0618365)$,所以年有效收益约为 6.18%.

例 7.2　假定你为了孩子的教育,打算在一家保险公司投入一笔资金,你需要这笔投资 10 年后价值为 12000 元.如果以年率 9%、每年支付复利 4 次的方式付息,你应该投资多少元? 如果复利是连续的,应投资多少元?

解　设最初投资 P 元,而年率 9%、每年支付复利 4 次的年有效收益为 $(1+0.09/4)^4 = 1.0930833$ 或 9.30833%.所以 10 年后,你将有

$$P \cdot 1.0930833^{10} = 12000(\text{元}).$$

因此你应投资 $P = \dfrac{12000}{1.0930833^{10}} \approx 4927.75(\text{元}).$

另一方面,支付 9% 的连续复利,那么 10 年后,你将有

$$Pe^{0.09 \times 10} = 12000(\text{元}).$$

所以你应投资 $P = \dfrac{12000}{e^{0.09 \times 10}} \approx 4878.84(\text{元}).$

注意,为了得到同样的结果,连续复利所需的初始投资比一年 4 次复利所需投资要小一些.由于连续复利比一年 4 次的年有效收益高,所以这一结果是可以预料的.

习题 2.7

1. 如果你将 10000 元人民币存入一个年利率为 8% 的连续复利账户来赚取利息,5 年后该账户有多少钱?

2. (1) 求年利率为 5%,支付复利次数为 ①1000 次/年,②10000 次/年,③100000 次/年的年有效收益.

(2) 观察(1)中答案序列,并推断出年率为 5% 的连续复利的年有效收益.

(3) 计算 $e^{0.05}$(可以用计算器),这一结果进一步验证了(2)的答案吗?

3. 设投资 1000 元,其利息水平为年率 6% 的连续复利,投资额增至两倍,要花多少时间?

4. 不做任何计算,解释你能如何搭配利率(1)~(5)与年有效收益①~⑤.

(1) 年率 5.5%,连续复利;　　　　　　① 5%;

(2) 年率 5.5%,每年支付 4 次复利;　　② 5.06%;

(3) 年率 5.5%,每周支付 1 次复利;　　③ 5.61%;

(4) 年率 5%,每年支付 1 次复利;　　　④ 5.651%;

(5) 年率 5%,每年支付 2 次复利;　　　⑤ 5.654%.

第 3 章
导数与微分

3.1 导数

1. 引例

引例 1 平面曲线的切线

设 $y = f(x)$ 是在 (a,b) 上有意义的函数,它的图形是 Oxy 坐标系中的一段曲线. 希望过曲线 $y = f(x)$ 上的一点 $P_0(x_0, f(x_0))$,作这条曲线的切线(如图 3.1 所示). 为此,考虑曲线上的另一点 $P(x, f(x))$,过这两点可以作一条直线(曲线的割线)$P_0 P$,其斜率为

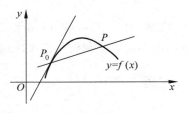

图　3.1

$$\frac{f(x) - f(x_0)}{x - x_0}.$$

当 P 趋于 P_0 时,$P_0 P$ 的极限位置(如果存在)就应该是曲线过 P_0 点的切线. 而当 P 趋于 P_0 时,割线 $P_0 P$ 的斜率的极限就是曲线过 P_0 点的切线的斜率,即

$$k = \lim_{x \to x_0} \frac{f(x) - f(x_0)}{x - x_0}.$$

引例 2 变速直线运动的瞬时速度

设物体沿 Ox 轴运动,其位置 x 是时间 t 的函数 $x = f(t)$. 如果运动比较均匀,那么可以用平均速度反映其快慢. 在 $[t_1, t_2]$ 这一段时间里的平均速度为

$$\bar{v}_{[t_1, t_2]} = \frac{f(t_2) - f(t_1)}{t_2 - t_1}.$$

如果物体的运动很不均匀,那么平均速度就不能很好地反映物体运动的状况,必须代之以在每一时刻 t_0 的瞬时速度 $v(t_0)$. 为了计算瞬时速度,需取越来越短的时间间隔 $[t_0, t]$,以平均速度 $\bar{v}_{[t_0, t]}$ 作为瞬时速度 $v(t_0)$ 的近似值. 让 t 趋于 t_0,平均速度 $\bar{v}_{[t_0, t]}$ 的极限(如果存在)即为物体在时刻 t_0 的瞬时速度

$$v(t_0) = \lim_{t \to t_0} \frac{f(t) - f(t_0)}{t - t_0}.$$

以上两个例子的实际意义完全不同,但是从数量关系来看,其实质都是当自变量的改变量趋于零时函数的改变量与自变量的改变量之商的极限——导数.

2. 导数的定义

定义 3.1　设函数 $y = f(x)$ 在点 x_0 的某邻域 $U(x_0)$ 内有定义,在点 x_0 自变量的增量是 Δx,相应地函数的增量是 $\Delta y = f(x_0 + \Delta x) - f(x_0)$. 若极限

$$\lim_{\Delta x \to 0} \frac{\Delta y}{\Delta x} = \lim_{\Delta x \to 0} \frac{f(x_0 + \Delta x) - f(x_0)}{\Delta x} \tag{3.1}$$

存在,则称函数 $f(x)$ 在点 x_0 可导(或存在导数),此极限称为函数 $f(x)$ 在点 x_0 的**导数**(或微商),记为 $f'(x_0)$ 或 $\dfrac{\mathrm{d}y}{\mathrm{d}x}\Big|_{x=x_0}$,即

$$f'(x_0) = \lim_{\Delta x \to 0} \frac{f(x_0 + \Delta x) - f(x_0)}{\Delta x}$$

或

$$\frac{\mathrm{d}y}{\mathrm{d}x}\Big|_{x=x_0} = \lim_{\Delta x \to 0} \frac{f(x_0 + \Delta x) - f(x_0)}{\Delta x}.$$

若极限(3.1)不存在,则称函数 $f(x)$ 在点 x_0 不可导.

如果物体沿直线运动的规律是 $s = f(t)$,则物体在时刻 t_0 的瞬时速度 v_0 是 $f(t)$ 在 t_0 的导数 $f'(t_0)$;如果曲线的方程是 $y = f(x)$,则曲线在点 $P(x_0, y_0)$ 的切线斜率 k 是 $f(x)$ 在 x_0 的导数 $f'(x_0)$,即 $k = f'(x_0)$.

有时为了方便也将极限(3.1)改写为下列形式:

$$f'(x_0) = \lim_{h \to 0} \frac{f(x_0 + h) - f(x_0)}{h}, \quad \Delta x = h$$

或

$$f'(x_0) = \lim_{x \to x_0} \frac{f(x) - f(x_0)}{x - x_0}, \quad x = x_0 + \Delta x.$$

在(3.1)式中,如果自变量的增量 Δx 只从大于 0 的方向或只从小于 0 的方向趋近于 0,则有下面的定义.

定义 3.2　设 $y = f(x)$ 在 $(x_0 - \delta, x_0]$ 有定义,若左极限

$$\lim_{\Delta x \to 0^-} \frac{f(x_0 + \Delta x) - f(x_0)}{\Delta x}$$

存在,则称函数 $f(x)$ 在点 x_0 左侧可导,并把上述左极限称为函数 $f(x)$ 在点 x_0 的左导数,记作 $f'_-(x_0)$,即

$$f'_-(x_0) = \lim_{\Delta x \to 0^-} \frac{f(x_0 + \Delta x) - f(x_0)}{\Delta x}.$$

类似地可以定义函数 $f(x)$ 在点 x_0 的右侧可导性及右导数

$$f'_+(x_0) = \lim_{\Delta x \to 0^+} \frac{f(x_0 + \Delta x) - f(x_0)}{\Delta x}.$$

由极限存在的条件,则有下面的结论.

定理 3.1 函数 $f(x)$ 在点 x_0 可导 $\Leftrightarrow$ 函数 $f(x)$ 在点 x_0 的左、右导数都存在并且相等,即

$$f'_-(x_0) = f'_+(x_0).$$

定理 3.2 若函数 $f(x)$ 在点 x_0 可导,则函数 $f(x)$ 在点 x_0 连续.

证明 设在点 x_0 处自变量的增量是 Δx,相应地函数的增量是

$$\Delta y = f(x_0 + \Delta x) - f(x_0),$$

有

$$\lim_{\Delta x \to 0} \Delta y = \lim_{\Delta x \to 0} \frac{\Delta y}{\Delta x} \cdot \Delta x = \lim_{\Delta x \to 0} \frac{\Delta y}{\Delta x} \cdot \lim_{\Delta x \to 0} \Delta x = f'(x_0) \cdot 0 = 0,$$

即函数 $f(x)$ 在点 x_0 连续.

注 定理 3.2 的逆命题不成立,即函数在一点连续,函数在该点不一定可导. 例如函数 $f(x) = |x|$ 在 $x = 0$ 连续,但是它在 $x = 0$ 不可导.

事实上,设在 $x = 0$ 自变量的增量是 Δx,分别有

当 $\Delta x > 0$ 时,

$$\Delta y = f(\Delta x) - f(0) = |\Delta x| = \Delta x,$$

$$\frac{\Delta y}{\Delta x} = \frac{\Delta x}{\Delta x} = 1,$$

$$f'_+(0) = \lim_{\Delta x \to 0^+} \frac{\Delta y}{\Delta x} = 1.$$

当 $\Delta x < 0$ 时,

$$\Delta y = f(\Delta x) - f(0) = |\Delta x| = -\Delta x,$$

$$\frac{\Delta y}{\Delta x} = \frac{-\Delta x}{\Delta x} = -1,$$

$$f'_-(0) = \lim_{\Delta x \to 0^-} \frac{\Delta y}{\Delta x} = -1.$$

$f'_-(x_0) \neq f'_+(x_0)$,于是函数 $f(x) = |x|$ 在 $x = 0$ 不可导(参见图 1.4).

定义 3.3 若函数 $f(x)$ 在区间 I 的每一点都可导(若区间 I 的左(右)端点属于 I,函数 $f(x)$ 在左(右)端点右可导(左可导)),则称函数 $f(x)$ 在区间 I 上可导.

若函数 $f(x)$ 在区间 I 上可导,则 $\forall x \in I$,都存在(对应)惟一一个导数 $f'(x)$,根据定义,$f'(x)$ 是区间 I 上的函数,称为函数 $f(x)$ 在区间 I 上的**导函数**,也简称为导数,记为 $f'(x), y'$ 或 $\dfrac{dy}{dx}$.

3. 导数的几何意义

根据本节引例 1 可知,如果函数 $y = f(x)$ 在点 x_0 可导,则 $f'(x_0)$ 就是曲线 $y = f(x)$

在点 $P_0(x_0, f(x_0))$ 的切线的斜率,即

$$k = \lim_{x \to x_0} \frac{f(x) - f(x_0)}{x - x_0} = f'(x_0).$$

于是,由平面直线的点斜式方程,曲线 $y = f(x)$ 在点 $P_0(x_0, f(x_0))$ 的切线方程为

$$y - y_0 = f'(x_0)(x - x_0), \quad y_0 = f(x_0).$$

法线方程为

$$y - y_0 = -\frac{1}{f'(x_0)}(x - x_0).$$

如果 $f'(x_0) = 0$,则切线方程为 $y = y_0$,即切线平行于 x 轴;如果 $f'(x_0)$ 为无穷大,则切线方程为 $x = x_0$,即切线垂直于 x 轴.

例 1.1   求曲线 $y = x^2$ 在点 $(1,1)$ 的切线方程.

解   因为 $y_0' = (x^2)' = 2x$,$y_0'|_{x=1} = 2$,故所求曲线的切线方程为

$$y - 1 = 2(x - 1), \quad 即 \quad y = 2x - 1.$$

法线方程为

$$y - 1 = -\frac{1}{2}(x - 1), \quad 即 \quad y = -\frac{1}{2}x + \frac{3}{2}.$$

4. 用定义计算导数

根据导数定义,求函数 $f(x)$ 在点 x 的导数,应按下列步骤进行:

第 1 步   求增量:在点 x 给自变量以改变量 Δx,计算函数改变量

$$\Delta y = f(x + \Delta x) - f(x);$$

第 2 步   作比值:$\dfrac{\Delta y}{\Delta x} = \dfrac{f(x + \Delta x) - f(x)}{\Delta x}$;

第 3 步   取极限:$\lim\limits_{\Delta x \to 0} \dfrac{\Delta y}{\Delta x} = f'(x)$.

为了简化叙述,在以下诸例中,Δx 都是表示点 x 的自变量的改变量,Δy 都是表示函数相应的改变量.

例 1.2   求 $f(x) = c$(c 是常数)在点 x 的导数.

解 $f(x + \Delta x) = c$,$\Delta y = f(x + \Delta x) - f(x) = c - c = 0$,

$$\frac{\Delta y}{\Delta x} = \frac{0}{\Delta x} = 0,$$

则 $\lim\limits_{\Delta x \to 0} \dfrac{\Delta y}{\Delta x} = 0$,即常数函数的导数为 0.

例 1.3   求函数 $f(x) = x^n$(n 是正整数)在点 x 的导数.

解 $f(x + \Delta x) = (x + \Delta x)^n$,

$$\Delta y = f(x + \Delta x) - f(x) = (x + \Delta x)^n - x^n$$

$$= nx^{n-1} \Delta x + \frac{n(n-1)}{2!} x^{n-2} (\Delta x)^2 + \cdots + (\Delta x)^n,$$

$$\frac{\Delta y}{\Delta x} = \frac{(x+\Delta x)^n - x^n}{\Delta x} = nx^{n-1} + \frac{n(n-1)}{2!} x^{n-2} \Delta x + \cdots + (\Delta x)^{n-1},$$

故有

$$\lim_{\Delta x \to 0} \frac{\Delta y}{\Delta x} = \lim_{\Delta x \to 0} \left(nx^{n-1} + \frac{n(n-1)}{2!} x^{n-2} \Delta x + \cdots + (\Delta x)^{n-1} \right) = nx^{n-1},$$

即

$$(x^n)' = nx^{n-1}.$$

特别是,当 $n=1$ 时,有 $(x)'=1$.

以后将证明,对任意的实数 α,有 $(x^\alpha)' = \alpha x^{\alpha-1}$.

例 1.4　求函数 $f(x) = \sqrt{x}$ $(x>0)$ 的导数.

解　$f(x+\Delta x) = \sqrt{x+\Delta x}$ $(x+\Delta x>0)$,

$$\Delta y = f(x+\Delta x) - f(x) = \sqrt{x+\Delta x} - \sqrt{x},$$

$$\frac{\Delta y}{\Delta x} = \frac{\sqrt{x+\Delta x} - \sqrt{x}}{\Delta x} = \frac{(\sqrt{x+\Delta x} - \sqrt{x})(\sqrt{x+\Delta x} + \sqrt{x})}{\Delta x(\sqrt{x+\Delta x} + \sqrt{x})} = \frac{1}{\sqrt{x+\Delta x} + \sqrt{x}},$$

故有

$$\lim_{\Delta x \to 0} \frac{\Delta y}{\Delta x} = \lim_{\Delta x \to 0} \frac{\sqrt{x+\Delta x} - \sqrt{x}}{\Delta x} = \lim_{\Delta x \to 0} \frac{1}{\sqrt{x+\Delta x} + \sqrt{x}} = \frac{1}{2\sqrt{x}},$$

即 $(\sqrt{x})' = \frac{1}{2\sqrt{x}}$.

例 1.5　求正弦函数 $f(x) = \sin x$ 的导函数.

解　$\forall x \in \mathbb{R}$, $f(x+\Delta x) = \sin(x+\Delta x)$,

$$\Delta y = f(x+\Delta x) - f(x) = \sin(x+\Delta x) - \sin x,$$

$$\frac{\Delta y}{\Delta x} = \frac{\sin(x+\Delta x) - \sin x}{\Delta x} = \frac{2\cos\left(x+\frac{\Delta x}{2}\right)\sin\frac{\Delta x}{2}}{\Delta x} = \cos\left(x+\frac{\Delta x}{2}\right)\frac{\sin\frac{\Delta x}{2}}{\frac{\Delta x}{2}},$$

故有

$$\lim_{\Delta x \to 0} \frac{\Delta y}{\Delta x} = \lim_{\Delta x \to 0} \cos\left(x+\frac{\Delta x}{2}\right)\frac{\sin\frac{\Delta x}{2}}{\frac{\Delta x}{2}} = \lim_{\Delta x \to 0} \cos\left(x+\frac{\Delta x}{2}\right) \lim_{\Delta x \to 0} \frac{\sin\frac{\Delta x}{2}}{\frac{\Delta x}{2}} = \cos x.$$

这里用到了

$$\lim_{\Delta x \to 0} \cos\left(x+\frac{\Delta x}{2}\right) = \cos x, \quad \lim_{\Delta x \to 0} \frac{\sin\frac{\Delta x}{2}}{\frac{\Delta x}{2}} = 1.$$

从而得正弦函数 $\sin x$ 在 $\mathbb{R}$ 上任意 x 处都可导,并且

$$(\sin x)' = \cos x.$$

同理可证,余弦函数 $\cos x$ 在定义域 $\mathbb{R}$ 也可导,并且

$$(\cos x)' = -\sin x.$$

例 1.6 求对数函数 $f(x) = \log_a x \,(0 < a \neq 1, x > 0)$ 在 x 处的导数.

解 $f(x + \Delta x) = \log_a(x + \Delta x) \,(x + \Delta x > 0)$,

$$\Delta y = f(x + \Delta x) - f(x) = \log_a(x + \Delta x) - \log_a x = \log_a\left(1 + \frac{\Delta x}{x}\right).$$

$$\frac{\Delta y}{\Delta x} = \frac{1}{\Delta x}\log_a\left(1 + \frac{\Delta x}{x}\right) = \frac{1}{x}\frac{x}{\Delta x}\log_a\left(1 + \frac{\Delta x}{x}\right) = \frac{1}{x}\log_a\left(1 + \frac{\Delta x}{x}\right)^{\frac{x}{\Delta x}},$$

故有

$$\lim_{\Delta x \to 0}\frac{\Delta y}{\Delta x} = \lim_{\Delta x \to 0}\frac{1}{x}\log_a\left(1 + \frac{\Delta x}{x}\right)^{\frac{x}{\Delta x}}$$

$$= \frac{1}{x}\log_a\left[\lim_{\Delta x \to 0}\left(1 + \frac{\Delta x}{x}\right)^{\frac{x}{\Delta x}}\right] = \frac{1}{x}\log_a e = \frac{1}{x \ln a},$$

这里用到了

$$\lim_{\Delta x \to 0}\left(1 + \frac{\Delta x}{x}\right)^{\frac{x}{\Delta x}} = e, \quad \log_a e = \frac{\ln e}{\ln a} = \frac{1}{\ln a}.$$

从而得对数函数 $\log_a x$ 在定义域 $(0, +\infty)$ 内即任意 x 处都可导,并且

$$(\log_a x)' = \frac{1}{x \ln a}.$$

特别是,对于自然对数函数 $(a = e)$,有

$$(\ln x)' = \frac{1}{x \ln e} = \frac{1}{x}.$$

例 1.7 证明:函数 $f(x) = \sqrt[3]{x}$ 在点 $x = 0$ 处不可导.

证明 $\lim_{x \to 0}\frac{f(x) - f(0)}{x - 0} = \lim_{x \to 0}\frac{\sqrt[3]{x}}{x} = \lim_{x \to 0}\frac{1}{\sqrt[3]{x^2}} = +\infty,$

即函数 $f(x) = \sqrt[3]{x}$ 在点 $x = 0$ 处不可导,也称函数 $f(x) = \sqrt[3]{x}$ 在点 $x = 0$ 处有无穷大导数. 它的几何意义是,曲线 $y = \sqrt[3]{x}$ 在点 $(0, 0)$ 处存在切线,切线就是 y 轴(它的斜率是 $+\infty$),如图 3.2 所示.

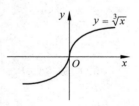

图 3.2

习题 3.1

1. 设 $f(x) = 10x^2$,试按定义求 $f'(-1)$.

2. $f(x) = ax + b$ $(a, b$ 都是常数),试按定义求 $f'(x)$.

3. 证明：$(\cos x)' = -\sin x$.

4. 下列各题中均假设 $f'(x_0)$ 存在，按照导数定义观察下列极限，指出 A 表示什么.

(1) $\lim\limits_{\Delta x \to 0} \dfrac{f(x_0 - \Delta x) - f(x_0)}{\Delta x} = A$；

(2) $\lim\limits_{x \to 0} \dfrac{f(x)}{x} = A$，其中 $f(0) = 0$，且 $f'(0)$ 存在；

(3) $\lim\limits_{h \to 0} \dfrac{f(x_0 + h) - f(x_0 - h)}{h} = A$.

5. 求下列函数的导数：

(1) $y = x^4$；

(2) $y = \sqrt[3]{x^2}$；

(3) $y = x^{1.6}$；

(4) $y = \dfrac{1}{\sqrt{x}}$；

(5) $y = \dfrac{1}{x^2}$；

(6) $y = x^3 \cdot \sqrt[5]{x}$；

(7) $y = \dfrac{x^2 \sqrt[3]{x^2}}{\sqrt{x^5}}$.

6. 已知某物体的运动规律为 $s = t^3 (\text{m/s})$，求此物体在 $t = 2(\text{s})$ 时的速度.

7. 如果 $f(x)$ 为偶函数，且 $f'(0)$ 存在，证明 $f'(0) = 0$.

8. 求曲线 $y = \sin x$ 在具有下列横坐标的各点处切线的斜率：$x = \dfrac{2}{3}\pi$；$x = \pi$.

9. 求曲线 $y = \cos x$ 上点 $\left(\dfrac{\pi}{3}, \dfrac{1}{2}\right)$ 处的切线方程和法线方程.

10. 讨论下列函数在 $x = 0$ 处的连续性和可导性：

(1) $y = |\sin x|$；

(2) $y = \begin{cases} x\sin \dfrac{1}{x}, & x \neq 0, \\ 0, & x = 0; \end{cases}$

(3) $y = \begin{cases} x^2 \sin \dfrac{1}{x}, & x \neq 0, \\ 0, & x = 0. \end{cases}$

11. 设函数 $f(x) = \begin{cases} x^2, & x \leqslant 1, \\ ax + b, & x > 1. \end{cases}$ 为了使函数 $f(x)$ 在 $x = 1$ 处连续且可导，a, b 应取什么值？

3.2　求导法则与导数公式

1. 导数的四则运算

求导运算是微积分的基本运算之一. 要求读者能迅速准确地求出函数的导数. 如果总

是按照导数的定义去求函数的导数,计算量很大,费时费力. 为此要把求导运算公式化,这样就需要求导法则.

定理 3.3 若函数 $u(x)$ 与 $v(x)$ 在 x 处可导,则函数 $u(x) \pm v(x)$ 在 x 处也可导,且
$$[u(x) \pm v(x)]' = u'(x) \pm v'(x).$$

证明 设 $y = u(x) \pm v(x)$,则有
$$\Delta y = [u(x + \Delta x) \pm v(x + \Delta x)] - [u(x) \pm v(x)]$$
$$= [u(x + \Delta x) - u(x)] \pm [v(x + \Delta x) - v(x)] = \Delta u \pm \Delta v,$$
$$\frac{\Delta y}{\Delta x} = \frac{\Delta u}{\Delta x} \pm \frac{\Delta v}{\Delta x}.$$

已知函数 $u(x)$ 与 $v(x)$ 在 x 处可导,有

$$\lim_{\Delta x \to 0} \frac{\Delta u}{\Delta x} = u'(x) \quad 与 \quad \lim_{\Delta x \to 0} \frac{\Delta v}{\Delta x} = v'(x).$$

于是

$$\lim_{\Delta x \to 0} \frac{\Delta y}{\Delta x} = \lim_{\Delta x \to 0} \frac{\Delta u}{\Delta x} \pm \lim_{\Delta x \to 0} \frac{\Delta v}{\Delta x} = u'(x) \pm v'(x),$$

即函数 $u(x) \pm v(x)$ 在 x 处可导,且 $[u(x) \pm v(x)]' = u'(x) \pm v'(x)$.

应用归纳法,可将定理 3.3 推广为任意有限个函数代数和的导数:若函数 $u_1(x)$,$u_2(x)$,$\cdots$,$u_n(x)$ 都在 x 处可导,则函数 $u_1(x) \pm u_2(x) \pm \cdots \pm u_n(x)$ 在 x 处也可导,且
$$[u_1(x) \pm u_2(x) \pm \cdots \pm u_n(x)]' = u'_1(x) \pm u'_2(x) \pm \cdots \pm u'_n(x).$$

例 2.1 求函数 $f(x) = \sqrt{x} + \sin x + 5$ 的导数.

解 由 3.1 节的例,有 $(\sqrt{x})' = \dfrac{1}{2\sqrt{x}}$,$(\sin x)' = \cos x$,$(5)' = 0$,所以

$$f'(x) = (\sqrt{x} + \sin x + 5)' = (\sqrt{x})' + (\sin x)' + (5)' = \frac{1}{2\sqrt{x}} + \cos x.$$

定理 3.4 若函数 $u(x)$ 与 $v(x)$ 在 x 处可导,则函数 $u(x)v(x)$ 在 x 处也可导,且
$$[u(x)v(x)]' = u(x)v'(x) + u'(x)v(x).$$

证明 设 $y = u(x)v(x)$,则有
$$\Delta y = u(x + \Delta x)v(x + \Delta x) - u(x)v(x)$$
$$= u(x + \Delta x)v(x + \Delta x) - u(x + \Delta x)v(x) + u(x + \Delta x)v(x) - u(x)v(x)$$
$$= u(x + \Delta x)[v(x + \Delta x) - v(x)] + v(x)[u(x + \Delta x) - u(x)]$$
$$= u(x + \Delta x)\Delta v + v(x)\Delta u,$$
$$\frac{\Delta y}{\Delta x} = u(x + \Delta x)\frac{\Delta v}{\Delta x} + v(x)\frac{\Delta u}{\Delta x}.$$

已知函数 $u(x)$ 与 $v(x)$ 在 x 处可导,有

$$\lim_{\Delta x \to 0} \frac{\Delta u}{\Delta x} = u'(x) \quad 与 \quad \lim_{\Delta x \to 0} \frac{\Delta v}{\Delta x} = v'(x).$$

根据定理 3.2，函数 $u(x)$ 在点 x 连续，即 $\lim\limits_{\Delta x \to 0} u(x + \Delta x) = u(x)$. 于是

$$\lim_{\Delta x \to 0} \frac{\Delta y}{\Delta x} = \lim_{\Delta x \to 0} u(x + \Delta x) \lim_{\Delta x \to 0} \frac{\Delta v}{\Delta x} + v(x) \lim_{\Delta x \to 0} \frac{\Delta u}{\Delta x} = u(x)v'(x) + u'(x)v(x),$$

即函数 $u(x)v(x)$ 在 x 处可导，且 $[u(x)v(x)]' = u(x)v'(x) + u'(x)v(x)$.

注　$[u(x)v(x)]' \neq u'(x)v'(x)$！

应用归纳法，可将定理 3.4 推广为任意有限个函数的乘积的导数：若函数 $u_1(x)$，$u_2(x), \cdots, u_n(x)$ 都在 x 处可导，则函数 $u_1(x)u_2(x)\cdots u_n(x)$ 在 x 处也可导，且

$$[u_1(x)u_2(x)\cdots u_n(x)]' = u'_1(x)u_2(x)\cdots u_n(x) + u_1(x)u'_2(x)\cdots u_n(x) + \cdots$$
$$+ u_1(x)u_2(x)\cdots u'_n(x).$$

定理 3.4 的特殊情形：当 $v(x) = c$ 是常数时，由定理 3.4，有

$$[cu(x)]' = cu'(x) + u(x)c' = cu'(x).$$

例 2.2　求函数 $f(x) = \sqrt{x}\sin x$ 的导数.

解
$$f'(x) = (\sqrt{x}\sin x)' = \sqrt{x}(\sin x)' + \sin x(\sqrt{x})'$$
$$= \sqrt{x}\cos x + \sin x \cdot \frac{1}{2\sqrt{x}} = \sqrt{x}\cos x + \frac{\sin x}{2\sqrt{x}}.$$

例 2.3　求函数 $f(x) = 5\log_2 x - 2x^4$ 的导数.

解
$$f'(x) = (5\log_2 x - 2x^4)' = (5\log_2 x)' - (2x^4)'$$
$$= 5(\log_2 x)' - 2(x^4)' = \frac{5}{x\ln 2} - 8x^3.$$

定理 3.5　若函数 $u(x)$ 与 $v(x)$ 在 x 处可导，且 $v(x) \neq 0$，则函数 $\dfrac{u(x)}{v(x)}$ 在 x 处也可导，且

$$\left[\frac{u(x)}{v(x)}\right]' = \frac{u'(x)v(x) - u(x)v'(x)}{[v(x)]^2}.$$

证明　先考虑 $u(x) = 1$ 时的特殊情况. 设 $y = \dfrac{1}{v(x)}$，有

$$\Delta y = \frac{1}{v(x + \Delta x)} - \frac{1}{v(x)} = \frac{v(x) - v(x + \Delta x)}{v(x)v(x + \Delta x)} = \frac{-\Delta v}{v(x)v(x + \Delta x)},$$

$$\frac{\Delta y}{\Delta x} = \frac{-\dfrac{\Delta v}{\Delta x}}{v(x)v(x + \Delta x)}.$$

已知函数 $v(x)$ 在 x 可导，则函数 $v(x)$ 在 x 处连续，有

$$\lim_{\Delta x \to 0} \frac{\Delta v}{\Delta x} = v'(x), \quad \lim_{\Delta x \to 0} v(x + \Delta x) = v(x).$$

于是

$$\lim_{\Delta x \to 0} \frac{\Delta y}{\Delta x} = \frac{\lim\limits_{\Delta x \to 0}\frac{\Delta v}{\Delta x}}{v(x)\lim\limits_{\Delta x \to 0}v(x+\Delta x)} = \frac{-v'(x)}{[v(x)]^2},$$

即函数 $\dfrac{1}{v(x)}$ 在 x 处可导，且 $\left[\dfrac{1}{v(x)}\right]' = \dfrac{-v'(x)}{[v(x)]^2}$. 于是，有

$$\left[\frac{u(x)}{v(x)}\right]' = \left[u(x) \cdot \frac{1}{v(x)}\right]' = u'(x)\frac{1}{v(x)} + u(x)\left[\frac{1}{v(x)}\right]'$$

$$= u'(x)\frac{1}{v(x)} + u(x)\frac{-v'(x)}{[v(x)]^2}$$

$$= \frac{u'(x)v(x) - u(x)v'(x)}{[v(x)]^2}.$$

注 $\left[\dfrac{u(x)}{v(x)}\right]' \neq \dfrac{u'(x)}{v'(x)}$!

例 2.4 求正切函数 $\tan x$ 与余切函数 $\cot x$ 的导数.

解 $(\tan x)' = \left(\dfrac{\sin x}{\cos x}\right)' = \dfrac{(\sin x)'\cos x - \sin x(\cos x)'}{\cos^2 x}$

$$= \frac{\cos^2 x + \sin^2 x}{\cos^2 x} = \frac{1}{\cos^2 x} = \sec^2 x.$$

$$(\cot x)' = \left(\frac{\cos x}{\sin x}\right)' = \frac{(\cos x)'\sin x - \cos x(\sin x)'}{\sin^2 x}$$

$$= \frac{-\sin^2 x - \cos^2 x}{\sin^2 x} = -\frac{1}{\sin^2 x} = -\csc^2 x.$$

例 2.5 求正割函数 $\sec x$ 与余割函数 $\csc x$ 的导数.

解 $(\sec x)' = \left(\dfrac{1}{\cos x}\right)' = -\dfrac{(\cos x)'}{\cos^2 x} = \dfrac{\sin x}{\cos^2 x} = \tan x \sec x.$

$$(\csc x)' = \left(\frac{1}{\sin x}\right)' = -\frac{(\sin x)'}{\sin^2 x} = -\frac{\cos x}{\sin^2 x} = -\cot x \csc x.$$

2. 反函数求导法则

为了求指数函数（对数函数的反函数）与反三角函数（三角函数的反函数）的导数，首先给出反函数求导法则.

定理 3.6 若函数 $f(x)$ 在 x 的某邻域内连续，并严格单调，函数 $y = f(x)$ 在 x 处可导，且 $f'(x) \neq 0$，则它的反函数 $x = \varphi(y)$ 在 $y(y = f(x))$ 处可导，并且

$$\varphi'(y) = \frac{1}{f'(x)}.$$

证明　由定理 1.1,函数 $y=f(x)$ 在 x 的某邻域存在反函数 $x=\varphi(y)$.

设反函数 $x=\varphi(y)$ 在点 y 的自变量的改变量是 Δy $(\Delta y \neq 0)$,则有

$$\Delta x = \varphi(y+\Delta y)-\varphi(y), \quad \Delta y = f(x+\Delta x)-f(x).$$

已知函数 $y=f(x)$ 在 x 的某邻域连续和严格单调,则反函数 $x=\varphi(y)$ 在 y 的某邻域也连续且严格单调,于是有

$$\Delta y \to 0 \Leftrightarrow \Delta x \to 0; \quad \Delta y \neq 0 \Leftrightarrow \Delta x \neq 0.$$

于是

$$\frac{\Delta x}{\Delta y} = \frac{1}{\dfrac{\Delta y}{\Delta x}},$$

从而有

$$\lim_{\Delta y \to 0} \frac{\Delta x}{\Delta y} = \lim_{\Delta x \to 0} \frac{1}{\dfrac{\Delta y}{\Delta x}} = \frac{1}{\lim\limits_{\Delta x \to 0} \dfrac{\Delta y}{\Delta x}} = \frac{1}{f'(x)},$$

即反函数 $x=\varphi(y)$ 在 y 可导,并且 $\varphi'(y)=\dfrac{1}{f'(x)}$.

注　由于 $y=f(x)$ 与 $x=\varphi(y)$ 互为反函数,所以上述公式也可以写成

$$f'(x) = \frac{1}{\varphi'(y)}.$$

例 2.6　求指数函数 $y=a^x (0<a \neq 1)$ 的导数.

解　已知指数函数 $y=a^x$ 是对数函数 $x=\log_a y$ 的反函数,故有

$$(a^x)' = \frac{1}{(\log_a y)'} = \frac{1}{\dfrac{1}{y \ln a}} = y \ln a = a^x \ln a,$$

即 $(a^x)'=a^x \ln a$.

特别地,当 $a=\mathrm{e}$ 时,有

$$(\mathrm{e}^x)' = \mathrm{e}^x \ln \mathrm{e} = \mathrm{e}^x.$$

例 2.7　求以下反三角函数的导数:

$$y = \arcsin x \quad \left(-1<x<1, -\frac{\pi}{2}<y<\frac{\pi}{2}\right).$$

$y=\arcsin x$ 在 $(-1,1)$ 内连续,且严格单调,故存在反函数 $x=\sin y$. 由反函数的求导法则,有

$$(\arcsin x)' = \frac{1}{(\sin y)'} = \frac{1}{\cos y},$$

但 $\cos y = \sqrt{1-\sin^2 y} = \sqrt{1-x^2}$ $\left(\text{因为当} -\dfrac{\pi}{2}<y<\dfrac{\pi}{2} \text{时,} \cos y>0, \text{所以根号前只取正号}\right)$,

从而有

$$(\arcsin x)' = \frac{1}{\sqrt{1-x^2}}.$$

用类似的方法可得

$$(\arccos x)' = -\frac{1}{\sqrt{1-x^2}}, \quad (\arctan x)' = \frac{1}{1+x^2}, \quad (\text{arccot}\, x)' = -\frac{1}{1+x^2}.$$

3. 复合函数的导数

经常遇到的函数多是由几个基本初等函数生成的复合函数. 因此, 复合函数的求导法则是求导运算中经常应用的一个重要法则.

定理 3.7 若函数 $u = g(x)$ 在 x 处可导, 函数 $y = f(u)$ 在相应的点 $u(=g(x))$ 也可导, 则复合函数 $y = f[g(x)]$ 在 x 处也可导, 且

$$\{f[g(x)]\}' = f'(u)g'(x) \quad 或 \quad \frac{\mathrm{d}y}{\mathrm{d}x} = \frac{\mathrm{d}y}{\mathrm{d}u}\frac{\mathrm{d}u}{\mathrm{d}x}.$$

证明 设 x 取得改变量 Δx, 则 u 取得相应的改变量 Δu, 从而 y 取得相应的改变量 Δy.

$$\Delta u = g(x + \Delta x) - g(x), \quad \Delta y = f(u + \Delta u) - f(u).$$

当 $\Delta u \neq 0$ 时, 有

$$\frac{\Delta y}{\Delta x} = \frac{\Delta y}{\Delta u}\frac{\Delta u}{\Delta x}.$$

因为 $u = g(x)$ 在 x 处可导, 则必连续, 所以当 $\Delta x \to 0$ 时, $\Delta u \to 0$, 因此

$$\lim_{\Delta x \to 0}\frac{\Delta y}{\Delta x} = \lim_{\Delta x \to 0}\frac{\Delta y}{\Delta u}\lim_{\Delta x \to 0}\frac{\Delta u}{\Delta x} = \lim_{\Delta u \to 0}\frac{\Delta y}{\Delta u}\lim_{\Delta x \to 0}\frac{\Delta u}{\Delta x}.$$

于是有 $\{f[g(x)]\}' = f'(u)g'(x)$ 或 $\dfrac{\mathrm{d}y}{\mathrm{d}x} = \dfrac{\mathrm{d}y}{\mathrm{d}u}\dfrac{\mathrm{d}u}{\mathrm{d}x}$.

注 可以证明当 $\Delta u = 0$ 时上述公式仍成立.

已知函数 $y = f(u)$ 在 u 处可导, 即

$$\lim_{\Delta u \to 0}\frac{\Delta y}{\Delta u} = f'(u), \quad \Delta u \neq 0$$

或

$$\frac{\Delta y}{\Delta u} = f'(u) + \alpha,$$

其中 $\lim\limits_{\Delta u \to 0}\alpha = 0$. 从而, 当 $\Delta u \neq 0$ 时, 有

$$\Delta y = f'(u)\Delta u + \alpha \Delta u. \tag{3.2}$$

当 $\Delta u = 0$ 时, 显然 $\Delta y = f(u + \Delta u) - f(u) = 0$. 令

$$\alpha = \begin{cases} \alpha, & \Delta u \neq 0, \\ 0, & \Delta u = 0, \end{cases}$$

则(3.2)式也成立. 于是,不论 $\Delta u \neq 0$ 还是 $\Delta u = 0$,(3.2)式皆成立. 用 $\Delta x(\Delta x \neq 0)$除(3.2)式等号两端,得

$$\frac{\Delta y}{\Delta x} = f'(u)\frac{\Delta u}{\Delta x} + \alpha\frac{\Delta u}{\Delta x},$$

故有

$$\lim_{\Delta x \to 0}\frac{\Delta y}{\Delta x} = f'(u)\lim_{\Delta x \to 0}\frac{\Delta u}{\Delta x} + \lim_{\Delta u \to 0}\alpha\lim_{\Delta x \to 0}\frac{\Delta u}{\Delta x} \quad (\text{当 } \Delta x \to 0 \text{ 时}, \Delta u \to 0)$$
$$= f'(u)g'(x) + 0 \cdot g'(x) = f'(u)g'(x).$$

即复合函数 $y = f[g(x)]$在 x 处可导,且 $\{f[g(x)]\}' = f'(u)g'(x)$.

应用归纳法,可将定理 3.7 推广为任意有限多个函数生成的复合函数的情形. 以 3 个函数为例: 若 $y = f(u)$, $u = \varphi(v)$, $v = \psi(x)$都可导,则

$$(f\{\varphi[\psi(x)]\})' = f'(u)\varphi'(v)\psi'(x).$$

例 2.8   求 $y = \sin 5x$ 的导数.

解   函数 $y = \sin 5x$ 是函数 $y = \sin u$ 与 $u = 5x$ 的复合函数. 由复合函数求导法则,有

$$(\sin 5x)' = (\sin u)'(5x)' = \cos u \cdot 5 = 5\cos 5x.$$

例 2.9   求函数 $y = \ln(-x)$ ($x < 0$)的导数.

解   函数 $y = \ln(-x)$是函数 $y = \ln u$ 与 $u = -x$ 的复合函数,由复合函数求导法则,有

$$[\ln(-x)]' = (\ln u)'(-x)' = \frac{1}{u}(-1) = \frac{1}{x}.$$

将这一结果与 $(\ln x)' = \frac{1}{x}$合并,有

$$(\ln|x|)' = \frac{1}{x}, \quad x \neq 0.$$

例 2.10   求幂函数 $y = x^a$(a 是实数)的导数.

解   将 $y = x^a$ 两端求自然对数,有 $\ln y = a\ln x$,即

$$y = e^{a\ln x}, \quad x > 0,$$

它是函数 $y = e^u$ 与 $u = a\ln x$ 的复合函数. 由复合函数求导法则,有

$$(x^a)' = (e^{a\ln x})' = (e^u)'(a\ln x)' = e^u\frac{a}{x} = e^{a\ln x}\frac{a}{x} = x^a\frac{a}{x} = ax^{a-1},$$

即

$$(x^a)' = ax^{a-1}.$$

若幂函数 $y = x^a$ 的定义域是 $\mathbb{R}$ 或 $\mathbb{R}\setminus\{0\}$,则幂函数 $y = x^a$ 的导数公式 $(x^a)' = ax^{a-1}$ 也是正确的.

对复合函数的分解比较熟练后,就不必再写出中间变量,而可采用下列例题的方式来计算.

例 2.11 $y=\ln\sin x$，求 y'.

解 $y'=(\ln\sin x)'=\dfrac{1}{\sin x}(\sin x)'=\dfrac{\cos x}{\sin x}=\cot x.$

例 2.12   求函数 $y=\tan^3\ln x$ 的导数.

解 $y'=3\,\tan^2\ln x(\tan\ln x)'=3\,\tan^2\ln x\cdot\dfrac{1}{\cos^2\ln x}\cdot(\ln x)'$

$\qquad=3\,\tan^2\ln x\cdot\dfrac{1}{\cos^2\ln x}\cdot\dfrac{1}{x}=\dfrac{3\,\tan^2\ln x}{x\,\cos^2\ln x}.$

4. 初等函数的导数

以上两段，根据导数的定义和求导法则得到了基本初等函数的导数公式. 它们是求初等函数导数的基础. 把它们集中起来，就是导数公式表：

(1) $(c)'=0$，其中 c 是常数；

(2) $(x^\alpha)'=\alpha x^{\alpha-1}$，其中 α 是实数；

(3) $(\log_a x)'=\dfrac{1}{x}\log_a e=\dfrac{1}{x\ln a}$，$(\ln x)'=\dfrac{1}{x}$；

(4) $(a^x)'=a^x\ln a$，$(e^x)'=e^x$；

(5) $(\sin x)'=\cos x$，$(\cos x)'=-\sin x$，$(\tan x)'=\sec^2 x$，

$\qquad(\cot x)'=-\csc^2 x$，$(\sec x)'=\tan x\sec x$，$(\csc x)'=-\cot x\csc x$；

(6) $(\arcsin x)'=\dfrac{1}{\sqrt{1-x^2}}$，$(\arccos x)'=-\dfrac{1}{\sqrt{1-x^2}}$，

$\qquad(\arctan x)'=\dfrac{1}{1+x^2}$，$(\operatorname{arccot}x)'=-\dfrac{1}{1+x^2}.$

根据求导法则和导数公式表，能求出任意初等函数的导数. 由导数公式表知，基本初等函数的导数还是初等函数. 于是，初等函数的导数仍是初等函数，即初等函数对导数运算是封闭的.

习题 3.2

1. 求下列函数的导数：

(1) $y=x^4+3x^2-6$；

(2) $y=6x^{\frac{7}{2}}+4x^{\frac{5}{2}}+2x$；

(3) $y=\dfrac{a-x}{a+x}$；

(4) $y=(1+4x^2)(1+2x^3)$；

(5) $y=\dfrac{x^3+1}{x^2-x-2}$；

(6) $y=x\sin x+\cos x$；

(7) $y = x\tan x - \cot x$;　　　　　　(8) $y = \dfrac{\sin x}{1 + \cos x}$;

(9) $y = \dfrac{1 - \ln x}{1 + \ln x}$;　　　　　　(10) $y = \dfrac{x}{4^x}$;

(11) $y = \dfrac{\arctan x}{x}$;　　　　　　(12) $y = x\sin x \ln x$.

2. 求下列函数的导数:

(1) $y = (2x^2 - 3)^2$;　　　　　　(2) $y = \sqrt{x^2 + a^2}$;

(3) $y = \sqrt{\dfrac{1 + x}{1 - x}}$;　　　　　　(4) $y = \sqrt[3]{x^2 + x + 1}$;

(5) $y = \sqrt{x + \sqrt{x + \sqrt{x}}}$;　　　　(6) $y = \tan(ax + b)$;

(7) $y = \sin 2x\cos 3x$;　　　　　　(8) $y = a\left(1 - \cos^2\dfrac{x}{2}\right)^2$;

(9) $y = \ln\tan x$;　　　　　　(10) $y = \cot^2 5x$;

(11) $y = \log_a(x^2 + 1)\,(a > 0, a \neq 1)$;　　(12) $y = \ln\dfrac{1 + x^2}{1 - x^2}$;

(13) $y = \ln(\ln x)$;　　　　　　(14) $y = e^{4x + 5}$;

(15) $y = \arctan(x^2 + 1)$;　　　　(16) $y = \ln(x + \sqrt{x^2 + a^2}) - \dfrac{\sqrt{x^2 + a^2}}{x}$;

(17) $y = 7^{x^2 + 2x}$;　　　　　　(18) $y = \sqrt{a^2 + x^2} - a\ln\dfrac{a + \sqrt{a^2 + x^2}}{x}$;

(19) $y = e^{\sin x}$;　　　　　　(20) $y = x\sqrt{a^2 - x^2} + a^2\arcsin\dfrac{x}{a}$;

(21) $y = (\arcsin x)^2$;　　　　　(22) $y = \arctan\dfrac{a}{x} + \ln\sqrt{\dfrac{x - a}{x + a}}$;

(23) $y = \arccos x^2$.

3. 设 $f(x)$, $g(x)$ 可导, 求下列函数 y 的导数 $\dfrac{\mathrm{d}y}{\mathrm{d}x}$:

(1) $y = f(x^2)$;　　　　　　(2) $y = f(\sin^2 x) + f(\cos^2 x)$;

(3) $y = \sqrt{[f(x)]^2 + [g(x)]^2}\ \big([f(x)]^2 + [g(x)]^2 \neq 0\big)$;

(4) $y = \arctan\dfrac{f(x)}{g(x)}\ (g(x) \neq 0)$.

4. 证明: 可导的偶函数的导函数是奇函数; 可导的奇函数的导函数是偶函数.

5. 证明: 可导的周期函数的导函数是周期函数.

3.3　隐函数与由参数方程所确定的函数的导数

1. 隐函数的导数

函数 $y=f(x)$ 表示两个变量 y 与 x 之间的对应关系,这种对应关系可以用各种不同形式表达.前面遇到的函数,例如 $y=\sin x,y=\ln x+\sqrt{1-x^2}$ 等,这种函数表达方式的特点是:等号左端是因变量的符号,而右端是含有自变量的式子,当自变量取定义域内任一值时,由此式确定对应的函数值.这种方式表达的函数称为**显函数**.有些函数的表达方式却不是这样,例如,方程

$$x^2+y^3-1=0$$

表示一个函数,因为当变量 x 在 $(-\infty,+\infty)$ 内取值时,变量 y 有确定的值与之对应.这样的函数称为**隐函数**.

定义 3.4　设有非空数集 A.若 $\forall x\in A$,由二元方程 $F(x,y)=0$,对应惟一一个 $y\in\mathbb{R}$,则称此对应关系 f(或写为 $y=f(x)$)是二元方程 $F(x,y)=0$ 确定的**隐函数**.

把一个隐函数化成显函数,称为**隐函数的显化**.例如从方程 $x^2+y^3-1=0$ 解出 $y=\sqrt[3]{1-x^2}$,就把隐函数化成了显函数.隐函数的显化有时是很困难的,甚至是不可能的.例如,方程

$$y^5+2y-x-3x^7=0,\tag{3.3}$$

对于区间 $(-\infty,+\infty)$ 内任意取定的 x 值,上式成为以 y 为未知数的五次方程.由代数学知识可以得出,这个方程至少有一个实根,所以方程(3.3)在 $(-\infty,+\infty)$ 内确定了一个隐函数,但是这个函数很难用显式把它表达出来.

在实际问题中,有时需要计算隐函数的导数,因此希望有一种方法,不管函数能否显化,都能直接由方程算出它所确定的隐函数的导数来.下面通过具体例子来说明这种方法.

例 3.1　求由方程 $e^y+xy-e=0$ 所确定的隐函数 $y=f(x)$ 的导数.

解　方程两边对 x 求导数(注意 y 是 x 的函数),有

$$\frac{\mathrm{d}}{\mathrm{d}x}(e^y+xy-e)=0,$$

$$e^y\frac{\mathrm{d}y}{\mathrm{d}x}+y+x\frac{\mathrm{d}y}{\mathrm{d}x}=0,$$

从而

$$\frac{\mathrm{d}y}{\mathrm{d}x}=-\frac{y}{x+e^y},\quad x+e^y\neq 0.$$

例 3.2　求方程 $xy+3x^2-5y-7=0$ 确定的函数 $y=f(x)$ 的导数.

解　方程两端对 x 求导数(注意 y 是 x 的函数),有

$$(xy + 3x^2 - 5y - 7)' = 0, \quad 即 \quad y + xy' + 6x - 5y' = 0,$$

解得隐函数的导数

$$y' = \frac{6x + y}{5 - x}.$$

例 3.3　求过双曲线 $\dfrac{x^2}{a^2} - \dfrac{y^2}{b^2} = 1$ 上一点 (x_0, y_0) 的切线方程(其中 $y_0 \neq 0$).

解　首先求过点 (x_0, y_0) 的切线斜率 k,即求方程 $\dfrac{x^2}{a^2} - \dfrac{y^2}{b^2} = 1$ 确定的隐函数 $y = f(x)$ 的导数在点 (x_0, y_0) 的值.

$$\left(\frac{x^2}{a^2} - \frac{y^2}{b^2} \right)' = (1)', \quad 即 \quad \frac{2x}{a^2} - \frac{2yy'}{b^2} = 0.$$

解得 $y' = \dfrac{b^2 x}{a^2 y}$,所以 $k = y' \Big|_{\substack{x=x_0 \\ y=y_0}} = \dfrac{b^2 x_0}{a^2 y_0}$. 从而,切线的方程是

$$y - y_0 = \frac{b^2 x_0}{a^2 y_0}(x - x_0) \quad 或 \quad \frac{x_0 x}{a^2} - \frac{y_0 y}{b^2} = \frac{x_0^2}{a^2} - \frac{y_0^2}{b^2}.$$

因为点 (x_0, y_0) 在双曲线上,所以 $\dfrac{x_0^2}{a^2} - \dfrac{y_0^2}{b^2} = 1$. 于是,所求的切线方程是

$$\frac{x_0 x}{a^2} - \frac{y_0 y}{b^2} = 1.$$

求某些显函数的导数,直接求它的导数比较繁琐,这时可将它化为隐函数,用隐函数求导法求其导数,比较简便. 将显函数化为隐函数常用的方法是等号两端取对数,称为**对数求导法**.

例 3.4　求幂指函数 $y = x^x (x > 0)$ 的导数.

解　等号两端取对数,有

$$\ln y = x \ln x,$$

对 x 求导数,有 $\dfrac{y'}{y} = \ln x + 1$,即 $y' = y(\ln x + 1) = x^x(\ln x + 1)$.

例 3.5　求函数 $y = \sqrt{\dfrac{(x-1)(x-2)}{(x-3)(x-4)}}$ 的导数.

解　等号两端取对数,有

$$\ln |y| = \frac{1}{2}(\ln|x-1| + \ln|x-2| - \ln|x-3| - \ln|x-4|),$$

上式两端对 x 求导数,得

$$\frac{1}{y} y' = \frac{1}{2} \left(\frac{1}{x-1} + \frac{1}{x-2} - \frac{1}{x-3} - \frac{1}{x-4} \right),$$

于是

$$y' = \frac{1}{2}\sqrt{\frac{(x-1)x-2)}{(x-3)(x-4)}}\left(\frac{1}{x-1} + \frac{1}{x-2} - \frac{1}{x-3} - \frac{1}{x-4}\right).$$

2. 参数方程求导公式

参数方程的一般形式是

$$\begin{cases} x = \varphi(t), \\ y = \psi(t), \end{cases} \quad \alpha \leqslant t \leqslant \beta.$$

若 $x = \varphi(t)$ 与 $y = \psi(t)$ 都可导,且 $\varphi'(t) \neq 0$,再假设 $x = \varphi(t)$ 存在反函数 $t = \varphi^{-1}(x)$,则 y 是 x 的复合函数,即

$$y = \psi(t), \quad t = \varphi^{-1}(x).$$

由复合函数与反函数的求导法则,有

$$\frac{\mathrm{d}y}{\mathrm{d}x} = \frac{\mathrm{d}y}{\mathrm{d}t}\frac{\mathrm{d}t}{\mathrm{d}x} = \psi'(t)[\varphi^{-1}(x)]' = \psi'(t)\frac{1}{\varphi'(t)} = \frac{\psi'(t)}{\varphi'(t)}.$$

这就是参数方程的求导公式.

例 3.6 已知椭圆的参数方程为

$$\begin{cases} x = a\cos t, \\ y = b\sin t. \end{cases}$$

求椭圆在 $t = \frac{\pi}{4}$ 处的切线方程.

解 当 $t = \frac{\pi}{4}$ 时,椭圆上的相应点 M_0 的坐标是

$$x_0 = a\cos\frac{\pi}{4} = \frac{a\sqrt{2}}{2}, \quad y_0 = b\sin\frac{\pi}{4} = \frac{b\sqrt{2}}{2},$$

曲线在点 M_0 的切线斜率为

$$\frac{\mathrm{d}y}{\mathrm{d}x}\bigg|_{t=\frac{\pi}{4}} = \frac{(b\sin t)'}{(a\cos t)'}\bigg|_{t=\frac{\pi}{4}} = \frac{b\cos t}{-a\sin t}\bigg|_{t=\frac{\pi}{4}} = -\frac{b}{a}.$$

代入点斜式方程,即得椭圆在点 M_0 处的切线方程

$$y - \frac{b\sqrt{2}}{2} = -\frac{b}{a}\left(x - \frac{a\sqrt{2}}{2}\right).$$

化简后得 $bx + ay - \sqrt{2}ab = 0$.

例 3.7 设炮弹的弹头初速度是 v_0,沿着与地面成 α 角的方向抛射出去. 求在时刻 t_0 时弹头的运动方向(忽略空气阻力、风向等因素).

解 已知弹头关于时间 t 的弹道曲线方程是

$$\begin{cases} x = v_0 t \cos\alpha, \\ y = v_0 t \sin\alpha - \dfrac{1}{2} g t^2, \end{cases}$$

其中 g 是重力加速度(常数). 由参数方程的求导法,有

$$\frac{\mathrm{d}y}{\mathrm{d}x} = \frac{v_0 \sin\alpha - gt}{v_0 \cos\alpha} = \tan\alpha - \frac{gt}{v_0 \cos\alpha}.$$

设在时刻 t_0 时弹头的运动方向与地面的夹角为 φ,有

$$\tan\varphi = \tan\alpha - \frac{gt_0}{v_0 \cos\alpha}$$

或

$$\varphi = \arctan\left(\tan\alpha - \frac{gt_0}{v_0 \cos\alpha}\right).$$

习题 3.3

1. 求下列方程确定的隐函数的导数 $\dfrac{\mathrm{d}y}{\mathrm{d}x}$:

(1) $y^2 = 4px$;　　　　　　　　　　(2) $b^2 x^2 + a^2 y^2 = a^2 b^2$;

(3) $y^3 - 3y + 2ax = 0$;　　　　　　(4) $x^{\frac{2}{3}} + y^{\frac{2}{3}} = a^{\frac{2}{3}}$;

(5) $x^3 + y^3 - 3axy = 0$;　　　　　(6) $y = \cos(x+y)$;

(7) $x + 2\sqrt{x-y} + 4y = 2$;　　　(8) $\sin(xy) = x$.

2. 应用对数求导法,求下列函数的导数:

(1) $y = x\sqrt{\dfrac{1-x}{1+x}}$;　　　　　　　(2) $y = \dfrac{x^2}{1-x}\sqrt[3]{\dfrac{3-x}{(3+x)^2}}$;

(3) $y = (x + \sqrt{1+x^2})^n$;

(4) $y = (x-a_1)^{\alpha_1}(x-a_2)^{\alpha_2}\cdots(x-a_n)^{\alpha_n}$,其中 $a_1, a_2, \cdots, a_n, \alpha_1, \alpha_2, \cdots, \alpha_n$ 都是常数.

3. 求下列曲线在指定点的切线的斜率:

(1) $x^2 + 3xy + y^2 + 1 = 0$,在点 $(2, -1)$;

(2) $x^3 - axy + 2ay^2 = 2a^3$,在点 (a, a);

(3) $\sqrt[3]{2x} - \sqrt[8]{y} = 1$,在点 $(4, 1)$.

4. 求下列参数方程的导数 $\dfrac{\mathrm{d}y}{\mathrm{d}x}$:

(1) $\begin{cases} x = \dfrac{1}{t+1}, \\ y = \left(\dfrac{t}{t+1}\right)^2; \end{cases}$　　　　(2) $\begin{cases} x = \dfrac{3at}{1+t^3}, \\ y = \dfrac{3at^2}{1+t^3}; \end{cases}$

(3) $\begin{cases} x = a \cos^2 t, \\ y = b \sin^2 t; \end{cases}$ 　　　　(4) $\begin{cases} x = a \cos^3 t, \\ y = b \sin^3 t. \end{cases}$

5. 求摆线 $\begin{cases} x = a(t - \sin t), \\ y = a(1 - \cos t) \end{cases}$ 在 $t = \dfrac{\pi}{2}$ 处的切线方程.

3.4　高阶导数

已知运动的加速度是速度对于时间的变化率. 如果以 $s = f(t)$ 记运动规律, 那么 $f'(t)$ 是速度, 加速度是速度对于时间的变化率, 所以加速度便是 $f'(t)$ 对于时间 t 的导数. 这就引出求导函数的导数问题.

一般来说, 函数 $y = f(x)$ 的导数 $y' = f'(x)$ 仍是 x 的函数, 如果函数 $y' = f'(x)$ 的导数存在, 这个导数就称为原来函数 $y = f(x)$ 的二阶导数, 记作 y'', $f''(x)$ 或 $\dfrac{\mathrm{d}^2 y}{\mathrm{d} x^2}$.

按照定义, 函数 $y = f(x)$ 在点 x 的二阶导数就是下列极限:

$$f''(x) = \lim_{\Delta x \to 0} \frac{f'(x + \Delta x) - f'(x)}{\Delta x}.$$

同样, 如果函数 $y'' = f''(x)$ 的导数存在, 其导数就称为 $y = f(x)$ 的三阶导数, 记作

$$y''', \quad f'''(x), \quad \frac{\mathrm{d}^3 y}{\mathrm{d} x^3}.$$

一般地, 如果 $y = f(x)$ 的 $n-1$ 阶导函数 $y^{(n-1)} = f^{(n-1)}(x)$ 的导数存在, 其导数就称为 $y = f(x)$ 的 n 阶导数, 记作

$$y^{(n)}, \quad f^{(n)}(x), \quad \frac{\mathrm{d}^n y}{\mathrm{d} x^n}.$$

显然, 求高阶导数只需进行一连串通常的求导数运算, 不需要什么另外的办法.

例 4.1　求 n 次多项式 $y = a_0 x^n + a_1 x^{n-1} + \cdots + a_{n-1} x + a_n$ 的各阶导数.

解　$y' = n a_0 x^{n-1} + (n-1) a_1 x^{n-2} + \cdots + a_{n-1}$,

$y'' = n(n-1) a_0 x^{n-2} + (n-1)(n-2) a_1 x^{n-3} + \cdots + 2 a_{n-2}$,

可见经过一次求导运算, 多项式的次数就降一次, 继续求导下去, 易知

$$y^{(n)} = n! a_0$$

是一个常数, 由此

$$y^{(n+1)} = y^{(n+2)} = \cdots = 0.$$

即 n 次多项式的一切高于 n 阶的导数都是零.

例 4.2　求 (1) $y = \mathrm{e}^{ax}$, (2) $y = a^x$ 的 n 阶导数.

解　(1) $y = \mathrm{e}^{ax}$, $y' = a \mathrm{e}^{ax}$, $y'' = a^2 \mathrm{e}^{ax}$, $\cdots$, $y^{(n)} = a^n \mathrm{e}^{ax}$;

(2) $y = a^x$, $y' = (\ln a)a^x$, $y'' = (\ln a)^2 a^x$, $\cdots$, $y^{(n)} = (\ln a)^n a^x$.

例 4.3　求 $y = \ln(1+x)$ 的 n 阶导数.

解　$y' = \dfrac{1}{1+x}$,

$$y'' = -\frac{1}{(1+x)^2},$$

$$y''' = \frac{1 \cdot 2}{(1+x)^3},$$

$$\vdots$$

$$y^{(n)} = (-1)^{n-1} \frac{(n-1)!}{(1+x)^n}.$$

例 4.4　求 $y = \sin x$ 的 n 阶导数.

解　$y' = \cos x = \sin\left(x + \dfrac{\pi}{2}\right)$,

$$y'' = \cos\left(x + \frac{\pi}{2}\right) = \sin\left(x + 2 \cdot \frac{\pi}{2}\right),$$

$$\vdots$$

$$y^{(n)} = \sin\left(x + n \cdot \frac{\pi}{2}\right).$$

同理

$$(\cos x)^{(n)} = \cos\left(x + n \cdot \frac{\pi}{2}\right).$$

如果函数 $u(x), v(x)$ 都具有 n 阶导数,则其代数和的 n 阶导数是它们的 n 阶导数的代数和:

$$(u \pm v)^{(n)} = u^{(n)} \pm v^{(n)}.$$

至于它们乘积的 n 阶导数,现讨论如下.

应用乘积的求导法则,可以求出

$$(uv)' = u'v + uv',$$

$$(uv)'' = u''v + 2u'v' + uv'',$$

$$(uv)''' = u'''v + 3u''v' + 3u'v'' + uv'''.$$

容易看出,它们右边的系数恰好与牛顿二项式的系数相同.应用数学归纳法不难证明由此推广的一般公式:

$$(uv)^{(n)} = u^{(n)}v + C_n^1 u^{(n-1)}v' + C_n^2 u^{(n-2)}v'' + \cdots + C_n^k u^{(n-k)}v^{(k)} + \cdots + uv^{(n)} \quad (3.4)$$

成立,其中 $C_n^k = \dfrac{n(n-1)\cdots(n-k+1)}{k!}$.

公式(3.4)称为**莱布尼茨公式**.

例 4.5　$y = x^2 e^{2x}$，求 $y^{(20)}$.

解　设 $u = e^{2x}, v = x^2$，则

$$u' = 2e^{2x}, \quad u'' = 2^2 e^{2x}, \quad \cdots, \quad u^{(20)} = 2^{20} e^{2x},$$
$$v' = 2x, \quad v'' = 2, \quad v''' = 0.$$

由莱布尼茨公式，有

$$y^{(20)} = u^{(20)} v + C_{20}^1 u^{(19)} v' + C_{20}^2 u^{(18)} v''$$
$$= 2^{20} \cdot e^{2x} \cdot x^2 + 20 \cdot 2^{19} \cdot e^{2x} \cdot 2x + 190 \cdot 2^{18} \cdot e^{2x} \cdot 2$$
$$= 2^{20} e^{2x} (x^2 + 20x + 95).$$

例 4.6　由参数方程 $\begin{cases} x = \varphi(t), \\ y = \psi(t), \end{cases} \alpha \leqslant t \leqslant \beta$ 确定 y 为 x 的函数，若 $x = \varphi(t)$ 与 $y = \psi(t)$ 都

是二阶可导的，且 $\varphi'(t) \neq 0$，求 y 对 x 的二阶导数 $\dfrac{d^2 y}{dx^2}$.

解　由参数方程的求导公式 $\dfrac{dy}{dx} = \dfrac{\psi'(t)}{\varphi'(t)}$，则有

$$\frac{d^2 y}{dx^2} = \frac{d}{dx}\left(\frac{dy}{dx}\right) = \frac{d}{dx}\left(\frac{\psi'(t)}{\varphi'(t)}\right) = \frac{d}{dt}\left(\frac{\psi'(t)}{\varphi'(t)}\right) \frac{dt}{dx}$$
$$= \frac{\psi''(t)\varphi'(t) - \psi'(t)\varphi''(t)}{\varphi'^2(t)} \cdot \frac{1}{\varphi'(t)} = \frac{\psi''(t)\varphi'(t) - \psi'(t)\varphi''(t)}{\varphi'^3(t)}.$$

这就是参数方程的二阶导数公式.

例 4.7　求由方程 $x - y + \dfrac{1}{2}\sin y = 0$ 所确定的隐函数 y 的二阶导数 $\dfrac{d^2 y}{dx^2}$.

解　应用隐函数的求导方法，得

$$1 - \frac{dy}{dx} + \frac{1}{2}\cos y \frac{dy}{dx} = 0,$$

于是

$$\frac{dy}{dx} = \frac{2}{2 - \cos y}.$$

上式两边再对 x 求导，得

$$\frac{d^2 y}{dx^2} = \frac{-2\sin y \dfrac{dy}{dx}}{(2 - \cos y)^2} = \frac{-4\sin y}{(2 - \cos y)^3}.$$

习题 3.4

1. 求下列函数的二阶导数：

(1) $y = e^{-x^2}$；　　　　　　　　(2) $y = (1 + x^2)\arctan x$；

(3) $y=\sin x\arctan\dfrac{x}{a}$;

(4) $y=x^2 a^x$;

(5) $y=\dfrac{\arcsin x}{\sqrt{1-x^2}}$;

(6) $y=x[\sin(\ln x)+\cos(\ln x)]$.

2. 设 $u=\varphi(x),v=\psi(x)$ 为二次可微的函数,求 $\dfrac{\mathrm{d}^2 y}{\mathrm{d}x^2}$.

(1) $y=\ln\dfrac{u}{v}$;

(2) $y=\sqrt{u^2+v^2}$.

3. 设 $f(x)$ 为三次可微的函数,求 $\dfrac{\mathrm{d}^2 y}{\mathrm{d}x^2},\dfrac{\mathrm{d}^3 y}{\mathrm{d}x^3}$.

(1) $y=f(x^2)$;

(2) $y=f(\mathrm{e}^x+x)$.

4. 求下列函数的高阶微商:

(1) $(x^2\mathrm{e}^x)^{(50)}$;

(2) $[\ln(1+x)^x]^{(30)}$;

(3) $[(x^2+1)\sin x]^{(20)}$;

(4) $\left(\dfrac{1+x}{\sqrt{1-x}}\right)^{(100)}$;

(5) $\left(\dfrac{1}{x^2-3x+2}\right)^{(n)}$;

(6) $\left(\dfrac{1-x}{1+x}\right)^{(n)}$.

3.5 微分

1. 微分概念

已知函数 $y=f(x)$ 在点 x_0 的函数值 $f(x_0)$,欲求函数 $f(x)$ 在点 x_0 附近一点 $x_0+\Delta x$ 的函数值 $f(x_0+\Delta x)$,常常是很难求得 $f(x_0+\Delta x)$ 的精确值. 在实际应用中,只要求出 $f(x_0+\Delta x)$ 的近似值也就够了. 为此讨论近似计算函数值 $f(x_0+\Delta x)$ 的方法.

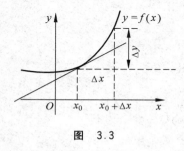

图 3.3

因为 $\Delta y=f(x_0+\Delta x)-f(x_0)$ 或 $f(x_0+\Delta x)=f(x_0)+\Delta y$,所以只要能近似地算出 Δy 即可. 显然,Δy 是 Δx 的函数(如图 3.3 所示).

人们希望有一个关于 Δx 的简便的函数近似代替 Δy,并使其误差满足要求. 在所有关于 Δx 的函数中,一次函数最为简便. 用 Δx 的一次函数 $A\Delta x(A$ 是常数)近似代替 Δy,所产生的误差是 $\Delta y-A\Delta x$. 如果 $\Delta y-A\Delta x=o(\Delta x)(\Delta x\rightarrow 0)$,那么一次函数 $A\Delta x$ 就有特殊的意义.

定义 3.5 若函数 $y=f(x)$ 在点 x_0 的改变量 Δy 与自变量 x 的改变量 Δx 有下列关系

$$\Delta y=A\Delta x+o(\Delta x),\tag{3.5}$$

其中 A 是与 Δx 无关的常数,则称函数 $f(x)$ 在 x_0 **可微**,$A\Delta x$ 称为函数 $f(x)$ 在 x_0 的**微分**,表示为

$$\mathrm{d}y = A\Delta x \quad \text{或} \quad \mathrm{d}f(x_0) = A\Delta x.$$

$A\Delta x$ 也称为(3.5)式的**线性主要部分**."线性"是因为 $A\Delta x$ 是 Δx 的一次函数."主要"是因为(3.5)式的右端 $A\Delta x$ 起主要作用,$o(\Delta x)$ 是 Δx 的高阶无穷小.

从(3.5)式看到,$\Delta y \approx A\Delta x$ 或 $\Delta y \approx \mathrm{d}y$,其误差是 $o(\Delta x)$.

例如,半径为 r 的圆面积 $Q = \pi r^2$. 若半径 r 增大 Δr(自变量的改变量),则面积 Q 相应的改变量 ΔQ 就是以 r 与 $r+\Delta r$ 为半径的两个同心圆之间的圆环面积(如图 3.4 所示),即

$$\Delta Q = \pi (r+\Delta r)^2 - \pi r^2 = 2\pi r\Delta r + \pi (\Delta r)^2.$$

显然,ΔQ 的线性主要部分是 $2\pi r\Delta r$,而 $\pi (\Delta r)^2$ 是比 Δr 高阶的无穷小(当 $\Delta r \to 0$ 时),即 $\pi (\Delta r)^2 = o(\Delta r)$. 于是

图 3.4

$$\mathrm{d}Q = 2\pi r\Delta r, \quad \Delta Q \approx \mathrm{d}Q.$$

它的几何意义是:圆环的面积近似等于以半径为 r 的圆周长为底,以 Δr 为高的矩形面积.

再例如,半径为 r 的球的体积 $V = \dfrac{4}{3}\pi r^3$. 当半径 r 的改变量为 Δr 时,ΔV 是

$$\Delta V = \frac{4}{3}\pi (r+\Delta r)^3 - \frac{4}{3}\pi r^3 = 4\pi r^2\Delta r + 4\pi r (\Delta r)^2 + \frac{4}{3}\pi (\Delta r)^3.$$

显然,Δr 的线性主要部分是 $4\pi r^2\Delta r$,而 $4\pi r (\Delta r)^2 + \dfrac{4}{3}\pi (\Delta r)^3$ 是比 Δr 高阶的无穷小(当 $\Delta r \to 0$ 时),即

$$4\pi r (\Delta r)^2 + \frac{4}{3}\pi (\Delta r)^3 = o(\Delta r), \quad \mathrm{d}V = 4\pi r^2\Delta r, \quad \Delta V \approx \mathrm{d}V.$$

如果函数 $f(x)$ 在 x_0 可微,即 $\mathrm{d}y = A\Delta x$,那么常数 A 等于什么? 下面定理的必要性回答了这个问题.

定理 3.8 函数 $y = f(x)$ 在 x_0 处可微 $\Leftrightarrow$ 函数 $y = f(x)$ 在 x_0 处可导.

证明 必要性($\Rightarrow$). 设函数 $f(x)$ 在 x_0 处可微,即

$$\Delta y = A\Delta x + o(\Delta x),$$

其中 A 是与 Δx 无关的常数.用 Δx 除上式得

$$\frac{\Delta y}{\Delta x} = A + \frac{o(\Delta x)}{\Delta x}.$$

从而有

$$\lim_{\Delta x \to 0} \frac{\Delta y}{\Delta x} = A + \lim_{\Delta x \to 0} \frac{o(\Delta x)}{\Delta x} = A,$$

于是函数 $y=f(x)$ 在 x_0 可导，且 $A=f'(x_0)$.

充分性($\Leftarrow$). 设函数 $y=f(x)$ 在 x_0 可导，即

$$\lim_{\Delta x \to 0} \frac{\Delta y}{\Delta x} = f'(x_0),$$

则 $\dfrac{\Delta y}{\Delta x}=f'(x_0)+\alpha, \alpha \to 0$（当 $\Delta x \to 0$ 时），从而

$$\Delta y = f'(x_0)\Delta x + \alpha \Delta x = f'(x_0)\Delta x + o(\Delta x),$$

其中 $f'(x_0)$ 是与 Δx 无关的常数，$o(\Delta x)$ 是比 Δx 高阶的无穷小，于是函数 $f(x)$ 在 x_0 处可微.

定理 3.8 指出，函数 $f(x)$ 在 x_0 处可微与可导是等价的，并且 $A=f'(x_0)$. 于是函数 $f(x)$ 在 x_0 的微分

$$dy = f'(x_0)\Delta x.$$

由(3.5)式有

$$\Delta y = dy + o(\Delta x) = f'(x_0)\Delta x + o(\Delta x).$$

从近似计算的角度来说，用 dy 近似代替 Δy 有两点好处：

(1) dy 是 Δx 的线性函数，这一点保证计算简便；

(2) $\Delta y - dy = o(\Delta x)$，这一点保证近似程度好，即误差是比 Δx 高阶的无穷小.

从几何图形说，如图 3.5 所示，PM 是曲线 $y=f(x)$ 在点 $P(x_0, f(x_0))$ 的切线. 已知切线 PM 的斜率 $\tan\varphi = f'(x_0)$.

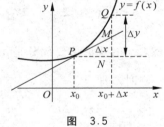

$$\Delta y = f(x_0 + \Delta x) - f(x_0) = QN,$$
$$dy = f'(x_0)\Delta x = \tan\varphi \Delta x$$
$$= \frac{MN}{\Delta x}\Delta x = MN.$$

图　3.5

由此可见，$dy = MN$ 是曲线 $y=f(x)$ 在点 $P(x_0, y_0)$ 的切线 PM 的纵坐标的改变量. 因此，用 dy 近似代替 Δy，就是用在点 $P(x_0, y_0)$ 处切线的纵坐标的改变量 MN 近似代替函数 $f(x)$ 的改变量 QN，$QM = QN - MN = \Delta y - dy = o(\Delta x)$.

由微分定义，自变量 x 本身的微分是

$$dx = (x)'\Delta x = \Delta x,$$

即自变量 x 的微分 dx 等于自变量 x 的改变量 Δx. 于是，当 x 是自变量时，可用 dx 代替 Δx. 函数 $y=f(x)$ 在 x 的微分 dy 又可写为

$$dy = f'(x)dx \quad \text{或} \quad f'(x) = \frac{dy}{dx},$$

即函数 $y=f(x)$ 的导数 $f'(x)$ 等于函数的微分 dy 与自变量的微分 dx 的商. 导数亦称**微商**就源于此. 在没有引入微分概念之前，曾用 $\dfrac{dy}{dx}$ 表示导数，但是，那时 $\dfrac{dy}{dx}$ 是一个完整的符

号,并不具有商的意义. 当引入微分概念之后,符号 $\dfrac{\mathrm{d}y}{\mathrm{d}x}$ 才具有商的意义.

2. 微分的运算法则和公式

已知可微与可导是等价的,且 $\mathrm{d}y = y'\mathrm{d}x$. 由导数的运算法则和导数公式可相应地得到微分运算法则和微分公式.

（1）基本初等函数的微分公式

由基本初等函数的导数公式,可以直接写出基本初等函数的微分公式. 为了便于对照,列表 3.1 如下.

表 3.1

导 数 公 式	微 分 公 式
$(c)' = 0$	$\mathrm{d}(c) = 0$
$(x^a)' = ax^{a-1}$	$\mathrm{d}(x^a) = ax^{a-1}\mathrm{d}x$
$(\log_a x)' = \dfrac{1}{x\ln a}$	$\mathrm{d}(\log_a x) = \dfrac{1}{x\ln a}\mathrm{d}x$
$(\ln x)' = \dfrac{1}{x}$	$\mathrm{d}(\ln x) = \dfrac{1}{x}\mathrm{d}x$
$(a^x)' = a^x\ln a$	$\mathrm{d}(a^x) = a^x\ln a\mathrm{d}x$
$(\mathrm{e}^x)' = \mathrm{e}^x$	$\mathrm{d}(\mathrm{e}^x) = \mathrm{e}^x\mathrm{d}x$
$(\sin x)' = \cos x$	$\mathrm{d}(\sin x) = \cos x\mathrm{d}x$
$(\cos x)' = -\sin x$	$\mathrm{d}(\cos x) = -\sin x\mathrm{d}x$
$(\tan x)' = \sec^2 x$	$\mathrm{d}(\tan x) = \sec^2 x\mathrm{d}x$
$(\cot x)' = -\csc^2 x$	$\mathrm{d}(\cot x) = -\csc^2 x\mathrm{d}x$
$(\sec x)' = \sec x\tan x$	$\mathrm{d}(\sec x) = \sec x\tan x\mathrm{d}x$
$(\csc x)' = -\csc x\cot x$	$\mathrm{d}(\csc x) = -\csc x\cot x\mathrm{d}x$
$(\arcsin x)' = \dfrac{1}{\sqrt{1-x^2}}$	$\mathrm{d}(\arcsin x) = \dfrac{1}{\sqrt{1-x^2}}\mathrm{d}x$
$(\arccos x)' = -\dfrac{1}{\sqrt{1-x^2}}$	$\mathrm{d}(\arccos x) = -\dfrac{1}{\sqrt{1-x^2}}\mathrm{d}x$
$(\arctan x)' = \dfrac{1}{1+x^2}$	$\mathrm{d}(\arctan x) = \dfrac{1}{1+x^2}\mathrm{d}x$
$(\text{arccot}\,x)' = -\dfrac{1}{1+x^2}$	$\mathrm{d}(\text{arccot}\,x) = -\dfrac{1}{1+x^2}\mathrm{d}x$

（2）函数和、差、积、商的微分法则

由函数和、差、积、商的求导法则，可推得相应的微分法则. 为了便于对照，列表 3.2 如下（表中 $u=u(x), v=v(x)$）.

表 3.2

函数和、差、积、商的求导法则	函数和、差、积、商的微分法则
$(u\pm v)'=u'\pm v'$	$\mathrm{d}(u\pm v)=\mathrm{d}u\pm\mathrm{d}v$
$(cu)'=cu'$	$\mathrm{d}(cu)=c\mathrm{d}u$
$(uv)'=u'v+uv'$	$\mathrm{d}(uv)=v\mathrm{d}u+u\mathrm{d}v$
$\left(\dfrac{u}{v}\right)'=\dfrac{u'v-uv'}{v^2}$	$\mathrm{d}\left(\dfrac{u}{v}\right)=\dfrac{v\mathrm{d}u-u\mathrm{d}v}{v^2}$

现在以乘积的微分法则为例加以证明.

事实上，由微分的表达式及乘积的求导法则，有

$$\mathrm{d}(uv)=(uv)'\mathrm{d}x=(u'v+uv')\mathrm{d}x=v(u'\mathrm{d}x)+u(v'\mathrm{d}x)=v\mathrm{d}u+u\mathrm{d}v.$$

其他法则都可以用类似的方法证明.

（3）复合函数微分法则

设 $y=f(u), u=\varphi(x)$，则复合函数 $y=f[\varphi(x)]$ 的微分为

$$\mathrm{d}y=y'_x\mathrm{d}x=f'(u)\varphi'(x)\mathrm{d}x.$$

由于 $\varphi'(x)\mathrm{d}x=\mathrm{d}u$，所以复合函数 $y=f[\varphi(x)]$ 的微分公式可以写成

$$\mathrm{d}y=f'(u)\mathrm{d}u \quad 或 \quad \mathrm{d}y=y'_u\mathrm{d}u.$$

由此可见，无论 u 是自变量还是另一个变量的函数，微分形式 $\mathrm{d}y=f'(u)\mathrm{d}u$ 保持不变. 这一性质称为**一阶微分形式不变性**.

例 5.1　求下列函数的微分：

（1）$y=\sin(3x+1)$. 　　（2）$y=\ln(1+\mathrm{e}^{x^2})$.

解　（1）$\mathrm{d}y=\mathrm{d}\sin(3x+1)=\cos(3x+1)\mathrm{d}(3x+1)=3\cos(3x+1)\mathrm{d}x$.

（2）$\mathrm{d}y=\mathrm{d}\ln(1+\mathrm{e}^{x^2})=\dfrac{1}{1+\mathrm{e}^{x^2}}\mathrm{d}(1+\mathrm{e}^{x^2})=\dfrac{1}{1+\mathrm{e}^{x^2}}\mathrm{e}^{x^2}\mathrm{d}(x^2)$

$$=\dfrac{1}{1+\mathrm{e}^{x^2}}\cdot\mathrm{e}^{x^2}\cdot 2x\mathrm{d}x=\dfrac{2x\mathrm{e}^{x^2}}{1+\mathrm{e}^{x^2}}\mathrm{d}x.$$

3. 微分在近似计算上的应用

若函数 $y=f(x)$ 在 x_0 可微，则 $\Delta y=\mathrm{d}y+o(\Delta x)$. 由

$$\Delta y=f(x_0+\Delta x)-f(x_0), \quad \mathrm{d}y=f'(x_0)\Delta x,$$

有

$$f(x_0 + \Delta x) - f(x_0) = f'(x_0) \Delta x + o(\Delta x)$$

或

$$f(x_0 + \Delta x) = f(x_0) + f'(x_0) \Delta x + o(\Delta x).$$

设 $x = x_0 + \Delta x$, 即 $\Delta x = x - x_0$, 则上式又可写成

$$f(x) = f(x_0) + f'(x_0)(x - x_0) + o(x - x_0)$$

或

$$f(x) \approx f(x_0) + f'(x_0)(x - x_0). \tag{3.6}$$

(3.6)式就是函数值 $f(x)$ 的近似计算公式. 特别是, 当 $x_0 = 0$, 且 $|x|$ 充分小时, (3.6)式就是

$$f(x) \approx f(0) + f'(0)x. \tag{3.7}$$

由(3.7)式可以推得几个常用的近似公式(当 $|x|$ 充分小时):

(1) $\sin x \approx x$;　　　　　(2) $\tan x \approx x$;　　　　　(3) $e^x \approx 1 + x$;

(4) $\dfrac{1}{1+x} \approx 1 - x$;　　　(5) $\ln(1+x) \approx x$;　　　(6) $\sqrt[n]{1 \pm x} \approx 1 \pm \dfrac{x}{n}$.

以上几个近似公式很容易证明, 这里只给出最后一个近似公式的证明.

设 $f(x) = \sqrt[n]{1 \pm x}$, 则

$$f(0) = 1, \quad f'(x) = \pm \frac{1}{n}(1 \pm x)^{\frac{1}{n}-1}, \quad f'(0) = \pm \frac{1}{n}.$$

由公式(3.7), 有

$$\sqrt[n]{1 \pm x} \approx 1 \pm \frac{x}{n}.$$

例 5.2　求 $\tan 31°$ 的近似值.

解　设 $f(x) = \tan x, x_0 = 30° = \dfrac{\pi}{6}, x = 31° = \dfrac{31\pi}{180}$, 则 $x - x_0 = 1° = \dfrac{\pi}{180}$, 而

$$f'(x) = \sec^2 x, \quad f'\left(\frac{\pi}{6}\right) = \sec^2 \frac{\pi}{6} = \frac{4}{3}, \quad \tan \frac{\pi}{6} = \frac{1}{\sqrt{3}}.$$

由(3.6)式, 有

$$\tan 31° \approx \tan \frac{\pi}{6} + \sec^2 \frac{\pi}{6} \cdot \frac{\pi}{180} = \frac{1}{\sqrt{3}} + \frac{4}{3} \frac{\pi}{180}$$

$$\approx 0.57735 + 0.02327 = 0.60062.$$

$\tan 31°$ 的准确值是 $0.6008606\cdots$.

例 5.3　求 $\sqrt[5]{34}$ 的近似值.

解　已知当 $|x|$ 很小时, 有 $(1+x)^{\frac{1}{n}} \approx 1 + \dfrac{x}{n}$. 所以有

$$\sqrt[5]{34} = \sqrt[5]{2^5 + 2} = \sqrt[5]{2^5\left(1 + \frac{1}{2^4}\right)} = 2\left(1 + \frac{1}{2^4}\right)^{\frac{1}{5}}$$

$$\approx 2\left(1 + \frac{1}{5} \times \frac{1}{16}\right) = 2 + \frac{1}{40} = 2.025.$$

习题 3.5

1. 求下列函数的微分：

(1) $y = x - \dfrac{1}{2}x^2 + \dfrac{1}{3}x^3 - \dfrac{1}{4}x^4$；

(2) $y = x^2 \sin x$；

(3) $y = \dfrac{x}{1+x^2}$；

(4) $y = \ln\tan x$；

(5) $y = e^{ax}\cos bx$；

(6) $y = \arcsin\sqrt{1-x^2}$.

2. 求下列函数在指定点的 Δy 与 $\mathrm{d}y$：

(1) $y = x^2 - x$ $(x=1)$；

(2) $y = x^3 - 2x - 1$ $(x=2)$；

(3) $y = \sqrt{1+x}$ $(x=3)$.

3. 应用微分 $\mathrm{d}y$ 近似代替改变量 Δy，求下列各数的近似值：

(1) $\sqrt[3]{1.02}$；

(2) $\sin 29°$；

(3) $\cos 58°$.

第 4 章
中值定理与导数的应用

导数是研究函数性态的重要工具,仅从导数的概念出发并不能充分体现这种工具的作用,它需要建立在微分学的基本定理的基础上,这些定理统称为"中值定理".

4.1 中值定理

1. 罗尔[①]定理

定理 4.1 设函数 $f(x)$ 满足以下条件:

(1) 在闭区间 $[a,b]$ 上连续;

(2) 在开区间 (a,b) 内可导;

(3) 在区间两个端点处的函数值相等,即 $f(a)=f(b)$.

则在 (a,b) 内至少存在一点 ξ,使 $f'(\xi)=0$.

分析 如图 4.1 所示,此定理的几何意义是明显的. 它表示:若一条连续的曲线 AB 每点都有切线,且它的两个端点在一条水平直线上,那么在此曲线上必有一点,过该点的切线平行于 x 轴.

由图 4.1 不难看出,所求的点 ξ 正是函数达到最大值(或最小值)的点,因此,下面证明的思路就是从函数达到最大值(或最小值)的点 ξ 出发,来证明 $f'(\xi)=0$.

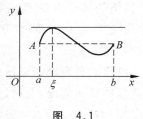

图 4.1

证明 因为 $f(x)$ 在 $[a,b]$ 上连续,根据连续函数的性质,$f(x)$ 在 $[a,b]$ 上必有最大值 M 和最小值 m.

(1) 如果 $m=M$,则 $f(x)$ 在 $[a,b]$ 上恒为常数 M,因此在 (a,b) 内恒有 $f(x)=M$,于是,(a,b) 内每一点都可取为定理中的 ξ;

(2) 如果 $m<M$,因 $f(a)=f(b)$,则 M 与 m 中至少有一个不等于端点 a 处的函数值 $f(a)$,设 $M\neq f(a)$,从而,在 (a,b) 内至少有一点 ξ,使得 $f(\xi)=M$. 我们来证明,在点 ξ,

---

① 罗尔(Rolle,1652—1719),法国数学家.

有 $f'(\xi) = 0$.

　　事实上,因为 $f(\xi) = M$ 是最大值,所以不论 Δx 为正或负,只要 $\xi + \Delta x \in (a, b)$,恒有
$f(\xi + \Delta x) \leqslant f(\xi)$,由 $f(x)$ 在 ξ 点可导及极限的保号性,有

$$f'(\xi) = \lim_{\Delta x \to 0^+} \frac{f(\xi + \Delta x) - f(\xi)}{\Delta x} \leqslant 0, \quad f'(\xi) = \lim_{\Delta x \to 0^-} \frac{f(\xi + \Delta x) - f(\xi)}{\Delta x} \geqslant 0,$$

因此必有 $f'(\xi) = 0$.

2. 拉格朗日[①]定理

　　定理 4.2　设函数 $f(x)$ 满足以下条件:

　　(1) 在闭区间 $[a, b]$ 上连续;

　　(2) 在开区间 (a, b) 上可导.

则至少存在一点 $\xi \in (a, b)$,使得

$$f'(\xi) = \frac{f(b) - f(a)}{b - a} \tag{4.1}$$

或

$$f(b) - f(a) = f'(\xi)(b - a). \tag{4.1$'$}$$

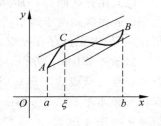

图　4.2

　　几何意义　如图 4.2 所示,$\dfrac{f(b) - f(a)}{b - a}$ 就是割线 AB 的
斜率,而 $f'(\xi)$ 就是曲线 $y = f(x)$ 上点 $C(\xi, f(\xi))$ 的切线斜
率.拉格朗日定理的意义是:若区间 $[a, b]$ 上有一条连续曲
线,曲线上每一点都有切线,则曲线上至少有一点 $C(\xi,
f(\xi))$,过 C 点的切线与割线 AB 平行.

　　拉格朗日定理的证明分析　不难看出罗尔定理是拉格朗
日定理的特殊情况,自然,就想到应用罗尔定理来证明拉格朗
日定理.为此,应构造一个符合罗尔定理条件的辅助函数 $F(x)$.

　　把要证明的结论改写为

$$f'(\xi) - \frac{f(b) - f(a)}{b - a} = 0, \quad 即 \quad \left[f(x) - \frac{f(b) - f(a)}{b - a} \cdot x \right]'_{x = \xi} = 0.$$

把括号内的式子看作一个函数,令

$$F(x) = f(x) - \frac{f(b) - f(a)}{b - a} \cdot x,$$

则要证明的结论归结为:在 (a, b) 内至少存在一点 ξ,使得 $F'(\xi) = 0$.

──────────

　　① 拉格朗日(Lagrange,1736—1813),法国数学家.

证明 作辅助函数

$$F(x) = f(x) - \frac{f(b) - f(a)}{b - a} \cdot x,$$

可知 $F(x)$ 在 $[a,b]$ 上连续,在 (a,b) 上可导. 又

$$F(b) - F(a) = f(b) - \frac{f(b) - f(a)}{b - a} \cdot b - \left(f(a) - \frac{f(b) - f(a)}{b - a} \cdot a \right)$$

$$= [f(b) - f(a)]\left(1 - \frac{b}{b - a} + \frac{a}{b - a} \right) = 0,$$

所以 $F(b) = F(a)$,$F(x)$ 满足罗尔定理的条件.

于是,在 (a,b) 内至少存在一点 ξ,使 $F'(\xi) = 0$,即

$$f'(\xi) - \frac{f(b) - f(a)}{b - a} = 0,$$

亦即

$$f'(\xi) = \frac{f(b) - f(a)}{b - a},$$

或

$$f(b) - f(a) = f'(\xi)(b - a).$$

由 $a < \xi < b$,可知 $0 < \xi - a < b - a$,即 $0 < \dfrac{\xi - a}{b - a} < 1$. 令 $\theta = \dfrac{\xi - a}{b - a}$,则 $\xi = a + \theta(b - a)$ $(0 < \theta < 1)$. 所以,拉格朗日定理常写成

$$f(b) - f(a) = f'[a + \theta(b - a)](b - a),$$

其中 θ 满足 $0 < \theta < 1$.

3. 柯西[①]定理

拉格朗日定理还可加以推广:在表示拉格朗日定理几何意义的图 4.2 中,如果将曲线用参数方程来表示:$x = g(t)$,$y = f(t)$ $(\alpha \leqslant t \leqslant \beta)$,参数 α 与 β 分别对应于 A 与 B,那么直线 AB 的斜率 $k_{AB} = [f(\beta) - f(\alpha)]/[g(\beta) - g(\alpha)]$. 而在 $C(t = \xi)$ 点处的切线的斜率为 $k = f'(\xi)/g'(\xi)$,其中 ξ 介于 α 与 β 之间. 由于在点 C 处的切线与弦 AB 平行,故有

$$\frac{f(\beta) - f(\alpha)}{g(\beta) - g(\alpha)} = \frac{f'(\xi)}{g'(\xi)}, \quad \alpha < \xi < \beta.$$

与这个几何事实密切相联的是柯西定理.

定理 4.3 设函数 $f(x)$ 与 $g(x)$ 满足以下条件:

(1) 在闭区间 $[a,b]$ 上连续;

(2) 在开区间 (a,b) 内可导;

---

① 柯西(Cauchy,1789—1857),法国数学家.

（3）$\forall x \in (a,b)$，有 $g'(x) \neq 0$.

则至少存在一点 $\xi \in (a,b)$，使得

$$\frac{f(b) - f(a)}{g(b) - g(a)} = \frac{f'(\xi)}{g'(\xi)}. \tag{4.2}$$

分析　公式（4.2）相当于

$$\frac{f(b) - f(a)}{g(b) - g(a)} g'(\xi) = f'(\xi)$$

或

$$\frac{f(b) - f(a)}{g(b) - g(a)} g'(\xi) - f'(\xi) = 0, \quad a < \xi < b.$$

上式可以写成

$$\left[f(x) - \frac{f(b) - f(a)}{g(b) - g(a)} g(x) \right]' \bigg|_{x=\xi} = 0.$$

令

$$F(x) = f(x) - \frac{f(b) - f(a)}{g(b) - g(a)} g(x).$$

验证 $F(x)$ 满足罗尔定理的条件即可.

证明　首先，指出 $g(b) - g(a) \neq 0$. 事实上，若 $g(b) = g(a)$，由罗尔定理，在 (a,b) 内存在一点 ξ，使 $g'(\xi) = 0$，这与条件（3）矛盾，故 $g(b) - g(a) \neq 0$.

作辅助函数

$$F(x) = f(x) - \frac{f(b) - f(a)}{g(b) - g(a)} g(x),$$

则 $F(x)$ 在 $[a,b]$ 上连续，(a,b) 内可导. 又

$$F(b) - F(a) = f(b) - \frac{f(b) - f(a)}{g(b) - g(a)} g(b) - \left(f(a) - \frac{f(b) - f(a)}{g(b) - g(a)} g(a) \right)$$

$$= (f(b) - f(a)) - \frac{f(b) - f(a)}{g(b) - g(a)} (g(b) - g(a)) = 0,$$

即 $F(b) = F(a)$，所以 $F(x)$ 满足罗尔定理的条件.

由罗尔定理可知，在 (a,b) 内存在一点 ξ，使得 $F'(\xi) = 0$，即

$$f'(\xi) - \frac{f(b) - f(a)}{g(b) - g(a)} g'(\xi) = 0,$$

从而有

$$\frac{f(b) - f(a)}{g(b) - g(a)} = \frac{f'(\xi)}{g'(\xi)}.$$

容易看出，在柯西中值定理中，当 $g(x) = x$ 时，$g'(x) = 1$，$g(a) = a$，$g(b) = b$，（4.2）式就是

$$\frac{f(b) - f(a)}{b - a} = f'(\xi),$$

即拉格朗日定理是柯西定理当 $g(x) = x$ 的特殊情况.

例 1.1 函数 $f(x) = \sin x$ 在 $[0, \pi]$ 上是否满足罗尔定理的条件? 如满足,试求出 ξ 的值.

解 因 $f(x) = \sin x$ 在 $[0, \pi]$ 上连续,在 $(0, \pi)$ 内可导且 $f(0) = f(\pi)$,所以 $f(x) = \sin x$ 在 $[0, \pi]$ 上满足罗尔定理的条件. 于是在 $(0, \pi)$ 内存在一点 ξ(如图 4.3 所示),使 $f'(\xi) = 0$,即 $\cos \xi = 0$,因此 $\xi = \frac{\pi}{2}$.

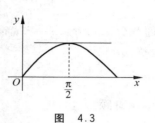

图 4.3

例 1.2 不求出函数
$$f(x) = (x-1)(x-2)(x-3)(x-4)$$
的导数,说明方程 $f'(x) = 0$ 有几个实根,并指出它们所在的区间.

解 因 $f(x) = (x-1)(x-2)(x-3)(x-4)$ 在 $[1, 4]$ 上可导,又 $f(1) = f(2) = f(3) = f(4) = 0$,所以 $f(x)$ 在 $[1,2], [2,3], [3,4]$ 上满足罗尔定理的条件,因此 $f'(x) = 0$ 至少有 3 个实根,分别位于区间 $(1,2), (2,3), (3,4)$ 内.

又知 $f'(x)$ 是三次多项式,故 $f'(x) = 0$ 至多有 3 个实根. 于是方程 $f'(x) = 0$ 恰有 3 个实根.

例 1.3 如果函数 $f(x)$ 在区间 (a, b) 内任意一点的导数 $f'(x)$ 都等于零,则函数 $f(x)$ 在区间 (a, b) 内是一个常数.

证明 设 x_1, x_2 是区间 (a, b) 内任意两点,且 $x_1 < x_2, f(x)$ 在区间 $[x_1, x_2]$ 上满足拉格朗日定理的两个条件,因此有
$$f(x_2) - f(x_1) = f'(\xi)(x_2 - x_1), \quad \xi \in (x_1, x_2).$$

由题设知 $f'(\xi) = 0$,所以 $f(x_1) = f(x_2)$. 这就说明区间 (a, b) 内任意两点的函数值相等,所以函数 $f(x)$ 在区间 (a, b) 内是一常数.

例 1.4 试证:$\arcsin x + \arccos x = \frac{\pi}{2}$ $(-1 < x < 1)$.

证明 $\forall x \in (-1, 1)$,有
$$(\arcsin x + \arccos x)' = \frac{1}{\sqrt{1 - x^2}} - \frac{1}{\sqrt{1 - x^2}} = 0.$$

由本节例 1.3 可知,$\arcsin x + \arccos x = C$($C$ 为常数).

为了确定常数 C,令 $x = 0$,有
$$C = \arcsin 0 + \arccos 0 = \frac{\pi}{2},$$
即

$$\arcsin x + \arccos x = \frac{\pi}{2}.$$

例 1.5　证明：$\dfrac{x}{1+x} < \ln(1+x) < x\ (x > 0)$.

证明　函数 $\ln(1+t)$ 在 $[0, x]\ (x > 0)$ 上满足拉格朗日定理的条件，于是有

$$\ln(1+x) - \ln 1 = (\ln(1+t))'|_{t=\xi} \cdot x, \quad 0 < \xi < x,$$

即 $\ln(1+x) = \dfrac{1}{1+\xi} \cdot x$，而 $\dfrac{1}{1+x} < \dfrac{1}{1+\xi} < 1$，从而有

$$\frac{x}{1+x} < \ln(1+x) < x.$$

习题 4.1

1. 举例说明：在罗尔定理中，条件(1)，(2)，(3)缺少一个，定理的结论将不再成立.

2. 如果函数 $f(x)$ 与 $g(x)$ 在区间 (a, b) 内每一点的导数 $f'(x)$ 与 $g'(x)$ 都相等，则这两个函数在区间 (a, b) 内至多相差一个常数.

3. 验证罗尔定理对函数 $y = \ln\sin x$ 在区间 $\left[\dfrac{\pi}{6}, \dfrac{5}{6}\pi\right]$ 上的正确性.

4. 验证拉格朗日定理对函数 $y = 4x^3 - 5x^2 + x - 2$ 在区间 $[0, 1]$ 上的正确性.

5. 对函数 $f(x) = x + \cos x$ 及 $g(x) = \sin x$ 在区间 $\left[0, \dfrac{\pi}{2}\right]$ 上验证柯西定理的正确性. 函数 $f(x) = x^2, g(x) = x^3$ 在 $[-1, 1]$ 上是否满足柯西定理的条件？

6. 试证：$\arctan x + \operatorname{arccot} x = \dfrac{\pi}{2}\ (-\infty < x < +\infty)$.

7. 证明不等式：$|\sin x - \sin y| \leqslant |x - y|$.

8. 若 $f(x)$ 在 $[a, b]$ 上二阶可导，且 $f(a) = f(b) = f(c)$，其中 c 是 (a, b) 内的某一点，证明方程 $f''(x) = 0$ 在 (a, b) 内必有实根.

9. 设 $\dfrac{a_0}{n+1} + \dfrac{a_1}{n} + \cdots + \dfrac{a_{n-1}}{2} + a_n = 0$，证明：$a_0 x^n + a_1 x^{n-1} + \cdots + a_{n-1} x + a_n = 0$ 在 0 与 1 之间至少有一实根.

10. 证明方程 $x^3 + x - 1 = 0$ 只有一实根.

11. 利用拉格朗日定理证明下列不等式：

(1) $\dfrac{b-a}{b} < \ln\dfrac{b}{a} < \dfrac{b-a}{a}\ (0 < a < b)$;　　　(2) $\mathrm{e}^x > \mathrm{e}x\ (x > 1)$;

(3) $\dfrac{b-a}{1+b^2} < \arctan b - \arctan a < \dfrac{b-a}{1+a^2}\ (a < b)$;　　(4) $\sqrt{1+x} < 1 + \dfrac{x}{2}\ (x > 0)$.

4.2 洛必达[1]法则

约定用"0"表示无穷小,用"∞"表示无穷大,两个无穷小之比,记作 $\dfrac{0}{0}$,两个无穷大之比记作 $\dfrac{\infty}{\infty}$, $\dfrac{0}{0}$ 和 $\dfrac{\infty}{\infty}$ 可能有各种不同的情况.过去只能用一些特殊的技巧来求 $\dfrac{0}{0}$ 或 $\dfrac{\infty}{\infty}$ 形式的极限,而没有一般的方法.本节要建立一个运用导数来求 $\dfrac{0}{0}$ 或 $\dfrac{\infty}{\infty}$ 形式的极限的法则——**洛必达法则**.

$\dfrac{0}{0}$ 与 $\dfrac{\infty}{\infty}$ 都称为**未定式**.约定用"1"表示以 1 为极限的一类函数,未定式还有 5 种:

$$0 \cdot \infty, \quad 1^{\infty}, \quad 0^{0}, \quad \infty^{0}, \quad \infty_1 - \infty_2.$$

这 5 种未定式都可化为 $\dfrac{0}{0}$ 或 $\dfrac{\infty}{\infty}$ 的未定式.

1. $\dfrac{0}{0}$ 型未定式

洛必达法则 1   设函数 $f(x)$ 和 $g(x)$ 满足以下条件:

(1) 在点 a 的某个去心邻域 $\mathring{U}(a)$ 内可导,且 $g'(x) \neq 0$;

(2) $\lim\limits_{x \to a} f(x) = \lim\limits_{x \to a} g(x) = 0$;

(3) $\lim\limits_{x \to a} \dfrac{f'(x)}{g'(x)} = A$(或 ∞).

则

$$\lim_{x \to a} \frac{f(x)}{g(x)} = \lim_{x \to a} \frac{f'(x)}{g'(x)} = A \ (\text{或} \ \infty).$$

证明   将函数 $f(x)$ 与 $g(x)$ 在 a 作连续开拓,即设

$$f_1(x) = \begin{cases} f(x), & x \neq a, \\ 0, & x = a; \end{cases} \qquad g_1(x) = \begin{cases} g(x), & x \neq a, \\ 0, & x = a. \end{cases}$$

则函数 $f_1(x)$ 与 $g_1(x)$ 在 a 的邻域 $U(a)$ 内连续. $\forall x \in \mathring{U}(a)$,在以 x 与 a 为端点的区间上, $f_1(x)$ 与 $g_1(x)$ 满足柯西中值定理的条件,则在 x 与 a 之间存在一点 ξ,使

$$\frac{f_1(x) - f_1(a)}{g_1(x) - g_1(a)} = \frac{f_1'(\xi)}{g_1'(\xi)}.$$

---

① 洛必达(L'Hospital,1661—1704),法国数学家.

已知 $f_1(a)=g_1(a)=0, \forall x\in\mathring{U}(a),$ 有 $f_1(x)=f(x), g_1(x)=g(x), f_1'(\xi)=f'(\xi),$ $g_1'(\xi)=g'(\xi),$ 从而

$$\frac{f(x)}{g(x)}=\frac{f'(\xi)}{g'(\xi)},$$

因为 ξ 在 x 与 a 之间,所以当 $x\to a$ 时,有 $\xi\to a,$ 由条件(3),有

$$\lim_{x\to a}\frac{f(x)}{g(x)}=\lim_{\xi\to a}\frac{f'(\xi)}{g'(\xi)}=\lim_{x\to a}\frac{f'(x)}{g'(x)}=A(\text{或}\infty).$$

洛必达法则 2 设函数 $f(x)$ 与 $g(x)$ 满足以下条件:

(1) $\exists X>0,$ 当 $|x|>X$ 时,函数 $f(x)$ 与 $g(x)$ 可导,且 $g'(x)\neq 0$;

(2) $\lim\limits_{x\to\infty}f(x)=0, \lim\limits_{x\to\infty}g(x)=0$;

(3) $\lim\limits_{x\to\infty}\dfrac{f'(x)}{g'(x)}=A(\text{或}\infty).$

则

$$\lim_{x\to\infty}\frac{f(x)}{g(x)}=\lim_{x\to\infty}\frac{f'(x)}{g'(x)}=A\ (\text{或}\infty).$$

证明 令 $x=\dfrac{1}{y},$ 则当 $x\to\infty\Leftrightarrow y\to 0,$ 从而

$$\lim_{x\to\infty}\frac{f(x)}{g(x)}=\lim_{y\to 0}\frac{f(1/y)}{g(1/y)},$$

其中 $\lim\limits_{y\to 0}f(1/y)=0, \lim\limits_{y\to 0}g(1/y)=0.$ 根据洛必达法则 1,有

$$\lim_{y\to 0}\frac{f(1/y)}{g(1/y)}=\lim_{y\to 0}\frac{[f(1/y)]'}{[g(1/y)]'}=\lim_{y\to 0}\frac{f'(1/y)\cdot(-1/y^2)}{g'(1/y)\cdot(-1/y^2)}$$

$$=\lim_{y\to 0}\frac{f'(1/y)}{g'(1/y)}=\lim_{x\to\infty}\frac{f'(x)}{g'(x)}=A,$$

即

$$\lim_{x\to\infty}\frac{f(x)}{g(x)}=\lim_{x\to\infty}\frac{f'(x)}{g'(x)}=A\ (\text{或}\infty).$$

例 2.1 求极限 $\lim\limits_{x\to 0}\dfrac{1-\cos x}{x^2}.$ $\left(\dfrac{0}{0}\right)$

解 由洛必达法则 1,有

$$\lim_{x\to 0}\frac{1-\cos x}{x^2}=\lim_{x\to 0}\frac{\sin x}{2x}=\frac{1}{2}.$$

例 2.2 求极限 $\lim\limits_{x\to 0}\dfrac{a^x-b^x}{x}.$ $\left(\dfrac{0}{0}\right)$

解 $\lim\limits_{x\to 0}\dfrac{a^x-b^x}{x}=\lim\limits_{x\to 0}\dfrac{a^x\ln a-b^x\ln b}{1}=\ln\dfrac{a}{b}.$

例 2.3 求极限 $\lim\limits_{x\to+\infty}\dfrac{\pi-2\arctan x}{\ln(1+1/x)}.$ $\qquad\left(\dfrac{0}{0}\right)$

解 $\lim\limits_{x\to+\infty}\dfrac{\pi-2\arctan x}{\ln\left(1+\dfrac{1}{x}\right)}=\lim\limits_{x\to+\infty}\dfrac{-\dfrac{2}{1+x^2}}{\dfrac{1}{1+\dfrac{1}{x}}\left(\dfrac{-1}{x^2}\right)}=\lim\limits_{x\to+\infty}\dfrac{2(x+x^2)}{1+x^2}$

$$=\lim\limits_{x\to+\infty}\dfrac{2(1+2x)}{2x}=2.$$

注 应用洛必达法则求 $\dfrac{0}{0}$ 型未定式的极限时,如果一阶导数之比依旧是 $\dfrac{0}{0}$ 型未定式,只要仍满足法则的条件,则可以再次使用洛必达法则;倘若结果还是未定式,那么还可以继续使用洛必达法则.

例 2.4 求极限 $\lim\limits_{x\to0}\dfrac{6\sin x-6x+x^3}{x^5}.$ $\qquad\left(\dfrac{0}{0}\right)$

解 $\lim\limits_{x\to0}\dfrac{6\sin x-6x+x^3}{x^5}=\lim\limits_{x\to0}\dfrac{6\cos x-6+3x^2}{5x^4},$

上式右端还是 $\dfrac{0}{0}$ 型未定式的极限,并且满足法则的条件,所以可以再一次使用洛必达法则,

$$\lim\limits_{x\to0}\dfrac{6\cos x-6+3x^2}{5x^4}=\lim\limits_{x\to0}\dfrac{-6\sin x+6x}{20x^3}\quad(\text{继续使用洛必达法则})$$

$$=\lim\limits_{x\to0}\dfrac{-6\cos x+6}{60x^2}=\lim\limits_{x\to0}\dfrac{6\sin x}{120x}=\dfrac{1}{20}.$$

例 2.5 求极限 $\lim\limits_{x\to0}\dfrac{x-\sin x}{x^3}.$

解 $\lim\limits_{x\to0}\dfrac{x-\sin x}{x^3}=\lim\limits_{x\to0}\dfrac{1-\cos x}{3x^2}=\lim\limits_{x\to0}\dfrac{\sin x}{6x}=\dfrac{1}{6}.$ $\qquad\left(\dfrac{0}{0}\right)$

2. $\dfrac{\infty}{\infty}$ 型未定式

洛必达法则 3 设函数 $f(x)$ 与 $g(x)$ 满足以下条件:

(1) 在点 a 的某个去心邻域 $\overset{\circ}{U}(a)$ 内可导,且 $g'(x)\neq0$;

(2) $\lim\limits_{x\to a}f(x)=\lim\limits_{x\to a}g(x)=\infty$;

(3) $\lim\limits_{x\to a}\dfrac{f'(x)}{g'(x)}=A$(或 ∞).

则

$$\lim\limits_{x\to a}\dfrac{f(x)}{g(x)}=\lim\limits_{x\to a}\dfrac{f'(x)}{g'(x)}=A\ (\text{或}\ \infty).$$

证明略.

在洛必达法则 3 中, 将 $x \to a$ 换成 $x \to \infty$ 也成立.

洛必达法则 4　设函数 $f(x)$ 与 $g(x)$ 满足以下条件:

(1) $\exists X > 0$, 当 $|x| > X$ 时, 函数 $f(x)$ 与 $g(x)$ 可导, 且 $g'(x) \neq 0$;

(2) $\lim\limits_{x \to \infty} f(x) = \infty$, $\lim\limits_{x \to \infty} g(x) = \infty$;

(3) $\lim\limits_{x \to \infty} \dfrac{f'(x)}{g'(x)} = A$(或 ∞).

则

$$\lim_{x \to \infty} \frac{f(x)}{g(x)} = A \text{ (或 } \infty \text{)}.$$

例 2.6　求极限 $\lim\limits_{x \to \frac{\pi}{2}^+} \dfrac{\ln\left(x - \dfrac{\pi}{2}\right)}{\tan x}$. 　　　　　　$\left(\dfrac{\infty}{\infty}\right)$

解　$\lim\limits_{x \to \frac{\pi}{2}^+} \dfrac{\ln\left(x - \dfrac{\pi}{2}\right)}{\tan x} = \lim\limits_{x \to \frac{\pi}{2}^+} \dfrac{\dfrac{1}{x - \dfrac{\pi}{2}}}{\dfrac{1}{\cos^2 x}} = \lim\limits_{x \to \frac{\pi}{2}^+} \dfrac{\cos^2 x}{x - \dfrac{\pi}{2}} = \lim\limits_{x \to \frac{\pi}{2}^+} \dfrac{-2\cos x \sin x}{1} = 0.$

例 2.7　求极限 $\lim\limits_{x \to \frac{\pi}{2}} \dfrac{\tan x}{\tan 3x}$. 　　　　　　$\left(\dfrac{\infty}{\infty}\right)$

解　$\lim\limits_{x \to \frac{\pi}{2}} \dfrac{\tan x}{\tan 3x} = \lim\limits_{x \to \frac{\pi}{2}} \dfrac{\dfrac{1}{\cos^2 x}}{\dfrac{3}{\cos^2 3x}} = \dfrac{1}{3} \lim\limits_{x \to \frac{\pi}{2}} \dfrac{\cos^2 3x}{\cos^2 x} = \dfrac{1}{3} \lim\limits_{x \to \frac{\pi}{2}} \dfrac{2\cos 3x \cdot (-3\sin 3x)}{2\cos x \cdot (-\sin x)}$

$$= \lim_{x \to \frac{\pi}{2}} \frac{\sin 6x}{\sin 2x} = \lim_{x \to \frac{\pi}{2}} \frac{6\cos 6x}{2\cos 2x} = 3.$$

例 2.8　求极限 $\lim\limits_{x \to +\infty} \dfrac{(\ln x)^2}{\sqrt{x}}$.

解　$\lim\limits_{x \to +\infty} \dfrac{(\ln x)^2}{\sqrt{x}} = \lim\limits_{x \to +\infty} \dfrac{2(\ln x) \cdot \dfrac{1}{x}}{\dfrac{1}{2} x^{-\frac{1}{2}}} = \lim\limits_{x \to +\infty} \dfrac{4\ln x}{x^{\frac{1}{2}}} = \lim\limits_{x \to +\infty} \dfrac{4 \cdot \dfrac{1}{x}}{\dfrac{1}{2} x^{-\frac{1}{2}}} = \lim\limits_{x \to +\infty} \dfrac{8}{x^{\frac{1}{2}}} = 0.$

3. 其他未定式

例 2.9　求极限 $\lim\limits_{x \to 0} x^2 \mathrm{e}^{\frac{1}{x^2}}$. 　　　　　　$(0 \cdot \infty)$

解 $\lim\limits_{x\to 0}x^2\mathrm{e}^{\frac{1}{x^2}}=\lim\limits_{x\to 0}\dfrac{\mathrm{e}^{\frac{1}{x^2}}}{\dfrac{1}{x^2}}=\lim\limits_{x\to 0}\dfrac{\mathrm{e}^{\frac{1}{x^2}}\left(-\dfrac{2}{x^3}\right)}{-\dfrac{2}{x^3}}=\lim\limits_{x\to 0}\mathrm{e}^{\frac{1}{x^2}}=+\infty.$

例 2.10 求极限 $\lim\limits_{x\to 0}\left(\dfrac{1}{\sin^2 x}-\dfrac{1}{x^2}\right).$ $(\infty-\infty)$

解 $\lim\limits_{x\to 0}\left(\dfrac{1}{\sin^2 x}-\dfrac{1}{x^2}\right)=\lim\limits_{x\to 0}\dfrac{x^2-\sin^2 x}{x^2\sin^2 x}=\lim\limits_{x\to 0}\dfrac{x^2-\sin^2 x}{x^4}$

$$=\lim\limits_{x\to 0}\dfrac{2x-\sin 2x}{4x^3}=\lim\limits_{x\to 0}\dfrac{2-2\cos 2x}{12x^2}=\lim\limits_{x\to 0}\dfrac{4\sin 2x}{24x}=\dfrac{1}{3}.$$

例 2.11 求极限 $\lim\limits_{x\to 1}x^{\frac{1}{1-x}}.$ (1^{∞})

解 $\lim\limits_{x\to 1}x^{\frac{1}{1-x}}=\lim\limits_{x\to 1}\mathrm{e}^{\frac{\ln x}{1-x}}$，其中 $\lim\limits_{x\to 1}\dfrac{\ln x}{1-x}=\lim\limits_{x\to 1}\dfrac{\dfrac{1}{x}}{-1}=-1$，故

$$\lim\limits_{x\to 1}x^{\frac{1}{1-x}}=\lim\limits_{x\to 1}\mathrm{e}^{\frac{\ln x}{1-x}}=\mathrm{e}^{-1}.$$

例 2.12 求极限 $\lim\limits_{x\to 0^+}x^x.$ (0^0)

解 $\lim\limits_{x\to 0^+}x^x=\lim\limits_{x\to 0^+}\mathrm{e}^{x\ln x}$，其中

$$\lim\limits_{x\to 0^+}x\ln x=\lim\limits_{x\to 0^+}\dfrac{\ln x}{\dfrac{1}{x}}=\lim\limits_{x\to 0^+}\dfrac{\dfrac{1}{x}}{-\dfrac{1}{x^2}}=\lim\limits_{x\to 0^+}(-x)=0,$$

故

$$\lim\limits_{x\to 0^+}x^x=\lim\limits_{x\to 0^+}\mathrm{e}^{x\ln x}=\mathrm{e}^0=1.$$

例 2.13 求极限 $\lim\limits_{x\to +\infty}x^{\frac{1}{x}}.$ (∞^0)

解 $\lim\limits_{x\to +\infty}x^{\frac{1}{x}}=\lim\limits_{x\to +\infty}\mathrm{e}^{\frac{\ln x}{x}}$，其中

$$\lim\limits_{x\to +\infty}\dfrac{\ln x}{x}=\lim\limits_{x\to +\infty}\dfrac{\dfrac{1}{x}}{1}=0,$$

故

$$\lim\limits_{x\to +\infty}x^{\frac{1}{x}}=\lim\limits_{x\to +\infty}\mathrm{e}^{\frac{\ln x}{x}}=\mathrm{e}^0=1.$$

最后，要指出在使用洛必达法则求极限时注意的问题：

(1) 求 $\dfrac{0}{0}$ 和 $\dfrac{\infty}{\infty}$ 型未定式的极限，可考虑直接应用洛必达法则，其他未定式应先化为 $\dfrac{0}{0}$ 或 $\dfrac{\infty}{\infty}$ 型才可应用.

（2）在每次使用洛必达法则后，都应先尽可能化简，然后考虑是否继续使用洛必达法则，若发现用其他的方法很方便，就不必用洛必达法则.

（3）洛必达法则的条件（3）仅是充分条件，当 $\lim\limits_{\substack{x \to a \\ (x \to \infty)}} \dfrac{f'(x)}{g'(x)}$ 不存在时，不能断定 $\lim\limits_{\substack{x \to a \\ (x \to \infty)}} \dfrac{f(x)}{g(x)}$ 也不存在，只能说明此时不能应用洛必达法则，而需要应用其他方法讨论.

例 2.14   求极限 $\lim\limits_{x \to \infty} \dfrac{x + \sin x}{x}$.

解   极限

$$\lim_{x \to \infty} \frac{(x + \sin x)'}{x'} = \lim_{x \to \infty} \frac{1 + \cos x}{1}$$

不存在，而极限

$$\lim_{x \to \infty} \frac{x + \sin x}{x} = \lim_{x \to \infty} \left(1 + \frac{\sin x}{x}\right) = 1$$

却存在.

例 2.15   求极限 $\lim\limits_{x \to 0} \dfrac{x^2 \sin \dfrac{1}{x}}{\sin x}$.

解   这是 $\dfrac{0}{0}$ 型未定式，因极限 $\lim\limits_{x \to 0} \dfrac{2x \sin \dfrac{1}{x} - \cos \dfrac{1}{x}}{\cos x}$ 不存在，所以不能应用洛必达法则. 但有

$$\lim_{x \to 0} \frac{x^2 \sin \dfrac{1}{x}}{\sin x} = \lim_{x \to 0} \left(\frac{x}{\sin x} \cdot x \sin \frac{1}{x}\right) = \frac{\lim\limits_{x \to 0} x \sin \dfrac{1}{x}}{\lim\limits_{x \to 0} \dfrac{\sin x}{x}} = 0.$$

习题 4.2

求下列极限：

（1）$\lim\limits_{x \to 0} \dfrac{\ln(\cos ax)}{\ln(\cos bx)}$；

（2）$\lim\limits_{x \to 0} \dfrac{e^x - 1}{\sin x}$；

（3）$\lim\limits_{x \to 0} \dfrac{\ln(1 + x + x^2) + \ln(1 - x + x^2)}{\sec x - \cos x}$；

（4）$\lim\limits_{x \to 0} \dfrac{\tan x - x}{x^2 \sin x}$；

（5）$\lim\limits_{x \to 0^+} x^{\sin x}$；

（6）$\lim\limits_{x \to 0^+} \left(\dfrac{1}{x}\right)^{\tan x}$；

（7）$\lim\limits_{x \to +\infty} \dfrac{e^x - e^{-x}}{e^x + e^{-x}}$；

（8）$\lim\limits_{x \to 0} \left(\dfrac{1}{x} - \dfrac{1}{e^x - 1}\right)$；

(9) $\lim\limits_{x\to 0}\dfrac{\mathrm{e}^{x^2}-1}{\cos x-1}$;

(10) $\lim\limits_{x\to 0}\dfrac{x-\arcsin x}{x^3}$;

(11) $\lim\limits_{x\to 0}\dfrac{\tan x-x}{x-\sin x}$;

(12) $\lim\limits_{x\to +\infty}\dfrac{x^2+\ln x}{x\ln x}$;

(13) $\lim\limits_{x\to \frac{\pi}{4}}(\tan x)^{\tan 2x}$;

(14) $\lim\limits_{x\to \infty}x(\mathrm{e}^{\frac{1}{x}}-1)$;

(15) $\lim\limits_{x\to 0^+}x^{\frac{1}{\ln(\mathrm{e}^x-1)}}$;

(16) $\lim\limits_{x\to 1}\left(\dfrac{x}{x-1}-\dfrac{1}{\ln x}\right)$;

(17) $\lim\limits_{x\to 0}\left(\dfrac{1}{x^2}-\cot^2 x\right)$;

(18) $\lim\limits_{x\to 0}\dfrac{(1+x)^{\frac{1}{x}}-\mathrm{e}}{x}$;

(19) $\lim\limits_{x\to 0^+}(\sin x)^{\tan x}$;

(20) $\lim\limits_{x\to +\infty}(\mathrm{e}^x+x)^{\frac{1}{x}}$.

4.3　函数的单调性与极值

　　在初等数学中用代数方法讨论了一些函数的性态,如单调性、极值、奇偶性、周期性等.由于受方法的限制,讨论得既不深刻也不全面,且计算烦琐,不易掌握其规律.导数和微分学基本定理则为深刻、全面地研究函数的性态提供了有力的数学工具.

1. 函数的单调性

　　设曲线 $y=f(x)$ 上每一点都存在切线.若切线与 x 轴正方向的夹角都是锐角,即切线的斜率 $f'(x)>0$,则曲线 $y=f(x)$ 必是严格增加的,如图 4.4 所示;若切线与 x 轴正方向的夹角都是钝角,即切线的斜率 $f'(x)<0$,则曲线 $y=f(x)$ 必是严格减少的,如图 4.5 所示.由此可见,应用导数的符号能够判别函数的单调性.

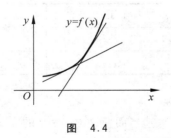

图　4.4

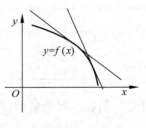

图　4.5

定理 4.4(严格单调的充分条件)　设函数 $f(x)$ 在区间 I 上可导.

(1) $\forall x\in I$,有 $f'(x)>0$,则函数 $f(x)$ 在 I 上严格单调增加;

(2) $\forall x\in I$,有 $f'(x)<0$,则函数 $f(x)$ 在 I 上严格单调减少.

证明　$\forall x_1, x_2 \in I$ 且 $x_1 < x_2$，函数 $f(x)$ 在区间 $[x_1, x_2]$ 满足拉格朗日中值定理的条件，有

$$f(x_2) - f(x_1) = f'(\xi)(x_2 - x_1), \quad \xi \in (x_1, x_2).$$

（1）已知 $f'(\xi) > 0, x_2 - x_1 > 0$，有

$$f(x_2) - f(x_1) > 0 \quad \text{或} \quad f(x_1) < f(x_2),$$

即函数 $f(x)$ 在 I 上严格单调增加；

（2）已知 $f'(\xi) < 0, x_2 - x_1 > 0$，有

$$f(x_2) - f(x_1) < 0 \quad \text{或} \quad f(x_1) > f(x_2),$$

即函数 $f(x)$ 在 I 上严格单调减少.

注　（1）在定理 4.4 中，区间 I 可以是有限区间，也可以是无穷区间；

（2）如果区间 I 是闭区间，则不必要求函数 $f(x)$ 在区间的端点可导，而只要在端点连续，定理 4.4 的结论仍然成立.

根据定理 4.4，讨论函数 $f(x)$ 的单调性可按下列步骤进行：

（1）确定函数 $f(x)$ 的定义域；

（2）求导函数 $f'(x)$ 的零点（或方程 $f'(x) = 0$ 的根）；

（3）用零点将定义域分成若干区间；

（4）判别导数 $f'(x)$ 在每个区间上的符号，确定函数 $f(x)$ 是严格单调增加或严格单调减少.

例 3.1　讨论函数 $f(x) = x^3 - 6x^2 + 9x + 2$ 的单调性.

解　函数 $f(x)$ 的定义域是 $(-\infty, +\infty)$，且

$$f'(x) = 3x^2 - 12x + 9 = 3(x^2 - 4x + 3) = 3(x-1)(x-3).$$

令 $f'(x) = 0$，其根是 1 与 3，它们将 $(-\infty, +\infty)$ 分成 3 个区间 $(-\infty, 1)$，$(1, 3)$，$(3, +\infty)$. 列表如下.

x	$(-\infty, 1)$	$(1, 3)$	$(3, +\infty)$
$f'(x)$	$+$	$-$	$+$
$f(x)$	↗	↘	↗

表中符号"↗"表示严格增加，"↘"表示严格减少.

我们可以证明：若对 $\forall x \in I$，有 $f'(x) \geq 0 (f'(x) \leq 0)$，而使 $f'(x) = 0$ 的点 x 仅是一些孤立的点，则函数 $f(x)$ 在 I 上严格单调增加（严格单调减少）.

例 3.2　讨论函数 $f(x) = x^3$ 的单调性.

解　因为 $f'(x) = 3x^2 \geq 0$，而使 $f'(x) = 3x^2 = 0$ 的点是孤立的点 0，于是，$f(x) = x^3$ 在 $(-\infty, +\infty)$ 内是严格单调增加的（如图 4.6 所示）.

例 3.3 证明当 $x>0$ 时,不等式 $x>\ln(1+x)$ 成立.

证明 设 $f(x)=x-\ln(1+x)$,则函数 $f(x)$ 在 $[0,+\infty)$
可导,$f'(x)=1-\dfrac{1}{1+x}$. 当 $x\in(0,+\infty)$ 时,$f'(x)>0$,所以函
数 $f(x)$ 在 $[0,+\infty)$ 上严格增加. 因此,当 $x>0$ 时,有
$f(x)>f(0)=0$,即 $x-\ln(1+x)>0$,或 $x>\ln(1+x)$.

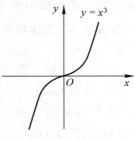

图 4.6

2. 函数的极值

定义 4.1 设函数 $y=f(x)$ 在点 x_0 的某一邻域 $U(x_0)$ 内
有定义,并且 $\forall x\in U(x_0)$,有 $f(x_0)\geqslant f(x)$ $(f(x_0)\leqslant f(x))$,则称 $f(x_0)$ 为 $f(x)$ 的**极大
值(极小值)**,x_0 称为**极大点(极小点)**.

极大值与极小值统称为**极值**,极大点与极小点统称为**极值点**.

显然,极值是一个局部性的概念,$f(x_0)$ 是函数 $f(x)$ 的极值只是与函数 $f(x)$ 在 x_0 邻
近的点的函数值比较而言的.

定理 4.5(费马[①]定理) 若函数 $y=f(x)$ 在点 x_0 可导,且 x_0 是函数 $y=f(x)$ 的极值
点,则 $f'(x_0)=0$.

证明 不妨设 x_0 是函数 $y=f(x)$ 的极大点,即存在 x_0 的某邻域 $U(x_0)$,$\forall x\in$
$U(x_0)$ 有

$$f(x)\leqslant f(x_0)\quad\text{或}\quad f(x)-f(x_0)\leqslant 0.$$

因此,当 $x>x_0$ 时,$\dfrac{f(x)-f(x_0)}{x-x_0}\leqslant 0$;当 $x<x_0$ 时,$\dfrac{f(x)-f(x_0)}{x-x_0}\geqslant 0$. 由 $f(x)$ 在点 x_0 可
导及极限的保号性,有

$$f'(x_0)=f'_+(x_0)=\lim_{\Delta x\to 0^+}\frac{f(x)-f(x_0)}{x-x_0}\leqslant 0;$$

$$f'(x_0)=f'_-(x_0)=\lim_{\Delta x\to 0^-}\frac{f(x)-f(x_0)}{x-x_0}\geqslant 0.$$

于是有 $f'(x_0)=0$.

同理可证极小值的情况.

定义 4.2 使导数为零的点(即方程 $f'(x)=0$ 的根)称为函数 $f(x)$ 的**驻点(稳定点)**.

定理 4.5 给出了极值的必要条件,就是说:可导函数 $f(x)$ 的极值点必定是它的驻
点;但反过来,函数的驻点却不一定是极值点. 例如 $y=x^3$ 的导数为 $f'(x)=3x^2$,$f'(0)=$
0,因此 $x=0$ 是这可导函数的驻点,但 $x=0$ 却不是这函数的极值点. 因此,当求出了函数
的驻点后还需要判定求得的驻点是不是极值点,如果是极值点还要判定函数在该点究竟

---

① 费马(Fermat,1601—1665),法国数学家.

取得极大值还是极小值. 下面有两个充分性的判别法.

定理 4.6 设函数 $f(x)$ 在点 x_0 连续, 在 x_0 的某去心邻域 $\mathring{U}(x_0,\delta)$ 内可导.

(1) 如果当 $x\in(x_0-\delta,x_0)$ 时, $f'(x)>0$, 而当 $x\in(x_0,x_0+\delta)$ 时, $f'(x)<0$, 则函数 $f(x)$ 在点 x_0 取极大值 $f(x_0)$;

(2) 如果当 $x\in(x_0-\delta,x_0)$ 时, $f'(x)<0$, 而当 $x\in(x_0,x_0+\delta)$ 时, $f'(x)>0$, 则函数 $f(x)$ 在点 x_0 取极小值 $f(x_0)$;

(3) 如果当 $x\in(x_0-\delta,x_0)\bigcup(x_0,x_0+\delta)$ 时, $f'(x)$ 不变号, 则 x_0 不是函数 $f(x)$ 的极值点.

证明 (1) 当 $x\in(x_0-\delta,x_0)$ 时, $f'(x)>0$, 则 $f(x)$ 在 $(x_0-\delta,x_0]$ 单调增加, 所以, 当 $x\in(x_0-\delta,x_0)$ 时, 有 $f(x)<f(x_0)$; 当 $x\in(x_0,x_0+\delta)$ 时, $f'(x)<0$, 则 $f(x)$ 在 $[x_0,x_0+\delta)$ 单调减小, 所以, 当 $x\in(x_0,x_0+\delta)$ 时, 有 $f(x_0)>f(x)$, 即对 $x\in(x_0-\delta,x_0)\bigcup(x_0,x_0+\delta)$, 总有

$$f(x_0) > f(x),$$

所以 $f(x_0)$ 为 $f(x)$ 的极大值.

(2) 用与(1)同样的方法可证明 $f(x_0)$ 为 $f(x)$ 的极小值.

(3) 因为在 $(x_0-\delta,x_0+\delta)$ 内, $f'(x)$ 不变号, 亦即恒有 $f'(x)<0$ 或 $f'(x)>0$, 因此 $f(x)$ 在 x_0 的左右两边均单调增加或单调减小, 所以不可能在 x_0 点取得极值.

例 3.4 求函数 $f(x)=2x^3-3x^2-12x+21$ 的极值.

解 (1) $f'(x)=6x^2-6x-12=6(x+1)(x-2)$.

(2) 令 $f'(x)=0$, 解得 $x_1=-1, x_2=2$.

(3) 列表讨论如下:

x	$(-\infty,-1)$	-1	$(-1,2)$	2	$(2,+\infty)$
$f'(x)$	$+$	0	$-$	0	$+$
$f(x)$	↗	极大点	↘	极小点	↗

-1 是函数 $f(x)$ 的极大点, 极大值是 $f(-1)=28$; 2 是函数 $f(x)$ 的极小点, 极小值是 $f(2)=1$.

定理 4.7 设 $y=f(x)$ 在 x_0 具有二阶导数, $f'(x_0)=0$, $f''(x_0)\neq0$, 则 x_0 是函数 $f(x)$ 的极值点, 且

(1) $f''(x_0)>0$, 则 x_0 是函数 $f(x)$ 的极小点, $f(x_0)$ 是极小值;

(2) $f''(x_0)<0$, 则 x_0 是函数 $f(x)$ 的极大点, $f(x_0)$ 是极大值.

证明 因为 $f'(x_0)=0$, 利用导数定义有

$$f''(x_0) = \lim_{x \to x_0} \frac{f'(x) - f'(x_0)}{x - x_0} = \lim_{x \to x_0} \frac{f'(x)}{x - x_0}.$$

（1）由 $f''(x_0) > 0$ 及极限的保号性，在 x_0 的某一去心邻域内有 $\dfrac{f'(x)}{x - x_0} > 0$.

当 $x < x_0$ 时，有 $f'(x) < 0$；当 $x > x_0$ 时，$f'(x) > 0$. 于是，由定理 4.6 知，x_0 是函数 $f(x)$ 的极小点，$f(x_0)$ 是极小值.

（2）同理可证.

例 3.5　求函数 $f(x) = (x^2 - 1)^3 + 1$ 的极值.

解　（1）$f'(x) = 6x(x^2 - 1)^2$；

（2）令 $f'(x) = 0$ 求得驻点 $x_1 = -1, x_2 = 0, x_3 = 1$；

（3）$f''(x) = 6(x^2 - 1)(5x^2 - 1)$；

（4）$f''(0) = 6 > 0$，$f(x)$ 在 $x = 0$ 处取得极小值，极小值为 $f(0) = 0$；

（5）$f''(-1) = f''(1) = 0$，用定理 4.7 无法判断. 考虑导数 $f'(x)$ 的符号，并应用定理 4.6 可得，-1 和 1 都不是函数 $f(x)$ 的极值点.

以上讨论函数的极值时，假定函数在所讨论的区间内可导，在此条件下，函数的极值点一定是驻点. 事实上在导数不存在的点处，函数也可能取得极值，例如 $y = |x|$，尽管在 $x = 0$ 处不可导，但 $y = |x|$ 在 $x = 0$ 处取得极小值. 所以，在讨论函数的极值时，导数不存在的点也应进行讨论.

定义 4.3　函数 $f(x)$ 的驻点以及函数的定义域中使导数不存在的点统称为函数 $f(x)$ 的临界点.

例 3.6　讨论函数 $f(x) = (x - 1)\sqrt[3]{x^2}$ 单调性和极值.

解　$f'(x) = x^{\frac{2}{3}} + \dfrac{2}{3}(x - 1)x^{-\frac{1}{3}} = \dfrac{5x - 2}{3x^{\frac{1}{3}}}$，

当 $x = \dfrac{2}{5}$ 时，$f'(x) = 0$；当 $x = 0$ 时，$f'(x)$ 不存在（参见图 4.7）. 列表讨论如下：

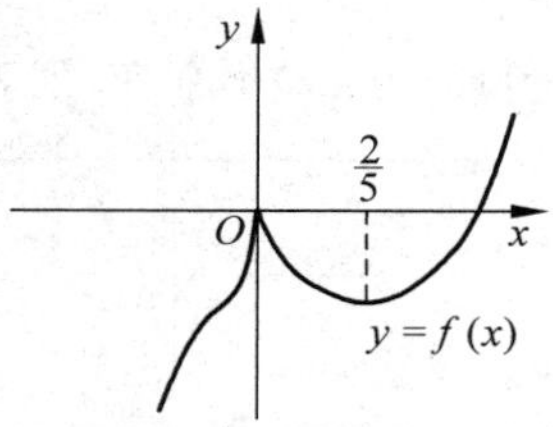

图　4.7

x	$(-\infty, 0)$	0	$\left(0, \dfrac{2}{5}\right)$	$\dfrac{2}{5}$	$\left(\dfrac{2}{5}, +\infty\right)$
$f'(x)$	$+$	不存在	$-$	0	$+$
$f(x)$	↗	极大点	↘	极小点	↗

函数 $f(x) = (x - 1)\sqrt[3]{x^2}$ 在区间 $(-\infty, 0)$ 上和 $\left(\dfrac{2}{5}, +\infty\right)$ 上是严格增加的，在区间

$\left(0, \dfrac{2}{5}\right)$ 上是严格减少的. 函数在 $x=0$ 有极大值 0, 在 $x=\dfrac{2}{5}$ 有极小值 $f\left(\dfrac{2}{5}\right)=$ $-\dfrac{3}{5}\sqrt[3]{\dfrac{4}{25}}$.

3. 最大值和最小值

设函数 $f(x)$ 在闭区间 $[a,b]$ 上连续, 根据闭区间上连续函数的性质, 函数 $f(x)$ 必在区间 $[a,b]$ 上的某点 x_0 取到最小值 (最大值). 一方面, x_0 可能是区间 $[a,b]$ 的端点 a 或 b; 另一方面, x_0 可能是开区间 (a,b) 内部的点, 此时 x_0 必是极小点 (极大点). 因此, 若函数 $f(x)$ 在闭区间 $[a,b]$ 上连续, 则求函数在 $[a,b]$ 上的最大值、最小值的方法如下:

(1) 求出函数 $f(x)$ 的所有临界点 $x_1, x_2, \cdots, x_n$;

(2) 计算出函数值 $f(x_1), f(x_2), \cdots, f(x_n), f(a), f(b)$;

(3) 将上述函数值进行比较, 其中最大的一个是最大值, 最小的一个是最小值.

例 3.7   求 $f(x)=x^3-3x^2-9x+5$ 在区间 $[-4,4]$ 上的最大值、最小值.

解   由方程 $f'(x)=3x^2-6x-9=0$ 解得 $x=-1, x=3$.

$$f(-1)=10, \quad f(3)=-22, \quad f(-4)=-71, \quad f(4)=-15.$$

所以在 $[-4,4]$ 上, 函数最大值为 10, 最小值为 -71.

例 3.8   求函数 $f(x)=(x-1)\sqrt[3]{x^2}$ 在 $[-1,1]$ 上的最大值和最小值.

解   由例 3.6 知, 函数 $f(x)$ 在 $(-1,1)$ 内有两个临界点: 当 $x=\dfrac{2}{5}$ 时, $f'(x)=0$; 当 $x=0$ 时, $f'(x)$ 不存在. 列表如下:

x	-1	0	$\dfrac{2}{5}$	1
$f(x)$	-2	0	$-\dfrac{3}{5}\sqrt[3]{\dfrac{4}{25}}$	0

由上表可知, 在 $[-1,1]$ 上, 函数最大值为 0, 最小值为 -2.

例 3.9   一个能装 $500\mathrm{cm}^3$ 饮料的圆柱形铝罐, 要使所用的材料最少, 其尺寸应如何设计?

解   为了使铝罐的容积保持不变, 如果要把罐制得短, 就不得不把罐制得较粗. 而如果把罐的顶、底制得小, 罐就必须长. 如图 4.8 所示, 可以看出, 一个短而粗的罐, 罐边省下了铝材, 而顶、底可能用的铝材更多; 而一个细而长的罐, 尽管小的顶、底省下了铝材, 而罐边用的铝材更多.

设 h 表示罐高, r 表示两底的半径, 于是构造模型如下:

$$S = 两底用材量 + 周边用材量,$$

其中,两底用材量$=2\pi r^2$,周边用材量$=2\pi rh$.

因罐的容积等于常数 500cm^3,所以 $\pi r^2 h =$ 500,得 $h=\dfrac{500}{\pi r^2}$,所以,周边用材量$=2\pi rh =$ $2\pi r\dfrac{500}{\pi r^2}=\dfrac{1000}{r}$.因而,得到底半径为 r 的罐的用材总量的表达式

$$S=2\pi r^2+\frac{1000}{r},\quad r\in(0,+\infty).$$

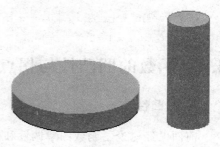

图 4.8

现在来求 S 的最小值.方程 $S'(r)=4\pi r-\dfrac{1000}{r^2}=0$ 只有一个根 $r_0=\sqrt[3]{\dfrac{250}{\pi}}$.因 $S''(r_0)=$ $\dfrac{2000}{r_0^3}>0$,所以 $r_0=\sqrt[3]{\dfrac{250}{\pi}}$ 是函数的极小点,易证它也是函数的最小点.当 $r=\sqrt[3]{\dfrac{250}{\pi}}$ 时, $h=\dfrac{500}{\pi r^2}=\dfrac{2\pi r^3}{\pi r^2}=2r=2\sqrt[3]{\dfrac{250}{\pi}}$.即当圆柱形铝罐的高和直径相等时,所用材料最少.

习题 4.3

1. 研究下列函数的单调性和极值:

(1) $y=x-\text{e}^x$;　　　　　　　(2) $y=\dfrac{2x}{\ln x}$;

(3) $y=(x-2)^5(2x+1)^4$;　　　(4) $y=x^2-2x+3$;

(5) $y=\text{e}^x\cos x$;　　　　　　(6) $y=2-(x-1)^{\frac{2}{3}}$;

(7) $y=x-\ln(x+1)$;　　　　　(8) $y=\dfrac{(2x-1)^4}{(x-2)^5}$;

(9) $y=\ln(x+\sqrt{x^2+1})$;　　(10) $y=\sin x+\cos x$.

2. 证明下列不等式:

(1) $\arctan x\leqslant x\ (x>0),\arctan x\geqslant x\ (x<0)$;

(2) 当 $x>0$ 时,$x-\dfrac{x^3}{6}<\sin x<x$;

(3) $\text{e}^x\geqslant 1+x$.

3. 单调函数的导函数是否必为单调函数? 试举例说明.

4. 如果一个函数既有极大值又有极小值,极大值一定比极小值大吗?

5. 证明方程 $x^5+x+1=0$ 有且仅有一个实根.

6. 求下列函数的最大值和最小值:

(1) $y=2^x$, $[-1,5]$;　　　　　(2) $y=\sqrt{5-4x}$, $[-1,1]$;

(3) $y=x\ln x$, $[0,\text{e}]$;　　　　(4) $y=x^5-5x^4+5x^3+1$, $[-1,2]$;

(5) $y = \sin^3 x + \cos^3 x$，$\left[0, \dfrac{3}{4}\pi \right]$.

4.4　函数的凹凸性与拐点

1. 凹凸性

前面已经讨论了函数的单调性和极值,这对于了解函数的性态,描绘函数的图形有很大的帮助.但是仅仅依靠这些还不能准确地反映函数图形的主要特性.例如,在图 4.9 中,$y = x^2$ 和 $y = \sqrt{x}$ 都在 $(0,1)$ 内单调上升,但两者的图像却有明显的差别——它们的弯曲方向不同.这种差别就是所谓的"凹凸性"的区别.

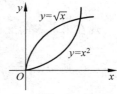

图　4.9

定义 4.4　设 $f(x)$ 在 $[a,b]$ 上连续.

(1) 如果对 (a,b) 内任意两点 x_1 和 x_2,恒有

$$f\left(\frac{x_1 + x_2}{2} \right) < \frac{f(x_1) + f(x_2)}{2},$$

则称 $f(x)$ 在 $[a,b]$ 是**凹的**;

(2) 如果对 (a,b) 内任意两点 x_1 和 x_2,恒有

$$f\left(\frac{x_1 + x_2}{2} \right) > \frac{f(x_1) + f(x_2)}{2},$$

则称 $f(x)$ 在 $[a,b]$ 是**凸的**.

先来观察上述定义反映的几何性质.在图 4.10(a) 和图 4.10(b) 中,$\dfrac{x_1 + x_2}{2}$ 是区间 $[x_1,x_2]$ 的中点,$f\left(\dfrac{x_1 + x_2}{2} \right)$ 是曲线 $y = f(x)$ 上对应于中点的高度,而 $\dfrac{f(x_1) + f(x_2)}{2}$ 则是割线 AB 上对应于中点的高度.由定义可知,如果连接曲线上任意两点的割线段都在该两点间的曲线弧之上,那么该段曲线弧称为凹的,反之则称为凸的.由此可见,曲线的凹凸是以割线为基准来判别的.这里将**函数的凹凸性**与函数所对应的**曲线的凹凸性**视为同一概念.

这时还可以从另一角度来观察曲线的凹凸性.如图 4.11 所示可以看出,凹弧上任一点的切线都在曲线弧之下,而凸弧上任一点的切线都在曲线弧之上.

下面讨论函数的凹凸性和函数的导数之间的联系.

在图 4.11 中,注意到在凹弧上,曲线各点的切线的斜率随着 x 的增大而增大,在凸弧上,曲线各点的切线的斜率随着 x 的增大而减小.由此可知,如果 $f(x)$ 在 (a,b) 是凹(或凸)的,则 $f'(x)$(如果存在的话)将是 (a,b) 上的单调增(或减)函数.

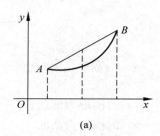 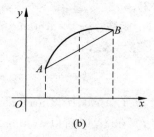

图 4.10

定理 4.8 设 $f(x)$ 在 $[a,b]$ 上连续,在 (a,b) 内具有二阶导数.

(1) 若在 (a,b) 内 $f''(x)>0$,则 $f(x)$ 在 $[a,b]$ 上的图形是凹的;

(2) 若在 (a,b) 内 $f''(x)<0$,则 $f(x)$ 在 $[a,b]$ 上的图形是凸的.

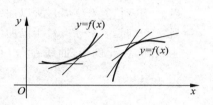

图 4.11

证明 (1) 设 x_1 和 x_2 为 (a,b) 内任意两点,且

$x_1<x_2$,记 $x_0=\dfrac{x_1+x_2}{2}$,并记 $x_2-x_0=x_0-x_1=h$,则 $x_1=x_0-h$,$x_2=x_0+h$,由拉格朗日中值定理,有

$$f(x_0+h)-f(x_0)=f'(x_0+\theta_1 h)h, \quad 0<\theta_1<1,$$
$$f(x_0)-f(x_0-h)=f'(x_0-\theta_2 h)h, \quad 0<\theta_2<1,$$

两式相减,有

$$f(x_0+h)+f(x_0-h)-2f(x_0)=[f'(x_0+\theta_1 h)-f'(x_0-\theta_2 h)]h.$$

对 $f'(x)$ 在区间 $[x_0-\theta_2 h,x_0+\theta_1 h]$ 上再应用一次拉格朗日中值定理,得

$$[f'(x_0+\theta_1 h)-f'(x_0-\theta_2 h)]h=f''(\xi)(\theta_1+\theta_2)h^2,$$

其中 $x_0-\theta_2 h<\xi<x_0+\theta_1 h$. 由定理的条件知,$f''(\xi)>0$,故有

$$f(x_0+h)+f(x_0-h)-2f(x_0)>0,$$

即

$$\frac{f(x_0+h)+f(x_0-h)}{2}>f(x_0),$$

亦即

$$\frac{f(x_1)+f(x_2)}{2}>f\left(\frac{x_1+x_2}{2}\right).$$

所以,$f(x)$ 在 $[a,b]$ 上的图形是凹的.

类似可证(2).

例 4.1　讨论函数 $f(x) = \arctan x$ 的凹凸性.

解　求一、二阶导数,有

$$f'(x) = \frac{1}{1+x^2}, \quad f''(x) = -\frac{2x}{(1+x^2)^2}.$$

当 $x < 0$ 时,$f''(x) > 0$,所以 $\arctan x$ 在 $(-\infty, 0)$ 的图形为凹的;

当 $x > 0$ 时,$f''(x) < 0$,所以 $\arctan x$ 在 $(0, +\infty)$ 的图形为凸的.

例 4.2　讨论函数 $f(x) = x^3$ 的凹凸性.

解　求一、二阶导数,有 $f'(x) = 3x^2$,$f''(x) = 6x$.

当 $x < 0$ 时,$f''(x) < 0$,所以曲线在 $(-\infty, 0]$ 内的图形为凸的;

当 $x > 0$ 时,$f''(x) > 0$,所以曲线在 $(0, +\infty]$ 内的图形为凹的.

注意到,在此例中,曲线在点 $O(0,0)$ 的两侧有不同的凹凸性.

2. 拐点

定义 4.5　一条处处有切线的连续曲线 $y = f(x)$,若在点 $(x_0, f(x_0))$ 两侧,曲线有不同的凹凸性,即在此点的一边为凹的,而在它的另一边为凸的,则称此点为曲线的**拐点**.

如何来寻求曲线的拐点呢?

已知,由 $f''(x)$ 的符号可以判定曲线的凹凸性.如果 $f''(x_0) = 0$,而 $f''(x)$ 在 x_0 的左右两侧邻近异号,那么点 $(x_0, f(x_0))$ 就是一个拐点.因此如果 $f(x)$ 在区间 (a, b) 每一点都有二阶导数,就可以按下列步骤来求曲线 $f(x)$ 的拐点:

(1) 求 $f''(x)$;

(2) 令 $f''(x) = 0$,求出这个方程在区间 (a, b) 内的实根;

(3) 对于解出的每一个实根 x_0,检查 $f''(x)$ 在 x_0 左、右两侧邻近的符号,当 $f''(x)$ 在 x_0 左、右两侧的符号相反时,$(x_0, f(x_0))$ 就是拐点;当两侧的符号相同时,点 $(x_0, f(x_0))$ 不是拐点.

例 4.3　求函数 $f(x) = x^4 - 2x^3 + 1$ 的凹凸区间及对应曲线的拐点.

解　由 $f(x) = x^4 - 2x^3 + 1$ $(-\infty < x < +\infty)$,求导得

$$f'(x) = 4x^3 - 6x^2, \quad f''(x) = 12x^2 - 12x = 12(x-1)x.$$

令 $f''(x) = 0$,解得 $x = 0$ 和 $x = 1$.它们将定义域分成 3 个区间,列表如下:

x	$(-\infty, 0)$	0	$(0, 1)$	1	$(1, +\infty)$
$f''(x)$	$+$	0	$-$	0	$+$
$f(x)$	$\cup$	1	$\cap$	0	$\cup$

注:"$\cup$"表示凹,"$\cap$"表示凸.

注 上述求拐点的方法是基于函数 $f(x)$ 在区间 (a,b) 每一点都有二阶导数,如果 $f(x)$ 在区间 (a,b) 上有不存在二阶导数的点,这样的点也可能是拐点.

例 4.4 求 $f(x)=\sqrt[3]{x}$ 的凹凸区间及对应曲线的拐点.

解 由 $f(x)=\sqrt[3]{x}$,求得 $f'(x)=\dfrac{1}{3\sqrt[3]{x}}$,$f''(x)=-\dfrac{2}{9\sqrt[3]{x^5}}$.

二阶导数在 $(-\infty,+\infty)$ 内无零点,但 $x=0$ 是 $f''(x)$ 不存在的点,它把 $(-\infty,+\infty)$ 分成两个区间.列表如下:

x	$(-\infty,0)$	0	$(0,+\infty)$
$f''(x)$	$+$	不存在	$-$
$f(x)$	$\smile$	0	$\frown$

在 $(-\infty,0)$ 内,$f''(x)>0$,曲线是凹的;在 $(0,+\infty)$ 内,$f''(x)<0$,曲线是凸的,点 $(0,0)$ 是曲线的拐点.

习题 4.4

1. 判断下列曲线的凹凸性:

(1) $f(x)=x^4-12x^3+48x^2-50$;   (2) $f(x)=xe^{-x}$;

(3) $f(x)=x+\sin x$;   (4) $y=x\arctan x$.

2. 求下列函数的凹凸区间及拐点:

(1) $f(x)=\ln(1+x^2)$;   (2) $f(x)=\dfrac{a}{x}\ln\dfrac{x}{a}$;

(3) $f(x)=4-\sqrt[3]{x-2}$;   (4) $f(x)=x\sin(\ln x)$.

3. 证明:设 $f''(x)$ 在 x_0 处连续,且 $f''(x_0)\neq0$,则点 $(x_0,f(x_0))$ 必不是曲线 $y=f(x)$ 的拐点.

4. 证明:$(0,0)$ 是函数 $f(x)=x|x|$ 的一个拐点,但 $f''(0)$ 不存在.

4.5 渐近线、函数图形描绘

1. 渐近线

定义 4.6 当曲线 C 上的点 P 沿曲线 C 无限远移时,若 P 到某直线 l 的距离 d 趋于零(如图 4.12 所示),那么直线 l 就称为曲线的**渐近线**.

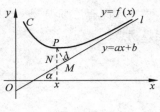

图 4.12

垂直于 x 轴的渐近线称为**铅直渐近线**,其他的渐近线称为**斜渐近线**(其中平行于 x 轴的渐近线又称为**水平渐近线**),也可以把水平渐近线从斜渐近线中分离出来单独讨论.

(1) 铅直渐近线

若 $\lim\limits_{x \to x_0^+} f(x) = \infty$ 或 $\lim\limits_{x \to x_0^-} f(x) = \infty$,则直线 $x = x_0$ 就是曲线 $y = f(x)$ 的一条铅直渐近线.

例如,对于曲线 $y = \dfrac{1}{(x-1)(x+1)}$,容易看出,$x = -1$ 和 $x = 1$,是它的两条铅直渐近线,而 $y = \tan x$ 则有着无数条铅直渐近线 $x = \pm \dfrac{1}{2}\pi, x = \pm \dfrac{3}{2}\pi, \cdots$.

(2) 水平渐近线

如果 $\lim\limits_{x \to +\infty} f(x) = b$ 或 $\lim\limits_{x \to -\infty} f(x) = b$($b$ 为常数),那么,$y = b$ 就是曲线 $y = f(x)$ 的一条水平渐近线.

例如,对于函数 $y = \arctan x$,因为

$$\lim_{x \to +\infty} \arctan x = \frac{\pi}{2}, \qquad \lim_{x \to -\infty} \arctan x = -\frac{\pi}{2},$$

所以,$y = \dfrac{\pi}{2}$,$y = -\dfrac{\pi}{2}$ 都是曲线 $y = \arctan x$ 的水平渐近线.

(3) 斜渐近线

为了简单起见,用 $x \to \infty$ 的记号来代替 $x \to +\infty$ 或 $x \to -\infty$ 的任一种情况.

设直线 $y = ax + b$ 是曲线 $y = f(x)$ 的一条斜渐近线.怎样确定常数 a 和 b 呢?

如图 4.12 所示,曲线 $y = f(x)$ 上任一点 $P(x, y)$ 到渐近线的距离是

$$|PM| = |PN \cos\alpha| = |f(x) - (ax + b)|\cos\alpha,$$

其中 α 是直线 l 与 x 轴的夹角.

由定义 4.6,当 $x \to \infty$ 时,$|PM| \to 0$,所以

$$\lim_{x \to \infty} [f(x) - (ax + b)] = 0, \tag{4.3}$$

当然就有

$$\lim_{x \to \infty} \frac{f(x) - ax - b}{x} = 0,$$

$$\lim_{x \to \infty} \frac{f(x) - ax - b}{x} = \lim_{x \to \infty} \left[\frac{f(x)}{x} - a - \frac{b}{x} \right] = \lim_{x \to \infty} \left[\frac{f(x)}{x} - a \right] = 0,$$

即

$$\lim_{x \to \infty} \frac{f(x)}{x} = a. \tag{4.4}$$

再由(4.3)式,可得

$$\lim_{x \to \infty} [f(x) - ax] = b. \tag{4.5}$$

所以,如果直线 $y = ax + b$ 是曲线 $y = f(x)$ 的斜渐近线,则我们可按(4.4)式与(4.5)式求出 a 与 b,从而得到渐近线的方程.

例 5.1 求曲线 $y = 2x + \arctan \dfrac{x}{2}$ 的渐近线.

解 (1)铅直渐近线

很明显,当 x 趋于任何有限数时,y 都不会趋于 ∞,故它没有铅直渐近线.

(2)斜渐近线

$$a_1 = \lim_{x \to +\infty} \frac{f(x)}{x} = \lim_{x \to +\infty} \left(2 + \frac{\arctan \dfrac{x}{2}}{x} \right) = 2,$$

$$b_1 = \lim_{x \to +\infty} [f(x) - 2x] = \lim_{x \to +\infty} \left(2x + \arctan \frac{x}{2} - 2x \right) = \lim_{x \to +\infty} \arctan \frac{x}{2} = \frac{\pi}{2}.$$

所以,$y = 2x + \dfrac{\pi}{2}$ 是曲线 $y = f(x)$ 的斜渐近线.

$$a_2 = \lim_{x \to -\infty} \frac{f(x)}{x} = \lim_{x \to -\infty} \left(2 + \frac{\arctan \dfrac{x}{2}}{x} \right) = 2,$$

$$b_2 = \lim_{x \to -\infty} (f(x) - 2x) = \lim_{x \to -\infty} \arctan \frac{x}{2} = -\frac{\pi}{2}.$$

所以,$y = 2x - \dfrac{\pi}{2}$ 是曲线的另一条渐近线.

例 5.2 讨论曲线 $y = x + \ln x$ 的渐近线.

解 $y = x + \ln x$,定义域为 $(0, +\infty)$.

(1)铅直渐近线

因为 $\lim\limits_{x \to 0^+} (x + \ln x) = -\infty$,所以 $x = 0$ 是曲线的一条铅直渐近线.

(2)斜渐近线

$$\lim_{x \to +\infty} \frac{f(x)}{x} = \lim_{x \to +\infty} \frac{x + \ln x}{x} = 1,$$

但

$$\lim_{x \to +\infty} [f(x) - x] = \lim_{x \to +\infty} \ln x = +\infty (\text{不存在}),$$

所以,曲线没有斜渐近线(包括水平渐近线).

例 5.3 求曲线 $y = f(x) = \dfrac{(x-3)^2}{4(x-1)}$ 的渐近线.

解 已知 $\lim\limits_{x \to 1} \dfrac{(x-3)^2}{4(x-1)} = \infty$，则 $x=1$ 是曲线的铅直渐近线. 又有

$$a = \lim_{x \to \infty} \frac{f(x)}{x} = \lim_{x \to \infty} \frac{(x-3)^2}{4x(x-1)} = \frac{1}{4},$$

$$b = \lim_{x \to \infty} [f(x) - ax] = \lim_{x \to \infty} \left[\frac{(x-3)^2}{4(x-1)} - \frac{x}{4} \right] = -\frac{5}{4},$$

所以，直线 $y = \dfrac{1}{4}x - \dfrac{5}{4}$ 是曲线的斜渐近线.

2. 函数图形的描绘

描绘函数的图像，通常采用的是描点法，在函数的定义域中选择一些样本点 x_1, $x_2, \cdots, x_n$，计算出这些点上的函数值，并在坐标平面上标出相应的点，然后用光滑的曲线把相邻的点连接起来，就得到了 $y = f(x)$ 的大致图像. 如何选择样本点是描点法的一个关键步骤，在不了解函数性态的情况下，常用的方法是等间距取样. 这样做点描得太少，图像不准确，点描得多了，工作量又太大，而且画出的图像也难以准确地表达函数的某些主要特性（如曲线的凹凸性、极值、拐点、渐近线等）. 合理的做法是先讨论函数的性质，据此选出一些关键性的点描图，这样做工作量不大，却可以比较准确地掌握图像的概貌. 一般来说，描绘函数的图像可按下列步骤进行：

（1）确定函数的定义域；

（2）讨论函数的一些基本性质，如奇偶性、周期性等；

（3）求出 $f'(x), f''(x)$ 的零点和不存在的点，用所求出的点把定义域分成若干区间，列表，确定函数的单调性、凹凸性、极值点和拐点；

（4）确定函数是否存在渐近线；

（5）求出曲线上一些特殊点的坐标（包括与坐标轴的交点等）；

（6）在直角坐标系中，首先标明所有关键性的点的坐标，画出渐近线，然后按照曲线的性态逐段描绘.

例 5.4 试作出函数 $y = \dfrac{2x^2}{x^2-1}$ 的图像.

解 （1）$f(x) = \dfrac{2x^2}{x^2-1}$，$f(x)$ 的定义域为 $(-\infty, -1) \cup (-1, 1) \cup (1, +\infty)$；

（2）$f(x)$ 为偶函数，无周期性；

（3）$f'(x) = -\dfrac{4x}{(x^2-1)^2}$，$f''(x) = \dfrac{12x^2+4}{(x^2-1)^3}$，$f(x)$ 和 $f'(x)$ 的零点是 $x=0$；在 $x=\pm 1$ 处，$f(x), f'(x), f''(x)$ 均不存在；

（4）用 $-1, 0, 1$ 这 3 个点把定义域分为 4 个区间，并列表如下：

x	$(-\infty,-1)$	$(-1,0)$	0	$(0,1)$	$(1,+\infty)$
$f'(x)$	$+$	$+$	0	$-$	$-$
$f''(x)$	$+$	$-$	-4	$-$	$+$
$f(x)$	↗ ∪	↗ ∩	极大 0	↘ ∩	↘ ∪

（5）考察曲线的渐近线.

$\lim\limits_{x \to -1} f(x) = \infty$，$\lim\limits_{x \to +1} f(x) = \infty$，所以 $x = \pm 1$ 均是铅直渐近线.

$\lim\limits_{x \to \infty} f(x) = 2$，所以 $y = 2$ 是一条水平渐近线.

（6）综合上述讨论，绘出函数 $y = \dfrac{2x^2}{x^2-1}$ 的图像（如图 4.13 所示）.

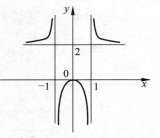

图　4.13

例 5.5　试作出函数 $y = \dfrac{(x-3)^2}{4(x-1)}$ 的图像.

解　$f(x)$ 的定义域为 $(-\infty,1) \bigcup (1,+\infty)$；$f(x)$ 是非奇非偶函数，无周期性；

$$f'(x) = \frac{(x-3)(x+1)}{4(x-1)^2}, \quad f''(x) = \frac{2}{(x-1)^3},$$

$f'(x)$ 的零点是 $x_1 = -1$，$x_2 = 3$，$f''(x)$ 无零点，$-1,1,3$ 三个点把定义域分为 4 个区间，列表如下：

x	$(-\infty,-1)$	-1	$(-1,1)$	$(1,3)$	3	$(3,+\infty)$
$f'(x)$	$+$	0	$-$	$-$	0	$+$
$f''(x)$	$-$	$-$	$-$	$+$	$+$	$+$
$f(x)$	↗ ∩	极大点	↘ ∩	↘ ∪	极小点	↗ ∪

考察曲线的渐近线.

$$\lim_{x \to 1} \frac{(x-3)^2}{4(x-1)} = \infty,$$

所以 $x = 1$ 是铅直渐近线，

$$\lim_{x \to \infty} \frac{f(x)}{x} = \lim_{x \to \infty} \frac{(x-3)^2}{4(x-1)x} = \frac{1}{4},$$

$$\lim_{x \to \infty} \left(f(x) - \frac{1}{4}x \right) = \lim_{x \to \infty} \left[\frac{(x-3)^2}{4(x-1)} - \frac{1}{4}x \right]$$

$$= \lim_{x \to \infty} \frac{-5x+9}{4(x-1)} = -\frac{5}{4},$$

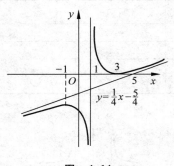

图　4.14

所以, $y=\dfrac{1}{4}x-\dfrac{5}{4}$ 是 $f(x)$ 的斜渐近线.

综合上述讨论,绘出函数的图像(如图 4.14 所示).

例5.6　描绘函数 $y=\mathrm{e}^{-x^2}$ 的图像.

解　$f(x)$ 的定义域是 $(-\infty,+\infty)$, $f(x)$ 为偶函数,无周期性;

$$f'(x)=-2x\mathrm{e}^{-x^2},\quad f''(x)=2(2x^2-1)\mathrm{e}^{-x^2},$$

$f'(x)$ 的零点是 0, $f''(x)$ 的零点是 $-\dfrac{1}{\sqrt{2}}$ 与 $\dfrac{1}{\sqrt{2}}$,它们把定义域分成 3 个区间,列表如下:

x	$\left(-\infty,-\dfrac{1}{\sqrt{2}}\right)$	$-\dfrac{1}{\sqrt{2}}$	$\left(-\dfrac{1}{\sqrt{2}},0\right)$	0	$\left(0,\dfrac{1}{\sqrt{2}}\right)$	$\dfrac{1}{\sqrt{2}}$	$\left(\dfrac{1}{\sqrt{2}},+\infty\right)$
$f'(x)$	$+$		$+$	0	$-$		$-$
$f''(x)$	$+$	0	$-$		$-$	0	$+$
$f(x)$	↗ ⌣	拐点	↗ ⌣	极大点	↘ ⌣	拐点	↘ ⌣

因为 $\lim\limits_{x\to\infty}\mathrm{e}^{-x^2}=0$,所以 $y=0$ 是水平渐近线.

综合上述讨论,绘出函数的图像(如图 4.15 所示).

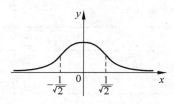

图　4.15

习题 4.5

1. 求下列曲线的渐近线:

(1) $y=\ln\left(\mathrm{e}+\dfrac{1}{x}\right)$; 　　(2) $y=\dfrac{x^3}{x^2+2x-3}$;

(3) $y=x+\arctan x$; 　　(4) $\dfrac{x^2}{a^2}-\dfrac{y^2}{b^2}=1$.

2. 描绘下列函数的图形:

(1) $y=\dfrac{1}{5}(x^4-4x^3+6x^2-8x+1)$;

(2) $y=\ln(x^2+1)$;

(3) $y=\mathrm{e}^{-x}\sin x$;

(4) $y=x\arctan x$.

4.6* 导数在经济分析中的应用

1. 边际分析

（1）边际概念

在经济问题中，常常会使用变化率的概念，而变化率又分为平均变化率和瞬时变化率.平均变化率就是函数增量与自变量增量之比.例如常用到年产量的平均变化率、成本的平均变化率、利润的平均变化率等.而瞬时变化率就是函数对自变量的导数，即当自变量的增量趋于零时平均变化率的极限.如果函数 $y=f(x)$ 在 x_0 处可导，则在 $(x_0, x_0 + \Delta x)$ 内的平均变化率为 $\frac{\Delta y}{\Delta x}$；在 x_0 处的瞬时变化率为

$$\lim_{\Delta x \to 0} \frac{f(x_0 + \Delta x) - f(x_0)}{\Delta x} = f'(x_0),$$

此式表示 y 关于 x 在"边际上" x_0 处的变化率，即 x 从 $x=x_0$ 起作微小变化时 y 关于 x 的变化率.经济学中称达到 $x=x_0$ 前一个单位时 y 的变化为边际变化.

设在 $x=x_0$ 处，从 x_0 改变一个单位时，y 的增量 Δy 的准确值为 $\Delta y \Big|_{\substack{x=x_0 \\ \Delta x=1}}$，当 x 改变的"单位"相对于 x_0 来说很小时，则由微分的应用知道，Δy 的近似值为

$$\Delta y \approx \mathrm{d}y = f'(x)\mathrm{d}x \Big|_{\substack{x=x_0 \\ \Delta x=1}} = f'(x_0).$$

于是有如下定义.

定义 4.7 设函数 $y=f(x)$ 在 x 处可导，则称导数 $f'(x)$ 为 $f(x)$ 的**边际函数**.$f'(x)$ 在 x_0 处的值 $f'(x_0)$ 称为**边际函数值**.即当 $x=x_0$ 时，x 改变一个单位，y 改变 $f'(x_0)$ 个单位.

例 6.1 设函数 $y=2x^2$，求 y 在 $x=5$ 时的边际函数值.

解 因为 $y'=4x$，所以 $y'\Big|_{x=5}=20$.该值表明：当 $x=5$ 时，x 改变一个单位（增加或减少一个单位），y 改变 20 个单位（增加或减少 20 个单位）.

（2）边际成本

设总成本函数 $C_T = C_T(Q)$，Q 为产量，则生产 Q 个单位产品时的边际成本函数为

$$C_M = \frac{\mathrm{d}C_T(Q)}{\mathrm{d}Q}.$$

该式可理解为当生产 Q 个单位产品前最后增加的那个单位产量所花费的成本，或生产 Q 个单位产品后增加的那个单位产量所花费的成本.这两种理解均算正确.

例 6.2　设总成本函数

$$C_T = 0.001Q^3 - 0.3Q^2 + 40Q + 1000,$$

求边际成本函数和 $Q=50$ 单位时的边际成本并解释后者的经济意义.

解　(1) 边际成本函数为

$$C_M = \frac{\mathrm{d}C_T}{\mathrm{d}Q} = 0.003Q^2 - 0.6Q + 40.$$

(2) $Q=50$ 单位时的边际成本

$$C_M \big|_{Q=50} = (0.003Q^2 - 0.6Q + 40) \big|_{Q=50} = 17.5,$$

这表示生产第 50 个或第 51 个单位产品时所花费的成本为 17.5.

例 6.3　某工厂生产 Q 个单位产品的总成本 C_T 为产量 Q 的函数

$$C_T = 1100 + \frac{1}{1200}Q^2.$$

求：(1) 生产 900 个单位时的总成本和平均成本；

(2) 生产 900 个单位到 1000 个单位时的总成本的平均变化率；

(3) 生产 900 个单位时的边际成本.

解　(1) 生产 900 个单位时的总成本为

$$C_T \big|_{Q=900} = \left(1100 + \frac{1}{1200}Q^2\right) \bigg|_{Q=900} = 1775.$$

平均成本为

$$\frac{C_T \big|_{Q=900}}{900} = \frac{1775}{900} \approx 1.97.$$

(2) 生产 900 个单位到 1000 个单位时的总成本的平均变化率为

$$\frac{\Delta C_T}{\Delta Q} = \frac{C_T(1000) - C_T(900)}{1000 - 900} = \frac{1933 - 1775}{100} = 1.58.$$

(3) 生产 900 个单位时的边际成本为

$$C_M(900) = \frac{\mathrm{d}C_T}{\mathrm{d}Q} \bigg|_{Q=900} = \frac{1}{600}Q \bigg|_{Q=900} = 1.5.$$

(3) 边际收益

设总收益函数为 $R_T = PQ$，P 为价格，Q 为销售量. 再设需求函数为 $P = P(Q)$，则总收益函数为 $R_T = QP(Q)$，故平均收益 R_A 为

$$R_A = \frac{R_T}{Q} = P(Q).$$

即价格 $P(Q)$ 可视为从需求量（即销售量）Q 上获得的平均收益. 若设边际收益为 R_M，则有

$$R_M = \frac{\mathrm{d}R_T}{\mathrm{d}Q} = P(Q) + QP'(Q).$$

该式表示当销售 Q 个单位时,多销售一个单位产品或少销售一个单位产品使其增加或减少的收益. 其他,如边际利润等也作类似的处理.

例 6.4 设某产品的需求函数为

$$P = 20 - \frac{Q}{5},$$

其中 P 为价格,Q 为销售量. 求销售量为 15 个单位时的总收益、平均收益与边际收益. 并求当销售量从 15 个单位增加到 20 个单位时收益的平均变化率.

解 设总收益为 R_T,则

$$R_T = QP(Q) = 20Q - \frac{Q^2}{5},$$

故销售量为 15 个单位时,有

总收益 $\qquad R_T\Big|_{Q=15} = \left(20Q - \frac{Q^2}{5}\right)\Big|_{Q=15} = 255,$

平均收益 $\qquad R_A\Big|_{Q=15} = \frac{R_T}{Q}\Big|_{Q=15} = P(Q)\Big|_{Q=15} = 17,$

边际收益 $\qquad R_M\Big|_{Q=15} = \frac{\mathrm{d}R_T}{\mathrm{d}Q}\Big|_{Q=15} = \left(20 - \frac{2}{5}Q\right)\Big|_{Q=15} = 14.$

当销售量从 15 个单位增加到 20 个单位时收益的平均变化率为

$$\frac{\Delta R}{\Delta Q} = \frac{R_T(20) - R_T(15)}{20 - 15} = \frac{320 - 255}{5} = 13.$$

2. 弹性分析

(1) 函数的弹性

在边际分析中所讨论的函数改变量和函数变化率是绝对改变量和绝对变化率. 在经济问题中,仅仅用绝对改变量和绝对变化率是不够的. 例如,甲商品每单位价格 5 元,涨价 1 元;乙商品单位价格 200 元,也涨价 1 元. 两种商品价格的绝对改变量都是 1 元,哪个商品的涨价幅度更大呢? 只要用它们与其原价相比就能获得问题的解答. 甲商品涨价百分比为 20%,乙商品涨价百分比为 0.5%. 显然甲商品的涨价幅度比乙商品的涨价幅度大. 因此,有必要研究函数的相对改变量和相对变化率.

例 6.5 设函数为 $y = x^2$,当 x 从 8 增加到 10 时,相应的 y 从 64 增加到 100,即自变量 x 的绝对增量 $\Delta x = 2$,函数 y 的绝对增量 $\Delta y = 36$. 又

$$\frac{\Delta x}{x} = \frac{2}{8} = 25\%, \quad \frac{\Delta y}{y} = \frac{36}{64} = 56.25\%,$$

即当 x 从 8 增加到 $10,x$ 增加了 $25\%,y$ 相应地增加了 56.25%. 分别称 $\dfrac{\Delta x}{x}$ 与 $\dfrac{\Delta y}{y}$ 为自变量与函数的相对改变量(或相对增量). 如果在本例中,再引入下式:

$$\dfrac{\Delta y}{y}\bigg/\dfrac{\Delta x}{x} = \dfrac{56.25\%}{25\%} = 2.25,$$

则该式表示在区间 $(8,10)$ 内,从 $x=8$ 时起,x 增加 1%,则相应的 y 增加 2.25%. 称此为从 $x=8$ 到 $x=10$ 时,函数 $y=x^2$ 的平均相对变化率. 因此,有如下定义.

定义 4.8　设函数 $y=f(x)$ 在 x 点可导,函数的相对改变量 $\dfrac{\Delta y}{y}=\dfrac{f(x+\Delta x)-f(x)}{f(x)}$

与自变量的相对改变量 $\dfrac{\Delta x}{x}$ 之比 $\dfrac{\Delta y}{y}\bigg/\dfrac{\Delta x}{x}$ 称为函数 $y=f(x)$ 从 x 到 $x+\Delta x$ 两点间的弹性.

当 $\Delta x\rightarrow 0$ 时,$\dfrac{\Delta y}{y}\bigg/\dfrac{\Delta x}{x}$ 的极限称为 $y=f(x)$ 在 x 点的弹性,记作 $\dfrac{\mathrm{E}y}{\mathrm{E}x}$,即

$$\dfrac{\mathrm{E}y}{\mathrm{E}x} = \lim_{\Delta x\rightarrow 0}\dfrac{\Delta y}{y}\bigg/\dfrac{\Delta x}{x} = y'\cdot\dfrac{x}{y}.$$

由于 $\dfrac{\mathrm{E}y}{\mathrm{E}x}$ 也是 x 的函数,故称之为函数 $y=f(x)$ 的**弹性函数**.

例 6.6　求函数 $y=3+2x$ 在 $x=3$ 处的弹性.

解　$y'=2,\dfrac{\mathrm{E}y}{\mathrm{E}x}=y'\dfrac{x}{y}=\dfrac{2x}{3+2x},\dfrac{\mathrm{E}y}{\mathrm{E}x}\bigg|_{x=3}=\dfrac{2x}{3+2x}\bigg|_{x=3}=\dfrac{2}{3}.$

(2) 需求价格弹性与总收益

由于需求函数一般为价格的递减函数,它的边际函数小于零,故其价格弹性取负值. 因此,经济学中常规定需求价格弹性为

$$\varepsilon_{DP} = -\dfrac{\mathrm{d}D}{\mathrm{d}P}\cdot\dfrac{P}{D},$$

这样,需求价格弹性便取正值. 即使如此,在对需求价格弹性作经济意义的解释时,也应理解为需求量的变化与价格的变化是反方向的.

总收益 R 是商品价格 P 与销售量 D 的乘积,即

$$R = PD = Pf(P),$$

其中 $D=f(P)$ 是需求价格函数.

$$R' = f(P) + Pf'(P) = f(P)\left(1+f'(P)\dfrac{P}{f(P)}\right) = f(P)(1-\varepsilon_{DP}).$$

① 若 $\varepsilon_{DP}<1$,需求变动的幅度小于价格变动的幅度. 此时 $R'>0,R$ 递增. 即价格上涨,则总收益增加;价格下跌,则总收益减少.

② 若 $\varepsilon_{DP}>1$,需求变动的幅度大于价格变动的幅度. 此时 $R'<0,R$ 递减. 即价格上

涨,则总收益减少;价格下跌,则总收益增加.

③ 若 $\varepsilon_{DP}=1$,需求变动的幅度等于价格变动的幅度.此时 $R'=0$,R 取得最大值.

综上所述,总收益的变化受需求弹性的制约,随商品需求弹性的变化而变化,其关系如图 4.16 所示.

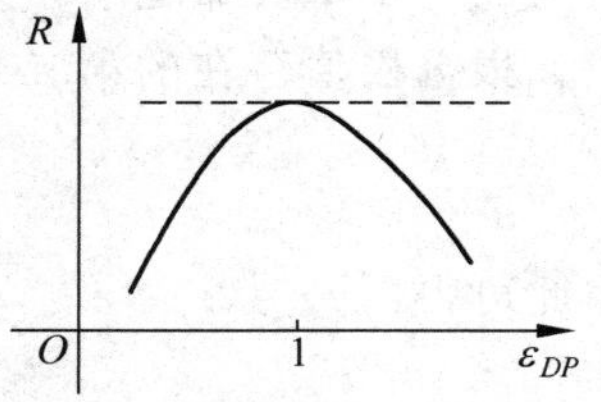

图　4.16

例 6.7　设商品需求函数为 $D=f(P)=12-\dfrac{P}{2}$.

(1) 求需求弹性函数;

(2) 求 $P=6$ 时的需求弹性;

(3) 在 $P=6$ 时,若价格上涨 1%,总收益增加还是减少?将变化百分之几?

解　(1) $\varepsilon_{DP}=\dfrac{1}{2}\dfrac{P}{12-\dfrac{P}{2}}=\dfrac{P}{24-P}$;

(2) $\varepsilon_{DP}\Big|_{P=6}=\dfrac{P}{24-P}\Big|_{P=6}=\dfrac{6}{24-6}=\dfrac{1}{3}$;

(3) $\varepsilon_{DP}\Big|_{P=6}=\dfrac{1}{3}<1$,所以价格上涨,总收益增加.

$R'=f(P)(1-\varepsilon_{DP})$,

$R'(6)=f(6)\left(1-\dfrac{1}{3}\right)=9\times\dfrac{2}{3}=6$,　$R=\left(12-\dfrac{P}{2}\right)P$,　$R(6)=54$,

$\dfrac{ER}{EP}=R'(6)\dfrac{6}{R(6)}=6\times\dfrac{6}{54}=\dfrac{2}{3}\approx0.67$.

所以当 $P=6$ 时,价格上涨 1%,总收益约增加 0.67%.

3. 函数极值在经济管理中的应用

(1) 最大利润问题

在经济学中,总收入和总成本都可以表示为产量 x 的函数,分别记为 $R(x)$ 和 $C(x)$,则总利润 $L(x)$ 可表示为

$$L(x)=R(x)-C(x).$$

为使总利润最大,其一阶导数应等于零,即

$$\frac{\mathrm{d}L(x)}{\mathrm{d}x}=\frac{\mathrm{d}[R(x)-C(x)]}{\mathrm{d}x}=0,$$

由此可得

$$\frac{\mathrm{d}R(x)}{\mathrm{d}x}=\frac{\mathrm{d}C(x)}{\mathrm{d}x}.$$

上式表示,欲使总利润最大,必须使边际收益等于边际成本,这是经济学中关于厂商

行为的一个重要命题.

根据极值存在的第二充分条件,为使总利润最大,还要求二阶导数

$$\frac{\mathrm{d}^2 L(x)}{\mathrm{d}x^2} = \frac{\mathrm{d}^2 [R(x) - C(x)]}{\mathrm{d}x^2} < 0,$$

由此可得

$$\frac{\mathrm{d}^2 R(x)}{\mathrm{d}x^2} < \frac{\mathrm{d}^2 C(x)}{\mathrm{d}x^2}.$$

这就是说,在获得最大利润的产量处,必须要求边际收益等于边际成本. 但此时若又有边际收益对产量的微商小于边际成本对产量的微商,则该产量处一定获得最大利润.

下面讨论另一种情况. 在上面的讨论中,是假定先由厂商规定产量,再根据需求关系决定价格. 但在某些市场条件下,也可由厂商先定价格,然后由需求关系去决定产量,此时可将产量 x 看作价格 P 的函数 $x = \Phi(P)$,这样,总收入函数为

$$R = R(x) = xP = P\Phi(P),$$

总成本函数为

$$C = C(x) = C(\Phi(P)).$$

在价格为 P 时的总利润为

$$L = R - C = P\Phi(P) - C(\Phi(P)).$$

为使总利润最大,根据极值的充分条件,要求满足:

① $\dfrac{\mathrm{d}L}{\mathrm{d}P} = \dfrac{\mathrm{d}}{\mathrm{d}P}(R - C) = 0$,即

$$\Phi(P) + P\Phi'(P) - \frac{\mathrm{d}C}{\mathrm{d}x}\Phi'(P) = 0 \quad \text{或} \quad \Phi(P) + \left(P - \frac{\mathrm{d}C}{\mathrm{d}x}\right)\Phi'(P) = 0;$$

② $\dfrac{\mathrm{d}^2 L}{\mathrm{d}P^2} = \dfrac{\mathrm{d}^2}{\mathrm{d}P^2}(R - C) < 0$,即

$$\Phi'(P) + \Phi'(P) + P\Phi''(P) - \frac{\mathrm{d}^2 C}{\mathrm{d}x^2}(\Phi'(P))^2 - \frac{\mathrm{d}C}{\mathrm{d}x}\Phi''(P) < 0,$$

或

$$\left[2 + \Phi'(P)\frac{\mathrm{d}^2 C}{\mathrm{d}x^2}\right]\Phi'(P) + \left(P - \frac{\mathrm{d}C}{\mathrm{d}x}\right)\Phi''(P) < 0.$$

也就是说,只要满足上述两个条件,就可使总利润最大,此时的最优产量由 $x = \Phi(P)$ 确定.

由条件①容易得到

$$\frac{\mathrm{d}C}{\mathrm{d}x} = \frac{\Phi(P) + P\Phi'(P)}{\Phi'(P)} = \frac{\dfrac{\mathrm{d}R}{\mathrm{d}P}}{\dfrac{\mathrm{d}x}{\mathrm{d}P}} = \frac{\mathrm{d}R}{\mathrm{d}x}.$$

上述等式说明,能使总利润达到最大的价格 P,也必能使边际收益等于边际成本.由此可见,无论以产量 x 还是以价格 P 作为自变量,上述两种分析得到的是同样的最优产量和最优价格.

例 6.8 某产品生产 x 单位的总成本为

$$C(x) = 300 + \frac{1}{12}x^3 - 5x^2 + 170x,$$

每单位产品的价格是 134 元,求使利润最大的产量.

解 生产 x 单位时,总收入 $R(x) = 134x$,总利润为

$$L(x) = R(x) - C(x) = 134x - \left(300 + \frac{1}{12}x^3 - 5x^2 + 170x\right)$$

$$= -\frac{1}{12}x^3 + 5x^2 - 36x - 300.$$

$$L'(x) = -\frac{1}{4}x^2 + 10x - 36 = -\frac{1}{4}(x-36)(x-4).$$

令 $L'(x) = 0$,得 $x_1 = 4, x_2 = 36$. 又

$$L''(x) = -\frac{1}{2}x + 10,$$

$L''(4) = 8 > 0$,所以 $L(x)$ 在 $x = 4$ 有极小值;$L''(36) = -8 < 0$,所以 $L(x)$ 在 $x = 36$ 有极大值,$L(36) = 996$.

因为 $x \geqslant 0$,$L(x)$ 才有意义,而 $L(0) = -300$,且当 $x > 36$ 时,$L'(x) < 0$,即当 $x > 36$ 时,$L(x)$ 单调减小,$L(36) = 996$ 是 $L(x)$ 的最大值.因此生产 36 单位产品时,利润最大,最大利润为 996 元.

例 6.9 某商店每天向工厂按出厂价每件 3 元购进一批商品零售.若零售价定为每件 4 元,估计销售量为 400 件.若一件售价每降低 0.05 元,则可多销售 40 件.问每件售价定为多少、从工厂购进多少件时,才可获得最大利润?最大利润是多少?

解 设利润为 L,进货量为 x 件,售价为 P 元/件,则利润为

$$L = (P-3)x.$$

假定销量等于进货量,由题设有

$$x - 400 = -\frac{40}{0.05}(P-4) \quad \text{或} \quad x = 3600 - 800P.$$

所以

$$L(P) = (P-3)(3600 - 800P) = -800P^2 + 6000P - 10800,$$
$$L'(P) = -1600P + 6000.$$

令 $L'(P) = 0$,解得 $P = 3.75$. 又由于

$$L''(P) = -1600 < 0,$$

故 $P=3.75$ 是极大点,也是最大点. 这就是说,当定价为每件 3.75 元,且进货量为 $x\,|_{P=3.75}=(3600-800P)\,|_{P=3.75}=600$(件)时,则每天能获得最大利润,最大利润为

$$L(P)\,|_{P=3.75}=(-800P^2+6000P-10800)\,|_{P=3.75}=450(元).$$

(2) 库存问题

工厂、商店都要预存原料、货物,称为库存. 合理的库存量并非越少越好,必须同时达到三个目标:第一,库存要少,以便降低库存费用和流动资金占用量;第二,存货短缺机会少,以便减少因停工待料造成的损失;第三,订购的次数要少,以便降低订购费用.

库存问题就是要求出使总费用(存储费与订购费之和)最小的订货批量(也称为经济批量). 为了使问题简化,假设:

① 不允许缺货;

② 当库存量将为零时,可立即得到补充;

③ 需求是连续均匀的,单位时间内的需求量是常数,这样,平均库存量为最大库存量的一半.

若某企业某种货物的年需求量为 s,每次订货费为 c_1,单位货物储存一年的费用为 c_2,每次订购量为 q,货物的单价为 p,于是:

① 年订货次数为 $\dfrac{s}{q}$,年订货费为 $\dfrac{s}{q}c_1$;

② 全年每天平均库存量为 $\dfrac{q}{2}$,年存储费为 $\dfrac{q}{2}c_2$.

则全年的总费用为

$$C=\frac{c_1 s}{q}+\frac{c_2 q}{2}.$$

在上式对 q 求导,得

$$\frac{\mathrm{d}C}{\mathrm{d}q}=-\frac{c_1 s}{q^2}+\frac{c_2}{2},\qquad \frac{\mathrm{d}^2 C}{\mathrm{d}^2 q}=\frac{2c_1 s}{q^3}>0,$$

令 $\dfrac{\mathrm{d}C}{\mathrm{d}q}=0$,解得最优经济批量为

$$q^*=\sqrt{\frac{2c_1 s}{c_2}},$$

最优订货次数为

$$E=\frac{s}{q^*}=\sqrt{\frac{c_2 s}{2c_1}},$$

最小年总费用为

$$C^*=\sqrt{2c_1 c_2 s}.$$

例 6.10　某商店每年销售某种商品 10000kg,每次订货的手续费为 40 元,商品的单价为 2 元/kg,存储费是平均库存商品价值的 10%,求最优订货批量.

解　设订货批量为 q，则年订货费为 $40 \times \dfrac{10^4}{q}$，年存储费为 $2 \times \dfrac{q}{2} \times 0.1$，因此全年总费用为

$$C = 40 \times \frac{10^4}{q} + 0.1q,$$

$$\frac{\mathrm{d}C}{\mathrm{d}q} = -\frac{4 \times 10^5}{q^2} + 0.1.$$

令 $\dfrac{\mathrm{d}C}{\mathrm{d}q} = 0$，解得最优订货批量为 $q^* = 2000$.

习题 4.6

1. 求下列函数的边际函数与弹性函数：

(1) $x^2 \mathrm{e}^{-x}$;　　(2) $\dfrac{\mathrm{e}^x}{x}$;　　(3) $x^a \mathrm{e}^{-b(x+c)}$.

2. 设某商品的总收益关于销售量 Q 的函数为 $R_T = 104Q - 0.4Q^2$，求：
(1) 销售量为 Q 时的边际收益；
(2) 销售量为 $Q = 50$ 个单位时的边际收益；
(3) 销售量为 $Q = 100$ 个单位时，总收益对 Q 的弹性.

3. 某产品成本函数 $C = Q^2 - 3Q + 78$，求当 $Q = 3$ 和 $Q = 5$ 时的边际成本和平均成本.

4. 某商品的价格 P 与需求量 Q 的关系为 $P = 10 - \dfrac{Q}{5}$，求需求量为 20 个单位及 30 个单位时的收益、平均收益及边际收益.

5. 设需求函数为 $Q = 650 - 5P - P^2$，求：
(1) $P = 10$ 时需求对价格的弹性，并说明其经济意义；
(2) 当 $P = 12$ 时，若价格上涨 1%，收益将变化百分之几？

6. 某厂生产某种商品，其年销售量为 100 万件，每批生产都需要增加准备费 1000 元，而每件的年库存费为 0.05 元，已知年销售率是均匀的，且上批销售完后，可立即生产出下一批（这时商品库存平均数为批量的一半），问分几批生产，能使生产准备费及库存费之和最小？

7. 某厂生产某种商品，其年产量为 x 千件，其中固定成本为 1 万元，每生产 1 千件产品成本增加 0.5 万元，市场上每年可销售此种商品 6 千件，其销售收入 R 是 x 的函数，

$$R(x) = \begin{cases} 4x - \dfrac{1}{2}x^2, & 0 \leqslant x \leqslant 6, \\ 6, & x > 6, \end{cases}$$

问年产量为多少时，总利润最大？

拉 格 朗 日

拉格朗日(Joseph Louis Lagrange,1736—1813),不喜欢几何,但在变分法及分析力学上有杰出发现. 他在数论与代数上也有贡献,并为其后高斯和阿贝尔的成长提供了思想源泉. 他的数学事业可以看作是欧拉(年纪和功绩都大于同时代的其他数学家)工作的自然延伸,他在许多方面推进和改进了欧拉的工作.

拉格朗日生于意大利的都灵,为法意混血的后代. 他童年时的兴趣在古典学科而不在自然科学,但早在中学时代就因读了哈莱(Edmund Halley)《谈代数在光学上的应用》一文而引起他对数学的兴趣,然后他开始有计划地独立自学,而且进步很快,使他在 19 岁时就被聘为皇家炮兵学院的数学教授.

拉格朗日在变分法上的贡献属于他早期最重要的工作之一. 1775 年他写信给欧拉告诉他解等周问题的乘子方法. 这些问题欧拉多年来对之束手无策,因为那是他自己的半几何方法所不能解决的. 利用此方法欧拉可以立刻解出他多年来所苦思的许多问题,但他以使人钦佩的亲切与宽厚的态度回信给拉格朗日,而把自己的工作扣留不发表,"以免剥夺你所理该享受的任何一部分荣誉". 拉格朗日继续进行了多年的变分法的解析研究,并和欧拉一起用它来解决了许多新型的问题,特别是力学中的问题.

1776 年欧拉离开柏林去彼得堡时,向腓特烈大帝建议聘请拉格朗日接替他的工作. 拉格朗日应聘去柏林,在那里住了 20 年直到腓特烈过世为止. 在这一时期内他在代数和数论方面进行了广泛的研究工作,写出了他的杰作《分析力学》(1788),在该书内他把普通力学统一起来,并且把它写成"一种科学诗篇". 在这部著作里留给后人的不朽遗产中包括:拉格朗日运动方程,广义坐标以及势能概念.

腓特烈故去后,科学家感到普鲁士宫廷里的气氛不甚惬意,于是拉格朗日接受路易十六的聘请转道巴黎,后者让他住在卢浮宫里. 拉格朗日虽是伟大的天才,但他非常谦逊而不固执己见;并且虽然他与贵族交游——他自己确实也是个贵族,但在整个法国大革命那个混乱的年月里,各党派的人都尊敬他. 他在这些年里的最重要的工作是领导建立了米制度量衡. 在数学方面他想给分析中的基本运算步骤提供令人满意的基础,但这些工作大部分归于失败. 拉格朗日在接近临终之日时觉得数学已经走进了死胡同,此后最有才能的人将转向化学、物理、生物以及其他学科上去. 但若他能预见到有高斯及其后继者的登场,使 19 世纪成为漫长数学史上成果最丰富的时代,也许能使他释免这种悲观思想.

第 5 章

不 定 积 分

在微分学中,讨论了如何求一个函数的导函数的问题. 但是,在很多问题中,常常需要解决相反的问题,即要寻求一个函数,使它的导函数等于已知函数. 本章将解决这个问题.

5.1　不定积分的概念与性质

1. 原函数与不定积分的概念

定义 5.1　设 $f(x)$ 是定义在区间 I 上的函数,如果存在函数 $F(x)$,对于 $\forall x \in I$,都有
$$F'(x) = f(x) \quad \text{或} \quad \mathrm{d}F(x) = f(x)\mathrm{d}x,$$
则称函数 $F(x)$ 为函数 $f(x)$ 在区间 I 上的一个**原函数**.

例如,$\sin x$ 是 $\cos x$ 的原函数,因为 $(\sin x)' = \cos x$. 又因为 $(x^2)' = 2x$,$(x^2+1)' = 2x$,所以 x^2 和 x^2+1 都是 $2x$ 的原函数.

由上面的例子可以看出,一个函数的原函数不是惟一的. 关于原函数,有如下两点说明:

(1) 如果函数 $f(x)$ 在区间 I 上有原函数 $F(x)$,那么从原函数的定义立即可得: 对任何常数 C,$F(x)+C$ 也是 $f(x)$ 的原函数. 这说明,如果 $f(x)$ 有一个原函数,那么 $f(x)$ 就有无穷多个原函数;

(2) 如果 $F(x)$ 为函数 $f(x)$ 在区间 I 上的一个原函数,$G(x)$ 是函数 $f(x)$ 在区间 I 上的任意一个原函数,即 $(F(x))' = f(x)$,$(G(x))' = f(x)$,于是有
$$(G(x) - F(x))' = G'(x) - F'(x) = f(x) - f(x) = 0.$$
由于导数恒为零的函数必为常数,所以 $G(x) - F(x) = C$,或 $G(x) = F(x) + C$. 因此,$f(x)$ 的所有原函数应为 $\{F(x)+C \mid C \in \mathbb{R}\}$,习惯上,简写为 $F(x)+C$. 由上面的说明,给出不定积分的概念.

定义 5.2 函数 $f(x)$ 的所有原函数称为 $f(x)$ 的**不定积分**,记作 $\displaystyle\int f(x)\mathrm{d}x$. 其中"$\displaystyle\int$"称为积分号,$f(x)$ 称为被积函数,$f(x)\mathrm{d}x$ 称为被积表达式,x 称为积分变量.

由前面的讨论可知,如果 $F(x)$ 是 $f(x)$ 的一个原函数,那么表达式 $F(x)+C$ 就是 $f(x)$ 的不定积分,即

$$\int f(x)\mathrm{d}x = F(x) + C.$$

例 1.1 求 $\displaystyle\int \dfrac{\mathrm{d}x}{1+x^2}$.

解 由于 $(\arctan x)' = \dfrac{1}{1+x^2}$,所以 $\arctan x$ 是 $\dfrac{1}{1+x^2}$ 的一个原函数,因此

$$\int \frac{\mathrm{d}x}{1+x^2} = \arctan x + C.$$

例 1.2 求 $\displaystyle\int x^{\alpha}\mathrm{d}x$.

解 当 $\alpha \neq -1$ 时,$(x^{\alpha+1})' = (\alpha+1)x^{\alpha}$,亦有 $\left(\dfrac{1}{\alpha+1}x^{\alpha+1}\right)' = x^{\alpha}$,即 $\dfrac{1}{\alpha+1}x^{\alpha+1}$ 是 x^{α} 的一个原函数,因此

$$\int x^{\alpha}\mathrm{d}x = \frac{1}{\alpha+1}x^{\alpha+1} + C;$$

当 $\alpha = -1$ 时,所要求的不定积分为 $\displaystyle\int \dfrac{1}{x}\mathrm{d}x$. 因为 $(\ln|x|)' = \dfrac{1}{x}$,因此

$$\int \frac{1}{x}\mathrm{d}x = \ln|x| + C.$$

从不定积分的定义,可以得出下述关系:

(1) $\dfrac{\mathrm{d}}{\mathrm{d}x}\left(\displaystyle\int f(x)\mathrm{d}x\right) = f(x)$ 或 $\mathrm{d}\left(\displaystyle\int f(x)\mathrm{d}x\right) = f(x)\mathrm{d}x$;

(2) $\displaystyle\int F'(x)\mathrm{d}x = F(x) + C$ 或 $\displaystyle\int \mathrm{d}F(x) = F(x) + C$.

求已知函数的不定积分的运算称为**积分运算**. 可见,积分运算是微分运算的逆运算. 一个函数 $f(x)$ 求不定积分后再求导数就还原了;而若先对一个函数求导数,然后再求不定积分,则结果一般要比原先相差一个常数.

给出了不定积分的概念,自然要提出这样一个问题:函数 $f(x)$ 满足什么条件,才有原函数(或不定积分)呢? 这个问题将在下一章中讨论. 这里先给出如下结论:如果函数 $f(x)$ 在某一区间上连续,则在这个区间上函数 $f(x)$ 的原函数一定存在.

在第 2 章中曾指出,一切初等函数在其定义区间内都是连续的. 因此初等函数在其定义区间内存在原函数.

2. 基本积分公式

既然不定积分是导数的逆运算,那么根据第 3 章中基本初等函数的导数表,立刻可写出对应的基本积分公式表:

(1) $\int k\mathrm{d}x = kx + C$ (k 是常数);　　　　(2) $\int x^a \mathrm{d}x = \dfrac{x^{a+1}}{a+1} + C$ ($a \neq -1$);

(3) $\int \dfrac{1}{x}\mathrm{d}x = \ln|x| + C$;　　　　(4) $\int \dfrac{1}{1+x^2}\mathrm{d}x = \arctan x + C$;

(5) $\int \dfrac{\mathrm{d}x}{\sqrt{1-x^2}} = \arcsin x + C$;　　　　(6) $\int \cos x \mathrm{d}x = \sin x + C$;

(7) $\int \sin x\ \mathrm{d}x = -\cos x + C$;　　　　(8) $\int \dfrac{\mathrm{d}x}{\cos^2 x} = \int \sec^2 x\mathrm{d}x = \tan x + C$;

(9) $\int \dfrac{\mathrm{d}x}{\sin^2 x} = \int \csc^2 x\mathrm{d}x = -\cot x + C$;　(10) $\int \sec x \tan x\mathrm{d}x = \sec x + C$;

(11) $\int \csc x \cdot \cot x\mathrm{d}x = -\csc x + C$;　　(12) $\int \mathrm{e}^x \mathrm{d}x = \mathrm{e}^x + C$;

(13) $\int a^x \mathrm{d}x = \dfrac{a^x}{\ln a} + C$ ($a \neq 1$).

上面所列的是最基本的积分公式,这些公式是求不定积分的基础,必须牢记.

3. 不定积分的性质

性质 1　两个函数的和的不定积分等于这两个函数的不定积分的和,即

$$\int [f(x) + g(x)]\mathrm{d}x = \int f(x)\mathrm{d}x + \int g(x)\mathrm{d}x. \tag{5.1}$$

事实上,

$$\left[\int f(x)\mathrm{d}x + \int g(x)\mathrm{d}x\right]' = \left[\int f(x)\mathrm{d}x\right]' + \left[\int g(x)\mathrm{d}x\right]' = f(x) + g(x).$$

这就说明,(5.1)式右端是 $f(x) + g(x)$ 的原函数,又(5.1)式右端有两个积分记号,形式上含有两个任意常数,由于任意常数之和仍为任意常数,故实际上含一个任意常数.因此(5.1)式右端是 $f(x) + g(x)$ 的不定积分.

性质 1 可推广到有限个函数的和的情况.

性质 2　求不定积分时,被积函数中不为零的常数因子可以提到积分号外面来,即

$$\int kf(x)\mathrm{d}x = k\int f(x)\mathrm{d}x, \quad k \text{ 为常数}, k \neq 0.$$

可按与性质 1 类似的方法证明.

例 1.3 求 $\int\left[3-2x+\dfrac{1}{x^2}-5\sin x\right]\mathrm{d}x.$

解 $\int\left[3-2x+\dfrac{1}{x^2}-5\sin x\right]\mathrm{d}x = 3\int\mathrm{d}x - 2\int x\mathrm{d}x + \int\dfrac{\mathrm{d}x}{x^2} - 5\int\sin x\mathrm{d}x$

$$= 3(x+C_1) - 2\left(\dfrac{x^2}{2}+C_2\right) + \left(\dfrac{x^{-2+1}}{-2+1}+C_3\right)$$

$$- 5(-\cos x + C_4)$$

$$= 3x - x^2 - \dfrac{1}{x} + 5\cos x + C.$$

例 1.4 求 $\int\dfrac{1+x+x^2}{x(1+x^2)}\mathrm{d}x.$

基本积分表中没有这种类型的积分,但可将被积函数变形,化为表中所列类型的积分后,再逐项求积分.

解 $\int\dfrac{1+x+x^2}{x(1+x^2)}\mathrm{d}x = \int\left(\dfrac{1}{1+x^2}+\dfrac{1}{x}\right)\mathrm{d}x = \int\dfrac{1}{1+x^2}\mathrm{d}x + \int\dfrac{1}{x}\mathrm{d}x$

$$= \arctan x + \ln|x| + C.$$

例 1.5 求 $\int\dfrac{x^4}{1+x^2}\mathrm{d}x.$

解 $\int\dfrac{x^4}{1+x^2}\mathrm{d}x = \int\dfrac{x^4-1+1}{1+x^2}\mathrm{d}x = \int\dfrac{(x^2+1)(x^2-1)+1}{1+x^2}\mathrm{d}x$

$$= \int\left(x^2-1+\dfrac{1}{1+x^2}\right)\mathrm{d}x = \int x^2\mathrm{d}x - \int\mathrm{d}x + \int\dfrac{1}{1+x^2}\mathrm{d}x$$

$$= \dfrac{x^3}{3} - x + \arctan x + C.$$

例 1.6 求 $\int\tan^2 x\mathrm{d}x.$

解 先利用三角恒等式变形,然后再求积分,于是

$$\int\tan^2 x\mathrm{d}x = \int(\sec^2 x - 1)\mathrm{d}x = \int\sec^2 x\mathrm{d}x - \int\mathrm{d}x = \tan x - x + C.$$

例 1.7 求 $\int\sin^2\dfrac{x}{2}\mathrm{d}x.$

解 $\int\sin^2\dfrac{x}{2}\mathrm{d}x = \int\dfrac{1}{2}(1-\cos x)\mathrm{d}x = \dfrac{1}{2}\int(1-\cos x)\mathrm{d}x$

$$= \dfrac{1}{2}\left[\int\mathrm{d}x - \int\cos x\mathrm{d}x\right] = \dfrac{1}{2}(x - \sin x) + C.$$

例 1.8 已知曲线在其上点 $P(x,y)$ 的切线斜率 $k=\dfrac{1}{4}x$,且曲线经过点 $\left(2,\dfrac{5}{2}\right)$,求此曲线方程.

解 设曲线方程为 $y=f(x)$，由假设 $f'(x)=\dfrac{1}{4}x$，故

$$f(x) = \int f'(x)\mathrm{d}x = \frac{1}{4}\int x\mathrm{d}x = \frac{1}{8}x^2 + C,$$

即 $y=\dfrac{x^2}{8}+C(C$ 为常数$)$，如图 5.1 所示.

因曲线经过点 $\left(2,\dfrac{5}{2}\right)$，以此点坐标代入方程，得 $\dfrac{5}{2}=\dfrac{4}{8}+C$，

解得 $C=2$. 因此所求方程为 $y=\dfrac{x^2}{8}+2$.

例 1.9 已知某产品的边际收入函数为 $R'(x)=60-2x-2x^2(x$ 为销售量$)$，求总收入函数 $R(x)$.

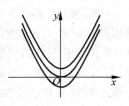

图 5.1

解 $R(x) = \displaystyle\int R'(x)\mathrm{d}x = \int (60-2x-2x^2)\mathrm{d}x$

$$= 60x - x^2 - \frac{2}{3}x^3 + C.$$

当 $x=0$ 时，$R=0$，从而 $C=0$，于是

$$R(x) = 60x - x^2 - \frac{2}{3}x^3.$$

习题 5.1

1. 求下列不定积分：

(1) $\displaystyle\int x^2\sqrt{x}\,\mathrm{d}x$；

(2) $\displaystyle\int \frac{\mathrm{d}x}{x^3\sqrt{x}}$；

(3) $\displaystyle\int x(2x-5)(x+1)\,\mathrm{d}x$；

(4) $\displaystyle\int (\sqrt{t}-1)(\sqrt{t}+2)\,\mathrm{d}t$；

(5) $\displaystyle\int \left(\frac{2}{1+u^2} - \frac{1}{\cos^2 u} - \frac{3}{\sqrt{1-u^2}}\right)\mathrm{d}u$；

(6) $\displaystyle\int \frac{(y-1)(\sqrt{y}+1)}{y}\,\mathrm{d}y$；

(7) $\displaystyle\int \frac{1}{\sin^2\frac{x}{2}\cos^2\frac{x}{2}}\,\mathrm{d}x$；

(8) $\displaystyle\int \frac{\cos 2x}{\cos x - \sin x}\,\mathrm{d}x$；

(9) $\displaystyle\int \sec x(\sec x - \tan x)\,\mathrm{d}x$；

(10) $\displaystyle\int \frac{\cos 2x}{\cos^2 x \sin^2 x}\,\mathrm{d}x$；

(11) $\displaystyle\int \frac{2\cdot 3^x - 3\cdot 2^x}{5^x}\,\mathrm{d}x$；

(12) $\displaystyle\int \frac{3x^4 + 3x^2 + 1}{x^2 + 1}\,\mathrm{d}x$.

2. 已知一曲线在任一点处切线的斜率等于该点横坐标的倒数，(1)试求此曲线的方程，(2)若曲线经过点 $(\mathrm{e}^2,3)$，求此曲线方程.

3. 设某产品的边际成本函数为 $C'(x)=x^{-\frac{3}{2}}+\dfrac{1}{2000}$,边际收入函数为 $R'(x)=100-0.01x$,求产品的成本函数及收入函数.已知生产 10000 件产品的成本是 1200 元.

5.2 换元积分法

一般来说,求不定积分要比求导数困难得多.在上节中,求不定积分都是直接利用不定积分的基本公式,或将被积函数变形后利用不定积分的基本公式来求不定积分的.但是,根据不定积分的运算法则和基本公式,只能求得很少一部分比较简单的函数的不定积分,而大多数函数的不定积分要因函数的不同形式或不同类型选用不同的方法.本节介绍的换元积分法是求不定积分的最基本最常用的方法之一.

1. 第一类换元法

例 2.1 求 $\displaystyle\int \cos 2x \mathrm{d}x$.

解 $\displaystyle\int \cos 2x \mathrm{d}x = \frac{1}{2}\int \cos 2x \mathrm{d}(2x)$,令 $2x=u$,得

$$\int \cos 2x \mathrm{d}x = \frac{1}{2}\int \cos u \mathrm{d}u = \frac{1}{2}\sin u + C,$$

代回原变量,得

$$\int \cos 2x \mathrm{d}x = \frac{1}{2}\sin 2x + C.$$

例 2.2 求 $\displaystyle\int 2x\mathrm{e}^{x^2} \mathrm{d}x$.

解 由 $\mathrm{d}x^2 = 2x\mathrm{d}x$,所求积分可凑成

$$\int 2x\mathrm{e}^{x^2} \mathrm{d}x = \int \mathrm{e}^{x^2} \mathrm{d}x^2,$$

令 $u=x^2$,得

$$\int 2x\mathrm{e}^{x^2} \mathrm{d}x = \int \mathrm{e}^{x^2} \mathrm{d}x^2 = \int \mathrm{e}^u \mathrm{d}u = \mathrm{e}^u + C,$$

代回原变量,得

$$\int 2x\mathrm{e}^{x^2} \mathrm{d}x = \mathrm{e}^{x^2} + C.$$

一般地,有如下结论.

定理 5.1 设 $f(u)$ 是 u 的连续函数,且

$$\int f(u)\mathrm{d}u = F(u) + C,$$

又设 $u=\varphi(x)$ 具有连续的导函数 $\varphi'(x)$,则有

$$\int f[\varphi(x)]\varphi'(x)\mathrm{d}x = F[\varphi(x)] + C.$$

证明 只需证明 $\dfrac{\mathrm{d}F[\varphi(x)]}{\mathrm{d}x} = f[\varphi(x)]\varphi'(x)$ 即可. 根据复合函数的微分法, 得

$$\frac{\mathrm{d}F[\varphi(x)]}{\mathrm{d}x} = F'[\varphi(x)]\varphi'(x).$$

又由 $F'(u) = f(u)$, 故

$$\frac{\mathrm{d}F[\varphi(x)]}{\mathrm{d}x} = f[\varphi(x)]\varphi'(x).$$

例 2.3 求 $\displaystyle\int \frac{1}{3-2x}\mathrm{d}x$.

解 令 $u = 3 - 2x$, 则 $\mathrm{d}u = -2\mathrm{d}x$, 故

$$\int \frac{\mathrm{d}x}{3-2x} = -\frac{1}{2}\int \frac{\mathrm{d}(3-2x)}{3-2x} = -\frac{1}{2}\int \frac{\mathrm{d}u}{u} = -\frac{1}{2}\ln|u| + C$$

$$= -\frac{1}{2}\ln|3-2x| + C.$$

例 2.4 求 $\displaystyle\int \tan x\mathrm{d}x$.

解 $\displaystyle\int \tan x\mathrm{d}x = \int \frac{\sin x}{\cos x}\mathrm{d}x$, 因为 $-\sin x\mathrm{d}x = \mathrm{d}\cos x$, 设 $u = \cos x$, 则 $\mathrm{d}u = -\sin x\mathrm{d}x$, 因此

$$\int \tan x\mathrm{d}x = \int \frac{\sin x}{\cos x}\mathrm{d}x = -\int \frac{\mathrm{d}u}{u} = -\ln|u| + C = -\ln|\cos x| + C.$$

类似可得 $\displaystyle\int \cot x\mathrm{d}x = \ln|\sin x| + C$.

第一换元积分法也称为"凑微分"法, 当"凑微分"法应用熟练以后, 可不写出换元这一步, 而直接写出结果:

$$\int f[\varphi(x)]\varphi'(x)\mathrm{d}x = \int f[\varphi(x)]\mathrm{d}\varphi(x) = F[\varphi(x)] + C.$$

例 2.5 求 $\displaystyle\int \frac{1}{a^2 + x^2}\mathrm{d}x$.

解 $\displaystyle\int \frac{1}{a^2 + x^2}\mathrm{d}x = \int \frac{1}{a^2} \cdot \frac{1}{1 + \left(\frac{x}{a}\right)^2}\mathrm{d}x = \frac{1}{a}\int \frac{1}{1 + \left(\frac{x}{a}\right)^2}\mathrm{d}\left(\frac{x}{a}\right) = \frac{1}{a}\arctan\frac{x}{a} + C.$

例 2.6 求 $\displaystyle\int \frac{\mathrm{d}x}{\sqrt{a^2 - x^2}}\ (a > 0)$.

解 $\displaystyle\int \frac{\mathrm{d}x}{\sqrt{a^2 - x^2}} = \int \frac{1}{a} \frac{\mathrm{d}x}{\sqrt{1 - \left(\frac{x}{a}\right)^2}} = \int \frac{\mathrm{d}\left(\frac{x}{a}\right)}{\sqrt{1 - \left(\frac{x}{a}\right)^2}} = \arcsin\frac{x}{a} + C.$

例 2.7   求 $\int \dfrac{1}{x^2-a^2}\mathrm{d}x$.

解   由于 $\dfrac{1}{x^2-a^2}=\dfrac{1}{2a}\left(\dfrac{1}{x-a}-\dfrac{1}{x+a}\right)$，所以

$$
\begin{aligned}
\int \frac{\mathrm{d}x}{x^2-a^2} &= \frac{1}{2a}\int\left(\frac{1}{x-a}-\frac{1}{x+a}\right)\mathrm{d}x = \frac{1}{2a}\left(\int\frac{1}{x-a}\mathrm{d}x-\int\frac{1}{x+a}\mathrm{d}x\right)\\
&= \frac{1}{2a}\left[\int\frac{1}{x-a}\mathrm{d}(x-a)-\int\frac{1}{x+a}\mathrm{d}(x+a)\right]\\
&= \frac{1}{2a}\left[\ln|x-a|-\ln|x+a|\right]+C\\
&= \frac{1}{2a}\ln\left|\frac{x-a}{x+a}\right|+C.
\end{aligned}
$$

例 2.8   求 $\int \sin^3 x\mathrm{d}x$.

解
$$
\begin{aligned}
\int \sin^3 x\mathrm{d}x &= \int \sin^2 x\sin x\mathrm{d}x = -\int(1-\cos^2 x)\mathrm{d}(\cos x)\\
&= -\int \mathrm{d}(\cos x)+\int \cos^2 x\mathrm{d}(\cos x) = -\cos x+\frac{1}{3}\cos^3 x+C.
\end{aligned}
$$

例 2.9   求 $\int \sin^2 x\cos^5 x\mathrm{d}x$.

解
$$
\begin{aligned}
\int \sin^2 x\cos^5 x\mathrm{d}x &= \int \sin^2 x\cos^4 x\cos x\mathrm{d}x\\
&= \int \sin^2 x\,(1-\sin^2 x)^2\mathrm{d}(\sin x)\\
&= \int(\sin^2 x-2\sin^4 x+\sin^6 x)\mathrm{d}(\sin x)\\
&= \frac{1}{3}\sin^3 x-\frac{2}{5}\sin^5 x+\frac{1}{7}\sin^7 x+C.
\end{aligned}
$$

例 2.10   求 $\int \cos^2 x\mathrm{d}x$ 与 $\int \sin^2 x\mathrm{d}x$.

解
$$
\int \cos^2 x\mathrm{d}x = \int\frac{1+\cos 2x}{2}\mathrm{d}x = \frac{1}{2}\int \mathrm{d}x+\frac{1}{2}\int \cos 2x\mathrm{d}x = \frac{x}{2}+\frac{1}{4}\sin 2x+C.
$$
$$
\int \sin^2 x\mathrm{d}x = \int\frac{1-\cos 2x}{2}\mathrm{d}x = \frac{x}{2}-\frac{1}{4}\sin 2x+C.
$$

例 2.11   求 $\int \sin^4 x\mathrm{d}x$.

解   由于

$$
\sin^4 x = \sin^2 x(1-\cos^2 x) = \sin^2 x-\sin^2 x\cos^2 x = \sin^2 x-\frac{1}{4}(\sin 2x)^2,
$$

利用本节例 2.10 的结果得

$$\int \sin^4 x \mathrm{d}x = \int \left[\sin^2 x - \frac{1}{4}(\sin 2x)^2 \right] \mathrm{d}x$$

$$= \frac{x}{2} - \frac{1}{4}\sin 2x - \frac{1}{2} \times \frac{1}{4}\left(\frac{2x}{2} - \frac{\sin 4x}{4} \right) + C$$

$$= \frac{3}{8}x - \frac{1}{4}\sin 2x + \frac{1}{32}\sin 4x + C.$$

例 2.12 求 $\int \cos^4 x \mathrm{d}x$.

解 由于

$$\cos^4 x = (\cos^2 x)^2 = \left(\frac{1 + \cos 2x}{2} \right)^2 = \frac{1}{4}(1 + 2\cos 2x + \cos^2 2x)$$

$$= \frac{1}{4}\left(1 + 2\cos 2x + \frac{1 + \cos 4x}{2} \right) = \frac{1}{4}\left(\frac{3}{2} + 2\cos 2x + \frac{1}{2}\cos 4x \right),$$

所以

$$\int \cos^4 x \mathrm{d}x = \frac{1}{4}\int \left(\frac{3}{2} + 2\cos 2x + \frac{1}{2}\cos 4x \right) \mathrm{d}x$$

$$= \frac{1}{4}\left(\frac{3}{2}x + \sin 2x + \frac{1}{8}\sin 4x \right) + C$$

$$= \frac{3}{8}x + \frac{1}{4}\sin 2x + \frac{1}{32}\sin 4x + C.$$

例 2.13 求 $\int \csc x \mathrm{d}x$.

解 $$\int \csc x \mathrm{d}x = \int \frac{\mathrm{d}x}{\sin x} = \int \frac{\mathrm{d}x}{2\sin \frac{x}{2}\cos \frac{x}{2}} = \int \frac{\mathrm{d}\left(\frac{x}{2} \right)}{\tan \frac{x}{2}\cos^2 \frac{x}{2}} = \int \frac{\sec^2 \frac{x}{2}\mathrm{d}\left(\frac{x}{2} \right)}{\tan \frac{x}{2}}$$

$$= \int \frac{\mathrm{d}\left(\tan \frac{x}{2} \right)}{\tan \frac{x}{2}} = \ln \left| \tan \frac{x}{2} \right| + C.$$

又

$$\tan \frac{x}{2} = \frac{\sin \frac{x}{2}}{\cos \frac{x}{2}} = \frac{2\sin^2 \frac{x}{2}}{\sin x} = \frac{1 - \cos x}{\sin x} = \csc x - \cot x,$$

所以上述不定积分又可表示为

$$\int \csc x \mathrm{d}x = \ln |\csc x - \cot x| + C.$$

类似地可求得 $\int \sec x \mathrm{d}x = \ln |\sec x + \tan x| + C.$

例 2.14 求 $\int \sec^4 x \mathrm{d}x.$

解 $\int \sec^4 x \mathrm{d}x = \int \sec^2 x \sec^2 x \mathrm{d}x = \int (1 + \tan^2 x) \mathrm{d}(\tan x)$

$$= \tan x + \frac{1}{3} \tan^3 x + C.$$

例 2.15 求 $\int \sin 2x \cos 3x \mathrm{d}x.$

解 利用积化和差公式

$$\sin \alpha \cos \beta = \frac{1}{2} \left[\sin(\alpha + \beta) + \sin(\alpha - \beta) \right],$$

得

$$\sin 2x \cos 3x = \frac{1}{2} \left(\sin 5x - \sin x \right),$$

所以

$$\int \sin 2x \cos 3x \mathrm{d}x = \frac{1}{2} \int (\sin 5x - \sin x) \mathrm{d}x = \frac{1}{2} \int \sin 5x \mathrm{d}x - \frac{1}{2} \int \sin x \mathrm{d}x$$

$$= -\frac{1}{10} \cos 5x + \frac{1}{2} \cos x + C.$$

2. 第二类换元法

定理 5.2 设函数 $x = \varphi(t)$ 严格单调、可导并且 $\varphi'(t) \neq 0.$ 又设 $f[\varphi(t)]\varphi'(t)$ 具有原函数,则有

$$\int f(x)\mathrm{d}x = \left[\int f[\varphi(t)]\varphi'(t)\mathrm{d}t \right]_{t = \varphi^{-1}(x)},$$

其中 $\varphi^{-1}(x)$ 是 $x = \varphi(t)$ 的反函数.

证明 设 $\int f[\varphi(t)]\varphi'(t)\mathrm{d}t = F(t) + C,$则只需验证

$$[F(\varphi^{-1}(x)) + C]' = f(x)$$

成立即可. 利用复合函数的求导法则及反函数的导数公式,得到

$$\frac{\mathrm{d}}{\mathrm{d}x} F(\varphi^{-1}(x)) = \frac{\mathrm{d}F(t)}{\mathrm{d}t} \cdot \frac{\mathrm{d}t}{\mathrm{d}x} = f[\varphi(t)]\varphi'(t) \cdot \frac{1}{\varphi'(t)} = f[\varphi(t)] = f(x).$$

例 2.16 求 $\int \dfrac{\mathrm{d}x}{1 + \sqrt{x}}.$

解 作变量代换 $x = t^2$(以消去根式),于是 $\sqrt{x} = t, \mathrm{d}x = 2t\mathrm{d}t,$从而

$$\int \frac{\mathrm{d}x}{1+\sqrt{x}} = 2\int \frac{t}{1+t}\mathrm{d}t = 2\int \left(1 - \frac{1}{1+t}\right)\mathrm{d}t$$

$$= 2t - 2\ln(1+t) + C = 2\sqrt{x} - 2\ln\left(1+\sqrt{x}\right) + C.$$

例 2.17 求 $\displaystyle\int \sqrt{a^2-x^2}\,\mathrm{d}x\ (a>0).$

解 此积分难点在于被积函数中的根号,为去掉根号,令 $x = a\sin t,\ -\dfrac{\pi}{2} \leqslant t \leqslant \dfrac{\pi}{2}$,则

$\mathrm{d}x = a\cos t\,\mathrm{d}t,\ \sqrt{a^2-x^2} = a\cos t$,于是

$$\int \sqrt{a^2-x^2}\,\mathrm{d}x = \int a\cos t \cdot a\cos t\,\mathrm{d}t = a^2\int \cos^2 t\,\mathrm{d}t$$

$$= a^2\int \frac{1+\cos 2t}{2}\mathrm{d}t = \frac{a^2}{2}\left(t + \frac{1}{2}\sin 2t\right) + C.$$

回代变量,由 $\sin t = \dfrac{x}{a}$,得 $t = \arcsin\dfrac{x}{a}, \cos t = \dfrac{\sqrt{a^2-x^2}}{a}$,于是

$$\frac{1}{2}\sin 2t = \sin t\cos t = \frac{x\sqrt{a^2-x^2}}{a^2},$$

故有

$$\int \sqrt{a^2-x^2}\,\mathrm{d}x = \frac{a^2}{2}\left(\arcsin\frac{x}{a} + \frac{x\sqrt{a^2-x^2}}{a^2}\right) + C = \frac{a^2}{2}\arcsin\frac{x}{a} + \frac{x}{2}\sqrt{a^2-x^2} + C.$$

为了把 $\cos t$ 换成 x 的函数,可利用图 5.2 中的直角三角形. 由这个三角形可以方便

地得到 $\cos t = \dfrac{\sqrt{a^2-x^2}}{a}$.

图 5.2   图 5.3

例 2.18 求 $\displaystyle\int \frac{\mathrm{d}x}{\sqrt{x^2+a^2}}\ (a>0).$

解 利用三角公式 $1+\tan^2 t = \sec^2 t$ 来化去根式(如图5.3所示).

设 $x = a\tan t\left(-\dfrac{\pi}{2} < t < \dfrac{\pi}{2}\right)$,则 $\mathrm{d}x = a\sec^2 t\,\mathrm{d}t$,及

$$\sqrt{x^2+a^2} = \sqrt{a^2+a^2\tan^2 t} = a\sqrt{1+\tan^2 t} = a\sec t,$$

于是

$$\int \frac{\mathrm{d}x}{\sqrt{x^2+a^2}} = \int \frac{a\sec^2 t}{a\sec t}\mathrm{d}t = \int \sec t\mathrm{d}t = \ln|\sec t + \tan t| + C.$$

由 $\tan t = \dfrac{x}{a}$，得 $\sec t = \dfrac{\sqrt{x^2+a^2}}{a}$，因此

$$\int \frac{\mathrm{d}x}{\sqrt{x^2+a^2}} = \ln\left(\frac{x}{a} + \frac{\sqrt{x^2+a^2}}{a}\right) + C = \ln(x + \sqrt{x^2+a^2}) + C_1,$$

其中 $C_1 = C - \ln a$.

注　当被积函数含有 $\sqrt{x^2 \pm a^2}$ 时,为了化去根号,除采用三角代换外,还可以利用公式 $\cosh^2 t - \sinh^2 t = 1$,采用双曲变换 $x = a\sinh t$ 或 $x = a\cosh t$ 来化去根式.

例 2.19　求 $\displaystyle\int \frac{\mathrm{d}x}{\sqrt{x^2-a^2}}$ $(a > 0)$.

解　设 $x > 0$,令 $x = a\cosh t$,利用公式 $\cosh^2 t - \sinh^2 t = 1$ 得

$$\sqrt{x^2-a^2} = \sqrt{a^2(\cosh^2 t - 1)} = \sqrt{a^2 \sinh^2 t} = a\sinh t, \quad \mathrm{d}x = a\sinh t\,\mathrm{d}t.$$

于是有

$$\int \frac{\mathrm{d}x}{\sqrt{x^2-a^2}} = \int \frac{a\sinh t}{a\sinh t}\mathrm{d}t = t + C,$$

注意

$$\mathrm{e}^t = \sinh t + \cosh t = \frac{\sqrt{x^2-a^2}}{a} + \frac{x}{a},$$

两边取对数得

$$t = \ln(x + \sqrt{x^2-a^2}) - \ln a.$$

所以

$$\int \frac{\mathrm{d}x}{\sqrt{x^2-a^2}} = \ln(x + \sqrt{x^2-a^2}) + C_1,$$

其中 $C_1 = C - \ln a$.

例 2.20　求 $\displaystyle\int \frac{\mathrm{d}x}{1 + \sqrt{\mathrm{e}^x}}$.

解　为化去根式,令 $\sqrt{\mathrm{e}^x} = t$,则 $x = \ln t^2 = 2\ln t$,$\mathrm{d}x = \dfrac{2\mathrm{d}t}{t}$,于是

$$\int \frac{\mathrm{d}x}{1 + \sqrt{\mathrm{e}^x}} = \int \frac{2}{t(1+t)}\mathrm{d}t = 2\int \frac{1+t-t}{t(1+t)}\mathrm{d}t = 2\int \left(\frac{1}{t} - \frac{1}{1+t}\right)\mathrm{d}t$$

$$= 2(\ln|t| - \ln|1+t|) + C = \ln\left(\frac{t}{1+t}\right)^2 + C.$$

将 $t = \sqrt{\mathrm{e}^x}$ 回代,得

$$\int \frac{\mathrm{d}x}{1 + \sqrt{\mathrm{e}^x}} = \ln \left(\frac{\sqrt{\mathrm{e}^x}}{1 + \sqrt{\mathrm{e}^x}} \right)^2 + C.$$

在本节的例题中,有几个积分是以后经常遇到的,通常也作为公式来使用,除了基本积分表中以外,再增加以下几个公式:

(14) $\int \tan x \mathrm{d}x = -\ln |\cos x| + C$;

(15) $\int \cot x \mathrm{d}x = \ln |\sin x| + C$;

(16) $\int \sec x \mathrm{d}x = \ln |\sec x + \tan x| + C$;

(17) $\int \csc x \mathrm{d}x = \ln |\csc x - \cot x| + C$;

(18) $\int \frac{\mathrm{d}x}{a^2 + x^2} = \frac{1}{a} \arctan \frac{x}{a} + C \ (a \neq 0)$;

(19) $\int \frac{\mathrm{d}x}{x^2 - a^2} = \frac{1}{2a} \ln \left| \frac{x-a}{x+a} \right| + C \ (a \neq 0)$;

(20) $\int \frac{\mathrm{d}x}{a^2 - x^2} = \frac{1}{2a} \ln \left| \frac{a+x}{a-x} \right| + C \ (a \neq 0)$;

(21) $\int \frac{\mathrm{d}x}{\sqrt{a^2 - x^2}} = \arcsin \frac{x}{a} + C$;

(22) $\int \frac{\mathrm{d}x}{\sqrt{x^2 \pm a^2}} = \ln \left| x + \sqrt{x^2 \pm a^2} \right| + C.$

例 2.21 求 $\int \frac{\mathrm{d}x}{2x^2 + 4x + 3}$.

解 $\int \frac{\mathrm{d}x}{2x^2 + 4x + 3} = \frac{1}{2} \int \frac{\mathrm{d}x}{x^2 + 2x + \frac{3}{2}} = \frac{1}{2} \int \frac{\mathrm{d}x}{(x+1)^2 + \frac{1}{2}}$

$$= \frac{1}{2} \int \frac{1}{(x+1)^2 + \left(\frac{1}{\sqrt{2}} \right)^2} \mathrm{d}(x+1) = \frac{1}{2} \cdot \sqrt{2} \arctan \frac{x+1}{\frac{1}{\sqrt{2}}} + C$$

$$= \frac{\sqrt{2}}{2} \arctan \sqrt{2}(x+1) + C.$$

例 2.22 求 $\int \frac{\mathrm{d}x}{\sqrt{4x^2 + 9}}$.

解
$$\int \frac{\mathrm{d}x}{\sqrt{4x^2+9}} = \int \frac{\mathrm{d}x}{\sqrt{(2x)^2+3^2}} = \frac{1}{2}\int \frac{\mathrm{d}(2x)}{\sqrt{(2x)^2+3^2}}$$
$$= \frac{1}{2}\ln(2x+\sqrt{4x^2+9}\,)+C.$$

习题 5.2

1. 在下列各式等号右端的空白处添入适当的系数，使等式成立.

(1) $\mathrm{d}x = \quad \mathrm{d}(ax)$；

(2) $\mathrm{d}x = \quad \mathrm{d}(7x-4)$；

(3) $x\mathrm{d}x = \quad \mathrm{d}(x^2)$；

(4) $x\mathrm{d}x = \quad \mathrm{d}(1-x^2)$；

(5) $x^3\mathrm{d}x = \quad \mathrm{d}(6x^4+5)$；

(6) $\mathrm{e}^{2x}\mathrm{d}x = \quad \mathrm{d}(\mathrm{e}^{2x})$；

(7) $\mathrm{e}^{-\frac{x}{2}}\mathrm{d}x = \quad \mathrm{d}(2+\mathrm{e}^{-\frac{x}{2}})$；

(8) $\sin ax\,\mathrm{d}x = \quad \mathrm{d}(\cos ax)$；

(9) $\dfrac{\mathrm{d}x}{1+9x^2} = \quad \mathrm{d}(\arctan 3x)$；

(10) $\dfrac{1}{x}\mathrm{d}x = \quad \mathrm{d}(3\ln|x|)$；

(11) $\dfrac{\mathrm{d}x}{\sqrt{1-x^2}} = \quad \mathrm{d}(1-\arcsin x)$；

(12) $\dfrac{x\mathrm{d}x}{\sqrt{1-x^2}}\mathrm{d}x = \quad \mathrm{d}(\sqrt{1-x^2})$.

2. 求下列不定积分：

(1) $\int x\mathrm{e}^{2x^2+1}\mathrm{d}x$；

(2) $\int \dfrac{\mathrm{d}x}{1-4x}$；

(3) $\int \dfrac{\mathrm{d}x}{4+x^2}$；

(4) $\int \dfrac{\mathrm{e}^{2x}}{1+\mathrm{e}^x}\mathrm{d}x$；

(5) $\int (3x+1)^{99}\mathrm{d}x$；

(6) $\int t^2\sqrt{1-t^3}\,\mathrm{d}t$；

(7) $\int \sin u\cos u\,\mathrm{d}u$；

(8) $\int \sin^2 x\cos^2 x\,\mathrm{d}x$；

(9) $\int \cos^3 x\,\mathrm{d}x$；

(10) $\int \sin 6x\cos 2x\,\mathrm{d}x$；

(11) $\int \dfrac{\sin^5 x}{\cos^4 x}\mathrm{d}x$；

(12) $\int \dfrac{\mathrm{d}x}{1+\sqrt[3]{x}}$；

(13) $\int \dfrac{x+2}{\sqrt{2x+1}}\mathrm{d}x$；

(14) $\int \dfrac{\mathrm{d}x}{x\sqrt{a^2-x^2}}$；

(15) $\int \dfrac{\mathrm{d}x}{(x^2+a^2)^2}$；

(16) $\int \dfrac{\mathrm{d}x}{(x^2-a^2)^{\frac{3}{2}}}$；

(17) $\int \dfrac{1-x}{\sqrt{9-4x^2}}\mathrm{d}x$；

(18) $\int \dfrac{10^{2\arccos x}\mathrm{d}x}{\sqrt{1-x^2}}$；

(19) $\int \dfrac{\mathrm{d}x}{x\ln x\ln(\ln x)}$；

(20) $\int \dfrac{1+\ln x}{(x\ln x)^2}\mathrm{d}x$；

$(21)\displaystyle\int\frac{x^3\,\mathrm{d}x}{9+x^2}$;　　　　　　　$(22)\displaystyle\int\frac{\mathrm{d}x}{\sqrt{x}\,(1+x)}$;

$(23)\displaystyle\int\frac{\mathrm{d}x}{1+\sqrt{1-x^2}}$.

5.3　分部积分法

有些形如 $\displaystyle\int f(x)g(x)\mathrm{d}x$ 的积分 $\left(\text{如}\displaystyle\int x\cos x\mathrm{d}x,\displaystyle\int x^2\mathrm{e}^x\mathrm{d}x,\displaystyle\int \mathrm{e}^x\sin x\mathrm{d}x\text{ 等}\right)$,用换元积分法无法求出其积分,必须寻求另外的方法来解决.对于这类的积分,可利用两个函数乘积的求导法则,来推得另一个求积分的基本方法——分部积分法.

设 $u(x),v(x)$ 具有连续导数.由导数公式,有

$$(uv)' = u'v + uv',$$

移项得

$$uv' = (uv)' - u'v.$$

对这个等式两边求不定积分,得

$$\int uv'\mathrm{d}x = uv - \int u'v\mathrm{d}x. \tag{5.2}$$

公式 (5.2) 称为**分部积分公式**.如果求积分 $\displaystyle\int uv'\mathrm{d}x$ 有困难,而求 $\displaystyle\int u'v\mathrm{d}x$ 比较容易时,分部积分公式就可以发挥作用了.

为简便起见,公式 (5.2) 常写成下面的形式:

$$\int u\mathrm{d}v = uv - \int v\mathrm{d}u. \tag{5.3}$$

下面通过例子说明如何运用分部积分公式.

例 3.1　求 $\displaystyle\int x\cos x\mathrm{d}x$.

解　这个积分用换元积分法不易求得结果.现在试用分部积分法来求它.

设 $u=x,\mathrm{d}v=\cos x\mathrm{d}x$,则 $\mathrm{d}u=\mathrm{d}x,v=\sin x$,利用分部积分公式 (5.3) 得

$$\int x\cos x\mathrm{d}x = x\sin x - \int \sin x\mathrm{d}x = x\sin x + \cos x + C.$$

注　若 u 和 $\mathrm{d}v$ 选得不当,就解不出来.

例如,若令 $u=\cos x,\mathrm{d}v=x\mathrm{d}x$,则 $\mathrm{d}u=-\sin x\mathrm{d}x,v=\dfrac{x^2}{2}$,于是

$$\int x\cos x\mathrm{d}x = \frac{1}{2}x^2\cos x + \frac{1}{2}\int x^2\sin x\mathrm{d}x,$$

显然,$\displaystyle\int x^2\sin x\mathrm{d}x$ 比 $\displaystyle\int x\cos x\mathrm{d}x$ 更不易求出,所以这样行不通.

由此可见,如果 u 和 dv 选取不当,就求不出结果,所以应用分部积分法时,恰当选取 u 和 dv 是关键. 一般要考虑下面两点:

(1) v 要容易求得;

(2) $\int v\mathrm{d}u$ 要比 $\int u\mathrm{d}v$ 容易求出.

例 3.2　求 $\int x\mathrm{e}^x\mathrm{d}x$.

解　设 $u=x$, d$v=\mathrm{e}^x\mathrm{d}x$,则 d$u=\mathrm{d}x$, $v=\mathrm{e}^x$,于是

$$\int x\mathrm{e}^x\mathrm{d}x = x\mathrm{e}^x - \int \mathrm{e}^x\mathrm{d}x = x\mathrm{e}^x - \mathrm{e}^x + C.$$

例 3.3　求 $\int x^2\mathrm{e}^x\mathrm{d}x$.

解　设 $u=x^2$, d$v=\mathrm{e}^x\mathrm{d}x$,则 d$u=2x\mathrm{d}x$, $v=\mathrm{e}^x$,利用(5.3)式得

$$\int x^2\mathrm{e}^x\mathrm{d}x = x^2\mathrm{e}^x - 2\int x\mathrm{e}^x\mathrm{d}x.$$

这里 $\int x\mathrm{e}^x\mathrm{d}x$ 比 $\int x^2\mathrm{e}^x\mathrm{d}x$ 容易求得,因为被积函数中 x 的幂次前者比后者降低了一次. 由本节例 3.2 对 $\int x\mathrm{e}^x\mathrm{d}x$ 再使用一次分部积分法就可以了. 于是

$$\int x^2\mathrm{e}^x\mathrm{d}x = x^2\mathrm{e}^x - 2\int x\mathrm{e}^x\mathrm{d}x$$
$$= x^2\mathrm{e}^x - 2(x\mathrm{e}^x - \mathrm{e}^x) + C = (x^2 - 2x + 2)\mathrm{e}^x + C.$$

在比较熟练了以后,就不必写出 u,v,只要在心里想着就可以了.

例 3.4　求 $\int \ln x\mathrm{d}x$.

解　$\displaystyle\int \ln x\mathrm{d}x = x\ln x - \int x\mathrm{d}\ln x = x\ln x - \int x\cdot\frac{1}{x}\mathrm{d}x = x\ln x - x + C.$

例 3.5　求 $\int x\arctan x\mathrm{d}x$.

解　$\displaystyle\int x\arctan x\mathrm{d}x = \int \arctan x\mathrm{d}\left(\frac{x^2}{2}\right) = \frac{x^2}{2}\arctan x - \int \frac{x^2}{2}\mathrm{d}(\arctan x)$

$$= \frac{x^2}{2}\arctan x - \frac{1}{2}\int \frac{x^2}{1+x^2}\mathrm{d}x$$

$$= \frac{x^2}{2}\arctan x - \frac{1}{2}\int \frac{1+x^2-1}{1+x^2}\mathrm{d}x$$

$$= \frac{x^2}{2}\arctan x - \frac{1}{2}\int \left(1 - \frac{1}{1+x^2}\right)\mathrm{d}x$$

$$= \frac{x^2}{2}\arctan x - \frac{1}{2}(x - \arctan x) + C.$$

通过上面的例子可以看出,如果被积函数是幂函数与三角函数的乘积、幂函数与指数

函数的乘积、幂函数与对数函数的乘积或幂函数与反三角函数的乘积,就可以考虑用分部积分法.(请读者总结一下,在使用分部积分法求这几类函数的积分时,应怎样选取 u 和 $\mathrm{d}v$?)

下面的几个例子所用方法都是比较典型的.

例 3.6 求 $\int \mathrm{e}^x \sin x \mathrm{d}x$.

解 $\int \mathrm{e}^x \sin x \mathrm{d}x = \int \sin x \mathrm{d}\mathrm{e}^x = \mathrm{e}^x \sin x - \int \mathrm{e}^x \mathrm{d}\sin x = \mathrm{e}^x \sin x - \int \mathrm{e}^x \cos x \mathrm{d}x.$

注意到 $\int \mathrm{e}^x \cos x \mathrm{d}x$ 与所求积分是同一类型的,需再用一次分部积分,故

$$\int \mathrm{e}^x \sin x \mathrm{d}x = \mathrm{e}^x \sin x - \int \cos x \mathrm{d}\mathrm{e}^x = \mathrm{e}^x \sin x - \left(\mathrm{e}^x \cos x - \int \mathrm{e}^x \mathrm{d}\cos x \right)$$

$$= \mathrm{e}^x \sin x - \mathrm{e}^x \cos x - \int \mathrm{e}^x \sin x \mathrm{d}x.$$

上式右端第三项就是所求的积分 $\int \mathrm{e}^x \sin x \mathrm{d}x$,移项后,两端同除以 2,得

$$\int \mathrm{e}^x \sin x \mathrm{d}x = \frac{1}{2} \mathrm{e}^x (\sin x - \cos x) + C.$$

例 3.7 求 $\int \sec^3 x \mathrm{d}x$.

解 $\int \sec^3 x \mathrm{d}x = \int \sec x \sec^2 x \mathrm{d}x = \int \sec x \mathrm{d}\tan x = \sec x \tan x - \int \tan x \mathrm{d}\sec x$

$$= \sec x \tan x - \int \sec x \tan^2 x \mathrm{d}x = \sec x \tan x - \int \sec x (\sec^2 x - 1) \mathrm{d}x$$

$$= \sec x \tan x - \int (\sec^3 x - \sec x) \mathrm{d}x = \sec x \tan x - \int \sec^3 x \mathrm{d}x + \int \sec x \mathrm{d}x$$

$$= \sec x \tan x + \ln |\sec x + \tan x| - \int \sec^3 x \mathrm{d}x,$$

$$\int \sec^3 x \mathrm{d}x = \frac{1}{2} \left(\sec x \tan x + \ln |\sec x + \tan x| \right) + C.$$

例 3.8 求 $I_n = \int \dfrac{\mathrm{d}x}{(x^2 + a^2)^n}$(其中 n 为正整数).

解 当 $n > 1$ 时,有

$$I_{n-1} = \int \frac{\mathrm{d}x}{(x^2 + a^2)^{n-1}} = \frac{x}{(x^2 + a^2)^{n-1}} - \int x \mathrm{d}\left[\frac{1}{(x^2 + a^2)^{n-1}} \right]$$

$$= \frac{x}{(x^2 + a^2)^{n-1}} - \int \frac{x \cdot [-(n-1)(x^2 + a^2)^{n-2}] \cdot 2x}{(x^2 + a^2)^{2n-2}} \mathrm{d}x$$

$$= \frac{x}{(x^2 + a^2)^{n-1}} + 2(n-1) \int \frac{x^2}{(x^2 + a^2)^n} \mathrm{d}x$$

$$= \frac{x}{(x^2+a^2)^{n-1}} + 2(n-1)\int \frac{x^2+a^2-a^2}{(x^2+a^2)^n}\mathrm{d}x$$

$$= \frac{x}{(x^2+a^2)^{n-1}} + 2(n-1)\left[\int \frac{\mathrm{d}x}{(x^2+a^2)^{n-1}} - \int \frac{a^2}{(x^2+a^2)^n}\mathrm{d}x\right]$$

$$= \frac{x}{(x^2+a^2)^{n-1}} + 2(n-1)(I_{n-1}-a^2 I_n).$$

于是

$$I_n = \frac{1}{2a^2(n-1)}\left[\frac{x}{(x^2+a^2)^{n-1}} + (2n-3)I_{n-1}\right].$$

由此作递推公式,并由 $I_1 = \dfrac{1}{a}\arctan\dfrac{x}{a}+C$, 即得 I_n.

习题 5.3

求下列不定积分:

(1) $\displaystyle\int x\ln x\mathrm{d}x$;

(2) $\displaystyle\int \arcsin x\mathrm{d}x$;

(3) $\displaystyle\int x^2\arctan x\mathrm{d}x$;

(4) $\displaystyle\int x\tan^2 x\mathrm{d}x$;

(5) $\displaystyle\int x^2\sin^2 x\mathrm{d}x$;

(6) $\displaystyle\int x\sin x\cos x\mathrm{d}x$;

(7) $\displaystyle\int x\ln(x-1)\mathrm{d}x$;

(8) $\displaystyle\int (\arcsin x)^2\mathrm{d}x$;

(9) $\displaystyle\int x^3\ln^2 x\mathrm{d}x$;

(10) $\displaystyle\int \ln(1+x^2)\mathrm{d}x$;

(11) $\displaystyle\int \mathrm{e}^{ax}\sin bx\mathrm{d}x$;

(12) $\displaystyle\int \mathrm{e}^x\sin^2 x\mathrm{d}x$.

5.4　几种特殊类型的函数的积分

前面介绍了最常用的一些积分方法和技巧,本节应用这些方法计算几种特殊类型函数的积分.

1. 有理函数的积分

有理函数的一般形式是

$$R(x) = \frac{P_n(x)}{Q_m(x)}, \tag{5.4}$$

其中, $P_n(x), Q_m(x)$ 分别是关于 x 的 n 次和 m 次的实系数多项式.

当 $n<m$ 时,有理函数(5.4)称为**有理真分式**; $n\geqslant m$ 时, 有理函数(5.4)称为**有理假分式**.

对于有理假分式, $P_n(x)$ 的次数大于 $Q_m(x)$ 的次数,应用多项式的除法,有

$$P_n(x) = r(x)Q_m(x) + P_l(x),$$

这里 $r(x)$ 是 $n-m$ 次实系数多项式，$P_l(x)$ 是 l 次实系数多项式，并且 $l<n$，于是

$$R(x) = \frac{P_n(x)}{Q_m(x)} = r(x) + \frac{P_l(x)}{Q_m(x)}, \tag{5.5}$$

即有理假分式总能化为多项式与有理真分式之和. 多项式的积分容易求得，故只需讨论有理真分式的积分.

定理 5.3 设 $R(x) = \dfrac{P_n(x)}{Q_m(x)}$ $(n<m)$. 如果

$$Q_m(x) = a_0 (x-a)^\alpha (x-b)^\beta \cdots (x^2+px+q)^\lambda (x^2+rx+s)^\mu \cdots,$$

其中 $\alpha, \beta, \cdots, \lambda, \mu, \cdots$ 是正整数，各二次多项式无实根，则 $R(x)$ 可惟一地分解成下面形式的部分分式之和：

$$
\begin{aligned}
R(x) = \frac{P_n(x)}{Q_m(x)} &= \frac{A_1}{x-a} + \frac{A_2}{(x-a)^2} + \cdots + \frac{A_\alpha}{(x-a)^\alpha} \\
&+ \frac{B_1}{x-b} + \frac{B_2}{(x-b)^2} + \cdots + \frac{B_\beta}{(x-b)^\beta} + \cdots \\
&+ \frac{M_1 x + N_1}{x^2+px+q} + \frac{M_2 x + N_2}{(x^2+px+q)^2} + \cdots + \frac{M_\lambda x + N_\lambda}{(x^2+px+q)^\lambda} \\
&+ \frac{R_1 x + S_1}{x^2+rx+s} + \frac{R_2 x + S_2}{(x^2+rx+s)^2} + \cdots + \frac{R_\mu x + S_\mu}{(x^2+rx+s)^\mu} + \cdots,
\end{aligned} \tag{5.6}
$$

其中 $A_1, A_2, \cdots, B_1, B_2, \cdots, M_1, M_2, \cdots, N_1, N_2, \cdots, R_1, R_2, \cdots, S_1, S_2, \cdots$ 都是常数.

由上述定理可见，对于有理真分式 $\dfrac{P_n(x)}{Q_m(x)}$ $(n<m)$ 的积分，最终归结为求下面 4 类部分分式的积分：

(1) $\dfrac{A}{x-a}$；

(2) $\dfrac{A}{(x-a)^n}$ $(n=2,3,\cdots)$；

(3) $\dfrac{Bx+C}{x^2+px+q}$；

(4) $\dfrac{Bx+C}{(x^2+px+q)^n}$ $(n=2,3,\cdots)$.

其中 A, B, C, a, p, q 为常数，且二次式 x^2+px+q 无实根.

其中(1)、(2)类型的积分容易求得，类型(3)的积分类似于 5.2 节例题，而类型(4)的积分可以通过第一类换元法及递推公式求得，这样，有关有理函数积分问题得以全部解决.

例 4.1 求 $\displaystyle\int \frac{x-4}{x^2+x-2}\mathrm{d}x$.

解 设 $\dfrac{x-4}{x^2+x-2} = \dfrac{x-4}{(x+2)(x-1)} = \dfrac{A}{x+2} + \dfrac{B}{x-1}$，有

$$x-4 \equiv A(x-1) + B(x+2) = (A+B)x + 2B - A.$$

由于此式为恒等式,故两端同次幂的系数应相等,即

$$\begin{cases} A + B = 1, \\ 2B - A = -4, \end{cases}$$

解得 $A = 2, B = -1$,故

$$\frac{x-4}{x^2+x-2} = \frac{2}{x+2} - \frac{1}{x-1},$$

从而

$$\int \frac{x-4}{x^2+x-2} \mathrm{d}x = 2 \int \frac{\mathrm{d}x}{x+2} - \int \frac{\mathrm{d}x}{x-1} = 2\ln|x+2| - \ln|x-1| + C.$$

例 4.2   求 $\int \frac{x^3+x}{x-1}\mathrm{d}x.$

解   分子多项式的次数高于分母多项式的次数,由

$$x^3 + x = (x^2 + x + 2)(x-1) + 2,$$

有

$$\frac{x^3+x}{x-1} = x^2 + x + 2 + \frac{2}{x-1},$$

于是

$$\int \frac{x^3+x}{x-1}\mathrm{d}x = \int \left[x^2 + x + 2 + \frac{2}{x-1}\right]\mathrm{d}x$$

$$= \frac{x^3}{3} + \frac{x^2}{2} + 2x + 2\ln|x-1| + C.$$

例 4.3   求 $\int \frac{4x^3 - 15x + 16}{(x-1)^2(4x^2-16x+17)}\mathrm{d}x.$

解   分解成部分分式(注意 $4x^2 - 16x + 17$ 在实数范围内已不能分解). 设

$$\frac{4x^3 - 15x + 16}{(x-1)^2(4x^2-16x+17)} = \frac{A}{x-1} + \frac{B}{(x-1)^2} + \frac{Cx+D}{4x^2-16x+17},$$

有

$$4x^3 - 15x + 16 = A(x-1)(4x^2-16x+17) + B(4x^2-16x+17)$$
$$+ (Cx+D)(x-1)^2,$$

比较两端 x 同次幂的系数,得

$$\begin{cases} 4A + C = 4, \\ -20A + 4B - 2C + D = 0, \\ 33A - 16B + C - 2D = -15, \\ -17A + 17B + D = 16. \end{cases} \quad \text{解得} \quad \begin{cases} A = 1, \\ B = 1, \\ C = 0, \\ D = 16. \end{cases}$$

故

$$\frac{4x^3 - 15x + 16}{(x-1)^2(4x^2 - 16x + 17)} = \frac{1}{x-1} + \frac{1}{(x-1)^2} + \frac{16}{4x^2 - 16x + 1},$$

从而

$$\int \frac{4x^3 - 15x + 16}{(x-1)^2(4x^2 - 16x + 17)} dx = \int \frac{dx}{x-1} + \int \frac{dx}{(x-1)^2} + \int \frac{16}{4x^2 - 16x + 17} dx$$

$$= \int \frac{d(x-1)}{x-1} + \int \frac{d(x-1)}{(x-1)^2} + 8 \int \frac{d(2x-4)}{(2x-4)^2 + 1}$$

$$= \ln|x-1| - \frac{1}{x-1} + 8\arctan(2x-4) + C.$$

例 4.4 求 $\int \frac{2x^2 + 2x + 13}{(x-2)(x^2+1)^2} dx$.

解 设 $\frac{2x^2 + 2x + 13}{(x-2)(x^2+1)^2} = \frac{A}{x-2} + \frac{Bx+C}{x^2+1} + \frac{Dx+E}{(x^2+1)^2}$,解得

$$A = 1, \quad B = -1, \quad C = -2, \quad D = -3, \quad E = -4,$$

故有

$$\frac{2x^2 + 2x + 13}{(x-2)(x^2+1)^2} = \frac{1}{x-2} - \frac{x+2}{x^2+1} - \frac{3x+4}{(x^2+1)^2},$$

于是

$$\int \frac{2x^2 + 2x + 13}{(x-2)(x^2+1)^2} dx = \int \frac{dx}{x-2} - \int \frac{x+2}{x^2+1} dx - \int \frac{3x+4}{(x^2+1)^2} dx.$$

分别求上式等号右端的每一个不定积分:

(1) $\int \frac{1}{x-2} dx = \ln|x-2| + C_1$;

(2) $\int \frac{x+2}{x^2+1} dx = \frac{1}{2} \int \frac{2x}{x^2+1} dx + 2 \int \frac{dx}{x^2+1} = \frac{1}{2} \ln(x^2+1) + 2\arctan x + C_2$;

(3) $\int \frac{3x+4}{(x^2+1)^2} dx = 3 \int \frac{x dx}{(x^2+1)^2} + 4 \int \frac{dx}{(x^2+1)^2} = -\frac{3}{2(x^2+1)} + 4 \int \frac{dx}{(x^2+1)^2}$.

由递推公式有

$$I_2 = \int \frac{1}{(x^2+1)^2} dx = \frac{x}{2(x^2+1)} + \frac{1}{2}\arctan x + C_3,$$

因此,有

$$\int \frac{3x+4}{(x^2+1)^2} dx = -\frac{3}{2(x^2+1)} + \frac{2x}{x^2+1} + 2\arctan x + 4C_3$$

$$= \frac{4x-3}{2(x^2+1)} + 2\arctan x + 4C_3.$$

于是

$$\int \frac{2x^2 + 2x + 13}{(x-2)(x^2+1)^2} dx$$

$$= \ln|x-2| - \frac{1}{2}\ln(x^2+1) - 2\arctan x - \frac{4x-3}{2(x^2+1)} - 2\arctan x + C$$

$$= \frac{1}{2}\ln\frac{(x-2)^2}{x^2+1} - \frac{4x-3}{2(x^2+1)} - 4\arctan x + C.$$

2. 三角有理函数的积分

所谓三角有理函数是指由 $\sin x$ 及 $\cos x$ 经过有限次四则运算所构成的函数,通常记做 $R(\sin x, \cos x)$.

求三角有理函数的不定积分

$$\int R(\sin x, \cos x)\,\mathrm{d}x$$

常常有多种方法,其中有一种是万能的,尽管这种方法在很多情况下不是最简便的.

设 $\tan\frac{x}{2}=t(-\pi<x<\pi)$,则有 $x=2\arctan t$,$\mathrm{d}x=\frac{2}{1+t^2}\mathrm{d}t$,于是

$$\sin x = \frac{2\sin\frac{x}{2}\cos\frac{x}{2}}{\sin^2\frac{x}{2}+\cos^2\frac{x}{2}} = \frac{2\tan\frac{x}{2}}{1+\tan^2\frac{x}{2}} = \frac{2t}{1+t^2},$$

$$\cos x = \frac{\cos^2\frac{x}{2}-\sin^2\frac{x}{2}}{\cos^2\frac{x}{2}+\sin^2\frac{x}{2}} = \frac{1-\tan^2\frac{x}{2}}{1+\tan^2\frac{x}{2}} = \frac{1-t^2}{1+t^2},$$

因此,有

$$\int R(\sin x, \cos x)\,\mathrm{d}x = \int R\left(\frac{2t}{1+t^2}, \frac{1-t^2}{1+t^2}\right)\frac{2}{1+t^2}\,\mathrm{d}t.$$

显然,上式等号右端的被积函数是有理函数,因此三角有理函数 $R(\sin x, \cos x)$ 存在初等函数的原函数. 换元 $\tan\frac{x}{2}=t$ 称为**万能换元**.

例 4.5 求 $\int\dfrac{\mathrm{d}x}{3+5\cos x}$.

解 令 $\tan\frac{x}{2}=t$,则 $\mathrm{d}x=\frac{2}{1+t^2}\mathrm{d}t$,$\cos x=\frac{1-t^2}{1+t^2}$. 于是

$$\int\frac{\mathrm{d}x}{3+5\cos x} = \int\frac{1}{3+\dfrac{5(1-t^2)}{1+t^2}}\cdot\frac{2}{1+t^2}\,\mathrm{d}t = \int\frac{2}{3+3t^2+5-5t^2}\,\mathrm{d}t$$

$$= \int\frac{1}{4-t^2}\,\mathrm{d}t = -\frac{1}{4}\int\left(\frac{1}{t+2}-\frac{1}{t-2}\right)\mathrm{d}t$$

$$= -\frac{1}{4}(\ln|t+2| - \ln|t-2|) + C = -\frac{1}{4}\ln\left|\frac{\tan\dfrac{x}{2}+2}{\tan\dfrac{x}{2}-2}\right| + C.$$

例 4.6 求 $\displaystyle\int \frac{1+\sin x - \cos x}{(2-\sin x)(1+\cos x)}\mathrm{d}x.$

解 令 $\tan\dfrac{x}{2} = t$，则 $\mathrm{d}x = \dfrac{2}{1+t^2}\mathrm{d}t$，$\cos x = \dfrac{1-t^2}{1+t^2}$，$\sin x = \dfrac{2t}{1+t^2}$. 于是

$$\int \frac{1+\sin x - \cos x}{(2-\sin x)(1+\cos x)}\mathrm{d}x = \int \frac{1 + \dfrac{2t}{1+t^2} - \dfrac{1-t^2}{1+t^2}}{\left(2 - \dfrac{2t}{1+t^2}\right)\left(1 + \dfrac{1-t^2}{1+t^2}\right)} \cdot \frac{2}{1+t^2}\mathrm{d}t$$

$$= \int \frac{t^2 + t}{t^2 - t + 1}\mathrm{d}t = \int \left(1 + \frac{2t-1}{t^2 - t + 1}\right)\mathrm{d}t$$

$$= t + \ln|t^2 - t + 1| + C$$

$$= \tan\frac{x}{2} + \ln\left|\tan^2\frac{x}{2} - \tan\frac{x}{2} + 1\right| + C.$$

注 尽管万能换元在解决三角函数有理式的积分时是万能的，但有时计算量太大，所以，要注意利用其他的方法.

例 4.7 求 $\displaystyle\int \frac{\sin x \cos x}{1+\sin^4 x}\mathrm{d}x.$

解 $\displaystyle\int \frac{\sin x \cos x}{1+\sin^4 x}\mathrm{d}x = \int \frac{\sin x}{1+\sin^4 x}\mathrm{d}\sin x.$ 令 $\sin x = t$，得

$$\int \frac{\sin x \cos x}{1+\sin^4 x}\mathrm{d}x = \int \frac{t}{1+t^4}\mathrm{d}t = \frac{1}{2}\int \frac{\mathrm{d}(t^2)}{1+(t^2)^2} = \frac{1}{2}\arctan t^2 + C$$

$$= \frac{1}{2}\arctan(\sin^2 x) + C.$$

例 4.8 求 $\displaystyle\int \frac{\sin^5 x}{\cos^4 x}\mathrm{d}x.$

解 $\displaystyle\int \frac{\sin^5 x}{\cos^4 x}\mathrm{d}x = \int \frac{\sin^4 x \sin x}{\cos^4 x}\mathrm{d}x = -\int \frac{\sin^4 x}{\cos^4 x}\mathrm{d}(\cos x),$

令 $\cos x = t$，则

$$\int \frac{\sin^5 x}{\cos^4 x}\mathrm{d}x = -\int \frac{(1-t^2)^2}{t^4}\mathrm{d}t = -\int \frac{1-2t^2+t^4}{t^4}\mathrm{d}t = -\int\left(1 - \frac{2}{t^2} + \frac{1}{t^4}\right)\mathrm{d}t$$

$$= -\left(t + \frac{2}{t} - \frac{1}{3t^3}\right) + C = \frac{1}{3\cos^3 x} - \frac{2}{\cos x} - \cos x + C.$$

例 4.9 求 $\displaystyle\int \frac{\cos x}{A\cos x + B\sin x}\mathrm{d}x$ 和 $\displaystyle\int \frac{\sin x}{A\cos x + B\sin x}\mathrm{d}x.$

解　设 $I_1 = \int \dfrac{\cos x}{A\cos x + B\sin x}dx, I_2 = \int \dfrac{\sin x}{A\cos x + B\sin x}dx$,则

$$AI_1 + BI_2 = \int \frac{A\cos x + B\sin x}{A\cos x + B\sin x}dx = \int dx = x + C_1,$$

$$BI_1 - AI_2 = \int \frac{B\cos x - A\sin x}{A\cos x + B\sin x}dx = \int \frac{1}{A\cos x + B\sin x}d(A\cos x + B\sin x)$$
$$= \ln|A\cos x + B\sin x| + C_2.$$

于是有

$$I_1 = \frac{A}{A^2 + B^2}x + \frac{B}{A^2 + B^2}\ln|A\cos x + B\sin x| + C,$$

$$I_2 = \frac{B}{A^2 + B^2}x - \frac{A}{A^2 + B^2}\ln|A\cos x + B\sin x| + C'.$$

3. 简单无理函数的积分

在换元积分法中,介绍了一些无理函数的积分法,其主要思想是通过三角变换以及一些其他的变量代换,去掉被积函数中的根号,下面讨论积分

$$\int R\left(x, \sqrt[n]{\frac{ax + b}{cx + d}}\right)dx,$$

这里 $R\left(x, \sqrt[n]{\dfrac{ax + b}{cx + d}}\right)$ 表示由 x 和 $\sqrt[n]{\dfrac{ax + b}{cx + d}}$ 通过有限次四则运算得到的函数, a,b,c,d 都是常数,正整数 $n \geq 2$,且 $ad - bc \neq 0$.

设 $\sqrt[n]{\dfrac{ax + b}{cx + d}} = t$,有 $x = \dfrac{dt^n - b}{a - ct^n} = \varphi(t)$, $dx = \varphi'(t)dt$,于是

$$\int R\left(x, \sqrt[n]{\frac{ax + b}{cx + d}}\right)dx = \int R[\varphi(t), t]\varphi'(t)dt.$$

因为 $\varphi(t)$ 是有理函数, $\varphi'(t)$ 也是有理函数,所以上式等号右端的被积函数是关于 t 的有理函数.

例 4.10　求 $\int \dfrac{\sqrt{x + 2}}{x + 3}dx$.

解　设 $\sqrt{x + 2} = t$,则 $x = t^2 - 2$, $dx = 2tdt$,于是

$$\int \frac{\sqrt{x + 2}}{x + 3}dx = \int \frac{t}{t^2 + 1} \cdot 2tdt = \int \left(2 - \frac{2}{t^2 + 1}\right)dt = 2t - 2\arctan t + C$$
$$= 2\sqrt{x + 2} - 2\arctan \sqrt{x + 2} + C.$$

例 4.11　求 $\int \dfrac{dx}{1 + \sqrt[3]{x + 2}}$.

解 设 $\sqrt[3]{x+2}=t$，则 $x=t^3-2$，$\mathrm{d}x=3t^2\,\mathrm{d}t$，于是

$$\int \frac{\mathrm{d}x}{1+\sqrt[3]{x+2}} = \int \frac{3t^2}{1+t}\mathrm{d}t = 3\int \frac{t^2-1+1}{1+t}\mathrm{d}t = 3\int \left(t-1+\frac{1}{1+t}\right)\mathrm{d}t$$

$$= 3\left(\frac{t^2}{2}-t+\ln|1+t|\right)+C$$

$$= \frac{3}{2}\sqrt[3]{(x+2)^2} - 3\sqrt[3]{x+2} + 3\ln|1+\sqrt[3]{x+2}| + C.$$

例 4.12 求 $\displaystyle\int \frac{\mathrm{d}x}{(1+\sqrt[3]{x})\sqrt{x}}$.

解 被积函数中出现了两个根式 $\sqrt{x}$ 和 $\sqrt[3]{x}$，为了能同时消去两个根式，设 $x=t^6$，则 $\mathrm{d}x=6t^5\,\mathrm{d}t$，于是

$$\int \frac{\mathrm{d}x}{(1+\sqrt[3]{x})\sqrt{x}} = \int \frac{6t^5}{(1+t^2)t^3}\mathrm{d}t = 6\int \frac{t^2}{1+t^2}\mathrm{d}t = 6\int \left(1-\frac{1}{1+t^2}\right)\mathrm{d}t$$

$$= 6(t-\arctan t)+C = 6(\sqrt[6]{x}-\arctan\sqrt[6]{x})+C.$$

例 4.13 求 $\displaystyle\int \frac{\mathrm{d}x}{\sqrt[4]{(x-2)^3(x+1)^5}}$.

解
$$\frac{1}{\sqrt[4]{(x-2)^3(x+1)^5}} = \frac{\sqrt[4]{(x+1)^3}}{\sqrt[4]{(x-2)^3(x+1)^8}} = \frac{1}{(x+1)^2}\left(\sqrt[4]{\frac{x+1}{x-2}}\right)^3.$$

令 $t=\sqrt[4]{\dfrac{x+1}{x-2}}$，则 $x=\dfrac{2t^4+1}{t^4-1}$，$\mathrm{d}x=\dfrac{-12t^3}{(t^4-1)^2}\mathrm{d}t$，于是

$$\int \frac{\mathrm{d}x}{\sqrt[4]{(x-2)^3(x+1)^5}} = \int \frac{1}{(x+1)^2}\cdot\left(\frac{x+1}{x-2}\right)^{3/4}\mathrm{d}x$$

$$= \int \frac{1}{\left(\dfrac{2t^4+1}{t^4-1}+1\right)^2}\cdot t^3\cdot\frac{-12t^3}{(t^4-1)^2}\mathrm{d}t$$

$$= -\frac{4}{3}\int \frac{\mathrm{d}t}{t^2} = \frac{4}{3t}+C = \frac{4}{3}\sqrt[4]{\frac{x-2}{x-1}}+C.$$

习题 5.4

1. 求下列积分：

(1) $\displaystyle\int \frac{1}{x^3-1}\mathrm{d}x$;　　　　(2) $\displaystyle\int \frac{2x+3}{4x^2+1}\mathrm{d}x$;　　　　(3) $\displaystyle\int \frac{3x-2}{1-6x-9x^2}\mathrm{d}x$;

(4) $\displaystyle\int \frac{\mathrm{d}x}{x^4+1}$;　　　　(5) $\displaystyle\int \frac{x^3-2x}{x^2+x+3}\mathrm{d}x$;　　　　(6) $\displaystyle\int \frac{\mathrm{d}x}{x^2(1+x^2)^2}$;

(7) $\int \dfrac{x^2}{a^6 - x^6} \mathrm{d}x$;　　　　(8) $\int \dfrac{x}{x^2 - 7x + 12} \mathrm{d}x$;

(9) $\int \dfrac{x^3 - 30x - 12}{x^3 - x^2 - 6x} \mathrm{d}x$;　　(10) $\int \dfrac{2x^4 + x^3 - 2x^2 - 8x - 2}{2x^3 + x^2 - 3x} \mathrm{d}x$.

2. 求下列积分：

(1) $\int \dfrac{\mathrm{d}x}{1 + 2\sin x}$;　　(2) $\int \dfrac{1}{1 + \sin x + \cos x} \mathrm{d}x$;　　(3) $\int \dfrac{1 - \tan x}{1 + \tan x} \mathrm{d}x$;

(4) $\int \dfrac{\mathrm{d}x}{\sin^3 x \cos x}$;　　(5) $\int \dfrac{1}{\sin^4 x \cos^2 x} \mathrm{d}x$;　　(6) $\int \dfrac{\mathrm{d}x}{4 + 5\cos x}$;

(7) $\int \dfrac{\mathrm{d}x}{a^2 \sin^2 x + b^2 \cos^2 x}$;　　(8) $\int \dfrac{\sin^2 x}{1 + \sin^2 x} \mathrm{d}x$;　　(9) $\int \dfrac{\sin x}{1 + \sin x} \mathrm{d}x$;

(10) $\int \sin^6 x \cos^5 x \, \mathrm{d}x$.

3. 求下列积分：

(1) $\int \dfrac{\mathrm{d}x}{x - \sqrt[3]{3x + 2}}$;　　(2) $\int \dfrac{1}{\sqrt{1 + \sqrt{x}}} \mathrm{d}x$;　　(3) $\int \dfrac{\mathrm{d}x}{\sqrt[3]{(x+1)^2 (x-1)^4}}$;

(4) $\int \dfrac{1}{\sqrt{1 + \mathrm{e}^x}} \mathrm{d}x$;　　(5) $\int \sqrt{\dfrac{1 - x}{x}} \mathrm{d}x$;　　(6) $\int \dfrac{x}{\sqrt{x+1} - \sqrt[3]{x+1}} \mathrm{d}x$;

(7) $\int \dfrac{\sqrt{3 + 2x}}{x} \mathrm{d}x$;　　(8) $\int \dfrac{\mathrm{d}t}{1 + \sqrt[3]{1 + t}}$;　　(9) $\int \dfrac{1 - \sqrt{x+1}}{1 + \sqrt[3]{x+1}} \mathrm{d}x$;

(10) $\int \dfrac{\mathrm{d}x}{x^2 \sqrt{x^2 + 1}}$;　　(11) $\int \dfrac{\mathrm{d}x}{x \sqrt{x^2 - 1}}$;　　(12) $\int \sqrt{\dfrac{x - 1}{x + 1}} \mathrm{d}x$.

第 6 章

定 积 分

在第 1 章中看到,求曲边梯形的面积与求变力所做的功等许多问题,都归结为求和式

$$\sum_{i=1}^{n} f(\xi_i) \Delta x_i$$

的极限,这样的和式的极限就是定积分.本章给出定积分的定义,讨论定积分的性质和计算.

6.1 定积分的概念

1. 定积分的定义

定义 6.1 设 $f(x)$ 在区间 $[a,b]$ 有定义,在 $[a,b]$ 内任意插入 $n-1$ 个分点:

$$x_1, x_2, \cdots, x_{n-1},$$

令 $a = x_0, x_n = b$,使

$$a = x_0 < x_1 < x_2 < \cdots < x_{n-1} < x_n = b,$$

此分法表示为 T. 分法 T 将 $[a,b]$ 分成 n 个小区间:

$$[x_0, x_1], [x_1, x_2], \cdots, [x_{i-1}, x_i], \cdots, [x_{n-1}, x_n].$$

第 i 个小区间 $[x_{i-1}, x_i]$ 的长度表示为

$$\Delta x_i = x_i - x_{i-1},$$

$d(T)$ 表示这 n 个小区间的长度的最大者:

$$d(T) = \max\{\Delta x_1, \Delta x_2, \cdots, \Delta x_n\}.$$

在 $[x_{i-1}, x_i]$ 中任取一点 $\xi_i (i=1,2,3,\cdots,n)$,作和数

$$S = \sum_{i=1}^{n} f(\xi_i) \Delta x_i,$$

称为 $f(x)$ 在 $[a,b]$ 上的积分和(如图 6.1 所示). 如果当 $d(T) \to 0$ 时,和数 S 趋于确定的极限 I,且 I 与分法 T 无关,也与 ξ_i 在 $[x_{i-1}, x_i]$ 中的取法无关,则称 $f(x)$ 在 $[a,b]$ 上可积,极限 I 称为 $f(x)$ 在 $[a,b]$ 上的**定积分**,简称为**积分**,记作 $\int_a^b f(x) \mathrm{d}x$, 即

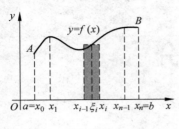

图　6.1

$$\int_a^b f(x)\mathrm{d}x = \lim_{d(T)\to 0}\sum_{i=1}^n f(\xi_i)\Delta x_i,$$

其中 $f(x)$ 称为**被积函数**，$f(x)\mathrm{d}x$ 称为**被积表达式**，x 称为**积分变量**，a 与 b 称为积分的**下限**与**上限**，符号"$\int$"是**积分符号**.

如果当 $d(T)\to 0$ 时，积分和 S 不存在极限，则称 $f(x)$ 在 $[a,b]$ 上**不可积**.

注　定积分的值只与被积函数 $f(x)$ 以及积分区间 $[a,b]$ 有关，而与积分变量写成什么字母无关，也就是说，如果把积分变量 x 换成其他字母，其积分值不会改变.例如，把 x 改成 t，则 $\int_a^b f(x)\mathrm{d}x = \int_a^b f(t)\mathrm{d}t$.

2. 定积分的几何意义及定积分的存在性

在定积分的定义中，若在 $[a,b]$ 上，$f(x)\geqslant 0$，则定积分 $\int_a^b f(x)\mathrm{d}x$ 在几何上表示由曲线 $y=f(x)$，x 轴及直线 $x=a$，$x=b$ 所围成的曲边梯形的面积（图 6.2(a)）；若在 $[a,b]$ 上，$f(x)\leqslant 0$，则定积分 $\int_a^b f(x)\mathrm{d}x \leqslant 0$，$\int_a^b f(x)\mathrm{d}x$ 在几何上表示上述曲边梯形的面积的相反数（如图 6.2(b)）；若函数 $f(x)$ 在 $[a,b]$ 上有正有负（图 6.2(c)），那么定积分的几何意义是：介于曲线 $y=f(x)$，x 轴及直线 $x=a$，$x=b$ 之间的各部分面积的代数和，这里，在 x 轴上方的图形面积赋予正号，在 x 轴下方的图形面积赋予负号.

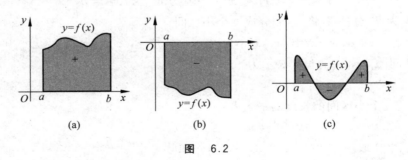

图　6.2

由定积分的定义，我们有下列定理.

定理 6.1　若函数 $f(x)$ 在 $[a,b]$ 上可积，则 $f(x)$ 在 $[a,b]$ 上有界.

函数 $f(x)$ 满足什么条件，在 $[a,b]$ 上一定可积?对于这个问题，不加证明给出以下两个充分条件.

定理 6.2　若函数 $f(x)$ 在 $[a,b]$ 上连续，则 $f(x)$ 在 $[a,b]$ 上可积.

定理 6.3 若函数 $f(x)$ 在 $[a,b]$ 上有界，且只有有限个间断点，则 $f(x)$ 在 $[a,b]$ 上可积.

函数 $f(x)$ 在 $[a,b]$ 上的定积分 $\int_a^b f(x)\mathrm{d}x$ 的定义要求 $a < b$，为了运算上的方便，规定：

当 $a = b$ 时，$\int_a^a f(x)\mathrm{d}x = 0$；

当 $a > b$ 时，$\int_a^b f(x)\mathrm{d}x = -\int_b^a f(x)\mathrm{d}x$.

最后，举一个按定义计算定积分的例子.

例 1.1 计算定积分 $\int_a^b \sin x\mathrm{d}x$.

解 因为 $f(x) = \sin x$ 在 $[a,b]$ 上连续，故 $\sin x$ 在 $[a,b]$ 上可积，因此可以对 $[a,b]$ 采用特殊的分法（只要 $d(T) \to 0$），以及选取特殊的点 ξ_i，取极限 $\lim\limits_{d(T)\to 0} \sum\limits_{i=1}^n f(\xi_i)\Delta x_i$ 即得到积分值.

将 $[a,b]$ n 等分，则 $\Delta x_i = \dfrac{b-a}{n}$，取 $\xi_i = a + \dfrac{(i-1)(b-a)}{n}$ $(i=1,2,\cdots,n)$，则有

$$\int_a^b \sin x\mathrm{d}x = \lim_{n\to\infty} \sum_{i=0}^{n-1} \sin\left[a + \frac{i(b-a)}{n}\right]\frac{b-a}{n}.$$

为了书写方便，令 $h = \dfrac{b-a}{n}$，利用积化和差公式有

$$\sum_{i=0}^{n-1} \sin(a+ih) = \frac{1}{2\sin\dfrac{h}{2}}\left[2\sin a\sin\frac{h}{2} + 2\sin(a+h)\sin\frac{h}{2} + \cdots\right.$$

$$\left. + 2\sin[a+(n-1)h]\sin\frac{h}{2}\right]$$

$$= \frac{1}{2\sin\dfrac{h}{2}}\left[\cos\left(a-\frac{h}{2}\right) - \cos\left(a+\frac{h}{2}\right)\right.$$

$$+ \left(\cos\left(a+\frac{h}{2}\right) - \cos\left(a+\frac{3h}{2}\right)\right) + \cdots$$

$$\left. + \left(\cos\left(a+\frac{2n-3}{2}h\right) - \cos\left(a+\frac{2n-1}{2}h\right)\right)\right]$$

$$= \frac{1}{2\sin\dfrac{h}{2}}\left[\cos\left(a-\frac{h}{2}\right) - \cos\left(a+\frac{2n-1}{2}h\right)\right],$$

所以

$$\int_a^b \sin x \mathrm{d}x = \lim_{n \to \infty} \sum_{i=0}^{n-1} \sin\left[a + \frac{i(b-a)}{n}\right] \frac{b-a}{n}$$

$$= \lim_{n \to \infty} \frac{\cos\left(a - \dfrac{b-a}{2n}\right) - \cos\left(a + \dfrac{2n-1}{2n}(b-a)\right)}{\sin\dfrac{b-a}{2n}} \cdot \frac{b-a}{2n}$$

$$= \cos a - \cos b.$$

习题 6.1

1. 在定积分的定义中，能否将"$d(T) \to 0$"改成"$n \to \infty$"？ 为什么？

2. 利用定积分的几何意义，说明下列等式：

(1) $\displaystyle\int_0^2 \mathrm{d}x = 2$；　　　　　　　(2) $\displaystyle\int_{-\pi}^{\pi} \sin x \mathrm{d}x = 0$；

(3) $\displaystyle\int_0^1 \sqrt{1-x^2}\,\mathrm{d} = \frac{\pi}{4}$；　　　　(4) $\displaystyle\int_{-\frac{\pi}{2}}^{\frac{\pi}{2}} \cos x \mathrm{d}x = 2\int_0^{\frac{\pi}{2}} \cos x \mathrm{d}x$.

3. 用定积分的定义计算下列积分：

(1) $\displaystyle\int_0^1 \mathrm{e}^x \mathrm{d}x$；　　　　　　　(2) $\displaystyle\int_a^b \cos x \mathrm{d}x$.

4. 证明：若 $f(x)$ 在 $[a,b]$ 上是可积的，则 $f(x)$ 在 $[a,b]$ 上必有界.

6.2　定积分的基本性质

根据定积分的定义以及极限运算法则，容易得到定积分的下列基本性质，这里假定各性质中所给出的函数都是可积的.

性质 1　函数的和（差）的定积分等于它们的定积分的和（差），即

$$\int_a^b [f(x) \pm g(x)]\mathrm{d}x = \int_a^b f(x)\mathrm{d}x \pm \int_a^b g(x)\mathrm{d}x.$$

证明　$\displaystyle\int_a^b [f(x) \pm g(x)]\mathrm{d}x = \lim_{d(T) \to 0} \sum_{i=1}^{n} [f(\xi_i) \pm g(\xi_i)]\Delta x_i$

$$= \lim_{d(T) \to 0} \sum_{i=1}^{n} f(\xi_i)\Delta x_i \pm \lim_{d(T) \to 0} \sum_{i=1}^{n} g(\xi_i)\Delta x_i$$

$$= \int_a^b f(x)\mathrm{d}x \pm \int_a^b g(x)\mathrm{d}x.$$

性质 2　被积函数的常数因子可以提到积分号外面，即

$$\int_a^b k f(x)\mathrm{d}x = k \int_a^b f(x)\mathrm{d}x, \quad k \text{ 为常数}.$$

证明 $\displaystyle\int_a^b kf(x)\mathrm{d}x = \lim_{d(T)\to 0}\sum_{i=1}^n kf(\xi_i)\Delta x_i = \lim_{d(T)\to 0} k\sum_{i=1}^n f(\xi_i)\Delta x_i$

$$= k\lim_{d(T)\to 0}\sum_{i=1}^n f(\xi_i)\Delta x_i = k\int_a^b f(x)\mathrm{d}x.$$

性质 3 如果将积分区间分成两部分,则在整个区间上的定积分等于这两部分区间上定积分之和,即设 $a < c < b$,则

$$\int_a^b f(x)\mathrm{d}x = \int_a^c f(x)\mathrm{d}x + \int_c^b f(x)\mathrm{d}x.$$

证明 因为函数 $f(x)$ 在 $[a,b]$ 上可积,所以不论 $[a,b]$ 怎样划分,不论 ξ_i 怎样选取,当 $d(T)\to 0$ 时,积分和的极限是不变的,故可选取 $c(a < c < b)$ 永远是个分点,于是

$$\lim_{d(T)\to 0}\sum_{i=1}^n f(\xi_i)\Delta x_i = \lim_{d(T)\to 0}\Big[\sum_{[a,c]} f(\xi_i)\Delta x_i + \sum_{[c,b]} f(\xi_i)\Delta x_i\Big]$$

$$= \lim_{d(T)\to 0}\sum_{[a,c]} f(\xi_i)\Delta x_i + \lim_{d(T)\to 0}\sum_{[c,b]} f(\xi_i)\Delta x_i,$$

即 $\displaystyle\int_a^b f(x)\mathrm{d}x = \int_a^c f(x)\mathrm{d}x + \int_c^b f(x)\mathrm{d}x.$

性质 3 称为定积分关于积分区间的可加性. 实际上,不论 a,b,c 的相对位置如何,总有等式:

$$\int_a^b f(x)\mathrm{d}x = \int_a^c f(x)\mathrm{d}x + \int_c^b f(x)\mathrm{d}x$$

成立. 例如,当 $a < b < c$ 时,由于

$$\int_a^c f(x)\mathrm{d}x = \int_a^b f(x)\mathrm{d}x + \int_b^c f(x)\mathrm{d}x,$$

则

$$\int_a^b f(x)\mathrm{d}x = \int_a^c f(x)\mathrm{d}x - \int_b^c f(x)\mathrm{d}x = \int_a^c f(x)\mathrm{d}x + \int_c^b f(x)\mathrm{d}x.$$

性质 4 如果 $f(x)=1$,则 $\displaystyle\int_a^b f(x)\mathrm{d}x = \int_a^b \mathrm{d}x = b-a.$

性质 5 如果在区间 $[a,b]$ 上 $f(x)\geqslant 0$,则 $\displaystyle\int_a^b f(x)\mathrm{d}x \geqslant 0 (a < b).$

证明 $\displaystyle\int_a^b f(x)\mathrm{d}x = \lim_{d(T)\to 0}\sum_{i=1}^n f(\xi_i)\Delta x_i$,因为 $f(x)\geqslant 0$,故 $f(\xi_i)\geqslant 0\ (i=1,2,\cdots,$ $n)$. 又 $\Delta x_i \geqslant 0\ (i=1,2,\cdots,n)$,因此 $\displaystyle\sum_{i=1}^n f(\xi_i)\Delta x_i \geqslant 0$,所以,$\displaystyle\lim_{d(T)\to 0}\sum_{i=1}^n f(\xi_i)\Delta x_i \geqslant 0$,即 $\displaystyle\int_a^b f(x)\mathrm{d}x \geqslant 0.$

推论 1 如果在区间 $[a,b]$ 上,$f(x)\leqslant g(x)$,则

$$\int_a^b f(x)\mathrm{d}x \leqslant \int_a^b g(x)\mathrm{d}x, \quad a < b.$$

推论 2 $\left|\int_a^b f(x)\mathrm{d}x\right| \leqslant \int_a^b |f(x)|\mathrm{d}x \, (a < b).$

证明   因为 $-|f(x)| \leqslant f(x) \leqslant |f(x)|$，则

$$-\int_a^b |f(x)|\mathrm{d}x \leqslant \int_a^b f(x)\mathrm{d}x \leqslant \int_a^b |f(x)|\mathrm{d}x,$$

即

$$\left|\int_a^b f(x)\mathrm{d}x\right| \leqslant \int_a^b |f(x)|\mathrm{d}x.$$

注   由 $f(x)$ 是可积的,可推出 $|f(x)|$ 也是可积的,在这里不予证明.

推论 3   设 M, m 分别是函数 $f(x)$ 在 $[a,b]$ 上的最大值和最小值,则

$$m(b-a) \leqslant \int_a^b f(x)\mathrm{d}x \leqslant M(b-a).$$

证明   因为 $m \leqslant f(x) \leqslant M$,由推论 1 得

$$\int_a^b m\mathrm{d}x \leqslant \int_a^b f(x)\mathrm{d}x \leqslant \int_a^b M\mathrm{d}x,$$

再由性质 2 及性质 4 可得

$$m(b-a) \leqslant \int_a^b f(x)\mathrm{d}x \leqslant M(b-a).$$

性质 6   如果函数 $f(x)$ 在闭区间 $[a,b]$ 上连续,则在积分区间 $[a,b]$ 上至少存在一点 ξ,使下式成立:

$$\int_a^b f(x)\mathrm{d}x = f(\xi)(b-a).$$

证明   因 $f(x)$ 在 $[a,b]$ 上连续,故必存在最大值 M 与最小值 m,由推论 3 知

$$m(b-a) \leqslant \int_a^b f(x)\mathrm{d}x \leqslant M(b-a),$$

或

$$m \leqslant \frac{1}{b-a}\int_a^b f(x)\mathrm{d}x \leqslant M.$$

这说明,数 $\dfrac{1}{b-a}\displaystyle\int_a^b f(x)\mathrm{d}x$ 介于 M 与 m 之间,根据闭区间连续函数的介值定理,在区间 $[a,b]$ 内存在一点 ξ,使

$$f(\xi) = \frac{1}{b-a}\int_a^b f(x)\mathrm{d}x,$$

即

$$\int_a^b f(x)\mathrm{d}x = f(\xi)(b-a).$$

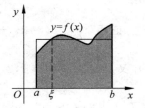

图 6.3

此性质称为积分**中值定理**.

积分中值定理有其明显的几何意义.

设 $f(x) \geqslant 0$,由曲线 $y=f(x)$,x 轴及直线 $x=a$,$x=b$ 所围成的曲边梯形的面积等于以区间 $[a,b]$ 为底,某一函数值 $f(\xi)$ 为高的矩形面积(如图 6.3 所示).

习题 6.2

1. 证明性质 4.

2. 证明性质 5 的推论 1.

3. 不计算积分值,比较下列每组积分值的大小:

(1) $\displaystyle\int_0^1 x^2 \mathrm{d}x$ 与 $\displaystyle\int_0^1 x^3 \mathrm{d}x$;　　　　(2) $\displaystyle\int_1^2 x^2 \mathrm{d}x$ 与 $\displaystyle\int_1^2 x^3 \mathrm{d}x$;

(3) $\displaystyle\int_0^1 x \mathrm{d}x$ 与 $\displaystyle\int_0^1 \ln(1+x) \mathrm{d}x$;　　　　(4) $\displaystyle\int_0^1 \mathrm{e}^x \mathrm{d}x$ 与 $\displaystyle\int_0^1 (1+x) \mathrm{d}x$.

4. 估计下列各积分的值:

(1) $\displaystyle\int_0^2 \mathrm{e}^{x^2-x} \mathrm{d}x$;　　　　(2) $\displaystyle\int_{\frac{\pi}{4}}^{\frac{\pi}{2}} \frac{\sin x}{x} \mathrm{d}x$.

5. 证明:若 $f(x)$ 在 $[a,b]$ 上连续,$f(x) \geqslant 0$,且 $f(x)$ 不恒为零,则有
$$\int_a^b f(x)\mathrm{d}x > 0.$$

6.3　微积分基本定理

在 6.1 节中,利用定积分的定义计算积分 $\displaystyle\int_a^b \sin x \mathrm{d}x$,可以看出,对于这样简单的函数 $f(x)=\sin x$,也是相当麻烦的,并且这种计算法也只是对少数特殊情形才适用,所以必须寻求计算定积分的简单方法,下面将对直线运动中的位置函数 $S(t)$ 及速度函数 $v(t)$ 之间的联系来分析定积分的计算公式应取何种形式.

1. 变速直线运动中的位置函数与速度函数之间的联系

设一物体作直线运动,在这直线上取定原点 O、正向及长度单位,使它成一数轴,设在 $t=0$ 时,物体位于原点 O,于是,在 t 时刻,它到 O 点的距离 S 是 t 的函数.即
$$S = S(t),$$
在 t 时刻的速度
$$v = v(t) = S'(t).$$

由定积分的定义可知,物体从 $t=a$ 到 $t=b$ 这段时间所经过的距离为 $\displaystyle\int_a^b v(t)\mathrm{d}t$. 另一

方面,此距离又为 $S(b)-S(a)$,由此可知,位置函数 $S(t)$ 与速度函数 $v(t)$ 之间有如下关系:

$$\int_a^b v(t)\mathrm{d}t = S(b) - S(a). \tag{6.1}$$

(6.1) 式说明,要计算定积分 $\int_a^b v(t)\mathrm{d}t$,只要求出函数 $S = S(t)$($v(t)$ 的原函数),再计算函数 $S(t)$ 在区间 $[a,b]$ 的增量就可以了.

2. 积分上限函数

设函数 $f(t)$ 在区间 $[a,b]$ 上连续,并且设 x 为 $[a,b]$ 上的任意一点,则 $f(t)$ 在区间 $[a,x]$ 上也是连续的,故定积分 $\int_a^x f(t)\mathrm{d}t$ 是存在的. 于是,$\forall x \in [a,b]$,有惟一确定的数 $\int_a^x f(t)\mathrm{d}t$ 与之对应,所以在 $[a,b]$ 上定义了一个函数,记作 $\varPhi(x)$,即

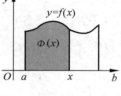

图 6.4

$$\varPhi(x) = \int_a^x f(t)\mathrm{d}t, \quad a \leqslant x \leqslant b. \tag{6.2}$$

将(6.2)式定义的函数称为**积分上限的函数**.

积分上限函数的几何意义:如果 $\forall x \in [a,b]$,有 $f(x) \geqslant 0$,对 $[a,b]$ 上任意 x,积分上限函数 $\varPhi(x)$ 是区间 $[a,x]$ 上的曲边梯形的面积(如图 6.4 所示).

定理 6.4   如果函数 $f(x)$ 在区间 $[a,b]$ 上连续,则积分上限的函数 $\varPhi(x) = \int_a^x f(t)\mathrm{d}t$ 在 $[a,b]$ 上可导,并且它的导数是

$$\varPhi'(x) = \frac{\mathrm{d}}{\mathrm{d}x}\int_a^x f(t)\mathrm{d}t = f(x), \quad a \leqslant x \leqslant b. \tag{6.3}$$

证明   设自变量 x 有增量 Δx,使 $x+\Delta x \in [a,b]$,则函数 $\varPhi(x)$ 具有增量

$$\Delta\varPhi = \varPhi(x+\Delta x) - \varPhi(x) = \int_a^{x+\Delta x} f(t)\mathrm{d}t - \int_a^x f(t)\mathrm{d}t$$

$$= \int_a^x f(t)\mathrm{d}t + \int_x^{x+\Delta x} f(t)\mathrm{d}t - \int_a^x f(t)\mathrm{d}t = \int_x^{x+\Delta x} f(t)\mathrm{d}t.$$

利用积分中值定理,则有 $\Delta\varPhi = f(\xi)\Delta x$,$\xi$ 介于 x 与 $x+\Delta x$ 之间. 于是有

$$\frac{\Delta\varPhi}{\Delta x} = f(\xi), \tag{6.4}$$

ξ 介于 x 与 $x+\Delta x$ 之间.

由于 $f(x)$ 在 $[a,b]$ 上连续,且当 $\Delta x \to 0$ 时,$\xi \to x$,故有

$$\lim_{\Delta x \to 0} \frac{\Delta \Phi}{\Delta x} = \lim_{\xi \to x} f(\xi) = f(x).$$

定理 6.4 说明：积分上限函数 $\Phi(x) = \int_a^x f(t)\mathrm{d}t$ 的导数就是被积函数 $f(x)$，或者说，积分上限函数就是被积函数的一个原函数，从而得到原函数的存在定理.

定理 6.5   如果函数 $f(x)$ 在 $[a,b]$ 上连续，则函数 $\Phi(x) = \int_a^x f(t)\mathrm{d}t$ 就是 $f(x)$ 在 $[a,b]$ 上的一个原函数.

3. 微积分基本公式

定理 6.6   如果函数 $F(x)$ 是连续函数 $f(x)$ 在区间 $[a,b]$ 上的一个原函数，则

$$\int_a^b f(x)\mathrm{d}x = F(b) - F(a). \tag{6.5}$$

证明   已知函数 $F(x)$ 是函数 $f(x)$ 的一个原函数，由定理 6.5，积分上限的函数

$$\Phi(x) = \int_a^x f(t)\mathrm{d}t$$

也是 $f(x)$ 的一个原函数，于是这两个原函数之差 $F(x) - \Phi(x)$ 在 $[a,b]$ 上必定是某一常数 C：

$$F(x) - \Phi(x) = C, \quad a \leqslant x \leqslant b. \tag{6.6}$$

在上式中，令 $x=a$，则 $F(a) - \Phi(a) = C.$

又 $\Phi(a) = \int_a^a f(t)\mathrm{d}t = 0$，因此 $C = F(a)$，代入 (6.6) 式，有

$$\int_a^x f(t)\mathrm{d}t = F(x) - F(a).$$

在上式中令 $x=b$，即得

$$\int_a^b f(x)\mathrm{d}x = F(b) - F(a).$$

注   由定积分的补充规定，当 $a > b$ 时，(6.5) 式仍然成立.

为了方便起见，以后把 $F(b) - F(a)$ 记成 $[F(x)]_a^b$ 或 $F(x)\big|_a^b$，于是 (6.5) 式就写成

$$\int_a^b f(x)\mathrm{d}x = [F(x)]_a^b \quad \text{或} \quad \int_a^b f(x)\mathrm{d}x = F(x)\big|_a^b,$$

公式 (6.5) 称为**微积分基本公式**，也称**牛顿-莱布尼茨公式**.

由定理 6.6，求连续函数的定积分 $\int_a^b f(x)\mathrm{d}x$，只需求出 $f(x)$ 的一个原函数 $F(x)$，然后按公式 (6.5) 计算即可.

例 3.1   计算定积分 $\int_a^b \sin x\,\mathrm{d}x.$

解 $-\cos x$ 是 $\sin x$ 的一个原函数,根据牛顿-莱布尼茨公式,有

$$\int_a^b \sin x\,\mathrm{d}x = [-\cos x]_a^b = \cos a - \cos b.$$

例 3.2 计算 $\displaystyle\int_1^{\sqrt{3}} \frac{1}{1+x^2}\mathrm{d}x.$

解 $\arctan x$ 是 $\dfrac{1}{1+x^2}$ 的一个原函数,所以

$$\int_1^{\sqrt{3}} \frac{1}{1+x^2}\mathrm{d}x = \arctan x \Big|_1^{\sqrt{3}} = \arctan\sqrt{3} - \arctan 1 = \frac{\pi}{3} - \frac{\pi}{4} = \frac{\pi}{12}.$$

例 3.3 计算 $\displaystyle\int_1^3 |x-2|\,\mathrm{d}x.$

解 要去掉绝对值符号,必须分区间积分,显然点 $x=2$ 为区间的分界点,于是

$$\int_1^3 |x-2|\,\mathrm{d}x = \int_1^2 |x-2|\,\mathrm{d}x + \int_2^3 |x-2|\,\mathrm{d}x$$

$$= \int_1^2 (2-x)\,\mathrm{d}x + \int_2^3 (x-2)\,\mathrm{d}x$$

$$= \left[2x - \frac{1}{2}x^2\right]_1^2 + \left[\frac{1}{2}x^2 - 2x\right]_2^3 = 1.$$

例 3.4 计算 $\displaystyle\int_0^2 f(x)\mathrm{d}x$,其中 $f(x) = \begin{cases} x^2, & 0 \leqslant x \leqslant 1, \\ x-1, & 1 < x < 2. \end{cases}$

解 由于被积函数是分段函数,故可首先利用定积分对积分区间的可加性,得

$$\int_0^2 f(x)\mathrm{d}x = \int_0^1 f(x)\mathrm{d}x + \int_1^2 f(x)\mathrm{d}x.$$

注意到 $f(x)$ 在 $x=1$ 处不连续,可以证明,改变被积数在有限个点处的值,不改变积分值. 于是将 $\displaystyle\int_1^2 f(x)\mathrm{d}x$ 的中被积函数 $f(x)$ 在 $x=1$ 点处的值由 1 变为 0,此时

$$\int_1^2 f(x)\mathrm{d}x = \int_1^2 (x-1)\mathrm{d}x,$$

于是

$$\int_0^2 f(x)\mathrm{d}x = \int_0^1 x^2\mathrm{d}x + \int_1^2 (x-1)\mathrm{d}x = \frac{1}{3}x^3 \Big|_0^1 + \frac{1}{2}(x-1)^2 \Big|_1^2 = \frac{5}{6}.$$

例 3.5 求极限 $\displaystyle\lim_{x \to 0} \frac{\displaystyle\int_0^x \cos t^2 \mathrm{d}t}{x}.$

解 这是 $\dfrac{0}{0}$ 型不定式,应用洛必达法则来计算.

$$\lim_{x \to 0} \frac{\int_0^x \cos t^2 \, dt}{x} = \lim_{x \to 0} \frac{\cos x^2}{1} = 1.$$

例 3.6 求 $\dfrac{d}{dx} \displaystyle\int_{\sin x}^{1+x^2} \sqrt{1+t^2} \, dt$.

解 所求导数的函数是上限、下限都是变限的定积分,前面只讨论过变上限的积分的导数,为此把积分分区间讨论,即

$$\int_{\sin x}^{1+x^2} \sqrt{1+t^2} \, dt = \int_{\sin x}^{1} \sqrt{1+t^2} \, dt + \int_{1}^{1+x^2} \sqrt{1+t^2} \, dt$$

$$= -\int_{1}^{\sin x} \sqrt{1+t^2} \, dt + \int_{1}^{1+x^2} \sqrt{1+t^2} \, dt,$$

上式两部分积分一个是以 $\sin x$ 为上限的积分,一个是以 $1+x^2$ 为上限的积分.

令 $u = \sin x$,$v = 1 + x^2$ 为中间变量,则上式变为

$$\int_{\sin x}^{1+x^2} \sqrt{1+t^2} \, dt = -\int_{1}^{u} \sqrt{1+t^2} \, dt + \int_{1}^{v} \sqrt{1+t^2} \, dt = -\Phi(u) + \Phi(v).$$

利用复合函数的求导法,得

$$\frac{d}{dx} \int_{\sin x}^{1+x^2} \sqrt{1+t^2} \, dt = \frac{d}{dx}(-\Phi(u) + \Phi(v))$$

$$= -\frac{d\Phi(u)}{dx} + \frac{d\Phi(v)}{dx} = -\frac{d\Phi(u)}{du} \cdot \frac{du}{dx} + \frac{d\Phi(v)}{dv} \cdot \frac{dv}{dx}$$

$$= -\sqrt{1+u^2} \cos x + \sqrt{1+v^2} (2x)$$

$$= -\sqrt{1+\sin^2 x} \cos x + 2x\sqrt{2+2x^2+x^4}.$$

例 3.7 计算极限 $\displaystyle\lim_{n \to \infty} \sum_{k=1}^{n} \frac{\sqrt{k}}{n^{\frac{3}{2}}}$.

解 $\displaystyle\sum_{k=1}^{n} \frac{\sqrt{k}}{n^{\frac{3}{2}}} = \sum_{k=1}^{n} \frac{1}{n} \sqrt{\frac{k}{n}}$ 是函数 $f(x) = \sqrt{x}$ 在 $[0,1]$ 上的一个积分和. 它是把

$[0,1]$ n 等分,ξ_i 取为区间 $\left[\dfrac{i-1}{n}, \dfrac{i}{n}\right]$ 的右端点 $\left(\text{即 } \xi_i = \dfrac{i}{n}, f(\xi_i) = \sqrt{\dfrac{i}{n}}\right)$ 构成的积分

和. 因为函数 $f(x) = \sqrt{x}$ 在 $[0,1]$ 上可积,由定积分的定义,有

$$\lim_{n \to \infty} \sum_{k=1}^{n} \frac{\sqrt{k}}{n^{\frac{3}{2}}} = \lim_{n \to \infty} \sum_{k=1}^{n} \frac{1}{n} \sqrt{\frac{k}{n}} = \int_{0}^{1} \sqrt{x} \, dx = \frac{2}{3}.$$

习题 6.3

1. 求下列函数的导数:

(1) $y = \displaystyle\int_{\sin x}^{\cos x} \sin(\pi t^2) \, dt$;

(2) $y = \displaystyle\int_{1}^{2x} \frac{\sin t}{t^2} \, dt$;

(3) $\displaystyle\int_0^y \mathrm{e}^t \mathrm{d}t + \int_0^x \cos t\, \mathrm{d}t = 0$;   (4) $y = \displaystyle\int_{x^2}^1 \frac{1}{\sqrt{1+t^2}} \mathrm{d}t$.

2. 计算下列定积分:

(1) $\displaystyle\int_{-\frac{1}{2}}^{\frac{1}{2}} \frac{\mathrm{d}x}{\sqrt{1-x^2}}$;   (2) $\displaystyle\int_0^1 \frac{\mathrm{d}x}{\sqrt{4-x^2}}$;

(3) $\displaystyle\int_{-\mathrm{e}-1}^{-2} \frac{\mathrm{d}x}{1+x}$;   (4) $\displaystyle\int_0^2 |x-1|\, \mathrm{d}x$.

3. 下述计算是否正确?说明理由.

解: $\displaystyle\int_0^2 \frac{\mathrm{d}x}{(x-1)^2} = \int_0^2 \frac{\mathrm{d}(x-1)}{(x-1)^2} = \left(-\frac{1}{x-1}\right) \Big|_0^2 = -1-1 = -2.$

4. 求下列极限:

(1) $\displaystyle\lim_{x \to 0} \frac{\int_{\cos x}^1 \mathrm{e}^{-t^2} \mathrm{d}t}{x^2}$;   (2) $\displaystyle\lim_{x \to +\infty} \frac{\left(\int_0^x \mathrm{e}^{t^2} \mathrm{d}t\right)^2}{\int_0^x \mathrm{e}^{2t^2} \mathrm{d}t}$.

5. 设 $f(x)$ 在 $(-\infty, +\infty)$ 内连续,且 $f(x) > 0$,证明函数

$$F(x) = \frac{\displaystyle\int_0^x t f(t) \mathrm{d}t}{\displaystyle\int_0^x f(t) \mathrm{d}t}$$

在 $(0, +\infty)$ 内单调增加.

6.4 定积分的换元积分法

应用牛顿-莱布尼茨公式求定积分,首先求被积函数的原函数;其次再按公式(6.5)计算. 在一般情况下,把这两步截然分开是比较麻烦的. 通常在应用换元积分法求原函数的过程中,也相应变换积分的上、下限,这样可简化计算.

定理 6.7 若函数 $f(x)$ 在区间 $[a,b]$ 上连续,函数 $x = \varphi(t)$ 在区间 $[\alpha, \beta]$ 上具有连续的导数,当 t 在区间 $[\alpha, \beta]$ 上变化时,$x = \varphi(t)$ 的值在 $[a,b]$ 上变化,且 $\varphi(\alpha) = a, \varphi(\beta) = b$,则

$$\int_a^b f(x) \mathrm{d}x = \int_\alpha^\beta f[\varphi(t)] \varphi'(t) \mathrm{d}t. \tag{6.7}$$

证明 设 $F(x)$ 是 $f(x)$ 在 $[a,b]$ 上的一个原函数,则

$$\int_a^b f(x) \mathrm{d}x = F(b) - F(a).$$

再设 $\Phi(t) = F[\varphi(t)]$,对 $\Phi(t)$ 求导,得

$$\Phi'(t) = \frac{\mathrm{d}F}{\mathrm{d}x} \frac{\mathrm{d}x}{\mathrm{d}t} = f(x) \varphi'(t) = f[\varphi(t)] \varphi'(t),$$

即 $\Phi(t)$ 是 $f[\varphi(t)]\varphi'(t)$ 的一个原函数,因此有

$$\int_\alpha^\beta f[\varphi(t)]\varphi'(t)\mathrm{d}t = \Phi(\beta) - \Phi(\alpha).$$

又 $\Phi(t) = F[\varphi(t)], \varphi(\alpha) = a, \varphi(\beta) = b$,可知

$$\Phi(\beta) - \Phi(\alpha) = F[\varphi(\beta)] - F[\varphi(\alpha)] = F(b) - F(a),$$

所以

$$\int_a^b f(x)\mathrm{d}x = \int_\alpha^\beta f[\varphi(t)]\varphi'(t)\mathrm{d}t.$$

注 1　将定理中的条件 $\varphi(\alpha) = a, \varphi(\beta) = b$,换为 $\varphi(\alpha) = b, \varphi(\beta) = a$,定理同样成立.

注 2　此定理也可反过来使用,即计算定积分 $\int_a^b f[\varphi(x)]\varphi'(x)\mathrm{d}x$ 时,引入 $t = \varphi(x)$,记 $\varphi(a) = \alpha, \varphi(b) = \beta$,则有

$$\int_a^b f[\varphi(x)]\varphi'(x)\mathrm{d}x = \int_\alpha^\beta f(t)\mathrm{d}t.$$

注 3　计算定积分时,当然可以先求出原函数,然后利用牛顿-莱布尼茨公式求出定积分的值.但是,利用换元法求原函数时还要代回原来的变量,这一过程有时相当复杂,在使用公式(6.7)计算定积分时,在作变量代换的同时,积分限也要换成相应的新变量的积分限,就不必代回原来的变量,直接代入新的变量,这样就简单了.

例 4.1　计算 $\int_1^{e^3} \dfrac{\mathrm{d}x}{x\sqrt{1+\ln x}}$.

解　令 $t = \ln x$,则 $x = e^t, \mathrm{d}x = e^t\mathrm{d}t$. 当 $x = 1$ 时,$t = 0$;当 $x = e^3$ 时,$t = 3$. 于是

$$\int_1^{e^3} \frac{\mathrm{d}x}{x\sqrt{1+\ln x}} = \int_0^3 \frac{e^t\mathrm{d}t}{e^t\sqrt{1+t}} = \int_0^3 \frac{\mathrm{d}t}{\sqrt{1+t}} = 2\sqrt{1+t}\ \Big|_0^3 = 2.$$

例 4.2　计算 $\int_0^1 \sqrt{(1-x^2)^3}\,\mathrm{d}x$.

解　令 $x = \sin t\ \left(0 \leqslant t \leqslant \dfrac{\pi}{2}\right)$,则 $\mathrm{d}x = \cos t\,\mathrm{d}t$. 当 $x = 0$ 时,$t = 0$;当 $x = 1$ 时,$t = \dfrac{\pi}{2}$. 于是

$$\int_0^1 \sqrt{(1-x^2)^3}\,\mathrm{d}x = \int_0^{\frac{\pi}{2}} \cos^3 t\cos t\,\mathrm{d}t = \int_0^{\frac{\pi}{2}} \left(\frac{1+\cos 2t}{2}\right)^2 \mathrm{d}t$$

$$= \frac{1}{4}\int_0^{\frac{\pi}{2}} (1 + 2\cos 2t + \cos^2 2t)\mathrm{d}t$$

$$= \frac{1}{4}\left[t + \sin 2t\right]_0^{\frac{\pi}{2}} + \frac{1}{8}\int_0^{\frac{\pi}{2}} (1 + \cos 4t)\mathrm{d}t$$

$$= \frac{\pi}{8} + \frac{1}{8}\left[t\right]_0^{\frac{\pi}{2}} + \frac{1}{32}\left[\sin 4t\right]_0^{\frac{\pi}{2}} = \frac{3}{16}\pi.$$

例 4.3　设函数 $f(x)$ 在 $[-a, a]$ 上连续,证明:

(1) 若 $f(x)$ 是偶函数,则 $\int_{-a}^{a} f(x)\mathrm{d}x = 2\int_{0}^{a} f(x)\mathrm{d}x$;

(2) 若 $f(x)$ 是奇函数,则 $\int_{-a}^{a} f(x)\mathrm{d}x = 0$.

证明   因为

$$\int_{-a}^{a} f(x)\mathrm{d}x = \int_{-a}^{0} f(x)\mathrm{d}x + \int_{0}^{a} f(x)\mathrm{d}x,$$

在上式右端第一项中,令 $x=-t$,则有

$$\int_{-a}^{0} f(x)\mathrm{d}x = \int_{a}^{0} f(-t)\cdot(-1)\mathrm{d}t = \int_{0}^{a} f(-t)\mathrm{d}t,$$

所以

$$\int_{-a}^{a} f(x)\mathrm{d}x = \int_{0}^{a} f(-x)\mathrm{d}x + \int_{0}^{a} f(x)\mathrm{d}x = \int_{0}^{a} [f(-x)+f(x)]\mathrm{d}x.$$

当 $f(x)$ 为偶函数时,$f(-x)=f(x)$,则 $\int_{-a}^{a} f(x)\mathrm{d}x = 2\int_{0}^{a} f(x)\mathrm{d}x$;

当 $f(x)$ 为奇函数时,即 $f(-x)=-f(x)$,则 $\int_{-a}^{a} f(x)\mathrm{d}x = \int_{0}^{a} 0\mathrm{d}x = 0.$

例 4.4   若 $f(x)$ 在 $[0,1]$ 上连续,证明:$\int_{0}^{\frac{\pi}{2}} f(\sin x)\mathrm{d}x = \int_{0}^{\frac{\pi}{2}} f(\cos x)\mathrm{d}x.$

证明   设 $x = \dfrac{\pi}{2}-t$,则 $\mathrm{d}x = -\mathrm{d}t$. 当 $x=0$ 时,$t=\dfrac{\pi}{2}$;当 $x=\dfrac{\pi}{2}$ 时,$t=0$. 于是

$$\int_{0}^{\frac{\pi}{2}} f(\sin x)\mathrm{d}x = -\int_{\frac{\pi}{2}}^{0} f\left[\sin\left(\frac{\pi}{2}-t\right)\right]\mathrm{d}t = \int_{0}^{\frac{\pi}{2}} f(\cos t)\mathrm{d}t = \int_{0}^{\frac{\pi}{2}} f(\cos x)\mathrm{d}x.$$

例 4.5   若 $f(x)$ 在 $[0,1]$ 上连续,证明:

$$\int_{0}^{\pi} x f(\sin x)\mathrm{d}x = \pi \int_{0}^{\frac{\pi}{2}} f(\sin x)\mathrm{d}x,$$

并由此计算

$$\int_{0}^{\pi} \frac{x\sin x}{1+\cos^2 x}\mathrm{d}x.$$

证明

$$\int_{0}^{\pi} x f(\sin x)\mathrm{d}x = \int_{0}^{\frac{\pi}{2}} x f(\sin x)\mathrm{d}x + \int_{\frac{\pi}{2}}^{\pi} x f(\sin x)\mathrm{d}x,$$

对于上式右端第二项的积分,设 $\pi-x=t$,则 $-\mathrm{d}x=\mathrm{d}t$. 当 $x=\dfrac{\pi}{2}$ 时,$t=\dfrac{\pi}{2}$;当 $x=\pi$ 时, $t=0$. 于是

$$\int_{0}^{\pi} x f(\sin x)\mathrm{d}x = \int_{0}^{\frac{\pi}{2}} x f(\sin x)\mathrm{d}x + \int_{\frac{\pi}{2}}^{0} (\pi-t) f(\sin t)(-\mathrm{d}t)$$

$$= \int_0^{\frac{\pi}{2}} x f(\sin x) \mathrm{d}x + \int_0^{\frac{\pi}{2}} (\pi - t) f(\sin t) \mathrm{d}t$$

$$= \int_0^{\frac{\pi}{2}} x f(\sin x) \mathrm{d}x + \int_0^{\frac{\pi}{2}} (\pi - x) f(\sin x) \mathrm{d}x$$

$$= \pi \int_0^{\frac{\pi}{2}} f(\sin x) \mathrm{d}x.$$

利用上述结论,即得

$$\int_0^{\pi} \frac{x \sin x}{1 + \cos^2 x} \mathrm{d}x = \int_0^{\pi} \frac{x \sin x}{2 - \sin^2 x} \mathrm{d}x = \pi \int_0^{\frac{\pi}{2}} \frac{\sin x}{2 - \sin^2 x} \mathrm{d}x$$

$$= -\pi \int_0^{\frac{\pi}{2}} \frac{\mathrm{d}(\cos x)}{1 + \cos^2 x} = -\pi \left[\arctan(\cos x) \right]_0^{\frac{\pi}{2}}$$

$$= -\pi \left(0 - \frac{\pi}{4} \right) = \frac{\pi^2}{4}.$$

习题 6.4

1. 计算下列定积分的值:

(1) $\displaystyle\int_0^{2a} x^2 \sqrt{2ax - x^2} \, \mathrm{d}x \ (a > 0)$;   (2) $\displaystyle\int_1^5 \frac{\sqrt{x-1}}{x} \mathrm{d}x$;

(3) $\displaystyle\int_0^4 \frac{\mathrm{d}x}{1 + \sqrt{x}}$;   (4) $\displaystyle\int_0^1 \frac{x^5}{\sqrt{1 + x^3}} \mathrm{d}x$.

2. 下述定积分的计算正确吗?说明原因.

计算: $\displaystyle\int_{-1}^1 \frac{\mathrm{d}x}{1 + x^2}$,令 $x = \dfrac{1}{t}$,则 $\mathrm{d}x = -\dfrac{1}{t^2}\mathrm{d}t$,于是

$$\int_{-1}^1 \frac{\mathrm{d}x}{1 + x^2} = \int_{-1}^1 \frac{-\dfrac{1}{t^2}\mathrm{d}t}{1 + \dfrac{1}{t^2}} = -\int_{-1}^1 \frac{\mathrm{d}t}{1 + t^2} = -\int_{-1}^1 \frac{\mathrm{d}x}{1 + x^2},$$

移项得

$$2\int_{-1}^1 \frac{\mathrm{d}x}{1 + x^2} = 0, \quad \text{即} \quad \int_{-1}^1 \frac{\mathrm{d}x}{1 + x^2} = 0.$$

3. 证明:若 $f(x)$ 是一个以 T 为周期的连续函数,则对任意的常数 a,有

$$\int_a^{a+T} f(x) \mathrm{d}x = \int_0^T f(x) \mathrm{d}x.$$

4. 利用 $\displaystyle\int_{-a}^a f(x) \mathrm{d}x = \int_0^a (f(x) + f(-x)) \mathrm{d}x$,计算 $\displaystyle\int_{-\frac{\pi}{4}}^{\frac{\pi}{4}} \frac{\mathrm{d}x}{1 + \sin x}$ 的值.

5. 计算 $\displaystyle\int_0^{\pi} \frac{x \sin^3 x}{1 + \cos^2 x} \mathrm{d}x$.

6.5   定积分的分部积分法

设函数 $u(x)$，$v(x)$ 在区间 $[a,b]$ 上具有连续导数，由函数乘积的导数公式，有
$$(uv)' = u'v + uv',$$

分别求上述等式两端在 $[a,b]$ 上的定积分，并注意到 $\int_a^b (uv)'\mathrm{d}x = [uv]_a^b$，得

$$[uv]_b^a = \int_a^b u'v\mathrm{d}x + \int_a^b uv'\mathrm{d}x,$$

即

$$\int_a^b uv'\mathrm{d}x = [uv]_a^b - \int_a^b u'v\mathrm{d}x \quad 或 \quad \int_a^b u\mathrm{d}v = [uv]_a^b - \int_a^b v\mathrm{d}u.$$

这就是定积分的分部积分公式.

例 5.1   计算 $\int_0^{\frac{\pi}{2}} x\cos x\mathrm{d}x$.

解 $\int_0^{\frac{\pi}{2}} x\cos x\mathrm{d}x = \int_0^{\frac{\pi}{2}} x\mathrm{d}(\sin x) = [x\sin x]_0^{\frac{\pi}{2}} - \int_0^{\frac{\pi}{2}} \sin x\mathrm{d}x$

$$= \frac{\pi}{2} + \cos x \Big|_0^{\frac{\pi}{2}} = \frac{\pi}{2} - 1.$$

例 5.2   计算 $\int_0^1 \mathrm{e}^{\sqrt{x}}\mathrm{d}x$.

解   令 $\sqrt{x}=t$，则 $x=t^2$，$\mathrm{d}x=2t\mathrm{d}t$，于是

$$\int_0^1 \mathrm{e}^{\sqrt{x}}\mathrm{d}x = \int_0^1 \mathrm{e}^t 2t\mathrm{d}t = 2\int_0^1 t\mathrm{e}^t\mathrm{d}t = 2\int_0^1 t\mathrm{d}\mathrm{e}^t = 2[t\mathrm{e}^t]_0^1 - 2\int_0^1 \mathrm{e}^t\mathrm{d}t$$

$$= 2\mathrm{e} - 2[\mathrm{e}^t]_0^1 = 2\mathrm{e} - 2(\mathrm{e}-1) = 2.$$

例 5.3   计算 $\int_0^{\frac{\pi}{2}} \mathrm{e}^{2x}\cos x\mathrm{d}x$.

解   设 $I = \int_0^{\frac{\pi}{2}} \mathrm{e}^{2x}\cos x\mathrm{d}x$，即

$$I = \int_0^{\frac{\pi}{2}} \mathrm{e}^{2x}\mathrm{d}\sin x = [\mathrm{e}^{2x}\sin x]_0^{\frac{\pi}{2}} - 2\int_0^{\frac{\pi}{2}} \mathrm{e}^{2x}\sin x\mathrm{d}x$$

$$= \mathrm{e}^{\pi} + 2\int_0^{\frac{\pi}{2}} \mathrm{e}^{2x}\mathrm{d}\cos x = \mathrm{e}^{\pi} + 2\left\{ [\mathrm{e}^{2x}\cos x]_0^{\frac{\pi}{2}} - 2\int_0^{\frac{\pi}{2}} \mathrm{e}^{2x}\cos x\mathrm{d}x \right\}$$

$$= \mathrm{e}^{\pi} - 2 - 4I,$$

移项，解得 $I = \dfrac{1}{5}(\mathrm{e}^{\pi}-2)$.

例 5.4 求 $I_n = \int_0^{\frac{\pi}{2}} \sin^n x \, \mathrm{d}x$，其中 n 为非负整数.

解 $I_0 = \int_0^{\frac{\pi}{2}} \mathrm{d}x = \frac{\pi}{2}$, $I_1 = \int_0^{\frac{\pi}{2}} \sin x \, \mathrm{d}x = 1$.

当 $n \geqslant 2$ 时，有

$$
\begin{aligned}
I_n &= -\int_0^{\frac{\pi}{2}} \sin^{n-1} x \, \mathrm{d}\cos x \\
&= -\left[\sin^{n-1} x \cos x\right]_0^{\frac{\pi}{2}} + \int_0^{\frac{\pi}{2}} \cos x \, \mathrm{d}(\sin^{n-1} x) \\
&= (n-1)\int_0^{\frac{\pi}{2}} \cos^2 x \, \sin^{n-2} x \, \mathrm{d}x \\
&= (n-1)\int_0^{\frac{\pi}{2}} (1 - \sin^2 x) \, \sin^{n-2} x \, \mathrm{d}x \\
&= (n-1)\int_0^{\frac{\pi}{2}} \sin^{n-2} x \, \mathrm{d}x - (n-1)\int_0^{\frac{\pi}{2}} \sin^n x \, \mathrm{d}x \\
&= (n-1) I_{n-2} - (n-1) I_n .
\end{aligned}
$$

移项，得到积分 I_n 的递推公式

$$
I_n = \frac{n-1}{n} \cdot I_{n-2} .
$$

(1) 当 n 为偶数时，设 $n = 2m$，有

$$
I_{2m} = \int_0^{\frac{\pi}{2}} \sin^{2m} x \, \mathrm{d}x = \frac{(2m-1)(2m-3)\cdots 3 \cdot 1}{(2m)(2m-2)\cdots 4 \cdot 2} \frac{\pi}{2} = \frac{(2m-1)!!}{(2m)!!} \frac{\pi}{2},
$$

(2) 当 n 为奇数时，设 $n = 2m+1$，有

$$
I_{2m+1} = \int_0^{\frac{\pi}{2}} \sin^{2m+1} x \, \mathrm{d}x = \frac{(2m)(2m-2)\cdots 4 \cdot 2}{(2m+1)(2m-1)\cdots 5 \cdot 3} = \frac{(2m)!!}{(2m+1)!!} .
$$

直接利用上面的结果，如

$$
\int_0^{\frac{\pi}{2}} \sin^7 x \, \mathrm{d}x = \frac{6 \times 4 \times 2}{7 \times 5 \times 3} = \frac{16}{35},
$$

$$
\int_0^{\frac{\pi}{2}} \cos^6 x \, \mathrm{d}x = \frac{5 \times 3 \times 1}{6 \times 4 \times 2} \times \frac{\pi}{2} = \frac{5\pi}{32} .
$$

习题 6.5

计算下列定积分：

(1) $\int_0^{\frac{1}{2}} \arcsin x \, \mathrm{d}x$；　　　　(2) $\int_0^1 \sqrt{x^2 + 1} \, \mathrm{d}x$；

(3) $\int_1^4 \frac{\ln x}{\sqrt{x}} \, \mathrm{d}x$；　　　　(4) $\int_{\frac{1}{e}}^{e} |\ln x| \, \mathrm{d}x$；

(5) $\displaystyle\int_{-1}^{1} x^5 \mathrm{e}^x \mathrm{d}x$;　　　　(6) $\displaystyle\int_{0}^{\sqrt{\ln 2}} x^3 \mathrm{e}^{-x^2} \mathrm{d}x$;

(7) $\displaystyle\int_{0}^{1} (\arcsin x)^2 \mathrm{d}x$;　　　(8) $\displaystyle\int_{a}^{x} \ln\left(x + \sqrt{x^2 - a^2}\right) \mathrm{d}x$;

(9) $\displaystyle\int_{0}^{\frac{\pi}{2}} x^2 \sin x \mathrm{d}x$;　　　　(10) $\displaystyle\int_{0}^{\frac{1}{2}} x \ln\frac{1+x}{1-x} \mathrm{d}x$.

6.6　广义积分

前面讨论的定积分 $\displaystyle\int_{a}^{b} f(x)\mathrm{d}x$，其积分区间必须是有限的，并且被积函数 $f(x)$ 是有界的. 但是，在实际应用中，经常会碰到积分区间是无穷区间，或者函数是无界的情况. 现对定积分作如下两种推广，从而得出广义积分的概念.

1. 无穷限的广义积分

定义 6.2　设函数 $f(x)$ 在区间 $[a, +\infty)$ 上连续，取 $b > a$，如果极限

$$\lim_{b \to +\infty} \int_{a}^{b} f(x)\mathrm{d}x$$

存在，则称此极限值为函数 $f(x)$ 在无穷区间 $[a, +\infty)$ 上的 **广义积分**，记作 $\displaystyle\int_{a}^{+\infty} f(x)\mathrm{d}x$，即

$$\int_{a}^{+\infty} f(x)\mathrm{d}x = \lim_{b \to +\infty} \int_{a}^{b} f(x)\mathrm{d}x.$$

这时也称广义积分 $\displaystyle\int_{a}^{+\infty} f(x)\mathrm{d}x$ **收敛**. 如果上述极限不存在，则称广义积分 $\displaystyle\int_{a}^{+\infty} f(x)\mathrm{d}x$ **发散**.

同样，可以定义 $f(x)$ 在 $(-\infty, b]$，$(-\infty, +\infty)$ 上的广义积分.

定义 6.3　设 $f(x)$ 在区间 $(-\infty, b]$ 上连续，取 $a < b$，如果极限

$$\lim_{a \to -\infty} \int_{a}^{b} f(x)\mathrm{d}x$$

存在，则称此极限值为函数 $f(x)$ 在无穷区间 $(-\infty, b]$ 上的 **广义积分**，记作 $\displaystyle\int_{-\infty}^{b} f(x)\mathrm{d}x$，即

$$\int_{-\infty}^{b} f(x)\mathrm{d}x = \lim_{a \to -\infty} \int_{a}^{b} f(x)\mathrm{d}x.$$

这时，也称广义积分 $\displaystyle\int_{-\infty}^{b} f(x)\mathrm{d}x$ **收敛**. 如果上述极限不存在，就称广义积分 $\displaystyle\int_{-\infty}^{b} f(x)\mathrm{d}x$ **发散**.

定义 6.4   设函数 $f(x)$ 在区间 $(-\infty, +\infty)$ 上连续,如果广义积分 $\int_{-\infty}^{0} f(x)\mathrm{d}x$ 和 $\int_{0}^{+\infty} f(x)\mathrm{d}x$ 都收敛,则称上述两广义积分之和为函数 $f(x)$ 在无穷区间 $(-\infty, +\infty)$ 上的广义积分,记作 $\int_{-\infty}^{+\infty} f(x)\mathrm{d}x$,即

$$\int_{-\infty}^{+\infty} f(x)\mathrm{d}x = \int_{-\infty}^{0} f(x)\mathrm{d}x + \int_{0}^{+\infty} f(x)\mathrm{d}x.$$

这时也称广义积分 $\int_{-\infty}^{+\infty} f(x)\mathrm{d}x$ **收敛**. 否则,就称广义积分 $\int_{-\infty}^{+\infty} f(x)\mathrm{d}x$ **发散**.

设函数 $f(x)$ 在 $[a, +\infty)$ 上连续,$F(x)$ 是 $f(x)$ 的原函数,为了方便,分别记 $\lim\limits_{b\to+\infty} [F(x)]_a^b$ 为 $[F(x)]_a^{+\infty}$,$\lim\limits_{a\to-\infty} [F(x)]_a^b$ 为 $[F(x)]_{-\infty}^b$,则无穷限的广义积分

$$\int_{a}^{+\infty} f(x)\mathrm{d}x = [F(x)]_a^{+\infty}, \qquad \int_{-\infty}^{b} f(x)\mathrm{d}x = [F(x)]_{-\infty}^b.$$

例 6.1   求 $\int_{0}^{+\infty} \dfrac{\mathrm{d}x}{1+x^2}$,$\int_{-\infty}^{0} \dfrac{\mathrm{d}x}{1+x^2}$,$\int_{-\infty}^{+\infty} \dfrac{\mathrm{d}x}{1+x^2}$.

解 $\int_{0}^{+\infty} \dfrac{\mathrm{d}x}{1+x^2} = \lim\limits_{b\to+\infty} \int_{0}^{b} \dfrac{\mathrm{d}x}{1+x^2} = \lim\limits_{b\to+\infty} [\arctan x]_0^b = \lim\limits_{b\to+\infty} \arctan b = \dfrac{\pi}{2}$;

$\int_{-\infty}^{0} \dfrac{\mathrm{d}x}{1+x^2} = [\arctan x]_{-\infty}^0 = \dfrac{\pi}{2}$;

$\int_{-\infty}^{\infty} \dfrac{\mathrm{d}x}{1+x^2} = [\arctan x]_{-\infty}^{+\infty} = \dfrac{\pi}{2} - \left(-\dfrac{\pi}{2}\right) = \pi.$

例 6.2   求 $\int_{e}^{+\infty} \dfrac{\mathrm{d}x}{x(\ln x)^2}$.

解 $\int_{e}^{+\infty} \dfrac{\mathrm{d}x}{x(\ln x)^2} = \int_{e}^{+\infty} \dfrac{\mathrm{d}(\ln x)}{(\ln x)^2} = \left[-\dfrac{1}{\ln x}\right]_e^{+\infty} = 1.$

例 6.3   求 $\int_{0}^{+\infty} t\mathrm{e}^{-t}\mathrm{d}t$.

解 $\int_{0}^{+\infty} t\mathrm{e}^{-t}\mathrm{d}t = \lim\limits_{b\to+\infty} \int_{0}^{b} t\mathrm{e}^{-t}\mathrm{d}t = \lim\limits_{b\to+\infty} \left\{[-t\mathrm{e}^{-t}]_0^b + \int_{0}^{b} \mathrm{e}^{-t}\mathrm{d}t\right\}$

$\qquad = -\lim\limits_{b\to+\infty} \dfrac{b}{\mathrm{e}^b} + \lim\limits_{b\to+\infty} [-\mathrm{e}^{-t}]_0^b$

$\qquad = 0 - (0 - 1) = 1.$

例 6.4   讨论广义积分 $\int_{a}^{+\infty} \dfrac{\mathrm{d}x}{x^p}$ $(a > 0)$ 的收敛性.

解   当 $p \neq 1$ 时,有

$$\int_{a}^{+\infty} \dfrac{\mathrm{d}x}{x^p} = \left[\dfrac{x^{1-p}}{1-p}\right]_a^{+\infty} = \begin{cases} \dfrac{a^{1-p}}{p-1}, & p > 1, \\ +\infty, & p < 1. \end{cases}$$

又当 $p=1$ 时,有

$$\int_a^{+\infty} \frac{\mathrm{d}x}{x} = [\ln x]_a^{+\infty} = +\infty.$$

因此,广义积分 $\int_a^{+\infty} \frac{1}{x^p}\mathrm{d}x$ 当 $p>1$ 时收敛于 $\frac{a^{1-p}}{p-1}$,当 $p\leqslant 1$ 时发散.

2. 无界函数的广义积分

若 x_0 是函数 $f(x)$ 的无穷间断点,即 $\lim\limits_{x\to x_0} f(x) = \infty$,则称 x_0 是函数 $f(x)$ 的**瑕点**.

定义 6.5   设函数 $f(x)$ 在区间 $(a,b]$ 上连续,且 a 为瑕点. 取 $\eta>0$,如果极限

$$\lim\limits_{\eta\to 0^+} \int_{a+\eta}^b f(x)\mathrm{d}x$$

存在,则称此极限值为无界函数 $f(x)$ 在 $[a,b]$ 上的**广义积分**或**瑕积分**,记作 $\int_a^b f(x)\mathrm{d}x$,即

$$\int_a^b f(x)\mathrm{d}x = \lim\limits_{\eta\to 0^+} \int_{a+\eta}^b f(x)\mathrm{d}x.$$

这时也称广义积分 $\int_a^b f(x)\mathrm{d}x$ **收敛**. 如果上述极限不存在,则称广义积分 $\int_a^b f(x)\mathrm{d}x$ **发散**.

当 b 为瑕点或 $c\in(a,b)$ 为瑕点时,可类似地定义 $f(x)$ 在 $[a,b]$ 上的瑕积分:

$$\int_a^b f(x)\mathrm{d}x = \lim\limits_{\eta\to 0^+} \int_a^{b-\eta} f(x)\mathrm{d}x.$$

$$\int_a^b f(x)\mathrm{d}x = \int_a^c f(x)\mathrm{d}x + \int_c^b f(x)\mathrm{d}x = \lim\limits_{\eta\to 0^+} \int_a^{c-\eta} f(x)\mathrm{d}x + \lim\limits_{\delta\to 0^+} \int_{c+\delta}^b f(x)\mathrm{d}x.$$

当 $f(x)$ 在 $[a,b]$ 内有两个以上瑕点时,也可类似地定义瑕积分.

例 6.5   计算 $\int_0^1 \ln x\mathrm{d}x$.

解   因为 $\lim\limits_{x\to 0^+} \ln x = -\infty$,所以点 $x=0$ 是瑕点. 于是

$$\int_0^1 \ln x\mathrm{d}x = \lim\limits_{\eta\to 0^+} \int_\eta^1 \ln x\mathrm{d}x = \lim\limits_{\eta\to 0^+} [x\ln x - x]_\eta^1 = \lim\limits_{\eta\to 0^+} [-1 - \eta\ln\eta + \eta] = -1.$$

例 6.6   计算 $\int_0^2 \frac{\mathrm{d}x}{x-1}$.

解   因为 $\lim\limits_{x\to 1} \frac{1}{x-1} = \infty$,所以点 $x=1$ 是瑕点.

分别考察下列两个广义积分: $\int_0^1 \frac{\mathrm{d}x}{x-1}$ 和 $\int_1^2 \frac{\mathrm{d}x}{x-1}$.

$$\int_0^1 \frac{\mathrm{d}x}{x-1} = \lim\limits_{\eta\to 0^+} \int_0^{1-\eta} \frac{\mathrm{d}x}{x-1} = \lim\limits_{\eta\to 0^+} [\ln|x-1|]_0^{1-\eta} = \lim\limits_{\eta\to 0^+} (\ln\eta - \ln 1) = \infty.$$

所以广义积分 $\int_0^2 \frac{\mathrm{d}x}{x-1}$ 发散 $\left(\text{不必再考察} \int_1^2 \frac{\mathrm{d}x}{x-1}\right)$.

例 6.7 讨论广义积分 $\int_a^b \dfrac{\mathrm{d}x}{(x-a)^q}$ 的敛散性 $(b>a>0,q>0)$.

解 显然点 $x=a$ 是瑕点. 当 $q\neq 1$ 时,有

$$\int_a^b \frac{\mathrm{d}x}{(x-a)^q} = \lim_{\eta\to 0^+}\int_{a+\eta}^b \frac{\mathrm{d}x}{(x-a)^q} = \lim_{\eta\to 0^+}\left[\frac{(x-a)^{1-q}}{1-q}\right]_{a+\eta}^b$$

$$= \lim_{\eta\to 0^+}\frac{1}{1-q}\left[(b-a)^{1-q}-\eta^{1-q}\right] = \begin{cases} \dfrac{(b-a)^{1-q}}{1-q}, & q<1, \\[2mm] +\infty, & q>1. \end{cases}$$

当 $q=1$ 时,有

$$\int_a^b \frac{\mathrm{d}x}{(x-a)^q} = \int_a^b \frac{\mathrm{d}x}{x-a} = \lim_{\eta\to 0^+}\int_{a+\eta}^b \frac{\mathrm{d}x}{x-a} = \lim_{\eta\to 0^+}\left[\ln(x-a)\right]_{a+\eta}^b$$

$$= \lim_{\eta\to 0^+}\left[\ln(b-a)-\ln\eta\right] = +\infty.$$

因此,广义积分 $\int_a^b \dfrac{\mathrm{d}x}{(x-a)^q}$,当 $q<1$ 时收敛;当 $q\geqslant 1$ 时发散.

同样可得,广义积分 $\int_a^b \dfrac{\mathrm{d}x}{(b-x)^q}$,当 $q<1$ 时收敛,当 $q\geqslant 1$ 时发散.

3. Γ 函数

现在研究在理论上和应用上都有重要意义的 Γ 函数. Γ 函数定义如下:

$$\Gamma(\alpha) = \int_0^{+\infty} x^{\alpha-1}\mathrm{e}^{-x}\mathrm{d}x, \quad \alpha>0.$$

可以证明:广义积分 $\int_0^{+\infty} x^{\alpha-1}\mathrm{e}^{-x}\mathrm{d}x$ 当 $\alpha>0$ 时收敛.

Γ 函数有如下重要性质.

(1) 递推公式 $\Gamma(\alpha+1)=\alpha\Gamma(\alpha)$.

事实上,

$$\Gamma(\alpha+1) = \int_0^{+\infty} x^\alpha \mathrm{e}^{-x}\mathrm{d}x = \left[-x^\alpha \mathrm{e}^{-x}\right]_0^{+\infty} + \alpha\int_0^{+\infty} x^{\alpha-1}\mathrm{e}^{-x}\mathrm{d}x$$

$$= \alpha\int_0^{+\infty} x^{\alpha-1}\mathrm{e}^{-x}\mathrm{d}x = \alpha\Gamma(\alpha).$$

当 α 取正整数 n 时,有

$$\Gamma(n+1) = n\Gamma(n) = n(n-1)\Gamma(n-1) = \cdots = n!\Gamma(1),$$

又

$$\Gamma(1) = \int_0^{+\infty} \mathrm{e}^{-x}\mathrm{d}x = \left[-\mathrm{e}^{-x}\right]_0^{+\infty} = 1,$$

所以

$$\Gamma(n+1) = n!.$$

因此,可将 Γ 函数看成是阶乘的推广.

(2) 当 $\alpha \to 0^+$ 时,$\Gamma(\alpha) \to +\infty$.

(3) 在 Γ 函数中,设 $x = t^2$,则有

$$\Gamma(\alpha) = 2\int_0^{+\infty} t^{2\alpha-1} e^{-t^2} dt.$$

当 $\alpha = \dfrac{1}{2}$ 时,$\Gamma\left(\dfrac{1}{2}\right) = 2\int_0^{+\infty} e^{-t^2} dt.$

上式右端的广义积分是概率论中常用的积分,可以证明这个积分存在,而且等于 $\sqrt{\pi}$ (见二重积分). 因此

$$\Gamma\left(\frac{1}{2}\right) = 2\int_0^{+\infty} e^{-t^2} dt = \sqrt{\pi}.$$

例 6.8 计算 $\displaystyle\int_0^{+\infty} x^5 e^{-x} dx.$

解 $\displaystyle\int_0^{+\infty} x^5 e^{-x} dx = \Gamma(6) = 5! = 120.$

例 6.9 计算 $\displaystyle\int_0^{+\infty} \sqrt{x} e^{-x} dx.$

解 $\displaystyle\int_0^{+\infty} \sqrt{x} e^{-x} dx = \int_0^{+\infty} x^{\frac{3}{2}-1} e^{-x} dx = \Gamma\left(\frac{3}{2}\right) = \Gamma\left(\frac{1}{2}+1\right) = \frac{1}{2}\Gamma\left(\frac{1}{2}\right) = \frac{1}{2}\sqrt{\pi}.$

习题 6.6

1. 求下列广义积分的值:

(1) $\displaystyle\int_0^1 \sin(\ln x) dx$;

(2) $\displaystyle\int_0^a x^3 \sqrt{\frac{x}{a-x}} dx \ (a>0)$;

(3) $\displaystyle\int_1^2 \frac{dx}{\sqrt{x^2-1}}$;

(4) $\displaystyle\int_1^{+\infty} \frac{dx}{x(x+1)}$;

(5) $\displaystyle\int_0^{+\infty} \frac{dx}{(1+e^x)^2}$;

(6) $\displaystyle\int_1^{+\infty} \frac{dx}{x\sqrt{x^2-1}}$.

2. 求下列积分的值或判断敛散性:

(1) $\displaystyle\int_0^{+\infty} \sin x \, dx$;

(2) $\displaystyle\int_{-\infty}^{+\infty} \frac{dx}{x^2+2x+2}$;

(3) $\displaystyle\int_0^1 \frac{dx}{\sqrt{1-x}}$;

(4) $\displaystyle\int_0^2 \frac{dx}{x^2-4x+3}$;

(5) $\displaystyle\int_0^1 \frac{x\,\mathrm{d}x}{\sqrt{1-x^2}}$;

(6) $\displaystyle\int_1^e \frac{\mathrm{d}x}{x\sqrt{1-\ln^2 x}}$.

3. 计算：

(1) $\displaystyle\int_0^{+\infty} x^7 \mathrm{e}^{-x}\,\mathrm{d}x$;

(2) $\displaystyle\int_0^{+\infty} x^2 \mathrm{e}^{-2x^2}\,\mathrm{d}x$;

(3) $\displaystyle\int_0^{+\infty} \mathrm{e}^{-a^2 x^2}\,\mathrm{d}x$;

(4) $\displaystyle\int_{-\infty}^{+\infty} \frac{1}{\sqrt{2\pi}}\mathrm{e}^{-\frac{1}{2}x^2}\,\mathrm{d}x$.

莱 布 尼 茨

莱布尼茨(Leibniz,1646—1716)为德国的百科全书式的天才,莱比锡某大学教授之子.他一方面从事政治、外交活动,另一方面对各种科学、技术有创造性的贡献.莱布尼茨除了是外交官,还是哲学家、法学家、历史学家、语言学家和先驱的地质学家.他在逻辑学、力学、光学、数学、流体力学、气体学、航海学和计算机等方面做了重要的工作.他的遗稿分类整理为神学、哲学、数学、自然科学、历史和技术等 41 个项目,但完整的全集尚未出版.

莱布尼茨 1666 年在阿尔特多夫毕业,著《论组合的艺术》一书,企图以数学为标准将一切学科体系化.1670—1671 年,他完成了第一篇力学论文.1672 年 3 月出差到巴黎,这次访问使他同数学家和科学家接触,其中值得注意的是惠更斯激起了他对数学的兴趣.1673 年访问伦敦时,他见到了许多数学家,学到了不少关于无穷级数的知识.虽然他靠做外交官生活,但却更深入地研究了笛卡儿和帕斯卡等人的著作,发现了微积分学的基本定理,引入巧妙的记号建立了微积分学的基础.他为发展科学制订了世界科学院的计划,还想建立通用符号、通用语言,以便统一一切学科,他有无穷的梦想.他建立了统一新旧哲学的单子论(monadism).1700 年在他的影响下创立了柏林科学院.他的符号逻辑和计算机的构想,到他死后才结出丰硕的成果.

牛顿和莱布尼茨二人对微积分的创立都作出了伟大的贡献.1687 年以前,牛顿没有发表过微积分方面的任何工作,虽然他从 1665—1687 年把结果通知了他的朋友.特别地,1669 年他把他的短文《分析学》送给巴罗.莱布尼茨 1672—1673 年先后访问巴黎和伦敦,并和一些知道牛顿工作的人通信.然而,他直到 1684 年才发表微积分的著作.于是就发生了莱布尼茨是否知道牛顿工作详情的问题,他被指责为剽窃者.但是,在两人去世后很久,调查证明,虽然牛顿工作的大部分是在莱布尼茨之前做的,但是莱布尼茨是微积分主要思想的独立发明者.两个人都受到巴罗的很多启发.这场争论使数学家分成两派:欧洲大陆数学家,尤其是伯努利兄弟,支持莱布尼茨,而英国数学家捍卫牛顿.两派不和甚至尖锐地互相敌对.

这件事的结果,英国和欧洲大陆的数学家停止了思想交换.因为牛顿在关于微积分的主要工作和第一出版物,即《自然哲学的数学原理》中使用了几何方法,所以在他死后差不多一百年中,英国人继续以几何为主要工具.而欧洲大陆的数学家继续莱布尼茨的分析法,使他发展并得到改善.这些事情的影响非常巨大,他不仅使英国的数学家落在后面,而且使数学损失了一些最有才能的人应作出的贡献.

第 7 章

定积分的应用

本章将讨论定积分在几何以及经济学上的应用. 不仅要掌握一些具体计算公式, 更要学会用定积分去分析和解决问题的思想方法, 这种方法称为微元分析法或元素法.

7.1 微元分析法

从引进定积分概念的过程可以知道, 定积分所解决的问题是求某个分布在区间 $[a,b]$ 上的整体量 A, 由于分布是不均匀的, 因此解决问题的具体步骤是: 分割——取近似——求和——取极限.

这里的整体量 A 对于区间 $[a,b]$ 具有可加性, 即若把 $[a,b]$ 分成若干个小区间 $[x_{i-1}, x_i](i=1,2,\cdots,n)$, 就有

$$A = \sum_{i=1}^{n} \Delta A_i,$$

其中 ΔA_i 是对应于小区间 $[x_{i-1}, x_i]$ 的局部量, 可以近似地求出 ΔA_i, 即

$$\Delta A_i \approx f(\xi_i)\Delta x_i, \quad i=1,2,\cdots,n,$$

这里 $f(x)$ 是根据实际问题所确定的一个已知函数,

$$\xi_i \in [x_{i-1}, x_i], \quad i=1,2,\cdots,n,$$

并且满足: $\Delta A_i - f(\xi_i)\Delta x_i$ 是比 Δx_i 高阶的无穷小量 (当 $\Delta x_i \to 0$ 时), 即 $f(\xi_i)\Delta x_i$ 应是整体量 A 的微分 $\mathrm{d}A$, 从而 A 可以表示为定积分

$$A = \int_a^b f(x)\mathrm{d}x.$$

由此可见, 在上面四步中, 关键是第二步, 确定局部量 ΔA_i 的近似值, 写出近似等式.

一般地, 如果实际问题中的所求量 A 符合下列条件:

(1) A 是与一个变量的变化区间 $[a,b]$ 有关的量;

(2) A 对于区间 $[a,b]$ 具有可加性;

(3) 局部量 ΔA_i 的近似值可表示为 $f(\xi_i)\Delta x_i$, 这里 $f(x)$ 是根据实际问题确定的函数.

那么, 就可以用定积分来表达这个量 A.

通常写出这个量的定积分表达式分两步:

第 1 步 分割区间,写出微元.

分割区间 $[a,b]$,取具有代表性的任意一个小区间(不必写出下标号),记作 $[x,x+\mathrm{d}x]$,设相应的局部量为 ΔA,分析局部量 ΔA,确定函数 $f(x)$,写出近似等式

$$\Delta A \approx \mathrm{d}A = f(x)\mathrm{d}x.$$

第 2 步 求定积分得整体量.

令 $\Delta x \to 0$ 对这些微元求和取极限,得到的定积分就是所要求的整体量

$$A = \int_a^b \mathrm{d}A = \int_a^b f(x)\mathrm{d}x.$$

上述方法,就称为**微元分析法**.

7.2 平面图形的面积

围成平面区域的曲线可用不同的形式来表示,我们分以下两种情况.

1. 直角坐标情况

在第 6 章中,已经知道,由曲线 $y=f(x)(f(x) \geqslant 0)$,直线 $x=a,x=b$ 及 $y=0$ 所围成的曲边梯形的面积

$$A = \int_a^b f(x)\mathrm{d}x.$$

如果 $\forall x \in [a,b]$,有 $f(x) \leqslant 0$,则 $\int_a^b f(x)\mathrm{d}x \leqslant 0$. 因为平面图形的面积不能是负数,所以在区间 $[a,b]$ 上的连续曲线 $y=f(x)$(有的部分为正,有的部分为负),x 轴及二直线 $x=a$ 与 $x=b$ 所围成的平面图形的面积为

$$A = \int_a^b |f(x)|\,\mathrm{d}x.$$

例 2.1 求由连续曲线 $y=\ln x$,x 轴及二直线 $x=\dfrac{1}{2}$ 与 $x=2$ 所围成的平面图形的面积(参见图 7.1).

解 已知在 $\left[\dfrac{1}{2},1\right]$ 上,$\ln x \leqslant 0$,在 $[1,2]$ 上,$\ln x \geqslant 0$,此平面图形的面积

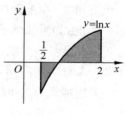

$$A = \int_{\frac{1}{2}}^2 |\ln x|\,\mathrm{d}x = -\int_{\frac{1}{2}}^1 \ln x\,\mathrm{d}x + \int_1^2 \ln x\,\mathrm{d}x$$

$$= -[x\ln x - x]_{\frac{1}{2}}^1 + [x\ln x - x]_1^2 = \frac{3}{2}\ln 2 - \frac{1}{2}.$$

图 7.1

如果平面区域是由区间$[a,b]$上的两条连续曲线 $y=f(x)$ 与 $y=g(x)$（彼此可能相交）及二直线 $x=a$ 与 $x=b$ 围成（如图 7.2 所示），则它的面积

$$A = \int_a^b |f(x) - g(x)|\, \mathrm{d}x.$$

如果平面区域是由区间$[c,d]$上的两条连续曲线 $x=\varphi(y)$ 与 $x=\psi(y)$（彼此可能相交）及二直线 $y=c$ 与 $y=d$ 围成（如图 7.3 所示），则它的面积

$$A = \int_c^d |\varphi(y) - \psi(y)|\, \mathrm{d}y.$$

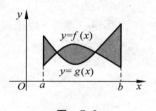

图 7.2

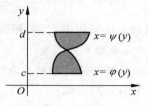

图 7.3

例 2.2 求由曲线 $y^2=x, y=x^2$ 所围成图形的面积.

解 为了确定区域的范围，先求出两条曲线的交点. 为此解方程组

$$\begin{cases} y^2 = x, \\ y = x^2, \end{cases}$$

得到交点为$(0,0)$和$(1,1)$，从而知道图形在直线 $x=0$ 及 $x=1$ 之间（如图 7.4 所示）. 故所求面积为

$$A = \int_0^1 (\sqrt{x} - x^2)\, \mathrm{d}x = \left[\frac{2}{3} x^{\frac{3}{2}} - \frac{1}{3} x^3\right]_0^1 = \frac{1}{3}.$$

例 2.3 求抛物线 $y^2=2x$ 和直线 $y=-x+4$ 所围成的图形的面积.

解 先求出所给抛物线和直线的交点，为此解方程组

$$\begin{cases} y^2 = 2x, \\ y = -x + 4, \end{cases}$$

得交点$(2,2)$和$(8,-4)$（如图 7.5 所示）.

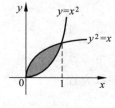

图 7.4

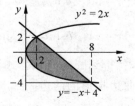

图 7.5

(1) 选横坐标 x 为积分变量,它的变化区间为 $[0,8]$,所求平面图形的面积为

$$A = \int_0^2 2\sqrt{2x}\,\mathrm{d}x + \int_2^8 (-x + 4 + \sqrt{2x})\,\mathrm{d}x$$

$$= \frac{2}{3}\left[(2x)^{\frac{3}{2}}\right]_0^2 + \left[\frac{1}{3}(2x)^{\frac{3}{2}} - \frac{1}{2}x^2 + 4x\right]_2^8$$

$$= 18.$$

(2) 选纵坐标 y 作积分变量,则 y 的变化区间为 $[-4,2]$,所求的面积为

$$A = \int_{-4}^2 \left(4 - y - \frac{y^2}{2}\right)\mathrm{d}y = \left[4y - \frac{1}{2}y^2 - \frac{1}{6}y^3\right]_{-4}^2 = 18.$$

比较两种解法可以看出,若积分变量选得适当,计算就简便一些.一般来说,选择积分变量时,应综合考察下列因素:

(1) 被积函数的原函数较易求得;

(2) 较少的分割区域;

(3) 积分上、下限比较简单.

另外,在计算面积时,要注意利用图形的对称性,若图形的边界曲线用参数方程表示较简单时,也可利用参数方程来计算.

例 2.4 求椭圆 $\dfrac{x^2}{a^2} + \dfrac{y^2}{b^2} = 1$ 所围成的面积.

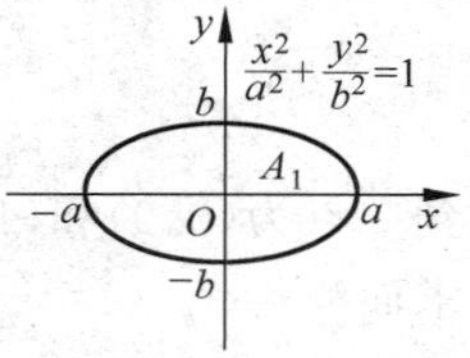

解 此椭圆关于两个坐标轴都对称(如图 7.6 所示),故只需求在第一象限内的面积 A_1,则椭圆的面积为

$$A = 4A_1 = 4\int_0^a y\,\mathrm{d}x.$$

利用椭圆的参数方程

图 7.6

$$\begin{cases} x = a\cos t, \\ y = b\sin t, \end{cases}$$

得到

$$y = b\sin t, \quad \mathrm{d}x = -a\sin t\,\mathrm{d}t,$$

当 $x=0$ 时,$t=\dfrac{\pi}{2}$;当 $x=a$ 时,$t=0$. 于是

$$A = 4\int_0^a y\,\mathrm{d}x = 4\int_{\frac{\pi}{2}}^0 b\sin t(-a\sin t)\,\mathrm{d}t = 4ab\int_0^{\frac{\pi}{2}}\sin^2 t\,\mathrm{d}t = 4ab \cdot \frac{1}{2} \cdot \frac{\pi}{2} = \pi ab.$$

当 $a=b$ 时,就得到圆的面积公式 $A = \pi a^2$.

一般地,若曲边梯形的曲边 $y = f(x)$,$x \in [a,b]$ 由参数方程

$$\begin{cases} x = \varphi(t), \\ y = \psi(t), \end{cases} \quad \alpha \leqslant t \leqslant \beta$$

给出,且 $\varphi(t),\psi(t)$ 在 $[\alpha,\beta]$ 上具有连续导数, $\varphi'(t)>0$(对于 $\varphi'(t)<0$,或 $\psi'(t)\neq0$ 的情形可作类似的讨论),则 $\varphi(\alpha)=a$, $\varphi(\beta)=b$. 曲边梯形的面积为

$$A = \int_a^b |f(x)|\,\mathrm{d}x = \int_\alpha^\beta |\psi(t)|\,\varphi'(t)\mathrm{d}t.$$

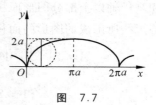

图　7.7

例 2.5　求摆线: $x=a(t-\sin t),y=a(1-\cos t)(a>0$, $0\leqslant t\leqslant 2\pi)$ 一拱与 x 轴围成的区域(如图 7.7 所示)的面积.

解　$x'=a(1-\cos t),y=a(1-\cos t)$ 连续,由公式,摆线一拱与 x 轴围成的区域的面积为

$$A = \int_0^{2\pi} a(1-\cos t)a(1-\cos t)\mathrm{d}t = a^2\int_0^{2\pi}(1-\cos t)^2\mathrm{d}t = 3\pi a^2.$$

2. 极坐标情况

设曲线 AB 是由极坐标方程

$$r = f(\theta),\quad \alpha\leqslant\theta\leqslant\beta$$

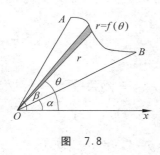

图　7.8

给出,其中 $f(\theta)$ 在 $[\alpha,\beta]$ 连续.求由曲线 $r=f(\theta)$,半直线 $\theta=\alpha$ 和半直线 $\theta=\beta$ 所围成的曲边扇形 OAB 的面积(如图 7.8 所示).

$\forall\theta\in[\alpha,\beta]$,相应于任一小区间 $[\theta,\theta+\mathrm{d}\theta]$ 的窄曲边扇形的面积,可以用半径为 $r=f(\theta)$,中心角为 $\mathrm{d}\theta$ 的圆扇形的面积来近似代替,从而得到这个窄曲边扇形的面积的近似值,即曲边扇形的面积微元

$$\mathrm{d}S = \frac{1}{2}r^2\mathrm{d}\theta = \frac{1}{2}f^2(\theta)\mathrm{d}\theta,$$

于是得到极坐标曲边扇形面积公式

$$S = \frac{1}{2}\int_\alpha^\beta r^2\mathrm{d}\theta = \frac{1}{2}\int_\alpha^\beta f^2(\theta)\mathrm{d}\theta.$$

例 2.6　求双纽线 $r^2=a^2\cos2\theta(a>0)$ 围成的区域的面积(如图 7.9 所示).

解　双纽线关于两个坐标轴都对称,双纽线围成的区域的面积是第一象限那部分区域面积的 4 倍.在第一象限中, θ 的变化范围是 $\left[0,\dfrac{\pi}{4}\right]$,于是,双纽线围成的区域的面积为

$$A = 4\int_0^{\frac{\pi}{4}}\frac{1}{2}r^2\mathrm{d}\theta = 2\int_0^{\frac{\pi}{4}}a^2\cos2\theta\mathrm{d}\theta = 2a^2\frac{\sin2\theta}{2}\Big|_0^{\frac{\pi}{4}} = a^2.$$

例 2.7　计算心形线 $r=a(1+\cos\theta),a>0$ 所围成的图形的面积.

解　心形线所围成的图形如图 7.10 所示,这个图形对称于极轴,因此所求图形的面

积是极轴以上部分图形面积的两倍. 对于极轴以上部分图形, θ 的变化范围是 $[0,\pi]$, 于是心形线所围成的图形的面积为

$$A = 2\int_0^\pi \frac{1}{2}r^2\,\mathrm{d}\theta = \int_0^\pi a^2(1+\cos\theta)^2\,\mathrm{d}\theta$$

$$= a^2\int_0^\pi (1+2\cos\theta+\cos^2\theta)\,\mathrm{d}\theta = a^2\int_0^\pi \left(\frac{3}{2}+2\cos\theta+\frac{1}{2}\cos 2\theta\right)\mathrm{d}\theta$$

$$= a^2\left[\frac{3}{2}\theta+2\sin\theta+\frac{1}{4}\sin 2\theta\right]_0^\pi = \frac{3}{2}\pi a^2.$$

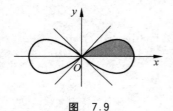

图 7.9　　　　　　　　　　　　图 7.10

习题 7.2

1. 求下列曲线所围成的平面区域的面积:

(1) $ax=y^2,ay=x^2(a>0)$;

(2) $y=x^2,x+y=2$;

(3) $x^2-y^2=1,x-y=1,x+y=2$;

(4) $y=x-x^2,y=\sqrt{2x-x^2},x=1$;

(5) $y=\mathrm{e}^{-x},y=\mathrm{e}^x,x=2$;

(6) $y=\dfrac{1}{x+1},y=1,x=2$;

(7) $y=x^2-1,y=(x-1)^2,y=(x+1)^2$;

(8) $y=\sqrt{x},y=1,y=10-2x$;

(9) $y^2=4(x+1),y^2=4(1-x)$;

(10) $2y=x^2+y^2,2x=x^2+y^2$.

2. 求抛物线 $y^2=2px$ 及其在点 $\left(\dfrac{p}{2},p\right)(p>0)$ 处的法线所围成的图形的面积.

3. 求下列平面曲线所围成的图形的面积 $(a>0)$:

(1) $x=a\cos^3 t,y=a\sin^3 t$;

(2) $x=2t-t^2,y=2t^2-t^3$;

(3) $r=\sqrt{2}\sin\theta,r^2=\cos 2\theta$;

(4) $r=a\cos 2\theta$;

(5) $r=2a(1-\cos\theta)$.

7.3 体积

1. 平行截面面积为已知函数的立体体积

设有一立体, 被垂直于 x 轴的平面所截得到的截面面积为 $S(x)(a\leqslant x\leqslant b)$, 且 $S(x)$

是 x 的连续函数,求该立体的体积(如图 7.11 所示).这里用微元法推出体积公式.

在区间 $[a,b]$ 上任取一点 x,已知截面的面积是 $S(x)$,设厚度是微分 $\mathrm{d}x$,则在点 x 的体积微元 $\mathrm{d}V$ 是底为 $S(x)$、高为 $\mathrm{d}x$ 的柱体的体积,即

$$\mathrm{d}V = S(x)\mathrm{d}x,$$

积分,得

$$V = \int_a^b S(x)\mathrm{d}x.$$

例 3.1 设底面半径为 R 的圆柱,被通过其底面直径且与底面交角为 α 的平面所截,求截体的体积 V.

解 设底面圆方程为

$$x^2 + y^2 = R^2,$$

用过点 x 且垂直于 x 轴的平面截立体所得的截面是直角三角形(如图 7.12 所示),其面积是

$$S(x) = \frac{1}{2}y \cdot y\tan\alpha = \frac{1}{2}y^2\tan\alpha = \frac{1}{2}(R^2 - x^2)\tan\alpha,$$

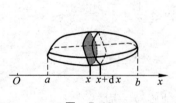

图 7.11

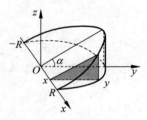

图 7.12

所以

$$V = \int_{-R}^R S(x)\mathrm{d}x = \frac{1}{2}\int_{-R}^R (R^2 - x^2)\tan\alpha\mathrm{d}x$$

$$= \tan\alpha\int_0^R (R^2 - x^2)\mathrm{d}x$$

$$= \tan\alpha\left[R^2 x - \frac{x^3}{3}\right]_0^R$$

$$= \frac{2}{3}R^3\tan\alpha.$$

2. 旋转体的体积

由连续曲线 $y = f(x)(\geqslant 0)$ 与直线 $x = a, x = b$ 及 x 轴所围成的曲边梯形绕 x 轴旋转,所得的立体称为**旋转体**(如图 7.13 所示).

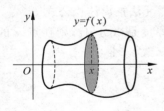

图 7.13

显然，过点 $x(a\leqslant x\leqslant b)$ 且垂直于 x 轴的截面是以 $f(x)$ 为半径的圆，其面积是 $S(x)=\pi f^2(x)$，于是得旋转体的体积

$$V=\pi\int_a^b f^2(x)\mathrm{d}x.$$

类似地，由连续曲线 $x=\varphi(y)$ 和直线 $y=c, y=d$ 及 y 轴所围成曲边梯形绕 y 轴旋转所生成的旋转体的体积为

$$V=\pi\int_c^d \varphi^2(y)\mathrm{d}y.$$

例 3.2 求椭圆 $\dfrac{x^2}{a^2}+\dfrac{y^2}{b^2}=1$ 分别绕 x 轴和 y 轴旋转所得旋转体的体积.

解 (1) 绕 x 轴旋转

此旋转体可以看作是由半个椭圆 $y=\dfrac{b}{a}\sqrt{a^2-x^2}$ 及 x 轴围成的图形绕 x 轴旋转而成的立体，于是，得

$$V_x=\pi\int_{-a}^{a}\frac{b^2}{a^2}(a^2-x^2)\mathrm{d}x=\pi\frac{b^2}{a^2}\left[a^2x-\frac{1}{3}x^3\right]_{-a}^{a}=\frac{4}{3}\pi ab^2.$$

(2) 绕 y 轴旋转

$$V_y=\pi\int_{-b}^{b}\frac{a^2}{b^2}(b^2-y^2)\mathrm{d}y=\pi\frac{a^2}{b^2}\left[b^2y-\frac{1}{3}y^3\right]_{-b}^{b}=\frac{4}{3}\pi a^2b.$$

当 $a=b$ 时，得半径为 a 的球体体积

$$V=\frac{4}{3}\pi a^3.$$

例 3.3 求圆 $(x-b)^2+y^2=a^2(0<a<b)$ 绕 y 轴旋转一周的旋转体的体积.

图 7.14

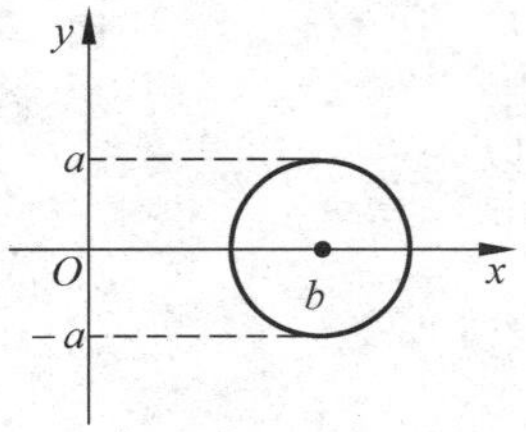

解 圆的方程改写为 $x=b\pm\sqrt{a^2-y^2}$. 如图 7.14 所示，右半圆的方程是

$$\varphi_1(y)=b+\sqrt{a^2-y^2},$$

左半圆的方程是

$$\varphi_2(y)=b-\sqrt{a^2-y^2}.$$

所求的旋转体(环体)的体积是分别以两个半圆为曲边的曲边梯形绕 y 轴旋转一周的旋转体的体积的差，即

$$\begin{aligned}V&=\pi\int_{-a}^{a}[\varphi_1(y)]^2\mathrm{d}y-\pi\int_{-a}^{a}[\varphi_2(y)]^2\mathrm{d}y\\&=\pi\int_{-a}^{a}\{[\varphi_1(y)]^2-[\varphi_2(y)]^2\}\mathrm{d}y\end{aligned}$$

$$= \pi \int_{-a}^{a} \{(b + \sqrt{a^2 - y^2})^2 - (b - \sqrt{a^2 - y^2})^2\} \mathrm{d}y$$

$$= 8b\pi \int_{0}^{a} \sqrt{a^2 - y^2} \, \mathrm{d}y$$

$$= 8b\pi \left[\frac{y}{2} \sqrt{a^2 - y^2} + \frac{a^2}{2} \arcsin \frac{y}{a} \right]_{0}^{a} = 2a^2 b \pi^2.$$

习题 7.3

1. 一立体的底面为一半径为 5 的圆. 已知垂直于底面的一条直径的截面都是等边三角形, 求立体的体积.

2. 一立体的底面为由双曲线 $16x^2 - 9y^2 = 144$ 与直线 $x = 6$ 所围成的平面图形. 如果垂直于 x 轴的立体截面都是(1)正方形; (2)等边三角形; (3)高为 3 的等腰三角形. 求各种情况的立体的体积.

3. 从半径为 2 的圆柱体上开凿一个边长为 2 的方孔, 方孔的轴与圆柱体的轴垂直相交, 求凿去部分的体积.

4. 求以半径为 R 的圆为底、平行且等于底圆直径的线为顶, 高为 h 的正劈锥体的体积.

5. 求 $y = \sqrt{2x - 4}$, $x = 2$, $x = 4$ 所围成图形分别绕 x 轴及 y 轴旋转所得旋转体体积.

6. 求由曲线 $y = 4 - x^2$ 及 $y = 0$ 所围成的图形绕直线 $x = 3$ 旋转一圈所得旋转体的体积.

7. 在半径为 R 的球上钻一个半径为 $a(a < R)$ 的圆孔, 孔的轴为球体的一条直径, 求剩余部分的体积.

8. 计算由摆线 $x = a(t - \sin t)$, $y = a(1 - \cos t)$ 的一拱及 $y = 0$ 所围成的图形分别绕 x 轴、y 轴旋转而成的旋转体的体积.

9. 证明: 由 $y = f(x)(\geqslant 0)$, 直线 $x = a$, $x = b$ 及 x 轴所围成的平面图形绕 y 轴旋转所成的旋转体的体积为

$$V = 2\pi \int_{a}^{b} x f(x) \mathrm{d}x.$$

7.4 平面曲线的弧长

1. 直角坐标情形

设曲线由方程 $y = f(x)(a \leqslant x \leqslant b)$ 给出, 其中 $f(x)$ 在 $[a, b]$ 上具有连续的导数, 下面来计算这条曲线的弧长(如图 7.15 所示).

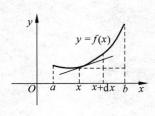

图　7.15

取横坐标 x 为积分变量,它的变化区间是 $[a,b]$,曲线 $y=f(x)$ 相应于小区间 $[x,x+\mathrm{d}x]$ 上的弧长可以用曲线在点 $(x,f(x))$ 处的切线相应于小区间 $[x,x+\mathrm{d}x]$ 的长度来近似代替,而切线相应于小区间 $[x,x+\mathrm{d}x]$ 上的长度为

$$\sqrt{(\mathrm{d}x)^2+(\mathrm{d}y)^2}=\sqrt{1+(y')^2}\,\mathrm{d}x,$$

从而得到弧长微元

$$\mathrm{d}s=\sqrt{1+(y')^2}\,\mathrm{d}x,$$

于是,所求弧长为

$$s=\int_a^b\sqrt{1+(y')^2}\,\mathrm{d}x.$$

例 4.1　求曲线 $9y^2=x^3$ 在 $0\leqslant x\leqslant 12$ 部分的弧长.

解　因为曲线 $9y^2=x^3$ 关于 x 轴对称,所以所求弧长是曲线 $y=\dfrac{1}{3}x^{\frac{3}{2}}$ 在 $0\leqslant x\leqslant 12$ 部分的弧长的两倍(如图 7.16 所示).

由于 $y'=\dfrac{1}{2}x^{\frac{1}{2}}$,所以

$$s=2\int_0^{12}\sqrt{1+(y')^2}\,\mathrm{d}x=2\int_0^{12}\sqrt{1+\frac{1}{4}x}\,\mathrm{d}x$$

$$=\int_0^{12}\sqrt{4+x}\,\mathrm{d}x$$

$$=\left[\frac{2}{3}(4+x)^{\frac{3}{2}}\right]_0^{12}=\frac{128}{3}.$$

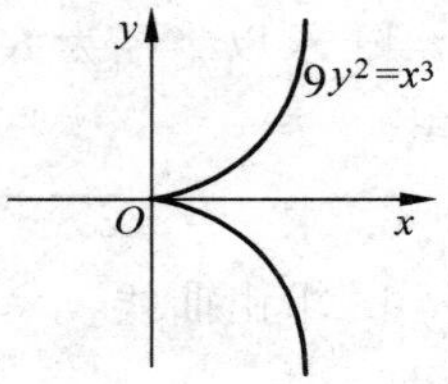

图　7.16

例 4.2　求悬链线 $y=\dfrac{\mathrm{e}^x+\mathrm{e}^{-x}}{2}$ 介于 $x=-1$ 和 $x=1$ 之间的一段弧长.

解　因为 $y'=\dfrac{\mathrm{e}^x-\mathrm{e}^{-x}}{2}$,所以

$$1+y'^2=1+\frac{(\mathrm{e}^x-\mathrm{e}^{-x})^2}{4}=1+\frac{\mathrm{e}^{2x}-2+\mathrm{e}^{-2x}}{4}=\frac{\mathrm{e}^{2x}+2+\mathrm{e}^{-2x}}{4}=\left(\frac{\mathrm{e}^x+\mathrm{e}^{-x}}{2}\right)^2.$$

由弧长公式得

$$s=\int_{-1}^1\sqrt{1+(y')^2}\,\mathrm{d}x=\int_{-1}^1\frac{\mathrm{e}^x+\mathrm{e}^{-x}}{2}\mathrm{d}x=2\int_0^1\frac{\mathrm{e}^x+\mathrm{e}^{-x}}{2}\mathrm{d}x$$

$$=(\mathrm{e}^x-\mathrm{e}^{-x})\Big|_0^1=\mathrm{e}-\frac{1}{\mathrm{e}}.$$

2. 参数方程情形

若曲线弧由参数方程

$$\begin{cases} x = \varphi(t), \\ y = \psi(t), \end{cases} \quad \alpha \leqslant t \leqslant \beta$$

给出，其中 $\varphi(t),\psi(t)$ 在 $[\alpha,\beta]$ 上具有连续的导数，由于 $\mathrm{d}x = \varphi'(t)\mathrm{d}t, \mathrm{d}y = \psi'(t)\mathrm{d}t$，因此有

$$\mathrm{d}s = \sqrt{(\mathrm{d}x)^2 + (\mathrm{d}y)^2} = \sqrt{[\varphi'(t)]^2 + [\psi'(t)]^2}\ \mathrm{d}t,$$

于是所求弧长为

$$s = \int_\alpha^\beta \sqrt{[\varphi'(t)]^2 + [\psi'(t)]^2}\ \mathrm{d}t.$$

例 4.3　求星形线（如图 7.17 所示）

$$\begin{cases} x = a\cos^3 t, \\ y = a\sin^3 t, \end{cases} \quad 0 \leqslant t \leqslant 2\pi$$

的全长.

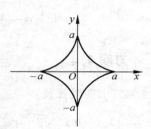

图　7.17

解　因为星形线关于两个坐标轴都对称，所以曲线的全长为第一象限部分的弧长的4倍.

由于 $x_t' = -3a\cos^2 t\sin t,\ y_t' = 3a\sin^2 t\cos t$，得星形线的全长为

$$s = 4\int_0^{\frac{\pi}{2}} \sqrt{(x_t')^2 + (y_t')^2}\ \mathrm{d}t = 4\int_0^{\frac{\pi}{2}} 3a\sin t\cos t\,\mathrm{d}t = [6a\sin^2 t]_0^{\frac{\pi}{2}} = 6a.$$

3. 极坐标情形

若曲线由极坐标方程

$$r = r(\theta), \quad \alpha \leqslant \theta \leqslant \beta$$

给出，其中 $r(\theta)$ 在 $[\alpha,\beta]$ 上具有连续的导数，由于极坐标与直角坐标的关系为

$$x = r\cos\theta, \quad y = r\sin\theta,$$

故得曲线弧的参数方程为（θ 为参数）

$$\begin{cases} x = r(\theta)\cos\theta, \\ y = r(\theta)\sin\theta, \end{cases} \quad \alpha \leqslant \theta \leqslant \beta.$$

又

$$x_\theta' = r'(\theta)\cos\theta - r(\theta)\sin\theta,$$
$$y_\theta' = r'(\theta)\sin\theta + r(\theta)\cos\theta,$$
$$(x_\theta')^2 + (y_\theta')^2 = [r'(\theta)]^2 + r^2(\theta),$$

于是有

$$s = \int_\alpha^\beta \sqrt{[r'(\theta)]^2 + r^2(\theta)}\ \mathrm{d}\theta.$$

例 4.4 求心形线 $r=a(1+\cos\theta)(a>0)$ 的全长（如图 7.18 所示）.

解 $r'(\theta)=-a\sin\theta$，根据对称性，有

$$s=2\int_0^\pi \sqrt{r^2(\theta)+[r'(\theta)]^2}\,\mathrm{d}\theta$$

$$=2a\int_0^\pi \sqrt{1+\cos^2\theta+2\cos\theta+\sin^2\theta}\,\mathrm{d}\theta$$

$$=2a\int_0^\pi \sqrt{2+2\cos\theta}\,\mathrm{d}\theta$$

$$=4a\int_0^\pi \cos\frac{\theta}{2}\,\mathrm{d}\theta=\left[8a\sin\frac{\theta}{2}\right]_0^\pi=8a.$$

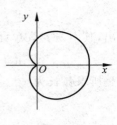

图　7.18

习题 7.4

1. 求曲线弧长：

(1) $y=\ln x$，$\sqrt{3}\leqslant x\leqslant \sqrt{8}$；

(2) $y=\ln(\cos x)$，$0\leqslant x\leqslant \dfrac{\pi}{4}$；

(3) $y=\ln\dfrac{\mathrm{e}^x+1}{\mathrm{e}^x-1}$，$0<a\leqslant x\leqslant b$；

(4) $y^2=\dfrac{1}{3a}x(x-a)^2$，$0\leqslant x\leqslant a$.

2. 求曲线 $x=\arctan t$，$y=\dfrac{1}{2}\ln(1+t^2)$ 自 $t=0$ 至 $t=1$ 的一段曲线弧的长度.

3. 求圆的渐伸线 $x=a(\cos t+t\sin t)$，$y=a(\sin t-t\cos t)$ 自 $t=0$ 至 $t=2$ 的一段曲线弧的长度.

4. 求曲线 $r\theta=1$ 自 $\theta=\dfrac{3}{4}$ 至 $\theta=\dfrac{4}{3}$ 的一段弧的长度.

5. 求曲线 $r=\mathrm{e}^\theta$ 自 $\theta=0$ 至 $\theta=\dfrac{\pi}{2}$ 的一段弧的长度.

第 8 章

微分方程初步

在许多实际问题中,会遇到复杂的运动过程,表达运动规律的函数往往不能直接得到.但是根据问题所给的条件,有时可以得到含有未知函数及其导数(微分)的关系式.这样的关系式叫做微分方程.微分方程建立后,对它进行研究,即找出未知函数,这就是解微分方程.本章主要介绍微分方程的一些基本概念和几种常用的微分方程的解法.

8.1 微分方程的基本概念

下面通过几何、物理学、电学中的几个具体例子来阐明微分方程的基本概念.

例 1.1 已知曲线上任一点处的切线斜率等于这点横坐标的两倍,求曲线方程.

解 根据导数的几何意义,故所求曲线应满足方程

$$\frac{\mathrm{d}y}{\mathrm{d}x} = 2x. \tag{8.1}$$

例 1.2 质量为 m 的物体只受重力的作用而自由下落,试建立物体所经过的路程 s 与时间 t 的关系(如图 8.1 所示).

解 把物体降落的铅垂线取作 s 轴,其指向朝下(朝向地心).设物体在 t 时刻的位置为 $s = s(t)$.物体受重力 $F = mg$ 的作用而自由下落,因自由下落物体是匀加速运动,加速度 $a = \dfrac{\mathrm{d}^2 s}{\mathrm{d}t^2}$.

由牛顿第二定律 $F = ma$,得物体在下落过程中满足的关系式为

$$m \frac{\mathrm{d}^2 s}{\mathrm{d}t^2} = mg \quad \text{或} \quad \frac{\mathrm{d}^2 s}{\mathrm{d}t^2} = g. \tag{8.2}$$

图 8.1

例 1.3 图 8.2 是由电阻 R,电感 L 串联成的闭合电路,简称 $R\text{-}L$ 闭合电路,其中电动势为 E(R,L,E 均为常数),当电动势为 E 的电源接入电路时,电路中有电流急剧通过,求电流 $i(t)$ 的变化规律.

解 由电学知,电阻 R 上的电压降为 Ri,电感 L 上的电压

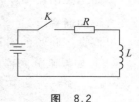

图 8.2

降为 $L\dfrac{\mathrm{d}i}{\mathrm{d}t}$.

由基尔霍夫第二定律：回路总电压降等于回路中的电动势. 于是得关系式

$$L\frac{\mathrm{d}i}{\mathrm{d}t}+Ri=E, \qquad\qquad (8.3)$$

这就是 $R\text{-}L$ 串联闭合电路中电流 $i(t)$ 随时间 t 变化所遵循的规律.

上述 3 个例子中式(8.1)～(8.3)都是微分方程. 一般来说，凡表示自变量、未知函数及未知函数的导数(或微分)的关系式，称为**微分方程**. 微分方程中出现的未知函数的最高阶导数的阶数，称为**微分方程的阶**. 如方程(8.1)，方程(8.3)是一阶微分方程，方程(8.2)是二阶微分方程.

一阶微分方程的一般形式是

$$F(x,y,y')=0, \qquad\qquad (8.4)$$

如果方程(8.4)能对 y' 解出，则得到方程

$$y'=f(x,y), \qquad\qquad (8.5)$$

或

$$M(x,y)\mathrm{d}x+N(x,y)\mathrm{d}y=0. \qquad\qquad (8.6)$$

方程(8.5)或方程(8.6)称为一阶显方程，方程(8.4)称为一阶隐方程.

代数方程的主要问题之一是求方程的根. 所谓方程

$$f(x)=0$$

的根 x_0 是指这样的数，在方程中令 $x=x_0$ 时，等式

$$f(x_0)=0$$

成立.

与此相类似，微分方程的主要问题之一是求方程的解.

如果把某个函数以及它的导数代入微分方程，能使该方程成为恒等式，这个函数就称为**微分方程的解**. 或者说，满足微分方程的函数称为微分方程的解.

例如，在本节例 1.1 中，$y=x^2+C$ 是 $\dfrac{\mathrm{d}y}{\mathrm{d}x}=2x$ 的解. 在本节例 1.2 中，$s=\dfrac{1}{2}gt^2+C_1t+C_2$ 是 $\dfrac{\mathrm{d}^2s}{\mathrm{d}t^2}=g$ 的解.

这两个解中包含任意常数的个数，与对应的微分方程的阶数相同，将这样的解，称为**微分方程的通解**.

根据具体问题的需要，有时需确定通解中的任意常数，设微分方程的未知函数为 $y=y(x)$，如果微分方程是一阶的，通常用来确定任意常数的条件是：当 $x=x_0$ 时，$y=y_0$，或 $y|_{x=x_0}=y_0$，其中 x_0,y_0 是给定的数值.

如果微分方程是二阶的，通常用来确定任意常数的条件是：当 $x=x_0$ 时，$y=y_0$，$y'=$

y'_0；或写成 $y|_{x=x_0}=y_0$，$y'|_{x=x_0}=y'_0$，其中 x_0,y_0,y'_0 都是给定的数值. 这样的条件称为**初始条件**.

通解中的任意常数确定后，所得出的解称为**微分方程的特解**.

习题 8.1

1. 什么是微分方程？什么是微分方程的阶？下列哪些是微分方程？并指出它的阶数.

(1) $y'=2x+6$；

(2) $\dfrac{d^2y}{dx^2}=4y+x$；

(3) $x^2dx+y^2dy=0$；

(4) $\dfrac{d^2y}{dx^2}+2x+\left(\dfrac{dy}{dx}\right)^5=0$；

(5) $y^2-3y+2=0$；

(6) $y'''+8(y')^4+7y^8=e^{2t}$.

2. 验证下列函数（C 为任意常数）是否为相应方程的解？是通解还是特解？

(1) $\dfrac{dy}{dx}-2y=0$，$y=\sin x$，$y=e^x$，$y=Ce^{2x}$；

(2) $xydx+(1+x^2)dy=0$，$y^2(1+x^2)=C$；

(3) $y''-9y=x+\dfrac{1}{2}$，$y=5\cos3x+\dfrac{x}{9}+\dfrac{1}{8}$；

(4) $x^2y'''=2y'$，$y=\ln x+x^3$.

3. 一曲线通过点 $(1,0)$，且曲线上任意点 (x,y) 处切线的斜率为 x^2，求曲线的方程.

8.2 可分离变量的微分方程

本节研究一类最简单的一阶微分方程，即**可分离变量的微分方程**

$$\frac{dy}{dx}=f(x)g(y) \tag{8.7}$$

或

$$M_1(x)M_2(y)dx+N_1(x)N_2(y)dy=0, \tag{8.8}$$

其中 $f(x),g(x),M_1(x),N_1(x),M_2(y),N_2(y)$ 分别是 x 或 y 的连续函数.

对方程 (8.7)，当 $g(y)\neq0$ 时，用 $\dfrac{dx}{g(y)}$ 乘方程的两端，得

$$\frac{dy}{g(y)}=f(x)dx.$$

这个过程称为**分离变量**，将上式两端分别积分，便得方程的通解

$$\int\frac{dy}{g(y)}=\int f(x)dx+C,\quad C\text{ 是任意常数}.$$

式(8.7)中若 $g(y)=0$ 有实根 y_0,则 $y=y_0$(y_0 为常数),也是方程(8.7)的解.

对于方程(8.8),当 $N_1(x)M_2(y) \neq 0$ 时,用 $\dfrac{1}{N_1(x)M_2(y)}$ 乘方程(8.8)的两端,即得已分离变量的方程

$$\frac{M_1(x)}{N_1(x)}\mathrm{d}x + \frac{N_2(y)}{M_2(y)}\mathrm{d}y = 0.$$

两端分别积分,即得方程(8.8)的通解

$$\int \frac{M_1(x)}{N_1(x)}\mathrm{d}x + \int \frac{N_2(y)}{M_2(y)}\mathrm{d}y = C, \quad C \text{ 是任意常数}.$$

若 $N_1(x)=0$ 有实根 x_0,则 $x=x_0$ 也是方程(8.8)的解;

若 $M_2(y)=0$ 有实根 y_0,则 $y=y_0$ 也是方程(8.8)的解.

例 2.1 求微分方程 $\dfrac{\mathrm{d}y}{\mathrm{d}x} = -\dfrac{x}{y}$ 的通解和满足初始条件 $y|_{x=0}=1$ 的特解.

解 将原方程分离变量得

$$y\mathrm{d}y = -x\mathrm{d}x,$$

将两边分别积分,得通解

$$\frac{1}{2}y^2 = -\frac{1}{2}x^2 + C,$$

即

$$x^2 + y^2 = 2C,$$

或

$$x^2 + y^2 = a^2,$$

这里 $2C$ 写成 a^2,a 是任意常数. 将初始条件 $y|_{x=0}=1$ 代入通解得 $a^2=1$,于是方程的特解为

$$x^2 + y^2 = 1.$$

方程的通解为圆心在原点的一族同心圆,其特解是该圆族中过 $(0,1)$ 点的单位圆.

例 2.2 求方程 $(1+y^2)\mathrm{d}x - x(1+x^2)y\mathrm{d}y = 0$ 的通解.

解 用 $x(1+x^2)(1+y^2)$ 除方程两边得

$$\frac{\mathrm{d}x}{x(1+x^2)} - \frac{y\mathrm{d}y}{1+y^2} = 0.$$

两边积分

$$\int \frac{\mathrm{d}x}{x(1+x^2)} - \int \frac{y\mathrm{d}y}{1+y^2} = C_1.$$

因为

$$\int \frac{\mathrm{d}x}{x(1+x^2)} = \int \left(\frac{1}{x} - \frac{x}{1+x^2} \right) \mathrm{d}x = \ln|x| - \frac{1}{2}\ln(1+x^2),$$

$$\int \frac{y\mathrm{d}y}{1+y^2} = \frac{1}{2}\ln(1+y^2),$$

所以

$$\ln|x| - \frac{1}{2}\ln(1+x^2) - \frac{1}{2}\ln(1+y^2) = C_1.$$

即

$$\ln \frac{x^2}{(1+x^2)(1+y^2)} = 2C_1 \quad \text{或} \quad \frac{x^2}{(1+x^2)(1+y^2)} = \mathrm{e}^{2C_1} = \frac{1}{C},$$

通解为 $(1+x^2)(1+y^2) = Cx^2$.

此外方程还有解 $x=0$, 对应于 $x(1+x^2)=0$ 的根.

例 2.3 求微分方程

$$L\frac{\mathrm{d}i}{\mathrm{d}t} + Ri = E \quad (L, R, E \text{ 均为常数})$$

的解.

解 方程是可分离变量的方程, 移项得

$$L\frac{\mathrm{d}i}{\mathrm{d}t} = E - Ri,$$

即

$$\frac{L}{R}\frac{\mathrm{d}i}{\frac{E}{R} - i} = \mathrm{d}t \quad \text{或} \quad \frac{\mathrm{d}i}{\frac{E}{R} - i} = \frac{R}{L}\mathrm{d}t.$$

两边分别积分, 得

$$-\ln\left|\frac{E}{R} - i\right| = \frac{R}{L}t + C_1 \quad \text{或} \quad \ln\left|\frac{E}{R} - i\right| = -\left(\frac{R}{L}t + C_1\right),$$

即

$$\left|\frac{E}{R} - i\right| = \mathrm{e}^{-\frac{R}{L}t - C_1} = \mathrm{e}^{C_1}\mathrm{e}^{-\frac{R}{L}t},$$

得方程通解 $i = \frac{E}{R} - C\mathrm{e}^{-\frac{R}{L}t} (C = \pm\mathrm{e}^{-C_1})$.

如果方程满足初始条件 $i|_{t=0} = 0$, 则得特解

$$i = \frac{E}{R}\left(1 - \mathrm{e}^{-\frac{R}{L}t}\right).$$

这就是电流 i 随时间 t 的变化规律. 从这里容易看出, 随着 t 的逐渐增大, $\mathrm{e}^{-\frac{R}{L}t}$ 趋向于 0, 这说明在电源接入电路后, 电流随着 t 的增大而趋向 $\frac{E}{R}$.

有些微分方程从形式上看不是可分离变量的方程,但只要作适当的变量代换,就可将方程化为可分离变量的方程. 下面介绍两种常见的微分方程的解法.

(1) 形如

$$\frac{\mathrm{d}y}{\mathrm{d}x} = f(ax + by) \tag{8.9}$$

的方程,其中 a 和 b 是常数.

作变量代换 $z = ax + by$,两端对 x 求导,得

$$\frac{\mathrm{d}z}{\mathrm{d}x} = a + b\frac{\mathrm{d}y}{\mathrm{d}x},$$

因 $\frac{\mathrm{d}y}{\mathrm{d}x} = f(z)$,故得

$$\frac{\mathrm{d}z}{\mathrm{d}x} = a + bf(z),$$

$$\frac{\mathrm{d}z}{a + bf(z)} = \mathrm{d}x.$$

两边分别积分,得

$$x = \int \frac{\mathrm{d}z}{a + bf(z)} + C.$$

求出积分后再用 $ax + by$ 代替 z,便得方程(8.9)的通解.

例 2.4 求微分方程 $\frac{\mathrm{d}y}{\mathrm{d}x} = \frac{1}{x-y} + 1$ 的通解.

解 作变换 $z = x - y$,两端对 x 求导,得

$$\frac{\mathrm{d}z}{\mathrm{d}x} = 1 - \frac{\mathrm{d}y}{\mathrm{d}x},$$

又因 $\frac{\mathrm{d}y}{\mathrm{d}x} = \frac{1}{z} + 1$,于是 $\frac{\mathrm{d}z}{\mathrm{d}x} = 1 - \frac{1}{z} - 1$,化简为 $z\mathrm{d}z = -\mathrm{d}x$. 两边分别积分得 $z^2 = -2x + C$. 原方程的通解为 $(x - y)^2 = -2x + C$.

(2) 齐次微分方程

形如

$$\frac{\mathrm{d}y}{\mathrm{d}x} = \varphi\left(\frac{y}{x}\right) \tag{8.10}$$

的方程称为**齐次微分方程**.

对方程(8.10)作变量代换 $\frac{y}{x} = u$,即 $y = xu$,两端对 x 求导数得

$$\frac{\mathrm{d}y}{\mathrm{d}x} = u + x\frac{\mathrm{d}u}{\mathrm{d}x},$$

又因 $\dfrac{\mathrm{d}y}{\mathrm{d}x}=\varphi(u)$，于是 $u+x\dfrac{\mathrm{d}u}{\mathrm{d}x}=\varphi(u)$，有

$$\frac{\mathrm{d}u}{\varphi(u)-u}=\frac{\mathrm{d}x}{x}.$$

方程(8.10)已化为可分离变量的方程，两边分别积分得

$$\int\frac{\mathrm{d}u}{\varphi(u)-u}=\ln x+C.$$

求出积分后，再用 $\dfrac{y}{x}$ 代替 u，便得方程(8.10)的通解.

注 由对称性，对齐次微分方程也可作代换 $\dfrac{x}{y}=v$ 化为可分离变量方程，v 是 y 的新未知函数.

例 2.5 求微分方程 $y\mathrm{d}x-(x+\sqrt{x^2+y^2})\mathrm{d}y=0$ 的通解.

解 方程两端除 $y(\neq 0)$，可将方程改写为 $\dfrac{\mathrm{d}x}{\mathrm{d}y}=\dfrac{x}{y}+\sqrt{\left(\dfrac{x}{y}\right)^2+1}$，故原方程为齐次方程.

作变量代换 $u=\dfrac{x}{y}$，则 $x=uy$，两端求导得

$$\frac{\mathrm{d}x}{\mathrm{d}y}=u+y\frac{\mathrm{d}u}{\mathrm{d}y},$$

代入方程，化简可得

$$\frac{\mathrm{d}y}{y}=\frac{\mathrm{d}u}{\sqrt{u^2+1}}.$$

两端分别积分，得

$$\ln y=\ln(u+\sqrt{u^2+1})+\ln C,$$

或

$$u+\sqrt{u^2+1}=\frac{y}{C},$$

从而得

$$u-\sqrt{u^2+1}=-\frac{C}{y}.$$

由上两式有

$$2u=\frac{y}{C}-\frac{C}{y},$$

将 $u=\dfrac{x}{y}$ 代入并整理，得原方程的通解

$$y^2 = 2C\left(x + \frac{C}{2}\right).$$

另外, $y=0$ 也是方程的解. 但可统一到通解中.

习题 8.2

1. 用分离变量法求下列一阶微分方程的解:

(1) $y' = e^y \sin x$;

(2) $xy(y - xy') = x + yy'$;

(3) $x\dfrac{\mathrm{d}y}{\mathrm{d}x} - y\ln y = 0$;

(4) $(xy^2 + x)\mathrm{d}x + (y - x^2 y)\mathrm{d}y = 0$;

(5) $y' = \dfrac{x^2}{\cos^2 y}$;

(6) $\sqrt{1+y^2}\ln x\,\mathrm{d}x + \mathrm{d}y + \sqrt{1+y^2}\,\mathrm{d}x = 0$.

2. 将下列方程化为可分离变量的方程, 并求解:

(1) $x^2 y' + y^2 = xyy'$;

(2) $xy' = y\ln\dfrac{y}{x}$;

(3) $\left(x + y\cos\dfrac{y}{x}\right) = xy'\cos\dfrac{y}{x}$;

(4) $(y + xy^2)\mathrm{d}x + (x - x^2 y)\mathrm{d}y = 0$ (提示: 令 $u = xy$).

8.3　一阶线性微分方程

在一阶微分方程, 如果其未知函数和未知函数的导数都是一次的, 则称为**一阶线性微分方程**.

一阶线性微分方程的一般形式为

$$\frac{\mathrm{d}y}{\mathrm{d}x} + P(x)y = Q(x), \tag{8.11}$$

其中 $P(x), Q(x)$ 都是 x 的已知连续函数.

若 $Q(x) \equiv 0$, 方程(8.11)变成

$$\frac{\mathrm{d}y}{\mathrm{d}x} + P(x)y = 0, \tag{8.12}$$

称为**一阶线性齐次方程**.

当 $Q(x) \equiv 0$ 不成立时, 方程(8.11)称为**一阶线性非齐次方程**.

1. 一阶线性齐次方程的通解

(1) 求一阶线性齐次方程(8.12)的通解

方程(8.12)是可分离变量的方程, 当 $y \neq 0$ 时可改写为

$$\frac{\mathrm{d}y}{y} = -P(x)\mathrm{d}x,$$

两边积分得 $\ln|y| = -\int P(x)\mathrm{d}x + C_1$，故一阶线性齐次方程的通解为

$$y = \pm\, \mathrm{e}^{-\int P(x)\mathrm{d}x + C_1} = C\mathrm{e}^{-\int P(x)\mathrm{d}x}, \quad C \text{ 为任意常数}.$$

（2）求一阶线性非齐次方程（8.11）的通解.

前面已求得一阶线性齐次方程（8.12）的通解为

$$y = C\mathrm{e}^{-\int P(x)\mathrm{d}x}, \tag{8.13}$$

其中 C 为任意常数. 现在设想非齐次方程（8.11）也有这种形式的解，但其中 C 不是任意常数，而是 x 的函数

$$y = C(x)\mathrm{e}^{-\int P(x)\mathrm{d}x}. \tag{8.14}$$

确定出 $C(x)$ 之后，可得非齐次方程的通解.

将函数（8.14）以及它的导数

$$y' = C'(x)\mathrm{e}^{-\int P(x)\mathrm{d}x} - C(x)P(x)\mathrm{e}^{-\int P(x)\mathrm{d}x}$$

代入方程（8.11）中，得

$$C'(x)\mathrm{e}^{-\int P(x)\mathrm{d}x} - C(x)P(x)\mathrm{e}^{-\int P(x)\mathrm{d}x} + C(x)P(x)\mathrm{e}^{-\int P(x)\mathrm{d}x} = Q(x),$$

即

$$C'(x)\mathrm{e}^{-\int P(x)\mathrm{d}x} = Q(x),$$

或

$$C'(x) = Q(x)\mathrm{e}^{\int P(x)\mathrm{d}x}.$$

两端积分得

$$C(x) = \int Q(x)\mathrm{e}^{\int P(x)\mathrm{d}x}\mathrm{d}x + C_1.$$

所以线性非齐次方程（8.11）的通解为

$$y = C(x)\mathrm{e}^{-\int P(x)\mathrm{d}x} = \mathrm{e}^{-\int P(x)\mathrm{d}x}\left[\int Q(x)\mathrm{e}^{\int P(x)\mathrm{d}x}\mathrm{d}x + C_1\right]. \tag{8.15}$$

上述将相应齐次方程通解中任意常数 C 换为函数 $C(x)$ 求非齐次方程通解的方法，称为**常数变易法**（实际上也就是作一个变量代换）.

从（8.15）式可以看出，线性方程（8.11）的通解由两项组成，其中一项 $C_1\mathrm{e}^{-\int P(x)\mathrm{d}x}$ 是相应的齐次方程（8.12）的通解，另一项为 $\mathrm{e}^{-\int P(x)\mathrm{d}x}\int Q(x)\mathrm{e}^{\int P(x)\mathrm{d}x}\mathrm{d}x$，可以验证它是方程（8.11）的一个特解（通解中令 $C_1 = 0$ 时的情况）.

例 3.1 求方程 $xy' + y = \mathrm{e}^x$ 的通解.

解 $y' + \dfrac{1}{x}y = \dfrac{\mathrm{e}^x}{x}$，$P(x) = \dfrac{1}{x}$，$Q(x) = \dfrac{\mathrm{e}^x}{x}$.

先求

$$\int P(x)\mathrm{d}x = \int \frac{1}{x}\mathrm{d}x = \ln x,$$

故

$$\mathrm{e}^{\int P(x)\mathrm{d}x} = \mathrm{e}^{\ln x} = x, \quad \mathrm{e}^{-\int P(x)\mathrm{d}x} = \mathrm{e}^{-\ln x} = \frac{1}{x}.$$

由方程(8.15)可得通解为

$$y = \frac{1}{x}\left(\int \frac{\mathrm{e}^x}{x}\cdot x\mathrm{d}x + C\right) = \frac{1}{x}\left(\int \mathrm{e}^x\mathrm{d}x + C\right) = \frac{1}{x}(\mathrm{e}^x + C).$$

例 3.2　解方程$\dfrac{\mathrm{d}y}{\mathrm{d}x} - \dfrac{2y}{x+1} = (x+1)^{\frac{5}{2}}$.

解　$P(x) = \dfrac{-2}{x+1}, Q(x) = (x+1)^{\frac{5}{2}},$

$$\int P(x)\mathrm{d}x = -2\int \frac{\mathrm{d}x}{x+1} = -2\ln(x+1) = \ln(x+1)^{-2},$$

$$\mathrm{e}^{\int P(x)\mathrm{d}x} = \mathrm{e}^{\ln(x+1)^{-2}} = (x+1)^{-2}, \quad \mathrm{e}^{-\int P(x)\mathrm{d}x} = (x+1)^2.$$

方程的通解为

$$y = (x+1)^2\left(\int (x+1)^{\frac{5}{2}}(x+1)^{-2}\mathrm{d}x + C\right)$$

$$= (x+1)^2\left(\int (x+1)^{\frac{1}{2}}\mathrm{d}x + C\right) = (x+1)^2\left(\frac{2}{3}(x+1)^{\frac{3}{2}} + C\right)$$

$$= \frac{2}{3}(x+1)^{\frac{7}{2}} + C(x+1)^2.$$

2. 伯努利方程

方程

$$y' + P(x)y = Q(x)y^{\alpha} \quad (\alpha \text{ 为常数,且 } \alpha \neq 0,1)$$

称为伯努利方程(因为它是由 James Bernoulli 在 1695 年提出的). 它易于化成线性方程来求解.

将方程两端除以 y^{α},得到

$$y^{-\alpha}y' + P(x)y^{1-\alpha} = Q(x).$$

令 $y^{1-\alpha} = z$,有

$$\frac{\mathrm{d}z}{\mathrm{d}x} + (1-\alpha)P(x)z = (1-\alpha)Q(x).$$

这是一个线性方程,可以求解. 求出 z 之后,再用 y 代回,即得伯努利方程的解.

另外,如果 $\alpha > 0$,则 $y = 0$ 也是一个解.

例 3.3 求解微分方程

$$\frac{\mathrm{d}y}{\mathrm{d}x} - xy = -\mathrm{e}^{-x^2}y^3.$$

解 这是一个伯努利方程,显然 $y=0$ 是一个解. 令 $z=y^{-2}$,则有

$$\frac{\mathrm{d}z}{\mathrm{d}x} + 2xz = 2\mathrm{e}^{-x^2}.$$

这是一阶线性方程,解之得

$$z = \mathrm{e}^{-x^2}(2x+C),$$

将 z 换成 y^{-2},即得原方程的通解为

$$y^2 = \mathrm{e}^{x^2}(2x+C)^{-1}.$$

例 3.4 求解微分方程

$$y' + x(y-x) + x^3(y-x)^2 = 1.$$

解 令 $y-x=u$,得到伯努利方程

$$\frac{\mathrm{d}u}{\mathrm{d}x} + xu + x^3u^2 = 0.$$

令 $z=u^{-1}$,则有

$$\frac{\mathrm{d}z}{\mathrm{d}x} - xz = x^3,$$

这是一阶线性方程,解之得

$$z = C\mathrm{e}^{\frac{x^2}{2}} - x^2 - 2,$$

从而得原方程的通解为

$$y = x + \frac{1}{z} = x + \frac{1}{C\mathrm{e}^{\frac{x^2}{2}} - x^2 - 2}.$$

此外,方程还有解 $y=x$,对应于 $u=0$.

习题 8.3

1. 解下列线性微分方程:

(1) $y' + x^2 y = 0$;

(2) $\frac{\mathrm{d}y}{\mathrm{d}x} + 4y + 5 = 0$;

(3) $\frac{\mathrm{d}y}{\mathrm{d}x} + y = \mathrm{e}^{-x}$, $y|_{x=0} = 5$;

(4) $y' = -2xy + x\mathrm{e}^{-x^2}$;

(5) $y' - 2xy = \mathrm{e}^{x^2}\cos x$;

(6) $\frac{\mathrm{d}s}{\mathrm{d}x} - s\tan x = \sec x$, $s|_{x=0} = 0$;

(7) $xy' - y = \frac{x}{\ln x}$;

(8) $x^2\mathrm{d}y + (12xy - x + 1)\mathrm{d}x = 0$.

2. 解下列方程:

(1) $x\frac{\mathrm{d}y}{\mathrm{d}x} - 4y = x^2\sqrt{y}$;

(2) $y' - \frac{1}{x}y = x^2 y^4$.

8.4   几类可降阶的二阶微分方程

前面讨论了几种一阶微分方程的求解问题,本节将讨论几类特殊的二阶方程的解法.

1. $y'' = f(x)$ 型

如 $\dfrac{\mathrm{d}^2 y}{\mathrm{d}x^2} = -g$ 属此类型,只要积分两次就可得出通解 $y = -\dfrac{1}{2}gx^2 + C_1 x + C_2$,可由初始条件确定这两个任意常数而得到特解.

一般地,对 n 阶方程

$$y^{(n)} = f(x),$$

积分 n 次便可得到通解

$$\underbrace{\iint \cdots \int}_{n\text{重}} f(x)\mathrm{d}x + C_1 x^{n-1} + C_2 x^{n-2} + \cdots + C_{n-1} x + C_n.$$

2. $y'' = f(x, y')$ 型

这种方程右端不显含未知函数 y,可先把 y' 看作未知函数.

作代换 $y' = p(x)$,则 $y'' = p'(x)$,原方程可以化为一阶方程

$$p'(x) = f(x, p(x)).$$

它是关于未知函数 $p(x)$ 的一阶微分方程. 这种方法称为**降阶法**. 解此一阶方程可求出其通解 $p = p(x, C_1)$.

由关系式 $y' = p(x)$ 积分即得原方程的通解,通解中含有两个任意常数

$$y = \int p(x, C_1)\mathrm{d}x + C_2.$$

例 4.1   求方程 $y'' - y' = \mathrm{e}^x$ 的通解.

解   令 $y' = p(x)$,则 $y'' = \dfrac{\mathrm{d}p}{\mathrm{d}x}$,原方程化为

$$\frac{\mathrm{d}p}{\mathrm{d}x} - p = \mathrm{e}^x.$$

这是一阶线性微分方程. 由公式(8.15)得通解

$$p(x) = \mathrm{e}^x(x + C_1).$$

故原方程通解为

$$y = \int \mathrm{e}^x(x + C_1)\mathrm{d}x = x\mathrm{e}^x - \mathrm{e}^x + C_1 \mathrm{e}^x + C_2 = \mathrm{e}^x(x - 1 + C_1) + C_2.$$

3. $y'' = f(y, y')$ 型

这种类型方程右端不显含自变量 x，作代换 $y' = p(y)$，则

$$y'' = \frac{\mathrm{d}p}{\mathrm{d}y} \cdot \frac{\mathrm{d}y}{\mathrm{d}x} = \frac{\mathrm{d}p}{\mathrm{d}y} \cdot p,$$

故原方程化为

$$p \frac{\mathrm{d}p}{\mathrm{d}y} = f(y, p).$$

这是关于未知函数 $p(y)$ 的一阶微分方程，视 y 为自变量，p 是 y 的函数，设所求出的通解为 $p = p(y, C_1)$，则由关系式

$$\frac{\mathrm{d}y}{\mathrm{d}x} = p(y, C_1),$$

用分离变量法解此方程，可得原方程的通解 $y = y(x, C_1, C_2)$。

例 4.2 求方程 $yy'' - y'^2 = 0$ 的通解。

解 作代换 $y' = p(y)$，则 $y'' = \frac{\mathrm{d}p}{\mathrm{d}y} \cdot p$，原方程化为

$$yp \frac{\mathrm{d}p}{\mathrm{d}y} - p^2 = 0,$$

分离变量有 $\frac{\mathrm{d}p}{p} = \frac{\mathrm{d}y}{y}$，积分得 $p = C_1 y$，即 $\frac{\mathrm{d}y}{\mathrm{d}x} = C_1 y$。

再分离变量，求积分得原方程通解

$$y = C_2 \mathrm{e}^{C_1 x}.$$

习题 8.4

1. 求下列微分方程的通解：

(1) $y'' = 2x + \cos x$；

(2) $x^3 y^{(4)} = 1$；

(3) $xy'' = y' \ln y'$；

(4) $y'' - \frac{y'}{x} = 0$；

(5) $\frac{1}{(y')^2} y'' = \cot y$；

(6) $y'' = y'(1 + y'^2)$；

(7) $xy'' + y' = \ln x$；

(8) $yy'' - 2(y')^2 = 0$。

2. 求下列二阶微分方程的特解：

(1) $yy'' = y^2 y' + (y')^2$，当 $x = 0$ 时，$y = -\frac{1}{2}$，$y' = 1$；

(2) $yy'' = 2(y'^2 - y')$, $y|_{x=0} = 1$, $y'|_{x=0} = 2$;

(3) $y'' = 3\sqrt{y}$, $y|_{x=0} = 1$, $y'|_{x=0} = 2$;

(4) $y'' = 2y^3$, $y|_{x=0} = 1$, $y'|_{x=0} = 1$.

8.5 线性微分方程解的性质与解的结构

一个 n 阶微分方程,如果方程中出现的未知函数及未知函数的各阶导数都是一次的,这个方程称为 **n 阶线性微分方程**,它的一般形式为

$$y^{(n)} + p_1(x)y^{(n-1)} + \cdots + p_{n-1}(x)y' + p_n(x)y = f(x), \tag{8.16}$$

其中 $p_1(x), \cdots, p_n(x), f(x)$ 都是 x 的连续函数.

若 $f(x) \equiv 0$,则方程(8.16)变为

$$y^{(n)} + p_1(x)y^{(n-1)} + \cdots + p_{n-1}(x)y' + p_n(x)y = 0, \tag{8.17}$$

方程(8.17)称为 **n 阶线性齐次方程**.

当 $n = 2$ 时,方程(8.16)和(8.17)分别写成

$$y'' + p_1(x)y' + p_2(x)y = f(x), \tag{8.18}$$

$$y'' + p_1(x)y' + p_2(x)y = 0. \tag{8.19}$$

下面讨论二阶线性微分方程具有的一些性质,事实上,二阶线性微分方程的这些性质,对于 n 阶线性微分方程也成立.

1. 线性齐次方程解的性质

定理 8.1   设 y_1, y_2 是二阶线性齐次方程(8.19)的两个解,则 y_1, y_2 的线性组合 $y = C_1 y_1 + C_2 y_2$ 也是方程(8.19)的解. 其中 C_1, C_2 是任意常数.

证明   由假设有

$$y_1'' + p_1 y_1' + p_2 y_1 \equiv 0, \quad y_2'' + p_1 y_2' + p_2 y_2 \equiv 0,$$

将 $y = C_1 y_1 + C_2 y_2$ 代入(8.17)式,有

$$(C_1 y_1 + C_2 y_2)'' + p_1(C_1 y_1 + C_2 y_2)' + p_2(C_1 y_1 + C_2 y_2)$$
$$= C_1(y_1'' + p_1 y_1' + p_2 y_1) + C_2(y_2'' + p_1 y_2' + p_2 y_2) \equiv 0.$$

由此看来,如果 $y_1(x), y_2(x)$ 是方程(8.19)的解,那么 $C_1 y_1(x) + C_2 y_2(x)$ 就是方程(8.19)含有两个任意常数的解.那么,它是否为方程(8.19)的通解呢? 为解决这个问题,需引入两个函数线性无关的概念.

如果 $y_1(x), y_2(x)$ 中的任意一个都不是另一个的常数倍,也就是说 $\dfrac{y_1(x)}{y_2(x)}$ 不恒等于非零常数,则称 $y_1(x)$ 与 $y_2(x)$ **线性无关**,否则称 $y_1(x)$ 与 $y_2(x)$ **线性相关**.

例 5.1   函数 $y_1 = e^x$ 与 $y_2 = e^{-x}$ 在任意区间上都是线性无关的.

事实上,比式

$$\frac{y_1}{y_2} = \frac{\mathrm{e}^x}{\mathrm{e}^{-x}} = \mathrm{e}^{2x} \neq 常数$$

在任意区间上都成立.

在定理 8.1 中已知,若 y_1, y_2 为方程(8.19)的解,则 $C_1 y_1 + C_2 y_2$ 也是方程(8.19)的解.但必须注意,并不是任意两个解的线性组合都是方程(8.19)的通解.例如,$y_1 = \mathrm{e}^x$,$y_2 = 2\mathrm{e}^x$ 都是方程

$$y'' - y = 0$$

的解,但 $y = C_1 y_1 + C_2 y_2 = C_1 \mathrm{e}^x + 2C_2 \mathrm{e}^x = (C_1 + 2C_2)\mathrm{e}^x$ 实际上只含一个任意常数 $C = C_1 + 2C_2$,y 就不是二阶方程的通解.这就是说,方程(8.19)的两个解必须满足一定条件,其组合才能构成通解.事实上,有下面的定理.

定理 8.2   如果 $y_1(x), y_2(x)$ 是方程(8.19)的两个线性无关的解,则

$$y = C_1 y_1 + C_2 y_2$$

是方程(8.19)的通解.

有了这个定理,求二阶线性齐次方程的通解问题就转化为求它的两个线性无关的特解的问题.方程(8.19)的任何两个线性无关的特解称为**基解组**.

例 5.2   函数 $y_1 = x$ 与 $y_2 = x^2$ 是方程 $x^2 y'' - 2xy' + 2y = 0 (x > 0)$ 的解,易知 y_1 与 y_2 线性无关,所以方程的通解为

$$y = C_1 x + C_2 x^2.$$

2. 线性非齐次方程解的结构

定理 8.3   设 $y_1(x)$ 是方程(8.18)的一个特解,$y_2(x)$ 是相应的齐次方程(8.19)的通解,则

$$Y = y_1(x) + y_2(x)$$

是方程(8.18)的通解.

证明   因为 $y_1(x)$ 是方程(8.18)的解,即

$$y_1'' + p_1(x)y_1' + p_2(x)y_1 = f(x).$$

又 $y_2(x)$ 是方程(8.19)的解,即

$$y_2'' + p_1(x)y_2' + p_2(x)y_2 = 0.$$

对 $Y = y_1 + y_2$ 有

$$\begin{aligned}
&Y'' + p_1(x)Y' + p_2(x)Y \\
&= (y_1 + y_2)'' + p_1(x)(y_1 + y_2)' + p_2(x)(y_1 + y_2) \\
&= [y_1'' + p_1(x)y_1' + p_2(x)y_1] + [y_2'' + p_1(x)y_2' + p_2(x)y_2] \\
&= f(x) + 0 = f(x).
\end{aligned}$$

因此 $y_1 + y_2$ 是方程(8.18)的解. 又因 y_2 是方程(8.19)的通解,在其中含有两个任意常数,故 $y_1 + y_2$ 也含有两个任意常数,所以它是非齐次方程(8.18)的通解.

定理 8.4 如果 $y(x) = y_1(x) + \mathrm{i}y_2(x)$(其中 $\mathrm{i} = \sqrt{-1}$)是方程

$$y'' + p_1(x)y' + p_2(x)y = f_1(x) + \mathrm{i}f_2(x) \tag{8.20}$$

的解,则 $y_1(x)$ 与 $y_2(x)$ 分别是方程

$$y'' + p_1(x)y' + p_2(x)y = f_1(x) \quad \text{和} \quad y'' + p_1(x)y' + p_2(x)y = f_2(x)$$

的解.

证明 i 是虚单位,可看作常数,故 $y = y_1 + \mathrm{i}y_2$ 对 x 的一阶及二阶导数为

$$y' = y_1' + \mathrm{i}y_2', \quad y'' = y_1'' + \mathrm{i}y_2'',$$

代入方程(8.20)得

$$(y_1'' + \mathrm{i}y_2'') + p_1(x)(y_1' + \mathrm{i}y_2') + p_2(x)(y_1 + \mathrm{i}y_2)$$
$$= [y_1'' + p_1(x)y_1' + p_2(x)y_1] + \mathrm{i}[y_2'' + p_1(x)y_2' + p_2(x)y_2]$$
$$= f_1(x) + \mathrm{i}f_2(x).$$

因为两个复数相等是指它们的实部和虚部分别相等,所以有

$$y_1'' + p_1(x)y_1' + p_2(x)y_1 = f_1(x),$$
$$y_2'' + p_1(x)y_2' + p_2(x)y_2 = f_2(x).$$

定理 8.5(叠加原理) 设 $y_1(x), y_2(x)$ 分别是方程

$$y'' + p_1(x)y' + p_2(x)y = f_1(x)$$

和

$$y'' + p_1(x)y' + p_2(x)y = f_2(x)$$

的解,则 $y_1(x) + y_2(x)$ 是方程

$$y'' + p_1(x)y' + p_2(x)y = f_1(x) + f_2(x)$$

的解.

这个定理请读者自证.

习题 8.5

1. 判定下列各组函数哪些是线性相关的,哪些是线性无关的:

(1) $\mathrm{e}^{px}, \mathrm{e}^{qx}\ (p \neq q)$;   (2) $\mathrm{e}^{\alpha x}\cos\beta x, \mathrm{e}^{\alpha x}\sin\beta x$;

(3) $(\sin x - \cos x)^2, \sin 2x$;   (4) $x, x-3$;

(5) $x\mathrm{e}^{\alpha x}, \mathrm{e}^{\alpha x}$;   (6) $\mathrm{e}^x, \sin 2x$.

2. 验证下列函数 $y_1(x)$ 和 $y_2(x)$ 是否为所给方程的解?若是,能否由它们组成通解?通解为何?

(1) $y'' + y - 2y = 0$,$y_1(x) = \mathrm{e}^x, y_2(x) = 2\mathrm{e}^x$;

(2) $y'' + y = 0$，$y_1(x) = \cos x$，$y_2(x) = \sin x$；

(3) $y'' - 4y' + 4y = 0$，$y_1 = e^{2x}$，$y_2 = xe^{2x}$.

3. 证明：如果函数 $y_1(x)$ 和 $y_2(x)$ 是方程(8.18)的两个解，那么 $y_1(x) - y_2(x)$ 是方程(8.19)的解.

8.6 二阶常系数线性齐次微分方程的解法

二阶常系数线性微分方程的一般形式为

$$y'' + py' + qy = f(x), \tag{8.21}$$

当 $f(x) \equiv 0$ 时，方程(8.21)为

$$y'' + py' + qy = 0, \tag{8.22}$$

方程(8.22)称为二阶常系数线性齐次微分方程.

在生产实践和科学实验中，很多问题的解决归结为二阶常系数线性微分方程的研究.

由定理 8.2 知，要求方程(8.22)的通解，只需求出它的两个线性无关的特解. 为此，需进一步观察方程(8.22)的特点：它的左端是 y''，py' 和 qy 三项之和，而右端为 0，什么样的函数具有这个特征呢？ 如果某一函数的一阶导数和二阶导数都是同一函数的倍数，则有可能合并为 0，这自然会想到指数函数 e^{rx}. 下面来验证这种想法.

设方程(8.22)具有指数形式的特解 $y = e^{rx}$（r 为待定常数），将 $y = e^{rx}$，$y' = re^{rx}$，$y'' = r^2 e^{rx}$ 代入方程(8.22)有

$$r^2 e^{rx} + pre^{rx} + qe^{rx} = 0,$$

即

$$e^{rx}(r^2 + pr + q) = 0.$$

因 $e^{rx} \neq 0$，故必然有

$$r^2 + pr + q = 0, \tag{8.23}$$

这是一元二次代数方程，它有两个根

$$r_{1,2} = \frac{-p \pm \sqrt{p^2 - 4q}}{2}.$$

因此，只要 r_1 和 r_2 分别为方程(8.23)的根，则 $y = e^{r_1 x}$，$y = e^{r_2 x}$ 就都是方程(8.22)的特解，代数方程(8.23)称为微分方程(8.22)的**特征方程**，它的根称为**特征根**.

下面就三种情况讨论方程(8.22)的通解.

(1) 特征方程有两个相异实根的情形

若 $p^2 - 4q > 0$，则特征方程(8.23)有两个不相等的实根 r_1 和 r_2，这时 $y_1 = e^{r_1 x}$ 和 $y_2 = e^{r_2 x}$ 就是方程(8.22)的两个特解，由于 $\frac{y_1}{y_2} = \frac{e^{r_1 x}}{e^{r_2 x}} = e^{(r_1 - r_2)x} \neq$ 常数，所以 y_1，y_2 线性无关，故

方程(8.22)的通解为

$$y = C_1 e^{r_1 x} + C_2 e^{r_2 x}.$$

例 6.1　求 $y'' + 3y' - 4y = 0$ 的通解.

解　特征方程为

$$r^3 + 3r - 4 = (r+4)(r-1) = 0,$$

特征根为 $r_1 = -4, r_2 = 1$. 故方程的通解为

$$y = C_1 e^{-4x} + C_2 e^x.$$

(2) 特征方程有等根的情形

若 $p^2 - 4q = 0$, 则 $r = r_1 = r_2 = -\dfrac{p}{2}$, 这时仅得到方程(8.22)一个特解 $y_1 = e^{rx}$, 要求通解, 还需找一个与 $y_1 = e^{rx}$ 线性无关的特解 y_2.

既然 $\dfrac{y_2}{y_1} \neq$ 常数, 则必有 $\dfrac{y_2}{y_1} = u(x)$, 其中 $u(x)$ 为待定函数.

设 $y_2 = u(x) e^{rx}$, 则

$$y_2' = e^{rx}[ru(x) + u'(x)], \quad y_2'' = e^{rx}[r^2 u(x) + 2ru'(x) + u''(x)],$$

代入方程(8.22)整理后得

$$e^{rx}[u''(x) + (2r+p)u'(x) + (r^2 + pr + q)u(x)] = 0.$$

因 $e^{rx} \neq 0$, 且因 r 为特征方程(8.23)的重根, 故 $r^2 + pr + q = 0$ 及 $2r + p = 0$, 于是上式成为 $u''(x) = 0$. 即若 $u(x)$ 满足 $u''(x) = 0$, 则 $y_2 = u(x) e^{rx}$ 即为方程(8.22)的另一特解.

$u(x) = D_1 x + D_2$ 是满足 $u''(x) = 0$ 的函数, 其中 D_1, D_2 是任意常数.

取最简单的 $u(x) = x$, 于是 $y_2 = x e^{rx}$, 且 $\dfrac{y_2}{y_1} = x \neq$ 常数, 故方程(8.22)的通解为

$$y = C_1 e^{rx} + C_2 x e^{rx} = e^{rx}(C_1 + C_2 x).$$

例 6.2　求方程 $\dfrac{d^2 s}{dt^2} + 2\dfrac{ds}{dt} + s = 0$ 满足初始条件 $s|_{t=0} = 4, \dfrac{ds}{dt}\Big|_{t=0} = -2$ 的特解.

解　特征方程为 $r^2 + 2r + 1 = 0$, 特征根为 $r_1 = r_2 = -1$, 故方程通解为

$$s = e^{-t}(C_1 + C_2 t).$$

以初始条件 $s|_{t=0} = 4$ 代入上式, 得 $C_1 = 4$, 从而

$$s = e^{-t}(4 + C_2 t).$$

由 $\dfrac{ds}{dt} = e^{-t}(C_2 - 4 - C_2 t)$, 以 $\dfrac{ds}{dt}\Big|_{t=0} = -2$ 代入得

$$-2 = C_2 - 4,$$

有

$$C_2 = 2.$$

所求特解为

$$s = \mathrm{e}^{-t}(4 + 2t).$$

（3）特征方程有共轭复根的情形

若 $p^2 - 4q < 0$，特征方程（8.23）有两个复根

$$r_1 = \alpha + \mathrm{i}\beta, \quad r_2 = \alpha - \mathrm{i}\beta,$$

其中

$$\alpha = -\frac{p}{2}, \quad \beta = \frac{\sqrt{4q - p^2}}{2}.$$

方程（8.22）有两个特解

$$y_1 = \mathrm{e}^{(\alpha + \mathrm{i}\beta)x}, \quad y_2 = \mathrm{e}^{(\alpha - \mathrm{i}\beta)x}.$$

它们是线性无关的，故方程（8.22）的通解为

$$y = C_1 \mathrm{e}^{(\alpha + \mathrm{i}\beta)x} + C_2 \mathrm{e}^{(\alpha - \mathrm{i}\beta)x},$$

这是复函数形式的解．为了表示成实函数形式的解，利用欧拉公式

$$\mathrm{e}^{(\alpha \pm \mathrm{i}\beta)x} = \mathrm{e}^{\alpha x}(\cos\beta x \pm \mathrm{i}\sin\beta x),$$

故有

$$\frac{y_1 + y_2}{2} = \mathrm{e}^{\alpha x}\cos\beta x, \quad \frac{y_1 - y_2}{2\mathrm{i}} = \mathrm{e}^{\alpha x}\sin\beta x.$$

由定理 8.1 知，$\mathrm{e}^{\alpha x}\cos\beta x$，$\mathrm{e}^{\alpha x}\sin\beta x$ 也是方程（8.22）的特解，显然它们是线性无关的．因此方程（8.22）的通解的实函数形式为

$$y = \mathrm{e}^{\alpha x}(C_1\cos\beta x + C_2\sin\beta x).$$

习题 8.6

1. 求下列方程的通解：

（1）$y'' - 5y' + 6y = 0$； （2）$2y'' + y' - y = 0$；

（3）$y'' - 2y' + y = 0$； （4）$y'' + 2y' + 5y = 0$；

（5）$3y'' - 2y' - 8y = 0$； （6）$y'' + y = 0$；

（7）$\dfrac{\mathrm{d}^2 s}{\mathrm{d}t^2} - 4\dfrac{\mathrm{d}s}{\mathrm{d}t} + 4s = 0$； （8）$y'' - 2\sqrt{3}\,y' + 3y = 0$.

2. 求下列方程的特解：

（1）$y'' - 4y' + 3y = 0$，$y|_{x=0} = 6$，$y'|_{x=0} = 10$；

（2）$y'' - 3y' - 4y = 0$，$y|_{x=0} = 0$，$y'|_{x=0} = -5$；

（3）$y'' + 4y' + 29y = 0$，$y|_{x=0} = 0$，$y'|_{x=0} = 15$；

（4）$y'' + 4y' + y = 0$，$y|_{x=0} = 2$，$y'|_{x=0} = 0$；

（5）$2y'' + 3y = 2\sqrt{6}\,y'$，$y|_{x=0} = 0$，$y'|_{x=0} = 1$.

3. 方程 $y'' + 9y = 0$ 的一条积分曲线通过点 $(\pi, -1)$，且在该点和直线 $y + 1 = x - \pi$ 相

切,求此曲线.

4. 一质点的加速度为 $a=-2v-5s$,以初速 $v_0=12\mathrm{m/s}$ 由原点出发,试求 s 与 t 的函数关系.

8.7   二阶常系数线性非齐次微分方程的解法

本节讨论二阶常系数线性非齐次微分方程

$$y'' + py' + qy = f(x) \tag{8.24}$$

的解法.

由前面讨论知,要求方程(8.24)的通解,只需求出它的一个特解和它相应的齐次方程的通解.求齐次方程的通解问题已解决,因此,求非齐次方程通解的问题就转化为求它的一个特解.

怎样求非齐次方程的一个特解呢? 显然特解与方程(8.24)的右端函数 $f(x)$($f(x)$ 叫做自由项)有关,因此必须针对具体的 $f(x)$ 作具体分析. 现在只对 $f(x)$ 的以下形式加以讨论:

(1) $f(x)=\phi(x)$;

(2) $f(x)=\phi(x)\mathrm{e}^{\alpha x}$;

(3) $f(x)=\phi(x)\mathrm{e}^{\alpha x}\cos\beta x$,或 $f(x)=\phi(x)\mathrm{e}^{\alpha x}\sin\beta x$.

其中 $\phi(x)$ 是 x 的多项式,α,β 是实常数.

事实上,上述三种形式可归纳为下述形式:

$$f(x) = \phi(x)\mathrm{e}^{(\alpha+\mathrm{i}\beta)x} = \phi(x)\mathrm{e}^{\alpha x}(\cos\beta x + \mathrm{i}\sin\beta x).$$

当 $\alpha=\beta=0$ 时,即(1)的情形;

当 $\beta=0$ 时,即(2)的情形;

只取它的实部或虚部即(3)的情形,因此,可以先求方程

$$y'' + py' + qy = \phi(x)\mathrm{e}^{\alpha x}(\cos\beta x + \mathrm{i}\sin\beta x)$$

的通解,然后取其实部(或虚部)即为(3)所要求的特解.

因此仅讨论右端具有形式

$$f(x) = \phi(x)\mathrm{e}^{\lambda x}$$

的情形(其中 λ 是复常数,$\lambda=\alpha+\mathrm{i}\beta$),则上述三种情形全包含在内了.

设方程(8.24)的右端为 $f(x)=\phi(x)\mathrm{e}^{\lambda x}$,其中 $\phi(x)$ 为 x 的 m 次多项式,λ 是复常数(特殊情况下可以为 0,这时 $f(x)=\phi(x)$).

由于方程的系数是常数,再考虑到 $f(x)$ 的形状,可以想象方程(8.24)有形如

$$Y(x) = Q(x)\mathrm{e}^{\lambda x}$$

的解,其中 $Q(x)$ 是待定的多项式.这种假设是否合理,要看能否确定出多项式的次数及其

系数. 为此, 把 $Y(x)$ 代入方程(8.24), 由于
$$Y'(x) = Q'(x)e^{\lambda x} + \lambda Q(x)e^{\lambda x},$$
$$Y''(x) = Q''(x)e^{\lambda x} + 2\lambda Q'(x)e^{\lambda x} + \lambda^2 Q(x)e^{\lambda x},$$
得
$$\left[Q''(x)e^{\lambda x} + 2\lambda Q'(x)e^{\lambda x} + \lambda^2 Q(x)e^{\lambda x}\right]$$
$$+ p[Q'(x)e^{\lambda x} + \lambda Q(x)e^{\lambda x}] + qQ(x)e^{\lambda x} \equiv \phi(x)e^{\lambda x},$$
即
$$Q''(x) + (2\lambda + p)Q'(x) + (\lambda^2 + p\lambda + q)Q(x) \equiv \phi(x). \tag{8.25}$$

显然, 为了要使这个恒等式成立, 必须要求恒等式左端的次数与 $\phi(x)$ 的次数相同且同次项的系数也相等, 故通过比较系数可定出 $Q(x)$ 的系数.

① 若 λ 不是特征方程的根, 即
$$\lambda^2 + p\lambda + q \neq 0,$$
这时(8.24)式左端的次数就是 $Q(x)$ 的次数, 它应和 $\phi(x)$ 的次数相同, 即 $Q(x)$ 是 m 次多项式, 所以特解的形式是
$$Y(x) = (a_0 x^m + a_1 x^{m-1} + \cdots + a_m)e^{\lambda x} = Q(x)e^{\lambda x},$$
其中 $m+1$ 个系数 $a_0, a_1, \cdots, a_m$ 可由(8.25)式通过比较同次项系数求得.

② 若 λ 是特征方程的单根, 即
$$\lambda^2 + p\lambda + q = 0,$$
而
$$2\lambda + p \neq 0,$$
这时(8.24)式左端的最高次数由 $Q'(x)$ 决定, 如果 $Q(x)$ 仍是 m 次多项式, 则(8.25)式左端是 $m-1$ 次多项式. 为使左端是一个 m 次多项式, 自然要找如.
$$Y(x) = x(a_0 x^m + a_1 x^{m-1} + \cdots + a_m)e^{\lambda x} = xQ(x)e^{\lambda x}$$
形状的特解. 其中 $m+1$ 个系数可由
$$[xQ(x)]'' + (2\lambda + p)[xQ(x)]' \equiv \phi(x) \tag{8.26}$$
比较同次项系数而确定.

③ 若 λ 是特征方程的二重根, 即
$$\lambda^2 + p\lambda + q = 0, \quad 2\lambda + p = 0.$$
为使(8.24)式左端是一个 m 次多项式, 要找形如
$$Y(x) = x^2(a_0 x^m + a_1 x^{m-1} + \cdots + a_m)e^{\lambda x} = x^2 Q(x)e^{\lambda x}$$
的特解, 其中 $m+1$ 个系数可由
$$[x^2 Q(x)]'' \equiv \phi(x) \tag{8.27}$$
比较同次项系数而确定.

因而得到下面的结论:

若方程 $y'' + py' + qy = f(x)$ 的右端是 $f(x) = \phi(x)e^{\lambda x}$, 则方程具有形如

$$Y(x) = x^k Q(x) \mathrm{e}^{\lambda x}$$

的特解,其中 $Q(x)$ 是与 $\phi(x)$ 同次的多项式,如果 λ 是相应齐次方程的特征根,则式中的 k 是 λ 的重数,如果 λ 不是特征根,则 $k=0$.

这个结论对于任意阶的线性常系数方程也是正确的.

例 7.1 求 $2y'' + y' + 5y = x^2 + 3x + 2$ 的一特解(即 $\mathrm{e}^{\lambda x}$ 中 $\lambda = 0$).

解 因为相应的齐次方程的特征根不为 0,令方程的特解为

$$Y(x) = ax^2 + bx + c,$$

其中 a, b, c 是待定系数,则 $Y' = 2ax + b, y'' = 2a$,代入原方程得

$$4a + (2ax + b) + 5(ax^2 + bx + c) = x^2 + 3x + 2,$$

或

$$5ax^2 + (2a + 5b)x + (4a + b + 5c) = x^2 + 3x + 2,$$

比较系数得联立方程

$$\begin{cases} 5a = 1, \\ 2a + 3b = 3, \\ 4a + b + 5c = 2, \end{cases}$$

解之,得 $a = \dfrac{1}{5}, b = \dfrac{13}{25}, c = \dfrac{17}{125}$. 方程的特解为

$$Y = \frac{1}{5}x^2 + \frac{13}{25}x + \frac{17}{125}.$$

例 7.2 求 $y'' - 3y' + 2y = x\mathrm{e}^x$ 的通解.

解 因相应的齐次方程的特征方程 $\lambda^2 - 3\lambda + 2 = 0$ 的根为 $\lambda_1 = 2, \lambda_2 = 1$,因此相应齐次方程的通解为 $C_1 \mathrm{e}^{2x} + C_2 \mathrm{e}^x$.

再求非齐次方程的特解,因 $\lambda = 1$ 是特征方程的单根,故设特解为

$$Y = x(ax + b)\mathrm{e}^x,$$

求出其导数,代入非齐次方程得

$$-2ax + (2a - b) = x,$$

比较系数得

$$\begin{cases} -2a = 1, \\ 2a - b = 0, \end{cases}$$

解之,得 $a = -\dfrac{1}{2}, b = -1$,因此,非齐次方程的特解为

$$Y = x\left(-\frac{1}{2}x - 1\right)\mathrm{e}^x.$$

所以原方程的通解为

$$y = C_1 \mathrm{e}^{2x} + C_2 \mathrm{e}^x + x\left(-\frac{1}{2}x - 1\right)\mathrm{e}^x.$$

例 7.3 求 $y'' + 6y' + 9y = 5\mathrm{e}^{-3x}$ 的特解.

解 特征方程为 $\lambda^2 + 6\lambda + 9 = 0$,特征根

$$\lambda_1 = \lambda_2 = -3 = \lambda,$$

即 -3 为特征方程的二重根,故设特解为

$$Y = Ax^2 \mathrm{e}^{-3x}.$$

由

$$Y' = (2Ax - 3Ax^2)\mathrm{e}^{-3x}, \quad Y'' = (2A - 12Ax + 9Ax^2)\mathrm{e}^{-3x},$$

代入原方程整理得 $A = \dfrac{5}{2}$,即

$$Y = \frac{5}{2}x^2 \mathrm{e}^{-3x}.$$

例 7.4 求解方程 $y'' - y = 3\mathrm{e}^{2x}$.

解 特征方程 $\lambda^2 - 1 = 0$ 有两个实根 $\lambda_1 = 1$ 和 $\lambda_2 = -1$,故对应齐次方程的通解为 $C_1 \mathrm{e}^x + C_2 \mathrm{e}^{-x}$.原方程的右端 $f(x) = 3\mathrm{e}^{2x}$ 的多项式部分是零次的,且 2 不是特征根,故设特解为

$$Y = A\mathrm{e}^{2x},$$

代入原方程得

$$3A\mathrm{e}^{2x} = 3\mathrm{e}^{2x},$$

于是 $A = 1$,因此求得特解为 $Y = \mathrm{e}^{2x}$,从而原方程的通解为

$$y = C_1 \mathrm{e}^x + C_2 \mathrm{e}^{-x} + \mathrm{e}^{2x}.$$

例 7.5 求解方程 $y'' - y = 4x\sin x$.

解 特征方程 $\lambda^2 - 1 = 0$ 的特征根为 $\lambda_1 = 1, \lambda_2 = -1$,所以对应齐次方程通解为 $C_1 \mathrm{e}^x + C_2 \mathrm{e}^{-x}$.

原方程右端 $f(x) = 4x\sin x$ 是 $4x\mathrm{e}^{\mathrm{i}x} = 4x(\cos x + \mathrm{i}\sin x)$ 的虚部,故求特解时可考虑方程

$$y'' - y = 4x\mathrm{e}^{\mathrm{i}x}, \tag{8.28}$$

这里 i 不是特征根,故令

$$Y^* = (Ax + B)\mathrm{e}^{\mathrm{i}x},$$

代入方程(8.28)并整理得

$$[-2(Ax + B) + 2\mathrm{i}A]\mathrm{e}^{\mathrm{i}x} = 4x\mathrm{e}^{\mathrm{i}x},$$

消去 $\mathrm{e}^{\mathrm{i}x}$,比较系数得

$$\begin{cases} -2A = 4, \\ -2B + 2\mathrm{i}A = 0, \end{cases}$$

解之得 $A = -2, B = -2\mathrm{i}$,即方程(8.28)的特解为

$$Y^* = (-2x - 2i)e^{ix} = (-2x - 2i)(\cos x + i\sin x)$$
$$= -2[(x\cos x - \sin x) + i(x\sin x + \cos x)].$$

取其虚部，即得原方程的特解为

$$Y = -2x\sin x - 2\cos x.$$

因此原方程的通解为

$$y = C_1 e^x + C_2 e^{-x} + (-2x\sin x - 2\cos x).$$

例 7.6 求解方程 $y'' - y = 3e^{2x} + 4x\sin x$.

解 由定理 8.5，可先将原方程分解为

$$y'' - y = 3e^{2x} \quad 和 \quad y'' - y = 4x\sin x,$$

在例 7.4 及例 7.5 中已分别求得这两个方程的特解为 $Y_1 = e^{2x}$，$Y_2 = -2(x\sin x + \cos x)$，故所求方程的特解为

$$Y_1 + Y_2 = e^{2x} - 2(x\sin x + \cos x),$$

于是所求方程的通解为

$$y = C_1 e^x + C_2 e^{-x} + e^{2x} - 2(x\sin x + \cos x).$$

习题 8.7

1. 求下列方程的一个特解：

(1) $y'' - 4y' + 3y = 1$；

(2) $2y'' + 5y' = 5x^2 - 2x - 1$；

(3) $y'' + a^2 y = e^{ax}$；

(4) $y'' - 2y = 4x^2 e^x$；

(5) $y'' + 2y' + 5y = 2e^{3x} + \cos x$；

(6) $y'' - 4y' + 4y = 8e^{2x}$.

2. 求下列方程的通解：

(1) $y'' - 7y' + 6y = 4$；

(2) $y'' + y = 4x^2$；

(3) $y'' - 2y' - 3y = 6e^{2x}$；

(4) $y'' + 2y' + y = 3e^{-x}$；

(5) $y'' + 2y' + 5y = 2e^{3x} + \cos x$；

(6) $y'' - 4y' + 4y = 8e^{2x}$；

(7) $y'' - 4y' + 4y = f(x)$，其中 $f(x)$ 等于①e^{-x}；②$3e^{2x}$；③$2\sin x\cos x$；

(8) $y'' + y = f(x)$，其中 $f(x)$ 等于①x；②$\cos x$；③$e^{2x}\cos 3x$；④$x + \cos x + e^{2x}\cos 3x$.

8.8* 微分方程应用举例

通过前几节的学习，已看到微分方程是解决实际问题的有力工具．本节列举几个例子，以进一步介绍用常微分方程来解决实际问题的方法．一般说来，可分为如下三个步骤

(1) 根据所给的条件列出微分方程和相应的初始条件；

(2) 求解微分方程；

(3) 通过解的性质来研究所提出的问题．

1. 在动力学中的应用

动力学是微分方程最早期的源泉之一,动力学的基本定律是牛顿第二定律

$$f = ma.$$

这也是用微分方程来解决动力学的基本关系式.

例 8.1 物体由高空下落,除受重力作用外,还受空气阻力的作用.在速度不太大的情况下,空气的阻力可看作与速度的平方成正比.试证明在这种情况下,落体存在极限速度.

解 设物体质量为 m,空气阻力系数为 k.又设在时刻 t 物体的下落速度为 v,于是在时刻 t 物体所受的力为

$$f = mg - kv^2.$$

从而,根据牛顿第二定律可列出微分方程

$$m\frac{\mathrm{d}v}{\mathrm{d}t} = mg - kv^2. \tag{8.29}$$

因为是自由落体,所以有

$$v(0) = 0. \tag{8.30}$$

解方程(8.29),分离变量并积分得

$$\int \frac{m\mathrm{d}v}{mg - kv^2} = \int \mathrm{d}t,$$

即

$$\frac{1}{2}\sqrt{\frac{m}{kg}} \ln \frac{\sqrt{mg} + \sqrt{k}v}{\sqrt{mg} - \sqrt{k}v} = t + C.$$

由初始条件(8.30),得 $C = 0$,于是

$$\ln \frac{\sqrt{mg} + \sqrt{k}v}{\sqrt{mg} - \sqrt{k}v} = 2\sqrt{\frac{kg}{m}}t .$$

解出 v,得

$$v = \frac{\sqrt{mg}\left(\mathrm{e}^{2\sqrt{\frac{kg}{m}}t} - 1\right)}{\sqrt{k}\left(\mathrm{e}^{2\sqrt{\frac{kg}{m}}t} + 1\right)}.$$

当 $t \to +\infty$ 时,有

$$\lim_{t \to +\infty} v = \sqrt{\frac{mg}{k}} = v_1. \tag{8.31}$$

据测定,$k = \alpha\rho s$,其中 α 为与物体形状有关的常数,ρ 为介质密度,s 为物体在地面上的投影面积.

人们正是根据公式(8.31),来为跳伞者设计保证安全的降落伞的直径大小的.在落地速度 v_1,m,α 与 ρ 一定时,可定出 s 来.

2. 流体混合问题

初等数学中有这样一类问题：某容器中装有浓度为 c_1 的含某种物质 A（体积单位：L）的液体 V，从其中取出 V_1 后，加入浓度为 c_2 的液体 V_2，求混合后的液体的浓度以及物质 A 的含量，这类问题用初等代数就解决了.

但是在生产中还经常碰到如下问题：如图 8.3 所示，容器内装有含物质 A 的流体. 设时刻 $t=0$ 时，流体体积为 V_0，物质 A 的含量为 x_0，今以速度 v_2（单位时间流量）放出流体，而同时以速度 v_1 注入浓度为 c_1 的流体，试求时刻 t 时容器中物质 A 的质量及流体的浓度.

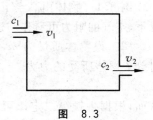

图　8.3

设在时刻 t 时容器中物质 A 的质量为 $x=x(t)$，浓度为 c_2，则

$$c_2 = \frac{x(t)}{V_0 + (v_1 - v_2)t}.$$

物质 A 的流入速度为 $c_1 v_1$；

物质 A 的流出速度为 $c_2 v_2 = \dfrac{v_2 x}{V_0 + (v_1 - v_2)t}$；

容器中物质 A 的变化速度＝流入速度－流出速度，

即

$$\frac{\mathrm{d}x}{\mathrm{d}t} = c_1 v_1 - \frac{v_2 x}{V_0 + (v_1 - v_2)t}, \tag{8.32}$$

这是一阶线性方程. 求物质 A 在时刻 t 的质量问题就归结为求方程(8.32)满足初始条件

$$x(0) = x_0$$

的解的问题.

例 8.2　一容器盛盐水 100L，其中含盐 50g. 现将 2g/L 的盐水以 3L/min 的速度注入容器内，设流入的盐水与原有的盐水因搅拌而成为均匀的混合物，同时此混合物又以 2L/min 的流速流出，试求 30min 后，容器内所含的盐量.

解　以 x 表示时刻 t 的含盐量，则 $\dfrac{\mathrm{d}x}{\mathrm{d}t}$ 表示含盐量的变化率.

容器中含盐量的变化率 ＝ 盐的流入速度 － 盐的流出速度，

盐的流入速度 ＝ 流入盐水的速度 × 流入盐水的浓度，

$$= 3(\mathrm{L/min}) \times 2(\mathrm{g/L}) = 6(\mathrm{g/min}),$$

盐的流出速度 ＝ 流出盐水的速度 × 流出盐水的浓度

$$= 2(\mathrm{L/min}) \times \frac{x}{100 + (3-2)t}(\mathrm{g/L})$$

$$= \frac{2x}{100+t}(\mathrm{g/min}),$$

所以 x 满足微分方程

$$\frac{\mathrm{d}x}{\mathrm{d}t} = 6 - \frac{2x}{100+t}$$

或

$$\frac{\mathrm{d}x}{\mathrm{d}t} + \frac{2x}{100+t} = 6.$$

这是一阶线性微分方程,它的通解为

$$x = \frac{1}{(100+t)^2}[2(100+t)^3 + C].$$

由 $x|_{t=0} = 50$ 得 $C = -150 \times 100^2$,于是

$$x = \frac{1}{(100+t)^2}[2(100+t)^3 - 150 \times 100^2].$$

当 $t=30$ 时,$x=171(\mathrm{g})$,所以,过 30min 后,容器中盐的含量为 171g。

3. 净资产问题

考虑某一公司,它的财产可以赢得利息,它的财产还要向职员发放工资。这里的问题是:在什么情况下,公司可以赚钱,而在什么情况下它要走向破产?

由常识知,付给职员工资总额超过利息的赢取时,公司状况就渐渐变得不妙,而当利息盈取超过付给职员工资总额时,公司就可以维持良好状态。为了更加准确地表达,假设利息是连续赢取的,并且工资也是连续支付的,虽然在实际中工资不一定是连续支付的,但对于一个大公司来说,这一假设是一个比较好的近似。

例 8.3 假设某公司的净资产因资产本身产生了利息而以 5% 的年利率增长,同时,该公司还必须以每年 200 百万元的数额连续地支付职员工资。

(1) 求出描述公司净资产 w(以百万元为单位)的微分方程;

(2) 解上述微分方程,这里假设初始净资产为 w_0(百万元);

(3) 试描绘出 w_0 分别为 3000,4000 和 5000 时的解曲线。

解 (1) 现在用分析法来解此问题。为给净资产建立一个微分方程,现将使用下面这一事实,即

净资产增长的速度 = 利息赢取速度 - 工资支付率。

以每年百万元为单位,利息赢取的速率为 $0.05w$,而工资的支付率为每年 200 百万元,则有

$$\frac{\mathrm{d}w}{\mathrm{d}t} = 0.05w - 200,$$

其中 t 以年为单位.

（2）分离变量,有

$$\frac{\mathrm{d}w}{w-4000}=0.05\mathrm{d}t,$$

积分得

$$\ln\,|\,w-4000\,|=0.05t+C,$$

于是 $w-4000=A\mathrm{e}^{0.05t}$, $A=\pm\mathrm{e}^{C}$.

由 $t=0$ 时 $w=w_0$,有 $A=w_0-4000$,代入解中,得

$$w=4000+(w_0-4000)\mathrm{e}^{0.05t}.$$

（3）如果 $w_0=4000$,则 $w=4000$ 为平衡解;

如果 $w_0=5000$,则 $w=4000+1000\mathrm{e}^{0.05t}$;

如果 $w_0=3000$,则 $w=4000-1000\mathrm{e}^{0.05t}$.

这里请注意,当 $t\approx27.7$ 时,$w=0$,于是这一解意味着该公司在今后的第 28 个年头破产（如图 8.4 所示）.

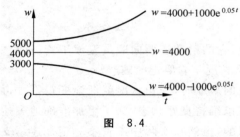
图　8.4

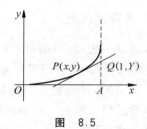
图　8.5

4. 二阶微分方程的应用

例 8.4　位于坐标原点的我舰向位于 Ox 轴上 A 点处的敌舰发射制导鱼雷,使鱼雷永远对准敌舰. 设敌舰以速度 v_0 沿平行于 Oy 轴的直线行驶. 又设鱼雷的速度是 $5v_0$,求鱼雷的航迹曲线的方程. 又敌舰航行多远时将被击中？（为便于计算,设 $OA=1$.）

解　设鱼雷的航迹曲线上点 P 的坐标为 $P(x,y)$,这时敌舰在航线上的点为 $Q(1,Y)$,显然 $Y=v_0t$,故 $\dfrac{\mathrm{d}Y}{\mathrm{d}t}=v_0$. 又知鱼雷速度为 $5v_0$（如图 8.5 所示）,故

$$\sqrt{\left(\frac{\mathrm{d}x}{\mathrm{d}t}\right)^2+\left(\frac{\mathrm{d}y}{\mathrm{d}t}\right)^2}=5v_0,$$

即

$$\frac{\sqrt{(\mathrm{d}x)^2+(\mathrm{d}y)^2}}{\mathrm{d}t}=5v_0=5\frac{\mathrm{d}Y}{\mathrm{d}t},$$

或

$$\sqrt{1+\left(\frac{\mathrm{d}y}{\mathrm{d}x}\right)^2} = 5\frac{\mathrm{d}Y}{\mathrm{d}x}. \tag{8.33}$$

又

$$\frac{\mathrm{d}y}{\mathrm{d}x} = \frac{Y-y}{1-x}, \quad 即 \quad Y-y = (1-x)\frac{\mathrm{d}y}{\mathrm{d}x},$$

所以

$$\frac{\mathrm{d}Y}{\mathrm{d}x} - \frac{\mathrm{d}y}{\mathrm{d}x} = (1-x)\frac{\mathrm{d}^2 y}{\mathrm{d}x^2} - \frac{\mathrm{d}y}{\mathrm{d}x},$$

即

$$\frac{\mathrm{d}Y}{\mathrm{d}x} = (1-x)\frac{\mathrm{d}^2 y}{\mathrm{d}x^2}.$$

以此代入(8.33)式得

$$\sqrt{1+y'} = 5(1-x)y''. \tag{8.34}$$

解方程(8.34)，令 $y'=p$，则 $y''=\dfrac{\mathrm{d}p}{\mathrm{d}x}$，(8.34)式化为

$$\sqrt{1+p^2} = 5(1-x)\frac{\mathrm{d}p}{\mathrm{d}x}, \quad 或 \quad \frac{\mathrm{d}x}{1-x} = 5\frac{\mathrm{d}p}{\sqrt{1+p^2}}.$$

积分之，得

$$(1-x)^{-\frac{1}{5}} = C(p+\sqrt{1+p^2}).$$

代入初始条件 $p|_{x=0}=0$，求得 $C=1$，有 $p+\sqrt{1+p^2}=(1-x)^{-\frac{1}{5}}$. 解得

$$2p = (1-x)^{-\frac{1}{5}} - (1-x)^{\frac{1}{5}},$$

即

$$2\frac{\mathrm{d}y}{\mathrm{d}x} = (1-x)^{-\frac{1}{5}} - (1-x)^{\frac{1}{5}},$$

积分得

$$y = \frac{1}{2}\left[-\frac{5}{4}(1-x)^{\frac{4}{5}} + \frac{5}{6}(1-x)^{\frac{6}{5}}\right] + C_1,$$

代入初始条件 $y|_{x=0}=0$，得 $C_1=\dfrac{5}{24}$，于是得鱼雷航迹曲线的方程为

$$y = \frac{1}{2}\left[-\frac{5}{4}(1-x)^{\frac{4}{5}} + \frac{5}{6}(1-x)^{\frac{6}{5}}\right] + \frac{5}{24}.$$

鱼雷击中敌舰，则曲线上点 P 的横坐标 $x=1$，这时 $y=\dfrac{5}{24}=Y$，即敌舰驶离 A 点 $\dfrac{5}{24}$ 个单位距离时即被击中.

习题 8.8

1. 一水库水的容量为 100(单位:百万 L),它每天向城市供水 1(单位:百万 L).某泉每天向水库流入 0.9(单位:百万 L)的泉水,另外 0.1(单位:百万 L)来自周围地表水的径流.泉水是清洁的,而地表水则是浓度为 0.001(单位:kg/L)的含盐水.假设初始时水库水中不含盐分,水库水的总容量不变,求水库中的水的盐浓度随时间 t 的变化规律.

2. 雨水从屋檐上向下流入一圆柱形水桶中,当下雨停止时,桶中雨水以与其水深的平方根成正比的速度向桶外渗漏.如果水面高度在 1h 内由 90cm 减至 88cm,问需要多长时间整桶的水全部渗透掉?

3. 按牛顿冷却定律,物体在空中冷却的速度与物体温度和空气温度之差成正比.已知空气温度为 30℃,而物体在 15min 内从 100℃ 冷却到 70℃,求物体冷却到 40℃ 时所需的时间.

4. 一水池充满了 10000L 的清水,设它和 A,B,C 三管相连,从 A 管每分钟流进清水 1L,从 B 管每分钟流进糖水 1L,其含糖量为 50g/L,假定流进的水经充分混合后每分钟由 C 管流出 2L,求时刻 t 时池水的含糖量.又问 $t \to +\infty$ 时,池水的含糖量是多少?

5. 已知一质点运动的加速度 $a = 5\cos 2t - 9x$,其中 t,x 分别表示运动的时间和位移.

(1) 若开始质点静止于原点,求质点的运动方程;

(2) 若开始质点以速度 $v_0 = 6$ 从原点出发,求其运动规律.

6. 已知某曲线经过点 $(1,1)$,它的切线在纵轴上的截距等于切点的横坐标,求它的方程.

7. 已知某车间的容积为 $30m \times 30m \times 6m$,其中空气含 0.12% 的 CO_2(以容积算).现以含 CO_2 0.04% 的新鲜空气输入,问每分钟输入多少,才能在 30min 后使车间空气中 CO_2 含量不超过 0.06%?(假定输入的新鲜空气与原有的空气很快混合均匀后,以相同的流量排出.)

8. 假设人们开始在一间空间大小为 $60m^3$ 的房间里抽烟,从而向房间内输入含 5% CO 的空气,输入速率为 $0.002m^3/min$(这意味着进入房间的空气有 5% 是 CO).假设烟气与其他空气是立即就混合起来的,并且混合气体是以与进入房间空气一样的速率离开房间的.

(1) 试写出 t(以 min 为单位)时刻 CO 的浓度 $c(t)$ 所满足的微分方程;

(2) 解此微分方程,假设初始时房间中无 CO 气体;

(3) 最终 $c(t)$ 将如何?

(4) 医学专家警告说,在含有 0.1% CO 的空气中可导致昏迷.那么,需要多长时间,房间中 CO 的浓度才会达到这一程度?

9. 有一只狼,发现其正西 100m 处有一只兔子,狼追兔子,兔子向位于其正北的窝跑去,兔子一旦进窝便脱离了危险.已知狼的速度是兔子速度的两倍,如果兔子距窝 60m,狼能否追上兔子? 如果兔子距窝 70m,结果如何?

8.9　差分方程简介

1. 差分方程的一般概念

（1）差分

在科学技术和经济研究中,连续变化的时间内,变量 y 的变化速度是用 $\dfrac{\mathrm{d}y}{\mathrm{d}t}$ 来刻画的;但在某些场合,变量要按一定的离散时间取值.例如,在经济上进行动态分析,要判断某一经济计划完成的情况时,就依据计划期末指标的数值进行.因此常取在规定的时间区间上的差商 $\dfrac{\Delta y}{\Delta t}$ 来刻画变化速度.如果选择 Δt 为 1,那么 $\Delta y = y(t+1) - y(t)$ 可以近似代表变量在时刻 t 的变化速度.

定义 8.1　设函数 $y = f(x)$,记为 y_x.当 x 取遍非负整数时,函数值可以排成一个数列
$$y_0, y_1, \cdots, y_x, \cdots,$$
则差 $y_{x+1} - y_x$ 称为 y_x 的差分,也称为一阶差分,记为 Δy_x,即
$$\Delta y_x = y_{x+1} - y_x,$$
y_x 的一阶差分的差分
$$\Delta(\Delta y_x) = \Delta(y_{x+1} - y_x) = (y_{x+2} - y_{x+1}) - (y_{x+1} - y_x),$$
记为 $\Delta^2 y_x$,即
$$\Delta^2 y_x = \Delta(\Delta y_x) = y_{x+2} - 2y_{x+1} + y_x,$$
称为函数 y_x 的**二阶差分**.

同样可以定义三阶差分,四阶差分,……
$$\Delta^3 y_x = \Delta(\Delta^2 y_x), \quad \Delta^4 y_x = \Delta(\Delta^3 y_x), \quad \cdots.$$
二阶及二阶以上的差分统称为**高阶差分**.

由定义可知差分具有以下性质:

① $\Delta c y_x = c \Delta y_x$（$c$ 为常数）;

② $\Delta(y_x + z_x) = \Delta y_x + \Delta z_x$.

例 9.1　求 $\Delta(x^2), \Delta^2(x^2), \Delta^3(x^2)$.

解　设 $y_x = x^2$,那么
$$\Delta y_x = \Delta(x^2) = (x+1)^2 - x^2 = 2x + 1,$$
$$\Delta^2 y_x = \Delta^2(x^2) = \Delta(2x+1) = [2(x+1)+1] - (2x+1) = 2,$$
$$\Delta^3 y_x = \Delta(\Delta^2 y_x) = \Delta(2) = 2 - 2 = 0.$$

列出差分表如下：

x	1	2	3	4	5	6	7
y_x	1	4	9	16	25	36	49
Δy_x	3	5	7	9	11	13	
$\Delta^2 y_x$	2	2	2	2	2		
$\Delta^3 y_x$	0	0	0	0			

例 9.2　设 $x^{(n)} = x(x-1)(x-2)\cdots(x-n+1)$，$x^{(0)} = 1$，求 $\Delta x^{(n)}$.

解　设 $y_x = x^{(n)} = x(x-1)\cdots(x-n+1)$，则

$$\Delta y_x = (x+1)^{(n)} - x^{(n)}$$
$$= (x+1)x(x-1)\cdots(x+1-n+1) - x(x-1)\cdots(x-n+1)$$
$$= [(x+1) - (x-n+1)]x(x-1)\cdots(x-n+2)$$
$$= nx^{(n-1)}.$$

例 9.3　求 $\Delta(\lambda^x)$.

解　设 $y_x = \lambda^x$，则 $y_{x+1} = \lambda^{x+1} = \lambda \cdot \lambda^x = \lambda y_x$，于是

$$\Delta y_x = y_{x+1} - y_x = (\lambda - 1)\lambda^x.$$

（2）差分方程的一般概念

先看一个例子.

有某种商品 t 时期的供给量 S_t 与需求量 D_t 都是这一时期价格 P_t 的线性函数

$$S_t = -a + bP_t(a, b > 0), \quad D_t = c - dP_t(c, d > 0).$$

设 t 时期的价格 P_t 由 $t-1$ 时期的价格 P_{t-1} 与供给量及需求量之差 $S_{t-1} - D_{t-1}$ 按如下关系确定：

$$P_t = P_{t-1} - \lambda(S_{t-1} - D_{t-1}), \quad \lambda \text{ 为常数},$$

即 $P_t - [1 - \lambda(b+d)]P_{t-1} = \lambda(a+c)$. 这样的方程就是差分方程.

定义 8.2　含有自变量、未知函数以及未知函数的差分的方程称为**差分方程**. 方程中含有未知函数差分的最高阶数称为**差分方程的阶**.

n 阶差分方程的一般形式为

$$H(x, y_x, \Delta y_x, \Delta^2 y_x, \cdots, \Delta^n y_x) = 0. \tag{8.35}$$

将

$$\Delta y_x = y_{x+1} - y_x, \quad \Delta^2 y_x = y_{x+2} - 2y_{x+1} + y_x,$$
$$\Delta^3 y_x = y_{x+3} - 3y_{x+2} + 3y_{x+1} - y_x, \quad \cdots$$

代入方程（8.35），则方程变成

$$F(x, y_x, y_{x+1}, \cdots, y_{x+n}) = 0. \tag{8.36}$$

反之，方程（8.36）也可以化为方程（8.35）的形式. 因此差分方程也可以定义如下.

定义 8.2′ 含有自变量以及未知函数几个时期的符号的方程称为**差分方程**. 方程中含有未知函数时期符号的最大值与最小值的差称为**差分方程的阶**.

例 9.4 $y_{x+2} - 2y_{x+1} - y_x = 3^x$ 是一个二阶差分方程, 可以化为

$$y_x - 2y_{x-1} - y_{x-2} = 3^{x-2}.$$

将原方程左边写成

$$(y_{x+2} - y_{x+1}) - (y_{x+1} - y_x) - 2y_x = \Delta y_{x+1} - \Delta y_x - 2y_x = \Delta^2 y_x - 2y_x.$$

则原方程可以化为

$$\Delta^2 y_x - 2y_x = 3^x.$$

定义 8.3 如果一个函数代入差分方程后, 方程两边恒等, 则称此函数为该差分方程的解.

设有差分方程 $y_{x+1} - y_x = 2$, 把函数 $y_x = 15 + 2x$ 代入此方程, 则

$$左边 = [15 + 2(x+1)] - (15 + 2x) = 2 = 右边,$$

所以 $y_x = 15 + 2x$ 是方程的解. 同样可验证 $y_x = A + 2x$ (A 为常数) 也是差分方程的解.

一般要根据系统在初始时刻所处的状态, 对差分方程附加一定的条件, 这种附加条件称之为**初始条件**. 满足初始条件的解称为**特解**. 如果差分方程的解中含有相互独立的任意常数的个数恰好等于方程的阶数, 则称它为差分方程的**通解**.

（3）简单差分方程的解

首先考虑最简单的差分方程

$$\Delta y_x = 0,$$

易知它的通解是 $y_x = A$ (A 是任何实常数). 从而若 $\Delta y_x = \Delta z_x$, 便有 $y_x - z_x = A$ (A 是常数).

其次, 若 $y_x = P_n(x)$, 即是关于 x 的 n 次多项式, 则有

$$\Delta y_x = P_{n-1}(x),$$

因此, 差分方程 $\Delta y_x = P_{n-1}(x)$ 的所有解都是 n 次多项式.

考虑差分方程

$$\Delta y_x = C \quad 或 \quad y_{x+1} - y_x = C.$$

由中学等差数列知识便知它的通解是

$$y_x = Cx + A, \quad A \text{ 是任意常数}.$$

若差分方程是 $\Delta^n y_x = 0$, 由前面讨论易知 y_x 是 $n-1$ 次多项式, 即

$$y_x = A_0 + A_1 x + A_2 x^2 + \cdots + A_{n-1} x^{n-1}, \quad A_0, A_1, \cdots, A_{n-1} \text{ 是任意常数}.$$

2. 一阶常系数线性差分方程

形如

$$y_{x+1} - a y_x = f(x) \quad (a \neq 0, 常数) \tag{8.37}$$

的方程称为**一阶常系数线性方程**. 其中 $f(x)$ 为已知函数, y_x 是未知函数. 解差分方程就是求出方程中的未知函数. (8.37) 式中当 $f(x) \neq 0$ 时, 称之为**非齐次**的, 否则称之为**齐次**的.

$$y_{x+1} - ay_x = 0, \tag{8.38}$$

称为方程 (8.37) 相应的齐次方程.

下面介绍一阶常系数差分方程的解法.

(1) 齐次方程 (8.38) 的解

显然, $y_x = 0$ 是方程 (8.38) 的解.

若 $y_x \neq 0$, 则有 $\dfrac{y_{x+1}}{y_x} = a$, 即 $\{y_x\}$ 是公比为 a 的等比数列, 于是方程 (8.38) 的通解为

$$y_x = Aa^x.$$

当 $a = 1$ 时, 通解为 $y_x = A$.

(2) 非齐次方程 (8.37) 的解法

如果 $\tilde{y}_x$ 是方程 (8.37) 的一个特解, Y_x 是方程 (8.38) 的解, 则 $y_x = \tilde{y}_x + Y_x$ 是方程 (8.37) 的解. 事实上

$$\tilde{y}_{x+1} - a\tilde{y}_x = f(x), \quad Y_{x+1} - aY_x = 0,$$

两式相加得

$$(\tilde{y}_{x+1} + Y_{x+1}) - a(\tilde{y}_x + Y_x) = f(x),$$

即 $y_x = \tilde{y}_x + Y_x$ 是方程 (8.37) 的解.

因此, 如果 $\tilde{y}_x$ 是方程 (8.37) 的一个特解, 则

$$y_x = \tilde{y}_x + Aa^x$$

就是方程 (8.37) 的通解. 这样, 为求方程 (8.37) 的通解, 只需求出它的一个特解即可. 下面讨论当 $f(x)$ 是某些特殊形式的函数时方程 (8.37) 的特解.

① $f(x) = P_n(x)$ (n 次多项式), 则方程 (8.37) 为

$$y_{x+1} - ay_x = P_n(x). \tag{8.39}$$

如果 y_x 是 m 次多项式, 则 y_{x+1} 也是 m 次多项式, 并且当 $a \neq 1$ 时, $y_{x+1} - ay_x$ 仍是 m 次多项式, 因此若 y_x 是方程 (8.39) 的解, 应有 $m = n$.

于是, 当 $a \neq 1$ 时, 设 $\tilde{y}_x = B_0 + B_1 x + \cdots + B_n x^n$ 是方程 (8.39) 的特解, 将其代入方程 (8.39), 比较两端同次项的系数, 确定出 $B_0, B_1, \cdots, B_n$, 便得到方程 (8.39) 的特解.

当 $a = 1$ 时, 方程 (8.39) 成为

$$y_{x+1} - y_x = P_n(x), \quad \text{或} \quad \Delta y_x = P_n(x).$$

因此, y_x 应是 $n + 1$ 次多项式, 此时设特解为 $\tilde{y}_x = x(B_0 + B_1 x + \cdots + B_n x^n)$, 代入方程 (8.39), 比较两端同次项系数来确定 $B_0, B_1, \cdots, B_n$, 从而可得特解.

作为多项式的特殊情况 $P_n(x) = c$ (c 为常数), 则方程 (8.39) 为

$$y_{x+1} - ay_x = c. \tag{8.40}$$

当 $a \neq 1$ 时,设 $\tilde{y}_x = k$,代入方程(8.40)得

$$k - ak = c, \quad \text{即} \quad k = \frac{c}{1-a},$$

即方程(8.40)的特解为

$$\tilde{y}_x = \frac{c}{1-a}.$$

当 $a = 1$ 时,设 $\tilde{y}_x = kx$,代入方程(8.39),得 $k = c$,此时得方程(8.39)的特解

$$\tilde{y}_x = cx.$$

例 9.5 求差分方程 $y_{x+1} - 3y_x = -2$ 的通解.

解 $a = 3 \neq 1, c = -2$,差分方程的通解为

$$y_x = 1 + A3^x.$$

例 9.6 求差分方程 $y_{x+1} - 2y_x = 3x^2$ 的通解.

解 设 $\tilde{y}_x = B_0 + B_1 x + B_2 x^2$ 是方程的解,将它代入方程,则有

$$B_0 + B_1(x+1) + B_2(x+1)^2 - 2B_0 - 2B_1 x - 2B_2 x^2 = 3x^2,$$

整理得

$$(-B_0 + B_1 + B_2) + (-B_1 + 2B_2)x - B_2 x^2 = 3x^2,$$

比较同次项系数得线性方程组

$$\begin{cases} -B_0 + B_1 + B_2 = 0, \\ -B_1 + 2B_2 = 0, \\ -B_2 = 3, \end{cases}$$

解得 $B_0 = -9, B_1 = -6, B_2 = -3$,给定方程的特解为

$$\tilde{y}_x = -9 - 6x - 3x^2.$$

而相应的齐次方程的通解为 $A2^x$,于是得差分方程的通解为

$$y_x = -9 - 6x - 3x^2 + A2^x.$$

例 9.7 求差分方程 $y_{x+1} - y_x = 3x^2 + x + 4$ 的通解.

解 设特解为 $\tilde{y}_x = x(B_0 + B_1 x + B_2 x^2)$,代入原方程得

$$3B_2 x^2 + (2B_1 + 3B_2)x + (B_0 + B_1 + B_2) = 3x^2 + x + 4,$$

比较系数得线性方程组

$$\begin{cases} 3B_2 = 3, \\ 2B_1 + 3B_2 = 1, \\ B_0 + B_1 + B_2 = 4, \end{cases}$$

解得 $B_0 = 4, B_1 = -1, B_2 = 1$,特解为

$$\tilde{y}_x = x(4 - x + x^2).$$

因而得通解

$$y_x = x^3 - x^2 + 4x + A.$$

例 9.8　本节引例的差分方程为

$$P_{t+1} - [1 - \lambda(b+d)]P_t = \lambda(a+c),$$

则其通解为

$$P_t = \frac{a+c}{b+d} + A[1 - \lambda(b+d)]^x.$$

② $f(x) = cb^x$（其中 $c, b \neq 1$ 均为常数），则方程(8.37)为

$$y_{x+1} - ay_x = cb^x. \tag{8.41}$$

设方程(8.41)具有形如 $\tilde{y}_x = kx^sb^x$ 的特解.

当 $b \neq a$ 时，取 $s=0$，即 $\tilde{y}_x = kb^x$，代入方程(8.41)得

$$kb^{x+1} - akb^x = cb^x,$$

即 $k(b-a) = c$，所以

$$k = \frac{c}{b-a},$$

于是

$$\tilde{y}_x = \frac{c}{b-a}b^x. \tag{8.42}$$

当 $b=a$ 时，取 $s=1$，得方程(8.41)的特解

$$y_x = cxa^{x-1}.$$

例 9.9　求差分方程 $y_{x+1} - \frac{1}{2}y_x = \left(\frac{5}{2}\right)^x$ 的通解.

解　$a = \frac{1}{2}, b = \frac{5}{2}, c=1$ 代入(8.42)得到差分方程的通解

$$y_x = \frac{1}{2}\left(\frac{5}{2}\right)^x + A\left(\frac{1}{2}\right)^x.$$

例 9.10　在农业生产中，种植先于产出及产品出售一个适当的时期，t 时期该产品的价格 P_t 决定着生产者在下一时期愿意提供市场的产量 S_{t+1}，P_t 还决定着本期该产品的需求量 D_t，因此有

$$D_t = a - bP_t, \quad S_t = -c + dP_{t-1}, \quad a,b,c,d \text{ 均为正的常数,}$$

求价格随时间变动的规律.

解　假定在每一个时期中价格总是确定在市场售清的水平上，即 $S_t = D_t$，因此可得到

$$-c + dP_{t-1} = a - bP_t,$$

即

$$bP_t + dP_{t-1} = a + c,$$

于是得

$$P_t + \frac{d}{b}P_{t-1} = \frac{a+c}{b},$$

其中 $a,b,c,d>0$，常数.

因为 $d>0,b>0$，所以 $\frac{d}{b} \neq -1$，这正是方程(8.39)形式的方程. 于是方程的特解为

$\widetilde{P}_x = \frac{a+c}{b+d}$，而相应齐次方程的通解为 $A\left(-\frac{d}{b}\right)^t$，故问题的通解为

$$P_t = \frac{a+c}{b+d} + A\left(-\frac{d}{b}\right)^t.$$

当 $t=0$ 时，$P_t = P_0$(初始价格)，代入通解式得

$$A = P_0 - \frac{a+c}{b+d},$$

即满足初始条件 $t=0$ 时 $P_t = P_0$ 的特解为

$$P_t = \frac{a+c}{b+d} + \left(P_0 - \frac{a+c}{b+d}\right)\left(-\frac{d}{b}\right)^t.$$

3*. 二阶常系数线性差分方程

在经济研究或其他问题中，会遇到形如

$$y_{x+2} + ay_{x+1} + by_x = f(x), \tag{8.43}$$

(其中 a,b 是常数，$f(x)$ 是已知函数)的差分方程，称为**二阶常系数线性差分方程**，当 $f(x) \equiv 0$ 时，(8.43)式成为

$$y_{x+2} + ay_{x+1} + by_x = 0. \tag{8.44}$$

方程(8.44)称为**二阶常系数线性齐次差分方程**. 若 $f(x) \equiv 0$ 不成立，方程(8.43)称为**二阶常系数线性非齐次差分方程**.

我们可以假定 b 不是 0，若 b 是 0，则方程(8.43)实际上是一阶方程，前面已经讨论过了.

(1) 二阶常系数线性差分方程解的结构

二阶线性差分方程解的结构与二阶线性微分方程解的结构类似，这里不加证明列出主要结果，读者可自行给出定理的证明.

定理 8.6　设 y_{1x} 与 y_{2x} 都是方程(8.44)的解，则 y_{1x} 与 y_{2x} 的线性组合 $y_x = A_1 y_{1x} + A_2 y_{2x}$ 也是方程(8.44)的解.

定理 8.7　设 y_{1x} 与 y_{2x} 都是方程(8.44)的解，且 y_{1x} 与 y_{2x} 线性无关，则

$$y_x = A_1 y_{1x} + A_2 y_{2x}$$

便是方程(8.44)的通解,其中 A_1, A_2 是任意常数.

定理 8.8   设 $y_x = A_1 y_{1x} + A_2 y_{2x}$ 是方程(8.44)的通解,且 y_x^* 是方程(8.43)的一个特解,则

$$Y = y_x^* + A_1 y_{1x} + A_2 y_{2x}$$

是方程(8.43)的通解.

由上面的定理,为了求出方程(8.43)的通解,只需先求出相应的齐次方程(8.44)的两个线性无关的特解,再求出方程(8.44)的一个特解即可.

(2) 二阶常系数线性齐次差分方程的解

类似与相应的二阶微分方程,可设方程(8.44)具有形如 $y_x = \lambda^x$ 的特解,代入方程(8.44)并消去 λ^x,得

$$\lambda^2 + a\lambda + b = 0. \tag{8.45}$$

于是若 λ 是代数方程 $\lambda^2 + a\lambda + b = 0$ 的根,则 $y_x = \lambda^x$ 是差分方程(8.44)的解.方程(8.45)称为方程(8.44)的**特征方程**.根据方程(8.45)的根的不同情况,讨论如下:

① 设特征方程(8.45)有两个不同的实根 $\lambda_1 \neq \lambda_2$,则方程(8.44)有两个线性无关的特解

$$y_{1x} = \lambda_1^x, \quad y_x^2 = \lambda_2^x.$$

因此(8.44)的通解便是 $y_x = A_1 \lambda_1^x + A_2 \lambda_2^x$.

② 设特征方程(8.45)有两个相同的实根 $\lambda_1 = \lambda_2 = \lambda$,则 $y_{1x} = \lambda^x$ 是方程(8.44)的一个特解.设另一个与 y_{1x} 线性无关的特解是 y_{2x},并设 $\dfrac{y_{2x}}{y_{1x}} = u_x$,$u_x$ 不是常数,即 $y_{2x} = u_x y_{1x}$,代入方程(8.44)便有

$$u_{x+2} y_{1(x+2)} + a u_{x+1} y_{1(x+1)} + b u_x y_{1x} = 0,$$

即

$$u_{x+2}\lambda^2 + a u_{x+1}\lambda + b u_x = 0.$$

由 $\lambda = -\dfrac{a}{2}$,且 $b = \dfrac{a^2}{4}$,有

$$\Delta^2 u_x = 0. \tag{8.46}$$

满足方程(8.46)的非常数解最简单的是 $u_x = x$,因此得到方程(8.44)的另一个特解

$$y_{2x} = x\lambda^x.$$

于是方程(8.44)的通解是

$$y_x = (A_1 x + A_2)\lambda^x, \quad A_1, A_2 \text{ 是任意常数}.$$

③ 设方程(8.44)的特征方程(8.45)有两个共轭的复数根

$$\lambda_1 = a + ib, \quad \lambda_2 = a - ib.$$

设它们的三角形式分别是

$$\lambda_1 = r(\cos\theta + \mathrm{i}\sin\theta), \quad \lambda_2 = r(\cos\theta - \mathrm{i}\sin\theta).$$

于是方程(8.44)有两个线性无关的解

$$y_{1x} = r^x(\cos x\theta + \mathrm{i}\sin x\theta), \quad y_{2x} = r^x(\cos x\theta - \mathrm{i}\sin x\theta).$$

则由定理 8.6 知

$$\frac{1}{2}y_{1x} + \frac{1}{2}y_{2x} = r^x\cos x\theta \quad \text{与} \quad \frac{1}{2\mathrm{i}}y_{1x} - \frac{1}{2\mathrm{i}}y_{2x} = r^x\sin x\theta$$

也是方程(8.45)的解,且它们线性无关. 因此方程(8.44)的通解是

$$y_x = r^x(A_1\cos x\theta + A_2\sin x\theta).$$

例 9.11　假设有人买了一对小兔子,经一个月生长,长成了大兔子,便开始繁殖,且每月都生一对小兔子,而小兔子又遵循年初那对兔子的繁殖规律,问第 x 个月兔子有多少对?(假设兔子都不死亡.)

解　设第 x 个月兔子的对数是 y_x,则第 $x+2$ 个月的兔子数目可以这样得到:第 $x+1$ 个月的兔子在第 $x+2$ 个月依然存在,但有大有小,不一定都生小兔子,但第 x 个月的所有兔子到第 $x+2$ 个月都生一对兔子,因此有

$$y_{x+2} = y_{x+1} + y_x, \tag{8.47}$$

且 $y_0 = y_1 = 1$.

方程(8.47)化为一般形式

$$y_{x+2} - y_{x+1} - y_x = 0,$$

特征方程是 $\lambda^2 - \lambda - 1 = 0$. 求得两个根 $\lambda_1 = \dfrac{1+\sqrt{5}}{2}, \lambda_2 = \dfrac{1-\sqrt{5}}{2}$,于是方程(8.47)的解是

$$\begin{cases} y_x = A_1\left(\dfrac{1+\sqrt{5}}{2}\right)^x + A_2\left(\dfrac{1-\sqrt{5}}{2}\right)^x, \\ y_0 = y_1 = 1. \end{cases}$$

确定 A_1, A_2 之后,便得

$$y_x = \frac{1}{\sqrt{5}}\left\{ \left(\frac{1+\sqrt{5}}{2}\right)^{x+1} - \left(\frac{1-\sqrt{5}}{2}\right)^{x+1} \right\}.$$

(3) 二阶常系数线性非齐次方程的解法

在方程(8.43)中,只考虑 $f(x) = \varphi(x)\lambda^x$ 的情形,其中 $\varphi(x)$ 是 m 次多项式,则方程(8.43)写成

$$y_{x+2} + ay_{x+1} + by_x = \varphi(x)\lambda^x. \tag{8.48}$$

设方程(8.48)具有特解 $y_x^* = \psi(x)\lambda^x$,其中 $\psi(x)$ 是多项式,代入方程(8.48)并消去公因子 λ^x,有

$$\psi(x+2)\lambda^2 + a\psi(x+1)\lambda + b\psi(x) = \varphi(x),$$

用差分表示有

$$\lambda^2 \Delta^2 \psi_x + \lambda(2\lambda+a)\Delta\psi_x + (\lambda^2 + a\lambda + b)\psi_x = \varphi(x). \tag{8.49}$$

① 若 λ 不是方程(8.44)的特征方程(8.45)的根,即 $\lambda^2 + a\lambda + b \neq 0$,则 $\psi(x)$ 与 $\varphi(x)$ 为同次多项式,用待定系数法便可确定 $\psi(x)$.

② 若 λ 是方程(8.44)的特征方程(8.45)的一重根,即 $\lambda^2 + a\lambda + b = 0$,但 $2\lambda + a \neq 0$ 方程(8.49)便化为

$$\lambda^2 \Delta^2 \psi_x + \lambda(2\lambda+a)\Delta\psi_x = \varphi(x).$$

这时 $\psi(x)$ 应是 $m+1$ 次的,可设 $\psi(x) = x\tilde{\varphi}(x)$(这里 $\tilde{\varphi}(x)$ 是 m 次多项式).

③ 若 λ 是方程(8.44)的特征方程(8.45)的二重根,则方程(8.49)变为

$$\lambda^2 \Delta^2 \psi_x = \varphi(x).$$

此时 $\psi(x)$ 应是 $m+2$ 次的. 可设 $\psi(x) = x^2 \tilde{\varphi}(x)$($\tilde{\varphi}(x)$ 是 m 次的).

例 9.12 求差分方程 $y_{x+2} + 3y_{x+1} + 2y_x = 0$ 的通解.

解 此差分方程的特征方程是 $\lambda^2 + 3\lambda + 2 = 0$,它有两个根: $\lambda_1 = -1, \lambda_2 = -2$. 于是此齐次差分方程的通解是

$$y_x = A_1(-1)^x + A_2(-2)^x.$$

例 9.13 求差分方程 $y_{x+2} + 4y_{x+1} + 4y_x = 0$ 的通解.

解 此差分方程的特征方程是 $\lambda^2 + 4\lambda + 4 = 0$,它有两个相同的实根: $\lambda_1 = \lambda_2 = -2$. 于是此齐次差分方程的通解是

$$y_x = (A_1 x + A_2)(-2)^x.$$

例 9.14 求差分方程 $y_{x+2} + y_{x+1} - 2y_x = 12$ 的通解及 $y_0 = 0, y_1 = 0$ 的特解.

解 相应的齐次方程是 $y_{x+2} + y_{x+1} - 2y_x = 0$,特征方程是

$$\lambda^2 + \lambda - 2 = 0,$$

它有两个根 $\lambda_1 = -2, \lambda_2 = 1$. 于是齐次方程的通解是 $y_x = A_1(-2)^x + A_2$.

因 $12 = 12 \cdot 1^x$,而 $\lambda = 1$ 是特征方程的单根,可设原方程的一个特解是 $y_x^* = ax$,代入原方程得 $a = 4$,因此,特解是 $y_x^* = 4x$. 于是,原方程的通解为

$$Y = 4x + A_1(-2)^x + A_2.$$

由 $y_0 = 0, y_1 = 0$ 得 $A_1 = \dfrac{4}{3}, A_2 = -\dfrac{4}{3}$. 故所求特解为

$$\tilde{y}_x = 4x + \frac{4}{3}(-2)^x - \frac{4}{3}.$$

例 9.15 求差分方程 $y_{x+2} + 5y_{x+1} + 4y_x = x$ 的通解.

解 相应的齐次方程的特征方程是

$$\lambda^2 + 5\lambda + 4 = 0,$$

求得两根 $\lambda_1 = -1, \lambda_2 = -4$，于是齐次方程的通解是 $y_x = A_1(-1)^x + A_2(-4)^x$.

又右侧函数 $x = x \cdot 1^x$，而 $\lambda = 1$ 不是齐次方程的根，因此可设非齐次方程的一个特解是 $y_x^* = (ax+b) \cdot 1^x = ax+b$，代入原方程得

$$\begin{cases} 7a + 10b = 0, \\ 10a = 1, \end{cases}$$

解得 $a = \dfrac{1}{10}, b = -\dfrac{7}{100}$，于是 $y_x^* = \dfrac{x}{10} - \dfrac{7}{100}$. 故原方程的通解为

$$y_x = -\frac{7}{100} + \frac{1}{10}x + A_1(-1)^x + A_2(-4)^x.$$

例 9.16 求差分方程 $y_{x+2} + 3y_{x+1} - 4y_x = x$ 的通解.

解 相应的齐次方程的特征方程是

$$\lambda^2 + 3\lambda - 4 = 0,$$

解得 $\lambda_1 = 1, \lambda_2 = -4$，于是齐次方程的通解是 $y_x = A_1 + A_2(-4)^x$.

又 $x = x \cdot 1^x$，而 $\lambda = 1$ 是齐次特征方程的单根，故可设非齐次方程的特解是 $y_x^* = x(ax+b)$，代入原方程求得 $a = \dfrac{1}{10}, b = -\dfrac{7}{50}$. 故通解为

$$y_x = x\left(-\frac{7}{50} + \frac{1}{10}x\right) + A_1 + A_2(-4)^x.$$

若 $f(x)$ 具有 $f(x) = \varphi(x)\lambda^x \cos\alpha x$ 或 $f(x) = \varphi(x)\lambda^x \sin\alpha x$ 的形式，也可以仿照二阶微分方程相应的处理方法寻找特解，这里就不再赘述了. 作为本节的结束，现将二阶常系数线性微分方程和差分方程的解的情况列于表 8.1，以便加强记忆.

表 8.1 二阶常系数线性微分方程和差分方程的解的对照表

方 程		$y'' + py' + qy = f(x)$	$y_{x+2} + ay_{x+1} + by_x = f(x)$
相应的齐次方程	形式	$y'' + py' + qy = 0$	$y_{x+2} + ay_{x+1} + by_x = 0$
	特征方程	$\lambda^2 + p\lambda + q = 0$	$\lambda^2 + a\lambda + b = 0$
	二不同实根	$y = C_1 e^{\lambda_1 x} + C_2 e^{\lambda_2 x}$	$y_x = A_1 \lambda_1^x + A_2 \lambda_2^x$
	二相等实根	$y = (C_1 + C_2 x)e^{\lambda x}$	$y_x = (A_1 + A_2 x)\lambda^x$
	二共轭复根	$\lambda_{1,2} = \alpha \pm i\beta,$ $y = e^{\alpha x}(C_1 \cos\beta x + C_2 \sin\beta x)$	$\lambda_{1,2} = \rho e^{\pm i\theta},$ $y_x = \rho^x(A_1 \cos\theta x + A_2 \sin\theta x)$
非齐次方程的特解形式	$f(x)$ 形式	$f(x) = \varphi(x)e^{\lambda x}$	$f(x) = \varphi(x)\lambda^x$
	λ 不是特征方程的根	$y^* = \widetilde{\varphi}(x)e^{\lambda x}$	$y_x^* = \widetilde{\varphi}(x)\lambda^x$
	λ 是特征方程的单重根	$y^* = x\widetilde{\varphi}(x)e^{\lambda x}$	$y_x^* = x\widetilde{\varphi}(x)\lambda^x$
	λ 是特征方程的二重根	$y^* = x^2 \widetilde{\varphi}(x)e^{\lambda x}$	$y_x^* = x^2 \widetilde{\varphi}(x)\lambda^x$

习题 8.9

1. 求下列函数的差分：

(1) $y_x = c_1$；

(2) $y_x = x^2$；

(3) $y_x = a^x$；

(4) $y_x = \log_a x$；

(5) $y_x = \sin(ax)$；

(6) $y_x = x^{(4)}$.

2. 证明下列各等式：

(1) $\Delta(u_x v_x) = u_{x+1}\Delta v_x + v_x\Delta u_x$；

(2) $\Delta\left(\dfrac{u_x}{v_x}\right) = \dfrac{v_x\Delta u_x - u_x\Delta v_x}{v_x v_{x+1}}$.

3. 确定下列差分方程的阶：

(1) $y_{x+3} - x^2 y_{x+1} + 3y_x = 2$；

(2) $y_{x-2} - y_{x-4} = y_{x+2}$.

4. 设 Y_x, Z_x, U_x 分别是下列差分方程的解：

$$y_{x+1} + ay_x = f_1(x), \quad y_{x+1} + ay_x = f_2(x), \quad y_{x+1} + ay = f_3(x),$$

求证：$y_x = Y_x + Z_x + U_x$ 是差分方程

$$y_{x+1} + ay_x = f_1(x) + f_2(x) + f_3(x)$$

的解.（叠加原理）

5. 求下列差分方程的通解及特解：

(1) $y_{x+1} - 5y_x = 3\left(y_0 = \dfrac{7}{3}\right)$；

(2) $y_{x+1} + y_x = 3 (y_0 = 2)$；

(3) $y_{x+1} + 4y_x = 2x^2 + x - 1 (y_0 = 1)$；

(4) $y_{x+2} + 3y_{x+1} - \dfrac{7}{4}y_x = 9 (y_0 = 6, y_1 = 3)$；

(5) $y_{x+2} - 4y_{x+1} + 16y_x = 0 (y_0 = 0, y_1 = 1)$；

(6) $y_{x+2} - 2y_{x+1} + 2y_x = 0 (y_0 = 2, y_1 = 2)$.

6. 设某产品在时期 t 的价格、总供给与总需求分别为 P_t, S_t 与 $D_t (t = 0, 1, 2, \cdots)$，且有：(1)$S_t = 2P_t + 1$；(2)$D_t = -4P_{t-1} + 5$；(3)$S_t = D_t$.

(1) 求证：由(1)～(3)可推出差分方程 $P_{t+1} + 2P_t = 2$；

(2) 已知 P_0 时，求上述方程的解.

伯努利家族与欧拉

许多人都知道巴赫是古今最伟大的作曲家之一,但这个多才多艺的家族在这方面是如此一贯地具有天赋,竟在 16 世纪到 19 世纪中出了几十位姓巴赫的杰出音乐家.事实上,德国有许多地方甚至把巴赫这个词理解为音乐家.伯努利家族在数学与科学上的地位也正如巴赫家族在音乐上的地位一样.这个非凡的瑞士家族祖孙三代出现了 8 位数学家(其中 3 位是杰出的),他们又培育出了在许多领域里崭露头角的成群后代.

雅各布·伯努利(Jakob Bernoulli,1654—1705)的父亲执意要他学神学,但他一有机会便放弃了神学而从事他所喜爱的科学.他自学了牛顿和莱布尼茨的微积分,并从 1687年起直至他去世,一直任瑞士巴塞尔(Basel)大学数学教授.他发表过无穷级数的论文,研究过许多特殊曲线,发明极坐标,引入出现在函数 $\tan x$ 的幂级数展开式中的伯努利数.在他的《推测术》一书中,他叙述了概率论中称为伯努利定理或大数定律的基本原理:若某事件的概率是 p,且若 n 次独立试验中有 k 次出现该事件,则当 $n \to \infty$ 时,$k/n \to p$.乍一看,这定理似乎平凡不足道,但其中深埋着哲学上(以及数学上)许多问题,从伯努利时代起迄今仍是许多争论的根源.

雅各布的弟弟约翰·伯努利(Johann Bernoulli,1667—1748)原来也错选了职业,他开始学医,并在 1694 年获巴塞尔大学博士学位,论文是关于肌肉收缩的问题.但他也爱上了微积分,很快就掌握了它,并用它来解决几何学、微分方程和力学上的许多问题.1695年他任荷兰格罗宁根大学数学物理学教授,而在他哥哥雅各布死后继任巴塞尔大学教授.两兄弟有时致力研究同一问题,但由于彼此妒忌和易于激动.有时两人之间的摩擦爆发成为公开的嫉恨诉骂,例如关于速降线问题就出现这种情况,这是很遗憾的.1696 年约翰提出这个问题挑战全欧洲,这引起了数学家们极大的兴趣,并为牛顿、莱布尼茨和伯努利兄弟二人所解决.约翰的解法比较漂亮,而雅各布的解法(虽然颇为麻烦与费劲)则更为一般.这一情况引起两人之间怒气冲冲的口角纷争达数年之久,其所用言辞之粗野很像市井上的对骂而绝非科学讨论.这两人之间中约翰的脾气似乎更坏,因为多年后,由于他的孩子获得了他自己渴望获取的法兰西科学院奖金,约翰竟把他自己的孩子摔出窗外.

这个孩子叫丹尼尔·伯努利(Daniel Bernoulli,1700—1782),起初也像他父亲一样学医,写了一篇关于肺的作用的论文获得医学学位,并且也像他父亲一样马上放弃原专业而改攻他天生的专长,成为彼得堡的数学教授.1733 年他回巴塞尔,先后任植物学、解剖学与物理学的教授. 他获得法兰西科学院的 10 项奖, 其中包括那项惹他父亲恼怒的奖. 他在多年内发表了物理学、概率论、微积分和微分方程方面的许多著作. 他在一本名著《流体力学》中讨论了流体力学并对气体动力理论作了最早的论述. 许多人认为他是一位真正的数学物理学家.

欧拉(Leonhard Euler, 1707—1783)是瑞士最著名的数学家, 也是近代世界三大数学家之一(另两个是高斯(Gauss)和黎曼(Riemann)). 他也许还是古今各领域里最多产的作家. 他的全集的出版工作开始于 1911 年, 估计如要完成整个计划, 将需要印出 100 卷以上. 他的文字既轻松又易懂, 堪称这方面的典范. 他从来不压缩字句, 总是津津有味地把他那丰富的思想和广泛的兴趣写得有声有色. 法国物理学家阿拉哥(Arago)在谈到欧拉的举世无双的数学才能时说过: "他做计算毫不费力, 就像人们平常呼吸空气或像雄鹰展翅翱翔一样". 他在生命的最后 17 年间完全失明, 单凭着他那了不起的记忆和丰富的想象力, 加上有人帮助他口授笔录来撰写他的书和科学论文, 这样使他得以更多地写出了已经是卷帙浩繁的著作.

欧拉出生在瑞士巴塞尔, 是约翰·伯努利在巴塞尔大学的一个学生, 但很快他就超出了他的老师. 他曾担任柏林科学院院士和彼得堡科学院院士. 他是个有广泛文化素养的人, 深谙古典语文和文学(他能背诵罗马诗人维吉尔(Virgil)的史诗 Aeneil), 懂得许多现代文学、生理学、医学、植物学、地理以及他那个时代的全部物理科学. 不过他对哲学和辩论缺乏才能, 他和伏尔泰在腓特烈大帝的宫廷里作心平气和的争论时总是输的. 他的私人生活是再也安静平淡不过的了, 这对于一个有 13 个孩子的人来说是很难能可贵的.

欧拉本人虽不是教师, 但他对数学教学的影响之深超过任何人. 这主要是通过他的三大著作产生的:《无穷分析引论》(1748),《微分法》(1755)和《积分法》(1768—1794). 这些著作把前人的发现加以总结和定型, 并且充满了欧拉自己的见解. 他推广和改进了平面与立体解析几何, 引入了对三角学的分析处理法, 并首创对数函数 $\log x$ 与指数函数 e^x 的现代讲法. 他关于负数和复数的对数提出了前后一贯的理论, 并发现 $\log x$ 是无穷多值的. 通过他的著作, e, π 及 i 这些记号才在所有数学家中间广泛流行, 是他把这三者联系在一个令人叫绝的关系式 $e^{i\pi}+1=0$ 里. 这是他的著名公式 $e^{i\theta}=\cos\theta+i\sin\theta$(它把指数函数与三角函数联系起来)的特例. 他所创的标准数学记号中有 $\sin x$, $\cos x$, 用 $f(x)$ 来表示一个没有明确规定的函数, 以及用 $\sum$ 来表示求和. 在运用无穷级数、无穷乘积、连分数方面, 他是最早并且最擅长的一个大师, 并且在他的著作中充满了这些方面的惊人发现. 他喜欢搞特定的具体问题, 而不像现代数学家那样热衷于搞一般理论. 他具有无与伦比的洞察力, 能看出那些似乎毫不相关的公式之间的联系, 从而开辟了闯向分析中新领域的许多途径, 留给他的后人去开垦.

欧拉是数学界的莎士比亚, 他的智慧取之不尽用之不竭.

第 9 章

级　　数

级数是高等数学中的一个重要概念,是表达和研究函数的重要形式之一,无论是在理论上和应用上都具有重要的意义.

9.1　级数的概念与性质

已知数列$\{u_n\}$,即
$$u_1, u_2, \cdots, u_n, \cdots. \tag{9.1}$$
将数列(9.1)的项依次用加号连接起来,即
$$u_1 + u_2 + u_3 + \cdots + u_n + \cdots \quad \text{或} \quad \sum_{n=1}^{\infty} u_n \tag{9.2}$$
称为**数值级数**,简称级数.其中 u_n 称为级数(9.2)的第 n 项或通项.

级数(9.2)的前 n 项的和用 S_n 来表示,即
$$S_n = u_1 + u_2 + \cdots + u_n \quad \text{或} \quad S_n = \sum_{k=1}^{n} u_k,$$
称为级数(9.2)的 **n 项部分和**.显然,对于给定的级数(9.2),其任意 n 项部分和 S_n 都是已知的.于是,级数(9.2)对应着一个部分和数列$\{S_n\}$.

定义 9.1　若级数(9.2)的部分和数列$\{S_n\}$收敛,设
$$\lim_{n\to\infty} S_n = S,$$
则称级数 $\sum_{n=1}^{\infty} u_n$ 收敛,S 是级数(9.2)的和,表示为
$$S = \sum_{n=1}^{\infty} u_n = u_1 + u_2 + \cdots + u_n + \cdots,$$
并称
$$R_n = u_{n+1} + u_{n+2} + \cdots = \sum_{k=n+1}^{\infty} u_k = S - S_n$$
为级数的**余和**.

若数列$\{S_n\}$发散,则称级数(9.2)**发散**,此时级数(9.2)没有和.

例 1.1 判断几何级数 $\sum\limits_{n=1}^{\infty} x^{n-1}$ 的收敛性.

解 (1) 当 $|x| \neq 1$ 时,由于

$$S_n = 1 + x + \cdots + x^{n-1} = \frac{1-x^n}{1-x},$$

若 $|x| < 1$,则

$$\lim_{n \to \infty} S_n = \frac{1}{1-x},$$

所以 $|x| < 1$ 时,级数收敛.若 $|x| > 1$,则

$$\lim_{n \to \infty} S_n = \infty,$$

所以,$|x| > 1$ 时,级数 $\sum\limits_{n=1}^{\infty} x^{n-1}$ 发散.

(2) 当 $|x| = 1$ 时,有两种情况:

① 当 $x = 1$ 时,$S_n = n$,所以级数 $\sum\limits_{n=1}^{\infty} x^{n-1}$ 发散.

② 当 $x = -1$ 时,$S_n = \begin{cases} 1, & n \text{ 为奇数}, \\ 0, & n \text{ 为偶数}. \end{cases}$ 所以级数 $\sum\limits_{n=1}^{\infty} x^{n-1}$ 发散.

综合以上可知:当 $|x| < 1$ 时,级数 $\sum\limits_{n=1}^{\infty} x^{n-1}$ 收敛;当 $|x| \geqslant 1$ 时,级数 $\sum\limits_{n=1}^{\infty} x^{n-1}$ 发散.

由于级数(9.2)的敛散性是由其部分和数列的敛散性决定的,所以可以把数列收敛的判断方法用于级数上.但是,研究级数的收敛性并不是对数列的简单重复,而有其自身的特点.

例 1.2 判断级数 $\sum\limits_{n=1}^{\infty} \frac{1}{n}$(调和级数)的收敛性.

解 考虑它的前 n 项和

$$S_n = 1 + \frac{1}{2} + \cdots + \frac{1}{n}.$$

由于对一切 n,总有

$$\left(1 + \frac{1}{n}\right)^n < e,$$

所以

$$\frac{1}{n} > \ln\left(1 + \frac{1}{n}\right) = \ln\frac{n+1}{n},$$

于是

$$S_n = 1 + \frac{1}{2} + \cdots + \frac{1}{n} > \ln\frac{2}{1} + \ln\frac{3}{2} + \cdots + \ln\frac{n+1}{n} = \ln(n+1),$$

所以,当 $n \to \infty$ 时,S_n 是无穷大.因此调和级数 $\sum\limits_{n=1}^{\infty} \dfrac{1}{n}$ 发散.

例 1.3 讨论级数 $\sum\limits_{n=1}^{\infty} \dfrac{1}{n^2}$ 的收敛性.

解 显然,对一切 $n \neq 1$,有

$$\frac{1}{n^2} < \frac{1}{n(n-1)} = \frac{1}{n-1} - \frac{1}{n}.$$

所以

$$S_n = 1 + \frac{1}{2^2} + \frac{1}{3^2} + \cdots + \frac{1}{n^2} < 1 + \frac{1}{1 \cdot 2} + \frac{1}{2 \cdot 3} + \cdots + \frac{1}{n(n-1)}$$

$$= 1 + \left(1 - \frac{1}{2}\right) + \left(\frac{1}{2} - \frac{1}{3}\right) + \cdots + \left(\frac{1}{n-1} - \frac{1}{n}\right) = 2 - \frac{1}{n}.$$

因此 $S_n < 2$.又易知 $\{S_n\}$ 是单调增加的,由单调有界原理知 $\{S_n\}$ 收敛,即级数 $\sum\limits_{n=1}^{\infty} \dfrac{1}{n^2}$ 收敛 (它的和是 $\dfrac{\pi^2}{6}$).

定理 9.1 如果级数

$$\sum_{n=1}^{\infty} u_n = u_1 + u_2 + \cdots + u_n + \cdots$$

与级数

$$\sum_{n=1}^{\infty} v_n = v_1 + v_2 + \cdots + v_n + \cdots$$

都收敛,它们的和分别是 U 与 V,则对任意常数 a 与 b,以 $au_n + bv_n$ 作为一般项而成的级数

$$\sum_{n=1}^{\infty} (au_n + bv_n)$$

也收敛,且其和为 $aU + bV$.

证明 设 $U_n = u_1 + u_2 + \cdots + u_n$,则 $\lim\limits_{n \to \infty} U_n = U$;$V_n = v_1 + v_2 + \cdots + v_n$,则 $\lim\limits_{n \to \infty} V_n = V$. 又设 $\sum\limits_{n=1}^{\infty} (au_n + bv_n)$ 的前 n 项和是 S_n,则有

$$S_n = aU_n + bV_n,$$

因此

$$\lim_{n \to \infty} S_n = aU + bV,$$

所以

$$\sum_{n=1}^{\infty}(au_n+bv_n)=aU+bV.$$

定理 9.2   改变(包括去掉、加上、改变前后次序、改变数值)级数有限项,不影响级数的敛散性.

证明   这里仅对改变有限项的情形加以证明,其他情形类似.

设级数

$$\sum_{n=1}^{\infty}u_n=u_1+u_2+\cdots+u_m+u_{m+1}+\cdots,$$

改变有限项以后,从第 $m+1$ 项开始都没有改变,设新级数为

$$\sum_{n=1}^{\infty}v_n=v_1+v_2+\cdots+v_m+v_{m+1}+\cdots,\quad 当\ n>m\ 时,v_n=u_n.$$

又设

$$u_1+u_2+\cdots+u_m=a,\quad v_1+v_2+\cdots+v_m=b,$$

记级数 $\sum\limits_{n=1}^{\infty}u_n$ 前 n 项和为 U_n,$\sum\limits_{n=1}^{\infty}v_n$ 前 n 项和是 V_n,则当 $n>m$ 时,有

$$U_n=V_n+a-b.$$

因此 $\{U_n\}$ 与 $\{V_n\}$ 具有相同的敛散性,从而上面两级数具有相同的敛散性.

定理 9.3   如果一个级数收敛,则加括号后所形成的新级数也收敛,且和不变.

证明   设级数 $\sum\limits_{n=1}^{\infty}u_n$ 收敛,且和是 S.不失一般性,不妨设加括号后的新级数为

$$(u_1+u_2)+(u_3+u_4+u_5)+(u_6+u_7)+\cdots,$$

用 W_m 表示新级数的前 m 项部分和,用 S_n 表示原级数的前 n 项相应部分和,因此有

$$W_1=S_2,\quad W_2=S_5,\quad W_3=S_7,\quad \cdots,\quad W_m=S_n,\quad \cdots,$$

显然,$m\leqslant n$,则 $m\to\infty$ 时,必有 $n\to\infty$,于是

$$\lim_{m\to\infty}W_n=\lim_{n\to\infty}S_n=S.$$

注   定理 9.3 的逆命题并不成立,即有些级数加括号后收敛,原级数却发散.

例如,级数 $(1-1)+(1-1)+\cdots+(1-1)+\cdots$ 收敛于 0,但 $1-1+1-1+\cdots+(-1)^{n-1}+\cdots$ 却不收敛.

定理 9.4   如果级数 $\sum\limits_{n=1}^{\infty}u_n$ 收敛,则 $\lim\limits_{n\to\infty}u_n=0$.

证明   由于级数收敛,可设 $\lim\limits_{n\to\infty}S_n=S$.

由于 $u_n = S_n - S_{n-1}$（假定 $S_0 = 0$），所以

$$\lim_{n \to \infty} u_n = \lim_{n \to \infty} S_n - \lim_{n \to \infty} S_{n-1} = S - S = 0.$$

由此定理可知，若一级数收敛，则其一般项必趋于 0，即级数收敛的必要条件是一般项趋于 0. 因而若 $\lim\limits_{n \to \infty} u_n$ 不为 0 或不存在，则级数一定发散.

例 1.4 对于 $p \leqslant 0$，判断级数 $\sum\limits_{n=1}^{\infty} \dfrac{1}{n^p}$ 的收敛性.

解 当 $p < 0$ 时，$\lim\limits_{n \to \infty} \dfrac{1}{n^p} = +\infty \neq 0$；当 $p = 0$ 时，$\lim\limits_{n \to \infty} \dfrac{1}{n^p} = 1 \neq 0$. 从而可知级数发散.

注 定理 9.4 的逆命题不成立，请读者自己举例说明之.

习题 9.1

1. 比较无穷积分 $\displaystyle\int_1^{+\infty} \frac{1}{x} \mathrm{d}x$ 及 $\displaystyle\int_1^{+\infty} \frac{1}{x^2} \mathrm{d}x$ 的收敛性与级数 $\sum\limits_{n=1}^{\infty} \dfrac{1}{n}$ 及 $\sum\limits_{n=1}^{\infty} \dfrac{1}{n^2}$ 的收敛性，你能得出关于一般调和级数 $\sum\limits_{n=1}^{\infty} \dfrac{1}{n^p}$ 的收敛性吗？能否得出更一般性的判断级数收敛的方法（不必证明你的结论）.

2. 仿照无穷和 $\sum\limits_{n=1}^{\infty} u_n$ 的定义，给出无穷乘积 $\prod\limits_{n=1}^{\infty} u_n$ 的定义. 并求：

(1) $\prod\limits_{n=1}^{\infty} \left(1 - \dfrac{1}{(n+1)^2}\right)$ 的值；   (2) $\prod\limits_{n=1}^{\infty} \cos \dfrac{x}{2^{n-1}}$ 的值.

3. 用无穷级数表示下列无限循环小数，并求级数的和；另比较 $0.\dot{9}$ 与 1 的大小.

(1) $0.\dot{3}$；   (2) $0.7\dot{5}\dot{2}$；   (3) $0.5\dot{3}\dot{2}$.

4. 根据级数收敛与发散定义，判断下面级数的收敛性：

(1) $\sum\limits_{n=1}^{\infty} n^2$；   (2) $\sum\limits_{n=1}^{\infty} \dfrac{1}{\sqrt{n+1} + \sqrt{n}}$；   (3) $\sum\limits_{n=1}^{\infty} \dfrac{1}{4n^2 - 1}$.

5. 求下面级数的值：

(1) $\sum\limits_{n=1}^{\infty} \dfrac{2^n + 3^n}{6^n}$；   (2) $\sum\limits_{n=1}^{\infty} \left(\dfrac{1}{n(n+1)} + \dfrac{1}{4n^2 - 1}\right)$；

(3) $\left(\dfrac{3}{2} + \dfrac{1}{3}\right) + \left(\dfrac{3}{4} + \dfrac{1}{9}\right) + \left(\dfrac{3}{8} + \dfrac{1}{27}\right) + \cdots + \left(\dfrac{3}{2^n} + \dfrac{1}{3^n}\right) + \cdots$.

9.2 正项级数

如果级数 $\sum\limits_{n=1}^{\infty} u_n$ 各项都非负,即 $u_n \geqslant 0$,则称 $\sum\limits_{n=1}^{\infty} u_n$ 为正项级数. 显然正项级数的部分和数列 $\{S_n\}$ 是单调递增数列

$$S_1 \leqslant S_2 \leqslant S_3 \leqslant \cdots \leqslant S_{n-1} \leqslant S_n \leqslant \cdots.$$

由单调有界原理可得下面的定理.

定理 9.5   正项级数收敛的充要条件是它的部分和数列有界.

据此,可以建立下面的比较判别法.

定理 9.6   若两正项级数 $\sum\limits_{n=1}^{\infty} u_n$ 及 $\sum\limits_{n=1}^{\infty} v_n$,满足 $u_n \leqslant c v_n$,c 是正常数,$n=1,2,\cdots$,那么有:

(1) 若 $\sum\limits_{n=1}^{\infty} v_n$ 收敛,则 $\sum\limits_{n=1}^{\infty} u_n$ 收敛;

(2) 若 $\sum\limits_{n=1}^{\infty} u_n$ 发散,则 $\sum\limits_{n=1}^{\infty} v_n$ 发散.

证明   考虑 $\sum\limits_{n=1}^{\infty} u_n$ 及 $\sum\limits_{n=1}^{\infty} v_n$ 的部分和数列 $\{U_n\}$ 和 $\{V_n\}$.

(1) 设 $\lim\limits_{n\to\infty} V_n = V$,由于 $U_n \leqslant c V_n$,从而 $U_n \leqslant cV$. 由定理 9.5 知级数 $\sum\limits_{n=1}^{\infty} u_n$ 收敛.

由于(2)是(1)的逆否命题,(1)成立时(2)也成立.

例 2.1   判断广义调和级数

$$\sum_{n=1}^{\infty} \frac{1}{n^p} = 1 + \frac{1}{2^p} + \cdots + \frac{1}{n^p} + \cdots$$

的敛散性.

解   当 $p \leqslant 1$ 时,$\dfrac{1}{n^p} \geqslant \dfrac{1}{n}$,以前曾证明级数 $\sum\limits_{n=1}^{\infty} \dfrac{1}{n}$ 发散,由比较判别法知 $\sum\limits_{n=1}^{\infty} \dfrac{1}{n^p}$ 发散.

当 $p > 1$ 时,由于 $f(x) = \dfrac{1}{x^p}$ 是单调减少趋于 0 的,因此有(如图 9.1 所示)

$$\frac{1}{n^p} = \frac{1}{n^p} \cdot 1 = \int_{n-1}^{n} \frac{1}{n^p} \mathrm{d}x < \int_{n-1}^{n} \frac{1}{x^p} \mathrm{d}x, \quad n \geqslant 2,$$

所以

$$\sum_{n=1}^{n} \frac{1}{n^p} < 1 + \int_{1}^{2} \frac{\mathrm{d}x}{x^p} + \int_{2}^{3} \frac{\mathrm{d}x}{x^p} + \cdots + \int_{n-1}^{n} \frac{\mathrm{d}x}{x^p} = 1 + \int_{1}^{n} \frac{\mathrm{d}x}{x^p}.$$

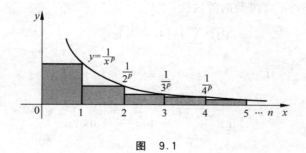

图　9.1

由于 $p>1$，所以无穷积分 $\int_1^{+\infty} \dfrac{\mathrm{d}x}{x^p}$ 收敛于 $\dfrac{1}{p-1}$，因此有

$$\sum_{n=1}^{n} \frac{1}{n^p} < 1 + \frac{1}{p-1} = \frac{p}{p-1},$$

即级数的部分和有界，因此 $\displaystyle\sum_{n=1}^{\infty} \frac{1}{n^p}$ 收敛.

综上所述，广义调和级数在 $p>1$ 时收敛，在 $p \leqslant 1$ 时发散.

例 2.2　判断 $\displaystyle\sum_{n=0}^{\infty} \frac{1}{n!}$ 的收敛性（规定 $0!=1$）.

解　$n \geqslant 2$ 时，$n! = n(n-1) \times \cdots \times 3 \times 2 \times 1 > 2^{n-1}$，所以有

$$\frac{1}{n!} < \frac{1}{2^{n-1}},$$

由几何级数 $\displaystyle\sum_{n=1}^{\infty} \frac{1}{2^{n-1}}$ 的收敛性及比较判别法知级数 $\displaystyle\sum_{n=0}^{\infty} \frac{1}{n!}$ 收敛.

比较判别法有如下的极限形式.

推论 1　设有两正项级数 $\displaystyle\sum_{n=1}^{\infty} u_n$ 及 $\displaystyle\sum_{n=1}^{\infty} v_n (v_n \neq 0)$，且

$$\lim_{n \to \infty} \frac{u_n}{v_n} = k, \quad 0 \leqslant k \leqslant +\infty.$$

(1) 若 $\displaystyle\sum_{n=1}^{\infty} v_n$ 收敛，且 $0 \leqslant k < +\infty$，则 $\displaystyle\sum_{n=1}^{\infty} u_n$ 收敛；

(2) 若 $\displaystyle\sum_{n=1}^{\infty} v_n$ 发散，且 $0 < k \leqslant +\infty$，则 $\displaystyle\sum_{n=1}^{\infty} u_n$ 发散.

请读者自己给出证明.

注　若 $0 < k < +\infty$，则 $\displaystyle\sum_{n=1}^{\infty} u_n$ 与 $\displaystyle\sum_{n=1}^{\infty} v_n$ 具有相同的收敛性.

例 2.3 判定下列正项级数的敛散性：

(1) $\displaystyle\sum_{n=1}^{\infty} \frac{1}{n \cdot n!}$;

(2) $\displaystyle\sum_{n=1}^{\infty} \ln\left(1+\frac{1}{n}\right)$.

解 (1) 取 $v_n = \dfrac{1}{n!}$, 有

$$\lim_{n\to\infty} \frac{\dfrac{1}{n \cdot n!}}{\dfrac{1}{n!}} = \lim_{n\to\infty} \frac{1}{n} = 0,$$

已知级数 $\displaystyle\sum_{n=1}^{\infty} \frac{1}{n!}$ 收敛, 由推论得级数 $\displaystyle\sum_{n=1}^{\infty} \frac{1}{n \cdot n!}$ 也收敛.

(2) 取 $v_n = \dfrac{1}{n}$, 有

$$\lim_{n\to\infty} \frac{\ln\left(1+\dfrac{1}{n}\right)}{\dfrac{1}{n}} = \lim_{n\to\infty} \ln\left(1+\frac{1}{n}\right)^{n} = 1,$$

已知级数 $\displaystyle\sum_{n=1}^{\infty} \frac{1}{n}$ 发散, 由推论, 级数 $\displaystyle\sum_{n=1}^{\infty} \ln\left(1+\frac{1}{n}\right)$ 也发散.

应用正项级数的比较判别法, 不仅能直接判别某些正项级数的敛散性, 并能导出下面比较简便的正项级数敛散性的判别法.

定理 9.7(达朗贝尔判别法) 设有正项级数 $\displaystyle\sum_{n=1}^{\infty} u_n$. 如果极限

$$\lim_{n\to\infty} \frac{u_{n+1}}{u_n} = l$$

存在, 那么: (1) $l<1$ 时, 级数收敛; (2) $l>1$ 时, 级数发散.

证明 (1) 取 $q(l<q<1)$, 由数列极限的保序性, 存在正整数 N , $\forall n>N$, 有

$$\frac{u_{n+1}}{u_n} < q,$$

于是

$$\frac{u_{N+2}}{u_{N+1}} < q, \quad \frac{u_{N+3}}{u_{N+2}} < q, \quad \cdots,$$

从而

$$u_{N+m} < q u_{N+m-1} < q^2 u_{N+m-2} < \cdots < q^{m-1} u_{N+1}.$$

由于无穷级数 $\displaystyle\sum_{m=1}^{\infty} u_{N+1} q^{m-1} = u_{N+1} \sum_{m=1}^{\infty} q^{m-1}$ 收敛, 由比较判别法知 $\displaystyle\sum_{m=1}^{\infty} u_{N+m}$ 收敛, 从而 $\displaystyle\sum_{n=1}^{\infty} u_n$ 收敛.

(2) 留作练习.

例 2.4 判断下列级数的收敛性：

(1) $\sum\limits_{n=1}^{\infty} \dfrac{x^n}{n}$ $(x>0)$； (2) $\sum\limits_{n=1}^{\infty} \dfrac{n \left| \sin\sqrt{n} \right|}{3^n}$.

解 (1) 由于

$$\lim_{n\to\infty} \frac{u_{n+1}}{u_n} = \lim_{n\to\infty} \frac{\dfrac{x^{n+1}}{n+1}}{\dfrac{x^n}{n}} = x,$$

所以当 $0<x<1$ 时级数收敛，$x>1$ 时级数发散，而 $x=1$ 时前面已讨论过，级数发散.

(2) 由于 $\dfrac{n \left| \sin\sqrt{n} \right|}{3^n} \leqslant \dfrac{n}{3^n}$，而级数 $\sum\limits_{n=1}^{\infty} \dfrac{n}{3^n}$ 满足

$$\lim_{n\to\infty} \frac{\dfrac{n+1}{3^{n+1}}}{\dfrac{n}{3^n}} = \frac{1}{3} < 1,$$

由达朗贝尔判别法，级数 $\sum\limits_{n=1}^{\infty} \dfrac{n}{3^n}$ 收敛，再由比较判别法知 $\sum\limits_{n=1}^{\infty} \dfrac{n \left| \sin\sqrt{n} \right|}{3^n}$ 收敛.

定理 9.8(柯西判别法) 设有正项级数 $\sum\limits_{n=1}^{\infty} u_n$，如果极限

$$\lim_{n\to\infty} \sqrt[n]{u_n} = l$$

存在，那么：(1) $l<1$ 时，级数收敛；(2) $l>1$ 时，级数发散.

证明 (1) 由极限定义，对于 $q(l<q<1)$，由数列极限的保序性，存在正整数 N，$\forall n>N$ 有

$$\sqrt[n]{u_n} < q,$$

则有 $u_n < q^n$ $(n>N)$，因为级数 $\sum\limits_{m=1}^{\infty} q^{N+m}$ 收敛，由比较判别法知 $\sum\limits_{m=1}^{\infty} u_{N+m}$ 收敛，从而 $\sum\limits_{n=1}^{\infty} u_n$ 收敛.

(2) 留作练习.

例 2.5 判断下列级数的敛散性：

(1) $\sum\limits_{n=1}^{\infty} \left(\dfrac{n}{2n+1} \right)^n$； (2) $\sum\limits_{n=1}^{\infty} n^n \mathrm{e}^{-n}$.

解 (1) 因为

$$\lim_{n\to\infty} \sqrt[n]{u_n} = \lim_{n\to\infty} \sqrt[n]{\left(\frac{n}{2n+1} \right)^n} = \lim_{n\to\infty} \frac{n}{2n+1} = \frac{1}{2} < 1,$$

所以级数 $\sum\limits_{n=1}^{\infty}\left(\dfrac{n}{2n+1}\right)^{n}$ 收敛.

（2）因为

$$\lim_{n\to\infty}\sqrt[n]{u_n}=\lim_{n\to\infty}\sqrt[n]{n^n\mathrm{e}^{-n}}=\lim_{n\to\infty}n\mathrm{e}^{-1}=+\infty,$$

所以级数 $\sum\limits_{n=1}^{\infty}n^{n}\mathrm{e}^{-n}$ 发散.

习题 9.2

1. 研究下面级数的收敛性：

（1）$\sum\limits_{n=1}^{\infty}\dfrac{x^n}{(2n)!!}\ (x>0)$；

（2）$\sum\limits_{n=1}^{\infty}\dfrac{x^n}{n!}\ (x>0)$；

（3）$\sum\limits_{n=1}^{\infty}\dfrac{(n!)^2}{(2n)!}$；

（4）$\dfrac{1}{2}+\dfrac{3}{2^2}+\dfrac{5}{2^3}+\dfrac{7}{2^4}+\cdots$；

（5）$\sum\limits_{n=1}^{\infty}2^n\sin\dfrac{x}{3^n}$；

（6）$\sum\limits_{n=1}^{\infty}\dfrac{1}{1+a^n}\ (a>0)$；

（7）$\sum\limits_{n=1}^{\infty}2^{\frac{1}{n}}$；

（8）$\sum\limits_{n=0}^{\infty}\left(\dfrac{\mathrm{e}}{\pi}\right)^n$；

（9）$\sum\limits_{n=1}^{\infty}a_n$，其中 $a_n=\begin{cases}\dfrac{1}{2^n}, & n\text{ 是奇数},\\[2mm]\dfrac{1}{3^n}, & n\text{ 是偶数}.\end{cases}$

2. 若 $\lim\limits_{n\to\infty}\dfrac{u_{n+1}}{u_n}=1$，级数 $\sum\limits_{n=1}^{\infty}u_n$ 敛散性如何？

3. 证明定理 9.7 和定理 9.8 中 $l>1$ 的情形.

9.3　一般级数，绝对收敛

在 9.2 节，假定级数的每一项都是非负的. 如果级数的每一项都小于或等于零，那么乘以 -1 后就转化为正项级数，而这个正项级数与原级数具有相同的敛散性. 其次，如果级数中从某一项以后，所有的项具有相同的符号，因为去掉有限项不改变级数的敛散性，从而也可按正项级数来处理.

当级数中的正数项与负数项均为无穷多时，称为**一般级数**. 首先讨论正负相间的级数.

如果级数可以用下面形式给出：

$$\sum_{n=1}^{\infty} (-1)^{n-1} u_n = u_1 - u_2 + u_3 - u_4 + \cdots + u_{2k-1} - u_{2k} + \cdots,$$

其中 $u_n > 0 (n = 1, 2, \cdots)$,则称此级数为**交错级数**.

关于交错级数,有下面判别收敛的定理.

定理 9.9(莱布尼茨判别法)　对于交错级数

$$\sum_{n=1}^{\infty} (-1)^{n-1} u_n, \quad u_n > 0,$$

若(1) $u_n \geqslant u_{n+1}$,$\forall n \in \mathbb{Z}_+$;(2) $\lim_{n \to \infty} u_n = 0$,则级数 $\sum_{n=1}^{\infty} (-1)^{n-1} u_n$ 收敛.

证明　考虑级数的前 n 项部分和,当 n 是偶数时,$S_{2k+2} = S_{2k} + (u_{2k+1} - u_{2k+2})$,由条件 (1),$u_{2k+1} - u_{2k+2} \geqslant 0$,所以 $S_{2k+2} \geqslant S_{2k}$,即 $\{S_{2k}\}$ 单调增加.其次,

$$S_{2k} = u_1 - u_2 + u_3 - u_4 + \cdots + u_{2n-1} - u_{2n}$$
$$= u_1 - (u_2 - u_3) - (u_4 - u_5) - \cdots - (u_{2n-2} - u_{2n-1}) - u_{2n} < u_1,$$

根据单调有界原理知 $\{S_{2k}\}$ 收敛,设 $\lim_{k \to \infty} S_{2k} = A$,则

$$\lim_{k \to \infty} S_{2k+1} = \lim_{k \to \infty} (S_{2k} + u_{2k+1}) = \lim_{k \to \infty} S_{2k} + \lim_{k \to \infty} u_{2k+1} = A + 0 = A,$$

所以有 $\lim_{n \to \infty} S_n = A$.

例 3.1　判定交错级数 $\sum_{n=1}^{\infty} \dfrac{(-1)^{n-1}}{n}$ 的敛散性.

解　这里 $u_n = \dfrac{1}{n}$,显然有 $u_n > u_{n+1}$ 且 $\lim_{n \to \infty} u_n = 0$,所以级数收敛.

定理 9.10　如果级数 $\sum_{n=1}^{\infty} |u_n|$ 收敛,则级数 $\sum_{n=1}^{\infty} u_n$ 也收敛.

证明　设

$$a_n = \begin{cases} u_n, & u_n > 0, \\ 0, & u_n \leqslant 0, \end{cases} \qquad b_n = \begin{cases} 0, & u_n > 0, \\ -u_n, & u_n \leqslant 0, \end{cases}$$

则

$$u_n = a_n - b_n.$$

$\sum_{n=1}^{\infty} a_n$ 及 $\sum_{n=1}^{\infty} b_n$ 都是正项级数,显然有

$$a_n \leqslant |u_n|, \quad b_n \leqslant |u_n|,$$

由比较判别法及级数 $\sum_{n=1}^{\infty} |u_n|$ 收敛知,$\sum_{n=1}^{\infty} a_n$ 及 $\sum_{n=1}^{\infty} b_n$ 都收敛,所以 $\sum_{n=1}^{\infty} u_n$ 收敛.

注　定理 9.10 的逆命题不成立,请读者自己举例说明.

定义 9.2　如果级数 $\sum_{n=1}^{\infty} u_n$ 的各项绝对值组成的级数 $\sum_{n=1}^{\infty} |u_n|$ 收敛,则称级数 $\sum_{n=1}^{\infty} u_n$ 绝对收敛.

例 3.2 判断级数

$$\sum_{n=1}^{\infty} \frac{(-1)^{[\sqrt{n}]}}{n^2} = -1 - \frac{1}{2^2} - \frac{1}{3^2} + \frac{1}{4^2} + \frac{1}{5^2} + \frac{1}{6^2} + \frac{1}{7^2} + \frac{1}{8^2} - \frac{1}{9^2} - \cdots$$

的收敛性(其中 $[\sqrt{n}]$ 表示不大于 $\sqrt{n}$ 的最大整数).

解 由于级数 $\sum\limits_{n=1}^{\infty} \frac{1}{n^2}$ 收敛,应用定理 9.10,可知级数 $\sum\limits_{n=1}^{\infty} \frac{(-1)^{[\sqrt{n}]}}{n^2}$ 收敛.

定义 9.3 如果级数 $\sum\limits_{n=1}^{\infty} u_n$ 收敛,而 $\sum\limits_{n=1}^{\infty} |u_n|$ 发散,则称级数 $\sum\limits_{n=1}^{\infty} u_n$ 条件收敛.

显然,条件收敛的级数必有无穷多项正项,同时又有无穷多项负项.条件收敛的原因是正负抵消,而绝对收敛的原因是每项都很小.

例如,级数 $\sum\limits_{n=1}^{\infty} \frac{(-1)^{n-1}}{n}$ 收敛,而由它各项的绝对值组成的调和级数 $\sum\limits_{n=1}^{\infty} \frac{1}{n}$ 发散,因此级数 $\sum\limits_{n=1}^{\infty} \frac{(-1)^{n-1}}{n}$ 条件收敛.

例 3.3 判断下面级数的收敛性:

(1) $\sum\limits_{n=1}^{\infty} \frac{(-1)^n n!}{n^n}$;   (2) $\sum\limits_{n=1}^{\infty} \frac{x^n}{n}$.

解 (1) $\sum\limits_{n=1}^{\infty} \frac{(-1)^n n!}{n^n}$ 各项绝对值组成的级数是 $\sum\limits_{n=1}^{\infty} \frac{n!}{n^n}$,对于这个正项级数,利用达朗贝尔判别法,有

$$\lim_{n\to\infty} \frac{u_{n+1}}{u_n} = \lim_{n\to\infty} \frac{\dfrac{(n+1)!}{(n+1)^{n+1}}}{\dfrac{n!}{n^n}} = \lim_{n\to\infty} \left(\frac{n}{n+1}\right)^n = \frac{1}{e} < 1,$$

所以级数 $\sum\limits_{n=1}^{\infty} \frac{n!}{n^n}$ 收敛,因此原级数绝对收敛.

(2) 对于级数 $\sum\limits_{n=1}^{\infty} \frac{x^n}{n}$,当 $x=0$ 时,级数显然收敛.当 $x\neq 0$ 时可求得

$$\lim_{n\to\infty} \frac{\left|\dfrac{x^{n+1}}{n+1}\right|}{\left|\dfrac{x^n}{n}\right|} = \lim_{n\to\infty} \frac{n}{n+1} |x| = |x|,$$

所以 $|x| < 1$ 时,级数绝对收敛.

若 $|x| > 1$,当 n 充分大时,有 $\left|\dfrac{x^{n+1}}{n+1}\right| > \left|\dfrac{x^n}{n}\right|$,可见级数一般项 u_n 不满足 $\lim\limits_{n\to\infty} u_n = 0$,所以级数发散.

当 $|x|=1$ 时,不难得出,在 $x=1$ 时,级数发散;在 $x=-1$ 时,级数条件收敛.

习题 9.3

1. 对于满足定理 9.9 条件的交错级数,证明 $|R_n| \leqslant u_{n+1}$,其中 $R_n = u_{n+1} + u_{n+2} + \cdots = \sum\limits_{k=n+1}^{\infty} u_k$.

2. 若 $\lim\limits_{n \to \infty} \left| \dfrac{u_{n+1}}{u_n} \right| = 1$,级数 $\sum\limits_{n=1}^{\infty} u_n$ 收敛性如何?试举例说明.

3. 判断下面级数的收敛性(是绝对收敛、条件收敛,还是发散):

(1) $\sum\limits_{n=1}^{\infty} \dfrac{(-1)^n}{\sqrt{n}}$;

(2) $\sum\limits_{n=1}^{\infty} \dfrac{(-1)^{n-1}}{(2n-1)^2}$;

(3) $\sum\limits_{n=2}^{\infty} \dfrac{(-1)^n}{\ln(n+1)}$;

(4) $\sum\limits_{n=1}^{\infty} \dfrac{(-1)^n n}{3^{n-1}}$;

(5) $\sum\limits_{n=1}^{\infty} (-1)^{\frac{n(n-1)}{2}} \cdot \dfrac{n^{10}}{2^n}$;

(6) $\sum\limits_{n=1}^{\infty} \dfrac{(n!)^2}{(2n)!}$;

(7) $\sum\limits_{n=1}^{\infty} 3^n \sin \dfrac{1}{4^n}$;

(8) $\sum\limits_{n=1}^{\infty} \dfrac{(-1)^n}{\sqrt{n}}$;

(9) $\sum\limits_{n=1}^{\infty} \dfrac{2^n}{n(n+1)}$;

(10) $\sum\limits_{n=1}^{\infty} n \tan \dfrac{x}{2^{n+1}}$;

(11) $\sum\limits_{n=1}^{\infty} \dfrac{(-1)^n n^2}{3^n}$;

(12) $\sum\limits_{n=1}^{\infty} \dfrac{n!}{n^n}$.

9.4 幂级数

1. 函数项级数

设有函数序列

$$f_1(x), f_2(x), \cdots, f_n(x), \cdots, \tag{9.3}$$

其中每一个函数都在同一区间 I 上有定义,则表达式

$$\sum_{n=1}^{\infty} f_n(x) = f_1(x) + f_2(x) + \cdots + f_n(x) + \cdots \tag{9.4}$$

称为定义在区间 I 上的**函数项级数**.

当 $x = x_0 \in I$ 时,级数(9.4)就成为常数项级数

$$\sum_{n=1}^{\infty} f_n(x_0) = f_1(x_0) + f_2(x_0) + \cdots + f_n(x_0) + \cdots. \tag{9.5}$$

若级数(9.5)收敛,则称 x_0 是函数项级数(9.4)的**收敛点**.函数项级数(9.4)的所有收敛点

的集合称为它的**收敛域**.

显然,函数项级数(9.4)在收敛域的每个点都有和.于是,函数项级数(9.4)的和是定义在收敛域上的函数,称为级数(9.4)的**和函数**.

例 4.1   级数 $\sum\limits_{n=1}^{\infty} x^{n-1}$ 是公比等于 x 的等比级数,当 $|x| < 1$ 时级数收敛;当 $|x| \geqslant$ 1 时级数发散.所以级数的收敛域是区间 $(-1,1)$,而其和是 $\dfrac{1}{1-x}$.

例 4.2   级数 $\sum\limits_{n=1}^{\infty} \dfrac{\sin^n x}{n^2}$ 对任意 $x \in (-\infty, +\infty)$ 都收敛,所以它的收敛域为 $(-\infty, +\infty)$.

2. 幂级数及其收敛性

形如

$$\sum_{n=0}^{\infty} a_n x^n = a_0 + a_1 x + a_2 x^2 + \cdots + a_n x^n + \cdots \tag{9.6}$$

和

$$\sum_{n=0}^{\infty} a_n (x-a)^n = a_0 + a_1(x-a) + a_2(x-a)^2 + \cdots + a_n(x-a)^n + \cdots \tag{9.7}$$

的级数叫做**幂级数**,其中 a_n 是与 x 无关的实数,称为幂级数的**系数**.

由于用变量代换 $x-a=y$ 可将级数(9.7)化为级数(9.6)的形式,因此下面主要讨论级数(9.6).

要研究的问题是:

(1) 已知幂级数 $\sum\limits_{n=0}^{\infty} a_n x^n$,如何求收敛域 D 及和函数 $f(x)$ 的有限表达的解析式;

(2) 已知 $f(x)$,如何求出它对应的幂级数.

本节将给出这些问题的部分解答.

定理 9.11(阿贝尔[①]定理)

(1) 如果级数(9.6)当 $x=x_0 \neq 0$ 时收敛,那么对于所有满足不等式

$$|x| < |x_0|$$

的 x 值,级数(9.6)绝对收敛.

(2) 如果级数(9.6)当 $x=x_0'$ 时发散,那么对于所有满足不等式

$$|x| > |x_0'|$$

的 x 值,级数(9.6)发散.

----

① 阿贝尔(N.H.Abel,1802—1829 年),挪威数学家.

证明 （1）因为 $\left| a_n x^n \right| = \left| a_n x_0^n \right| \left| \dfrac{x}{x_0} \right|^n$，而根据假定，级数 $\displaystyle\sum_{n=0}^{\infty} a_n x_0^n$ 是收敛的，所以它的通项 $a_n x_0^n$ 当 $n \to \infty$ 时趋于零，因而是有界的，即存在 $M > 0$，使

$$\left| a_n x_0^n \right| \leqslant M, \quad n = 1, 2, \cdots,$$

从而

$$\left| a_n x^n \right| = \left| a_n x_0^n \dfrac{x^n}{x_0^n} \right| \leqslant M \left| \dfrac{x}{x_0} \right|^n.$$

根据条件 $|x| < |x_0|$，$\left| \dfrac{x}{x_0} \right| < 1$，故等比级数 $\displaystyle\sum_{n=0}^{\infty} M \left| \dfrac{x}{x_0} \right|^n$ 是收敛的. 再根据比较判别法知级数 $\displaystyle\sum_{n=0}^{\infty} \left| a_n x^n \right|$ 也是收敛的. 所以 $|x| < |x_0|$ 时，级数（9.6）绝对收敛.

（2）假定级数（9.6）对于满足 $|x| > |x_0'|$ 的某一个 x 值收敛，则由定理的第一部分知，级数（9.6）当 $x = x_0'$ 时将绝对收敛，这与假设矛盾.

定理 9.12 设级数（9.6）既非对所有 x 值收敛，也不只在 $x = 0$ 时收敛，则必有一个确定的正数 R 存在，使得级数当 $|x| < R$ 时，绝对收敛，当 $|x| > R$ 时发散.

定理 9.12 中的正数 R 称为幂级数的**收敛半径**. 对于两种极端情况，规定：如果级数只在 $x = 0$ 时收敛，$R = 0$；当级数对所有 x 值收敛时，$R = +\infty$.

定理 9.13 设有幂级数 $\displaystyle\sum_{n=0}^{\infty} a_n x^n$，且有

$$\lim_{n \to \infty} \left| \dfrac{a_{n+1}}{a_n} \right| = L,$$

则该级数的收敛半径 $R = \dfrac{1}{L}$.

证明 对于幂级数 $\displaystyle\sum_{n=0}^{\infty} a_n x^n = \sum_{n=0}^{\infty} u_n$，则有

$$\lim_{n \to \infty} \left| \dfrac{u_{n+1}}{u_n} \right| = \lim_{n \to \infty} \left| \dfrac{a_{n+1}}{a_n} x \right| = \dfrac{|x|}{R} = l,$$

显然，若 R 是非零的有限数，当 $|x| < R$ 时，$l < 1$，此时幂级数收敛；$|x| > R$ 时，$l > 1$，幂级数发散.

对于 $R = \infty$ 和 $R = 0$ 也有类似的讨论，请读者补充证明.

例 4.3 求级数 $\displaystyle\sum_{n=0}^{\infty} \dfrac{x^n}{n+1}$ 的收敛半径和收敛域.

解 $a_n = \dfrac{1}{n+1}$，$\displaystyle\lim_{n \to \infty} \dfrac{a_{n+1}}{a_n} = \lim_{n \to \infty} \dfrac{n+1}{n+2} = 1$，$R = 1$，得收敛半径 $R = 1$.

当 $x = 1$ 时，已知调和级数 $\displaystyle\sum_{n=0}^{\infty} \dfrac{1}{n+1}$ 发散.

当 $x=-1$ 时,它为交错级数 $\sum\limits_{n=0}^{\infty}\dfrac{(-1)^n}{n+1}$,由交错级数判别法易知,级数 $\sum\limits_{n=0}^{\infty}\dfrac{(-1)^n}{n+1}$ 收敛.
综上所述,幂级数的收敛域为 $[-1,1)$.

例 4.4   求级数 $\sum\limits_{n=0}^{\infty}\dfrac{(x-1)^n}{(n+1)^2}$ 的收敛域.

解   级数 $\sum\limits_{n=0}^{\infty}\dfrac{(x-1)^n}{(n+1)^2}$ 不是关于 x 的幂级数,但却是关于 $x-1$ 的幂级数,设 $x-1=t$,则

$$\sum_{n=0}^{\infty}\frac{(x-1)^n}{(n+1)^2}=\sum_{n=0}^{\infty}\frac{t^n}{(n+1)^2}=\sum_{n=0}^{\infty}a_n t^n,$$

显然有 $L=\lim\limits_{n\to\infty}\dfrac{a_{n+1}}{a_n}=1$.

因此,幂级数 $\sum\limits_{n=0}^{\infty}\dfrac{t^n}{(n+1)^2}$ 收敛半径 $R=1$.

由于 $\sum\limits_{n=0}^{\infty}\dfrac{1}{(n+1)^2}$ 收敛,故 $|t|=1$ 时幂级数也收敛. 因此,幂级数 $\sum\limits_{n=0}^{\infty}\dfrac{t^n}{(n+1)^2}$ 的收敛域是 $-1\leqslant t\leqslant 1$. 而 $x=t+1$,因此,原级数的收敛域是 $[0,2]$.

例 4.5   求级数 $\sum\limits_{n=0}^{\infty}\dfrac{x^{2n}}{2^n}$ 的收敛区间.

解   显然 $a_{2k+1}=0(k=0,1,2,\cdots)$,所以 $\lim\limits_{n\to\infty}\left|\dfrac{a_{n+1}}{a_n}\right|$ 不存在,因此不能直接运用定理 9.13.

可设 $x^2=t$,便有

$$\sum_{n=0}^{\infty}\frac{x^{2n}}{2^n}=\sum_{n=0}^{\infty}\frac{t^n}{2^n},\quad t\geqslant 0,$$

此时应用定理 9.13 求得 $R=2$,而当 $t=2$ 时,级数发散. 因此,$\sum\limits_{n=0}^{\infty}\dfrac{t^n}{2^n}$ 的收敛域是 $[0,2)$.
由 $x^2=t<2$,有 $-\sqrt{2}<x<\sqrt{2}$,级数 $\sum\limits_{n=0}^{\infty}\dfrac{x^{2n}}{2^n}$ 的收敛区间是 $(-\sqrt{2},\sqrt{2})$.

3. 幂级数的性质

由于幂级数是定义在其收敛区间上的函数,因此,函数的相应运算可以作用在幂级数上,下面给出幂级数运算的几个性质,证明从略.

(1) 幂级数 $\sum\limits_{n=0}^{\infty}a_n x^n$ 的和函数 $S(x)$ 在其定义域内任一点都连续;

(2) 幂级数 $\sum\limits_{n=0}^{\infty}a_n x^n$ 的和函数 $S(x)$ 在收敛区间 $(-R,R)$ 上可微,且有

$$S'(x) = \sum_{n=1}^{\infty} na_n x^{n-1}, \quad -R < x < R,$$

即幂级数在收敛区间内可以逐项求导数,且收敛半径不变;

(3) 若幂级数 $f(x) = \sum\limits_{n=0}^{\infty} a_n x^n$ 的收敛半径是 R,则对于 $\forall x \in (-R, R)$,都有

$$\int_0^x f(t)\,\mathrm{d}t = \sum_{n=0}^{\infty} \int_0^x a_n t^n \,\mathrm{d}t = \sum_{n=0}^{\infty} \frac{a_n}{n+1} x^{n+1}, \quad -R < x < R.$$

注 若逐项微分或逐项积分后的幂级数在 $x = R$ 或 $x = -R$ 时收敛,则微分或积分的等式在 $x = R$ 或 $x = -R$ 时也成立.

例 4.6 设 $f(x) = \sum\limits_{n=1}^{\infty} \dfrac{x^n}{n}$,求 $f(x)$ 的收敛区间(定义区间)和解析表达式,并求交错级数 $\sum\limits_{n=1}^{\infty} \dfrac{(-1)^n}{n}$ 的和.

解 对于 $f(x) = \sum\limits_{n=1}^{\infty} \dfrac{x^n}{n} = \sum\limits_{n=1}^{\infty} a_n x^n$,由

$$\lim_{n \to \infty} \left| \frac{a_{n+1}}{a_n} \right| = \lim_{n \to \infty} \frac{n}{n+1} = 1,$$

可知收敛半径 $R = 1$. 易知幂级数在 $x = 1$ 处不收敛,在 $x = -1$ 处收敛. 所以 $f(x)$ 的收敛区间(定义区间)是 $[-1, 1)$.

由于

$$f'(x) = \sum_{n=1}^{\infty} x^{n-1} = 1 + x + x^2 + \cdots + x^n + \cdots = \frac{1}{1-x},$$

可知 $f(x) = -\ln(1-x) + C$.

在 $f(x) = \sum\limits_{n=1}^{\infty} \dfrac{x^n}{n}$ 中,令 $x = 0$,得 $f(0) = 0$,于是 $0 = -\ln(1-0) + C$,得 $C = 0$,因此 $f(x) = -\ln(1-x)$,即

$$\sum_{n=1}^{\infty} \frac{x^n}{n} = -\ln(1-x).$$

令 $x = -1$ 即得 $\sum\limits_{n=1}^{\infty} \dfrac{(-1)^n}{n} = -\ln 2$.

习题 9.4

1. 对于 $f(x) = \sum\limits_{n=1}^{\infty} \dfrac{(-1)^{n-1} x^{2n-1}}{2n-1}$,求:

(1) 幂级数的收敛半径和收敛区间;

(2) $f'(x)$;

(3) $f(x)$ 的和函数;

(4) $1 - \dfrac{1}{3} + \dfrac{1}{5} - \dfrac{1}{7} + \cdots = \sum\limits_{n=1}^{\infty} \dfrac{(-1)^{n-1}}{2n-1}$ 的值.

2. 求下列幂级数的收敛区间:

(1) $\sum\limits_{n=1}^{\infty} \dfrac{2^n}{n+1} x^n$;

(2) $\sum\limits_{n=1}^{\infty} \dfrac{x^n}{n \, 4^n}$;

(3) $\sum\limits_{n=1}^{\infty} (x-1)^n$;

(4) $\sum\limits_{n=1}^{\infty} 2^n (x+3)^{2n}$;

(5) $\sum\limits_{n=1}^{\infty} \dfrac{\ln(n+1)}{n+1} x^{n+1}$;

(6) $\sum\limits_{n=1}^{\infty} (\ln x)^n$.

3. 求下面函数的和函数:

(1) $\sum\limits_{n=1}^{\infty} n x^{n-1}$ $(|x| < 1)$;

(2) $\sum\limits_{n=0}^{\infty} \dfrac{x^{2n+1}}{2n+1}$ $(-1 < x < 1)$.

9.5 函数的幂级数展开

从 9.4 节可知,幂级数作为一种新的表达函数的方式,具有很好的性质,而且运算方便.因此,若能把一个函数展开成幂级数,不论是在理论上,还是在近似计算上都有很大的好处.因此,首先讨论下面的问题.

如果 $f(x)$ 在区间 $(-r, r)$ 能够展成幂级数,即

$$f(x) = \sum_{n=0}^{\infty} a_n x^n, \tag{9.8}$$

那么各系数 a_n 分别是什么? 由于右侧是幂级数,可以有任意阶导数.因此,要求 $f(x)$ 具有任意阶导数.

规定 $f^{(0)}(x) = f(x)$.

令 $x = 0$,由(9.8)式有

$$a_0 = f(0),$$

对(9.8)式两边求导,再令 $x = 0$,便有

$$a_1 = f'(0),$$

继续以上过程,不难发现

$$a_n = \frac{f^{(n)}(0)}{n!}.$$

一般地,若 $f(x)$ 有 $n+1$ 阶导数,则称

$$M_n(x) = f(0) + \frac{f'(0)}{1!} x + \frac{f''(0)}{2!} x^2 + \cdots + \frac{f^{(n)}(0)}{n!} x^n$$

为 $f(x)$ 的 n 次**麦克劳林多项式**.若 $f(x)$ 有任意阶导数,则称级数

$$f(0) + \frac{f'(0)}{1!}x + \cdots + \frac{f^{(n)}(0)}{n!}x^n + \cdots = \sum_{n=0}^{\infty} \frac{f^{(n)}(0)}{n!}x^n$$

为 $f(x)$ 的**麦克劳林级数**.

现在的问题是：具有任意阶导数的 $f(x)$ 的麦克劳林级数是否一定收敛于 $f(x)$?

对于

$$f(x) = \begin{cases} \mathrm{e}^{-\frac{1}{x^2}}, & x \neq 0, \\ 0, & x = 0, \end{cases}$$

可以证明, $f(x)$ 在 0 处具有任意阶导数, 且各阶导数都是 0, 因此 $f(x)$ 的麦克劳林级数是

$$\sum_{n=0}^{\infty} \frac{f^{(n)}(0)}{n!}x^n = 0,$$

它显然不收敛于 $f(x)$.

可见, 一个函数的麦克劳林级数未必收敛于这个函数本身.

现在要问, 在什么条件下 $f(x)$ 的麦克劳林级数能收敛于 $f(x)$?

设

$$R_n(x) = f(x) - M_n(x)$$

$$= f(x) - \left[f(0) + f'(0)x + \frac{f''(0)}{2!}x^2 + \cdots + \frac{f^{(n)}(0)}{n!}x^n \right],$$

则有下面的结论.

引理 9.1 设 $f(t)$ 在 0 到 x 之间具有 $n+1$ 阶导数, 则有

$$R_n(x) = \frac{f^{(n+1)}(\xi)}{(n+1)!}x^{n+1},$$

其中 ξ 在 0 与 x 之间.

证明 首先把 x 看成一个固定的数, 且 $x > 0$ (对 $x < 0$ 情形, 证法相同), 设 $L = \dfrac{f(x) - M_n(x)}{x^{n+1}}$, 则有

$$f(x) = M_n(x) + Lx^{n+1}$$

$$= \left[f(0) + f'(0)x + \frac{f''(0)}{2!}x^2 + \cdots + \frac{f^{(n)}(0)}{n!}x^n \right] + Lx^{n+1}.$$

令

$$\varphi(t) = f(t) - M_n(t) - Lt^{n+1}, \quad 0 \leqslant t \leqslant x,$$

即

$$\varphi(t) = f(t) - \left[f(0) + f'(0)t + \frac{f''(0)}{2!}t^2 + \cdots + \frac{f^{(n)}(0)}{n!}t^n \right] - Lt^{n+1},$$

则有

$$\varphi(0) = \varphi'(0) = \varphi''(0) = \cdots = \varphi^{(n)}(0) = 0,$$

由于

$$\varphi(x) = f(x) - M_n(x) - Lx^{n+1} = 0,$$

所以存在 $x_1 \in (0,x)$ 使得 $\varphi'(x_1) = 0$. 又 $\varphi'(0) = 0, \varphi'(x_1) = 0$, 对 $\varphi'(t)$ 再次应用罗尔定理, 存在 $x_2 \in (0, x_1)$, 使 $\varphi''(x_2) = 0$, 如此进行 n 次, 便有: 存在 x_n, 使 $\varphi^{(n)}(x_n) = 0$. 最后, 对 $\varphi^{(n)}(t)$ 应用罗尔定理, 故存在 $\xi \in (0, x_n)$ 使 $\varphi^{(n+1)}(\xi) = 0$.

由于 $\varphi^{(n+1)}(t) = f^{(n+1)}(t) - (n+1)!L$, 因此

$$f^{(n+1)}(\xi) - (n+1)!L = 0,$$

从而

$$L = \frac{f^{(n+1)}(\xi)}{(n+1)!}, \quad \xi \in (0, x).$$

因此有

$$R_n(x) = \frac{f^{(n+1)}(\xi)}{(n+1)!} x^{n+1}, \quad \xi \in (0, x).$$

由引理 9.1 可得到下面定理.

定理 9.14　若在区间 I 上, $\lim\limits_{n \to \infty} \dfrac{f^{(n+1)}(\xi)}{(n+1)!} x^{n+1} = 0$, 则函数在该区间可以展成麦克劳林级数

$$f(x) = f(0) + \frac{f'(0)}{1!}x + \frac{f''(0)}{2!}x^2 + \cdots + \frac{f^{(n)}(0)}{n!}x^n + \cdots, \quad -R < x < R.$$

下面举例说明如何把函数展成麦克劳林级数.

例 5.1　求 $f(x) = e^x$ 的麦克劳林展开式.

解　由于 $f^{(n)}(x) = e^x$, 所以 $f^{(n)}(0) = 1 (n = 1, 2, \cdots)$, 于是 e^x 的麦克劳林级数为

$$1 + x + \frac{x^2}{2!} + \cdots + \frac{x^n}{n!} + \cdots,$$

收敛半径 $R = +\infty$, 并且

$$R_n(x) = \frac{e^\xi x^{n+1}}{(n+1)!},$$

其中 ξ 在 0 和 x 之间. 由于 $\lim\limits_{n \to \infty} \dfrac{x^{n+1}}{(n+1)!} = 0^{①}$, e^ξ 有界, 所以

$$\lim_{n \to \infty} R_n = 0,$$

这样, 麦克劳林级数收敛于 e^x, 即

$$e^x = 1 + \frac{x}{1!} + \frac{x^2}{2!} + \cdots + \frac{x^n}{n!} + \cdots, \quad -\infty < x < +\infty.$$

特别地, 当 $x = 1$ 时, 有 $e = 1 + \dfrac{1}{1!} + \dfrac{1}{2!} + \cdots + \dfrac{1}{n!} + \cdots$.

------

① 因级数 $\sum\limits_{n=0}^{\infty} \dfrac{x^{n+1}}{(n+1)!}$ 收敛, 所以 $\lim\limits_{n \to \infty} \dfrac{x^{n+1}}{(n+1)!} = 0$.

作为上面展开式的一个应用,现在证明 e 是无理数.

事实上,假如 e 不是无理数,则存在正整数 p 和 q,使 $e = \dfrac{q}{p}$,即 $\dfrac{1}{e} = \dfrac{p}{q}$,再由 e^x 展开式,令 $x = -1$,得

$$\frac{1}{e} = \frac{1}{2!} - \frac{1}{3!} + \frac{1}{4!} - \frac{1}{5!} + \cdots + \frac{(-1)^q}{q!} + R_q.$$

由交错级数余项性质可知 $0 < |R_q| < \dfrac{1}{(q+1)!}$,即

$$0 < \left| \frac{1}{e} - \left(\frac{1}{2!} - \frac{1}{3!} + \frac{1}{4!} - \frac{1}{5!} + \cdots + \frac{(-1)^q}{q!} \right) \right| < \frac{1}{(q+1)!},$$

也就是

$$0 < \left| \frac{p}{q} - \left(\frac{1}{2!} - \frac{1}{3!} + \frac{1}{4!} - \frac{1}{5!} + \cdots + \frac{(-1)^q}{q!} \right) \right| < \frac{1}{(q+1)!},$$

各项乘以 $q!$ 有

$$0 < \left| \frac{p}{q} - S_q \right| q! < \frac{1}{q+1},$$

而中间是一正整数,这是不可能的,可见 e 是无理数.

例 5.2 求 $f(x) = \sin x$ 的麦克劳林展开式.

解 由于 $f^{(n)}(x) = \sin\left(x + \dfrac{n\pi}{2}\right)$,可见 $f^{(n)}(0) = \sin\dfrac{n\pi}{2}$,依次取 $0, 1, 0, -1, \cdots$,于是 $\sin x$ 的麦克劳林级数为

$$x - \frac{x^3}{3!} + \frac{x^5}{5!} - \cdots + \frac{(-1)^n x^{2n+1}}{(2n+1)!} + \cdots.$$

易知,它的收敛半径 $R = +\infty$.

由于 $f^{(n+1)}(x)$ 有界,所以 $\lim\limits_{n \to \infty} R_n(x) = 0$. 于是,$\sin x$ 的麦克劳林级数收敛于 $\sin x$,即

$$\sin x = x - \frac{x^3}{3!} + \frac{x^5}{5!} - \cdots + (-1)^n \frac{x^{2n+1}}{(2n+1)!} + \cdots$$

$$= \sum_{n=0}^{\infty} \frac{(-1)^n x^{2n+1}}{(2n+1)!}, \quad -\infty < x < +\infty.$$

例 5.3 求 $f(x) = \cos x$ 的麦克劳林展开式.

解 由 $\sin x = \sum\limits_{n=0}^{\infty} \dfrac{(-1)^n x^{2n+1}}{(2n+1)!}$,两边对 x 求导得

$$\cos x = \sum_{n=0}^{\infty} \frac{(-1)^n x^{2n}}{(2n)!}, \quad -\infty < x < +\infty,$$

即

$$\cos x = 1 - \frac{x^2}{2!} + \frac{x^4}{4!} - \frac{x^6}{6!} + \cdots + \frac{(-1)^n x^{2n}}{(2n)!} + \cdots, \quad -\infty < x < +\infty.$$

例 5.4 求 $f(x) = \ln(1+x)$ 的麦克劳林展开式.

解 $f'(x) = \dfrac{1}{x+1} = 1 - x + \cdots + (-1)^n x^n + \cdots, \quad -1 < x < 1.$

上式两边从 0 到 x 积分,得

$$f(x) = x - \frac{x^2}{2} + \frac{x^3}{3} - \cdots + (-1)^n \frac{x^{n+1}}{n+1} + \cdots,$$

即

$$\ln(1+x) = x - \frac{x^2}{2} + \frac{x^3}{3} - \cdots + (-1)^n \frac{x^{n+1}}{n+1} + \cdots$$

$$= \sum_{n=0}^{\infty} (-1)^n \frac{x^{n+1}}{n+1}, \quad -1 < x \leqslant 1.$$

一般地,若 $f(x)$ 在 $x = a$ 邻域内有任意阶导数,则称关于 $(x-a)$ 的麦克劳林展开式 为 $f(x)$ 在 $x = a$ 处的**泰勒级数**,相应的 n 次多项式称为 $f(x)$ 的**泰勒多项式**. 而泰勒展开 式是麦克劳林展开式的一般情形. 易知,$f(x)$ 在 $x = a$ 处的泰勒级数是

$$f(a) + \frac{f'(a)}{1!}(x-a)^1 + \frac{f''(a)}{2!}(x-a)^2 + \cdots + \frac{f^{(n)}(a)}{n!}(x-a)^n + \cdots.$$

有时利用麦克劳林展开式可求出相应的泰勒展开式.

事实上,$f(a+x)$ 的麦克劳林展开式就是 $f(t)$ 在 a 处的泰勒展开式(设 $x+a = t$).

例 5.5 求 $f(x) = \ln x$ 在 $x = 1$ 的泰勒展开式.

解 $f(x) = \ln[1 + (x-1)]$

$$= (x-1) - \frac{(x-1)^2}{2} + \frac{(x-1)^3}{3} - \cdots + (-1)^n \frac{(x-1)^{n+1}}{n+1} + \cdots,$$

其中 $-1 < x-1 < 1$,即 $0 < x < 2$.

例 5.6 求 $f(x) = (1+x)^\alpha$ 的麦克劳林展开式.

解 先求出 $(1+x)^\alpha$ 在 $x = 0$ 处的各阶导数,易知

$$f^{(n)}(0) = \alpha(\alpha-1)\cdots(\alpha-n+1),$$

于是 $(1+x)^\alpha$ 的麦克劳林级数为

$$1 + \alpha x + \frac{\alpha(\alpha-1)}{2!}x^2 + \cdots + \frac{\alpha(\alpha-1)\cdots(\alpha-n+1)}{n!}x^n + \cdots.$$

易求出它的收敛半径 $R = 1$,可以证明,上述幂级数在 $(-1,1)$ 内收敛于 $(1+x)^\alpha$(证明从 略),即

$$(1+x)^\alpha = 1 + \alpha x + \frac{\alpha(\alpha-1)}{2!}x^2 + \cdots + \frac{\alpha(\alpha-1)\cdots(\alpha-n+1)}{n!}x^n + \cdots.$$

特别地,当 $\alpha=\dfrac{1}{2}$ 时,有

$$\sqrt{1+x}=1+\frac{1}{2}x+\frac{\dfrac{1}{2}\left(\dfrac{1}{2}-1\right)}{2!}x^2+\frac{\dfrac{1}{2}\left(\dfrac{1}{2}-1\right)\left(\dfrac{1}{2}-2\right)}{3!}x^3+\cdots$$

$$=1+\frac{1}{2}x-\frac{1}{2\times4}x^2+\frac{1\times3}{2\times4\times6}x^3-\frac{1\times3\times5}{2\times4\times6\times8}x^4+\cdots$$

$$=1+\frac{1}{2}x+\sum_{n=2}^{\infty}(-1)^{n-1}\frac{(2n-3)!!}{(2n)!!}x^n,\quad-1<x\leqslant1.$$

当 $\alpha=-\dfrac{1}{2}$ 时,有

$$\frac{1}{\sqrt{1+x}}=1-\frac{1}{2}x+\frac{1\times3}{2\times4}x^2-\frac{1\times3\times5}{2\times4\times6}x^3+\frac{1\times3\times5\times7}{2\times4\times6\times8}x^4-\cdots$$

$$=1+\sum_{n=1}^{\infty}(-1)^n\frac{(2n-1)!!}{(2n)!!}x^n,\quad-1<x\leqslant1.$$

习题 9.5

1. 求 $f(x)=\arcsin x$ 的麦克劳林展开式.

2. 求 $f(x)=\ln(2+x)$ 的麦克劳林展开式.

3. 求 $f(x)=a^x$ 的麦克劳林展开式.

4. 将 $f(x)=\dfrac{1}{5-x}$ 展成关于 $x-2$ 的幂级数,并求收敛区间.

5. 将下列函数展成 x 的幂级数,并求展开式成立的区间.

(1) $\sinh x$；

(2) $\sin\dfrac{x}{2}$；

(3) $\sin x^2$；

(4) $(1+x)\ln(1+x)$.

9.6* 幂级数的应用

幂级数作为函数的一种表达方式,可以把一些非初等函数精确地表达出来.用幂级数表达函数时,求导数、求积分特别简单,而且它的部分和就是一个多项式,因此被广泛用于计算函数值、导数值、积分值的近似值.

例 6.1 求函数 $\displaystyle\int_0^x\dfrac{\sin x}{x}\mathrm{d}x$ 的幂级数表达式,并计算积分 $\displaystyle\int_0^1\dfrac{\sin x}{x}\mathrm{d}x$ 的近似值,精确到 10^{-4}.

解 因 $\sin x=x-\dfrac{x^3}{3!}+\dfrac{x^5}{5!}-\cdots+(-1)^n\dfrac{x^{2n+1}}{(2n+1)!}+\cdots$,所以

$$\frac{\sin x}{x}=1-\frac{x^2}{3!}+\frac{x^4}{5!}-\cdots+(-1)^n\frac{x^{2n}}{(2n+1)!}+\cdots,$$

于是,有

$$\int_0^x \frac{\sin x}{x} dx = x - \frac{x^3}{3 \times 3!} + \frac{x^5}{5 \times 5!} - \cdots$$

$$+ (-1)^n \frac{x^{2n+1}}{(2n+1)(2n+1)!} + \cdots, \quad -\infty < x < +\infty.$$

$$\int_0^1 \frac{\sin x}{x} dx = 1 - \frac{1}{3 \times 3!} + \frac{1}{5 \times 5!} - \frac{1}{7 \times 7!} + \cdots,$$

右边是一交错级数,误差易于估计.

因为 $\frac{1}{7 \times 7!} \approx \frac{1}{35280} < 10^{-4}$,所以只要计算开始 3 项就够了,即

$$\int_0^1 \frac{\sin x}{x} dx \approx 1 - \frac{1}{3 \times 3!} + \frac{1}{5 \times 5!} \approx 1 - 0.05556 + 0.00167 \approx 0.9461.$$

例 6.2 证明欧拉公式: $e^{i\theta} = \cos\theta + i\sin\theta$(其中 i 为虚单位).

证明 对于实数 x,有

$$e^x = 1 + \frac{x}{1!} + \frac{x^2}{2!} + \cdots + \frac{x^n}{n!} + \cdots,$$

对于复数 z,可利用此幂级数来定义 e^z,

$$e^z = 1 + \frac{z}{1!} + \frac{z^2}{2!} + \cdots + \frac{z^n}{n!} + \cdots,$$

当 $z = i\theta$ 时(θ 为实数),有

$$e^{i\theta} = 1 + \frac{i\theta}{1!} + \frac{(i\theta)^2}{2!} + \cdots + \frac{(i\theta)^n}{n!} + \cdots,$$

$$= \left(1 - \frac{\theta^2}{2!} + \frac{\theta^4}{4!} - \cdots\right) + i\left(\theta - \frac{\theta^3}{3!} + \frac{\theta^5}{5!} - \cdots\right) = \cos\theta + i\sin\theta.$$

在欧拉公式 $e^{i\theta} = \cos\theta + i\sin\theta$ 中,令 $\theta = \pi$ 得

$$e^{i\pi} + 1 = 0.$$

有时也把上述公式称为欧拉公式.这个简捷的公式中包含了 5 个最重要、最常用的数:$0, 1, i, \pi, e$. 堪称最完美的数学公式之一.

例 6.3 求微分方程 $y'' - xy = 0$ 的通解.

解 设方程有级数形式的解

$$y = a_0 + a_1 x + a_2 x^2 + \cdots + a_n x^n + \cdots.$$

将它对 x 微分两次,得

$$y'' = 2 \times 1 a_2 + 3 \times 2 a_3 x + \cdots + n(n-1)a_n x^{n-2} + \cdots + (n+1)n a_{n+1} x^{n-1}$$

$$+ (n+2)(n+1)a_{n+2} x^n + \cdots.$$

将 y 及 y'' 的表达式代入原方程中,得

$$[2 \times 1a_2 + 3 \times 2a_3 x + \cdots + n(n-1)a_n x^{n-2} + \cdots + (n+1)na_{n+1}x^{n-1}$$
$$+ (n+2)(n+1)a_{n+2}x^n + \cdots] - x[a_0 + a_1 x + a_2 x^2 + \cdots + a_n x^n + \cdots] \equiv 0.$$

比较系数得

$$2 \times 1a_2 = 0, \quad 3 \times 2a_3 - a_0 = 0, \quad 4 \times 3a_4 - a_1 = 0, \quad 5 \times 4a_5 - a_2 = 0, \quad \cdots$$

从而得

$$a_2 = 0, \quad a_3 = \frac{a_0}{3 \times 2}, \quad a_4 = \frac{a_1}{4 \times 3}, \quad a_5 = \frac{a_2}{5 \times 4}, \quad \cdots,$$

一般地,可推得

$$a_{3k} = \frac{a_0}{2 \times 3 \times 5 \times 6 \cdots (3k-1)3k}, \quad a_{3k+1} = \frac{a_1}{3 \times 4 \times 6 \times 7 \cdots 3k(3k+1)}, \quad a_{3k+2} = 0,$$

其中 a_0, a_1 是任意的. 因而

$$y = a_0 \left[1 + \frac{x^3}{2 \times 3} + \frac{x^6}{2 \times 3 \times 5 \times 6} + \cdots + \frac{x^{3n}}{2 \times 3 \times 5 \times 6 \cdots (3n-1)3n} + \cdots \right]$$
$$+ a_1 \left[x + \frac{x^4}{3 \times 4} + \frac{x^7}{3 \times 4 \times 6 \times 7} + \cdots + \frac{x^{3n+1}}{3 \times 4 \times 6 \times 7 \cdots 3n(3n+1)} + \cdots \right].$$

这个幂级数的收敛半径是 $+\infty$,因而级数的和(其中包括两个任意常数 a_0, a_1)便是所求的通解.

阿 贝 尔

阿贝尔(Niels Henrik Abel,1802—1829)是 19 世纪最先进的数学家之一,而且也许是斯堪的纳维亚地区所曾出现过的最伟大的天才.他与同时代的高斯和柯西一起,是发展近世数学(其特征为坚持要有严格证明)的一位先锋战士.他一生在贫穷与受冷遇煎熬下乐天知命,对其短促成熟期间的许多杰出成就怀着谦逊的自得其乐的心情,以及面临着早夭命运恬然置生死于度外的胸怀.他的一生就是这种命运的辛辣混合物.

阿贝尔是挪威乡村穷教士家的 6 个孩子之一.他的巨大的才能是在他只有 16 岁时被一位教师所发现并激发起来的,不久他就阅读和钻研牛顿、欧拉及拉格朗日的著作.他在其后的数学笔记本空白处记下的这么一句话可作为他对这种经验的感想和体会:"我觉得如果要想在数学上取得进展,就应该阅读大师而不是其门徒的著作."阿贝尔刚 18 岁,他父亲就去世了,阿贝尔在几位教授的出资捐助下,于 1821 年进入奥斯陆大学学习.他最早的研究论文发表于 1823 年,其中包括用积分方程解古典的等时线问题,这是对这类方程的第一个解法,为积分方程在 19 世纪末 20 世纪初的广泛发展开了先河.他又证明了一般的五次方程 $ax^5+bx^4+cx^3+dx^2+ex+f=0$ 不能像较低次的方程那样用根号求解,从而解脱了困惑数学家 300 年之久的一个难题.他自己出资印发了他的证明.

阿贝尔在科学思想上的发展很快超过了挪威当地所能理解的水平,因此他渴望出访法国和德国.在他的朋友和教授的支持下,他向政府申请出国,经过例行的官僚主义的繁文缛节和拖延之后,他终于获得周游欧洲大陆的经费.他把第一年的大部分时间花在柏林.在那里他很有幸地结识了克雷勒(Angust Leopold Crelle),这是一位热情的业余数学爱好者.阿贝尔则劝导克雷勒开始创办他那举世闻名的《纯粹与应用数学学报》,这是世界上专载数学研究的第一个期刊.该刊前三期里登载了阿贝尔的 22 篇文章.

阿贝尔的早期数学训练完全属于以欧拉为典型的 18 世纪老式形式主义传统.在柏林他受到以高斯和柯西为首的新兴学派思想的影响,他所注重的是严格推导而不是形式运算.除了高斯关于超几何级数的伟大工作之外,当时分析上几乎没有什么证明在今天被人认为是能够站得住脚的.如阿贝尔在给朋友的一封信中所说的:"如果不计那些很简单的情形,整个数学里没有一个无穷级数的和是严格确定了的.换言之,数学里最重要的部门没有坚实的基础."在这时期他写出了关于二项级数的古典研究论文,在那里他奠定了收敛的一般理论,第一次给出了这种级数展开式成立的可靠证明.

阿贝尔把他关于五次方程的小册子寄给哥廷根的高斯,想借此作为晋谒高斯的通行证.但由于某种原因高斯却放下根本没有看,因在他死后30年人们在其遗稿中发现这本小册子还没拆开.这对两人都是不幸的事,阿贝尔觉得他受人冷遇,不再想见高斯而取道巴黎.

在巴黎他会见了柯西、勒让德、狄利克雷和其他的人,但这些会面也是虚应故事,人们并没有真正认识他的天才.他已经在克雷勒的《纯粹与应用数学学报》里发表了一些重要的论文,但法国人几乎完全不知道有这个新刊物,而阿贝尔有点腼腆,不好意思在陌生人面前谈他自己的著作.在到达巴黎后不久,他完成了他的巨著《论一类极广泛的超越函数的一般性质》,他自己也认为这是他的杰作.这著作里含有他所发现的关于代数函数的积分,如今称为阿贝尔定理,并且其后成为阿贝尔积分理论、阿贝尔函数以及代数几何里许多内容的基础.据传埃尔米特在几十年之后提到这部著作时曾说:"阿贝尔留下来的问题,足够数学家忙500年的."雅可比把阿贝尔定理描述为19世纪积分学中的最大发现.阿贝尔把稿件送交法国科学院,他希望这能引起法国数学家对他的注意,但他空等了一些时候,终于因囊中羞涩而不得不返回柏林.事情的经过是这样的:稿件被人交给柯西和勒让德审阅,柯西带回家错放在什么地方一点也记不起了,直到1841年才付印,但在清样未打出以前原稿又丢失了.这份原稿1952年终于在佛罗伦萨发现.在柏林,阿贝尔完成了关于椭圆函数的第一篇革命性论文(这是他搞了多年的一项研究),然后回到挪威,背了一身债.

他原希望回国后能被聘为大学教授,但他的希望又一次落空.他靠给私人补课谋生,一度当代课教师.这段时间里他不断搞研究工作,主要搞椭圆函数论,这是作为椭圆积分的反函数被他所发现的.这一理论很快就成为19世纪分析中的重要领域之一,它在数论、数学物理以及代数几何中有许多应用.同时,阿贝尔的名声传遍欧洲的所有数学中心,成为世界优秀的数学家之一,但他身处孤陋寡闻之地,自己并不知道.到1829年初,他在旅途中所染的肺病已经发展到使他不能工作的地步,并且就在当年春天他26岁的时候去世.在他死后不久,克雷勒写信告诉他所谋之事获得成功,阿贝尔将被聘为柏林大学数学教授.克雷勒在他的《纯粹与应用数学学报》里赞扬阿贝尔道:"阿贝尔在他的所有著作里都打下了天才的烙印和表现出了不起的思维能力.我们可以说他能够穿透一切障碍深入问题的根底,具有似乎是无坚不摧的气势……他又以品格淳朴高尚以及罕见的谦逊精神出众,使他人品也像他的天才那样受人不同寻常的爱戴."但数学家另有他法来纪念他们之中的伟人,因而我们常说阿贝尔积分方程、阿贝尔积分与阿贝尔函数、阿贝尔群、阿贝尔级数、阿贝尔部分和公式、幂级数里的阿贝尔极限定理,以及阿贝尔可和性.很少几个数学家能使他们的名字同近世数学中的这么多概念和定理联在一起的,谁也不能想象,如果他活到正常寿命的话,该能作出多少贡献来.

第 10 章

多元函数的微分学

前面讨论的函数只有一个自变量,这种函数称为一元函数. 但许多实际问题中,涉及多个因素,反映到数学上就是一个变量依赖于多个变量的情形,这就提出了多元函数以及相应的微积分问题.本章的讨论主要以二元函数为主,一方面,二元函数比其他的多元函数更直观.另一方面,两个变量的二元函数已经体现出"多"的特征了,并能有代表性地表现多元函数的情形.二元以上的函数可以类推.

10.1 空间解析几何简介

1. 空间直角坐标系

(1) 空间点的直角坐标

为了确定空间中一点的位置,需要建立空间的点与数组的关系.

过空间一个定点 O,作三条互相垂直的数轴,它们都以 O 为原点,且一般有相同的度量单位,这三条数轴分别叫做 Ox 轴(横轴),Oy 轴(纵轴),Oz 轴(竖轴),这就建立了**空间直角坐标系**.点 O 叫做**坐标原点**,数轴 Ox,Oy,Oz 统称为**坐标轴**.如果将右手的拇指和食指分别指着 Ox 轴和 Oy 轴的正方向,则中指所指的方向为 Oz 轴的正方向,这样的坐标系叫做**右手坐标系**,否则称为**左手坐标系**.

任意两条坐标轴可以确定一个平面,如 x 轴和 y 轴确定 xOy 面,以此类推,y 轴和 z 轴确定 yOz 面,z 轴和 x 轴确定 zOx 面,这三个面统称为**坐标面**.三个坐标面将空间分成八个部分,每一部分称为一个**卦限**.把含三个坐标轴正向的那个卦限称为第 Ⅰ 卦限,在 xOy 平面的上部如图 10.1 所示,依逆时针顺序得 Ⅰ,Ⅱ,Ⅲ,Ⅳ 四个卦限.在 xOy 平面下部与第 Ⅰ 卦限相对的为第 Ⅴ 卦限,依逆时针顺序得 Ⅵ,Ⅶ,Ⅷ 三个卦限.取定了空间直角坐标系后,就可以建立起空间的点与数组之间的对应关系.

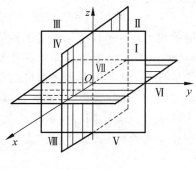

图　10.1

设 M 为空间中一点,过 M 点作三个平面分别垂直于三条坐标轴,它们与 x 轴,y 轴,z 轴的交点依次为 P,Q,R(图 10.2),设 P,Q,R 三点在三个坐标轴的坐标依次为 x,y,z. 这样,空间一点 M 就惟一地确定了一个有序数组 (x,y,z),称为 M 的**直角坐标**,其中 x 称为点 M 的**横坐标**,y 称为**纵坐标**,z 称为**竖坐标**,记为 $M(x,y,z)$.

反过来,给定了数组 (x,y,z),依次在 x 轴,y 轴,z 轴上取与 x,y,z 相应的点 P,Q,R,然后过点 P,Q,R 各作平面分别垂直于 x 轴,y 轴,z 轴,这三个平面的交点 M,就是以数组 (x,y,z) 为坐标的点.

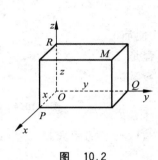

图 10.2

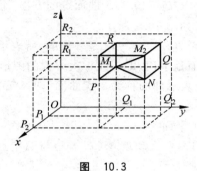

图 10.3

(2) 两点间的距离

设 $M_1(x_1,y_1,z_1)$,$M_2(x_2,y_2,z_2)$ 为空间两点,可用两点的坐标来表达它们之间的距离 d.

过 M_1,M_2 分别作垂直于三条坐标轴的平面,这六个平面围成的长方体以 M_1M_2 为对角线(图 10.3),根据勾股定理可以证明长方体对角线的长度的平方,等于它的三条棱长的平方和,即

$$d^2 = |M_1M_2|^2 = |M_1N|^2 + |NM_2|^2$$
$$= |M_1P|^2 + |M_1Q|^2 + |M_1R|^2,$$

由于

$$|M_1P| = |P_1P_2| = |x_2 - x_1|,$$
$$|M_1Q| = |Q_1Q_2| = |y_2 - y_1|,$$
$$|M_1R| = |R_1R_2| = |z_2 - z_1|,$$

所以

$$d = |M_1M_2| = \sqrt{(x_2 - x_1)^2 + (y_2 - y_1)^2 + (z_2 - z_1)^2},$$

这就是空间中两点间距离的公式.特殊地,点 $M(x,y,z)$ 与坐标原点 $O(0,0,0)$ 的距离为

$$d = |OM| = \sqrt{x^2 + y^2 + z^2}.$$

2. 曲面与方程

在空间几何中,任何曲面都看作点的几何轨迹. 在这样的意义下,如果曲面 S 与三元方程

$$F(x,y,z) = 0, \tag{10.1}$$

有如下关系:

① 曲面 S 上任一点的坐标都满足方程(10.1);

② 不在曲面上的点的坐标都不满足方程(10.1).

那么,就称方程(10.1)为曲面 S 的方程,而称曲面 S 为方程(10.1)的图形(如图 10.4 所示).

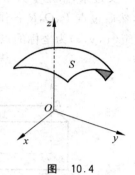

如果方程对 x,y,z 是一次的,所表示的曲面称为一次曲面,一次曲面是平面,即三元一次方程的图形是平面. 如果方程是二次的,所表示曲面称为二次曲面,即三元二次方程的图形为二次曲面.

图   10.4

(1) 平面

例 1.1   一动点 $M(x,y,z)$ 与两定点 $A(1,2,0),B(3,1,-2)$ 的距离相等,求此动点 M 的轨迹方程.

解   依题意有 $|AM| = |MB|$,即

$$\sqrt{(x-1)^2 + (y-2)^2 + z^2} = \sqrt{(x-3)^2 + (y-1)^2 + (z+2)^2}.$$

化简后可得动点 $M(x,y,z)$ 的轨迹方程为

$$4x - 2y - 4z - 9 = 0.$$

由几何知识可知,动点 M 轨迹是线段 AB 的垂直平分面,因此上面所求方程即为该平面的方程.

事实上,可以证明空间中任一平面都可以用三元一次方程来表示,反之亦然.

平面方程的一般形式为

$$Ax + By + Cz + D = 0. \tag{10.2}$$

例 1.2   求过三点 $(2,3,0),(-2,-3,4)$ 和 $(0,6,0)$ 的平面的方程.

解   设所求平面方程为

$$Ax + By + Cz + D = 0,$$

其中 A,B,C,D 为待定系数,把已知三点的坐标代入,得线性方程组

$$\begin{cases} 2A + 3B \quad\ + D = 0, \\ -2A - 3B + 4C + D = 0, \\ \qquad 6B \quad\ + D = 0. \end{cases}$$

解得

$$A = -\frac{D}{4}, \quad B = -\frac{D}{6}, \quad C = -\frac{D}{2},$$

代入平面方程并化简得

$$3x + 2y + 6z - 12 = 0.$$

例 1.3 设平面在三个坐标轴上的截距分别为 a, b, c，且 a, b, c 均不为 0（如图 10.5 所示），求这个平面的方程.

解 把平面与坐标轴的交点的坐标 $(a, 0, 0), (0, b, 0)$，$(0, 0, c)$ 分别代入平面的一般式方程，得线性方程组

$$\begin{cases} Aa & + D = 0, \\ Bb & + D = 0, \\ Cc + D = 0. \end{cases}$$

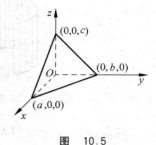

图 10.5

解得

$$A = -\frac{D}{a}, \quad B = -\frac{D}{b}, \quad C = -\frac{D}{c},$$

代入平面方程，并化简整理得

$$\frac{x}{a} + \frac{y}{b} + \frac{z}{c} = 1, \tag{10.3}$$

这就是所求平面的方程，称为**平面的截距式方程**.

（2）球面

空间中与一个定点有等距离的点的集合叫做**球面**，定点叫做**球心**，定距离叫做**半径**. 若球心为 $Q(a, b, c)$，半径为 R，设点 $P(x, y, z)$ 为球面上任一点，则由于 $|PQ| = R$，则有

$$\sqrt{(x-a)^2 + (y-b)^2 + (z-c)^2} = R,$$

消去根式，得球面方程

$$(x-a)^2 + (y-b)^2 + (z-c)^2 = R^2. \tag{10.4}$$

若球心在原点 $O(0, 0, 0)$，则球面方程为

$$x^2 + y^2 + z^2 = R^2.$$

（3）柱面

设空间有任意一条曲线 L，过 L 上的一点引一条直线 b，直线 b 沿 L 作平行移动所形成的曲面叫做**柱面**. 曲线 L 叫做**准线**. 动直线的每一位置，叫做柱面的**一条母线**（如图 10.6 所示）.

准线 L 是直线的柱面为平面，准线 L 是圆的柱面叫做圆柱面. 若母线 b 与准线圆所在的平面垂直，这个柱面叫做**正圆柱面**. 这里主要是讨论母线平行于坐标轴的柱面方程.

如果柱面的母线平行于 z 轴，并且柱面与坐标面 xOy 的交线 L 方程为 $f(x, y) = 0$，曲线 L 上点的坐标满足这个方程，柱面上的其他点也满足这个方程，因为柱面上其他点

的横坐标和纵坐标分别与曲线 L 上某一点的坐标相等. 因此, 以 L 为准线, 母线平行于 z 轴的柱面的方程就是 $f(x, y) = 0$ (如图 10.7 所示).

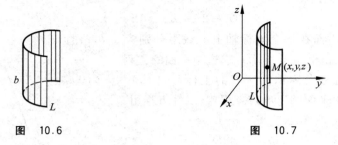

图　10.6   图　10.7

同理, $g(y, z) = 0$ 和 $h(z, x) = 0$ 分别表示母线平行于 x 轴和 y 轴的柱面. 一般来说, 空间中点的直角坐标 x, y, z 间的一个方程中若是缺少一个坐标, 则这个方程所表示的轨迹是一个柱面, 它的母线平行于所缺少的那个坐标的坐标轴, 它的准线就是与母线垂直的坐标平面上原方程所表示的平面曲线.

例如 $x^2 + z^2 = 1$ 在 zOx 平面上表示一个圆, 而在空间中则表示一个以此圆为准线, 母线平行于 y 轴的柱面 (如图 10.8 所示); 又如 $y - x^2 = 0$ 在 xOy 平面上表示一条以 y 轴为轴的抛物线, 而在空间中则表示以此抛物线为准线, 母线平行于 z 轴的抛物柱面 (如图 10.9 所示).

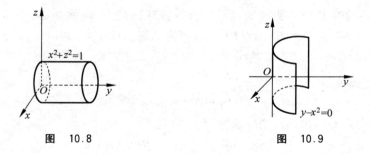

图　10.8   图　10.9

(4) 椭圆锥面

由方程

$$\frac{x^2}{a^2} + \frac{y^2}{b^2} - \frac{z^2}{c^2} = 0 \tag{10.5}$$

所确定的曲面称为椭圆锥面.

由方程 (10.5) 确定的曲面有下面的特征.

① 坐标原点在曲面上, 并且, 如果点 $M_0(x_0, y_0, z_0)$ 在曲面上, 则对任意的 t, 点 (tx_0, ty_0, tz_0) 也在曲面上, 因为当 t 取遍一切实数时, 点 (tx_0, ty_0, tz_0) 取遍原点与点

$M_0(x_0,y_0,z_0)$的连线上的一切点,即OM_0上的任何点都在曲面上,因此曲面(10.5)由通过原点O的直线构成.

由于方程(10.5)是二次齐次方程,所以方程(10.5)确定的曲面亦称为**二次锥面**.

② 用平行于坐标面xOy的平面$z=h$($h=0$时为坐标面xOy)截曲面(10.5),平面$z=0$截曲面(10.5)于原点O.平面$z=h$($h\neq0$)截曲面(10.5),截痕为一椭圆:

$$\begin{cases} \dfrac{x^2}{a^2}+\dfrac{y^2}{b^2}=\dfrac{h^2}{c^2}, \\ z=h, \end{cases}$$

半轴为$\dfrac{a|h|}{c}$,$\dfrac{b|h|}{c}$,中心在z轴上,半轴随$|h|$的增大而增大(如图 10.10 所示),当$a=b$时,锥面为正圆锥面.

（5）椭球面

由方程

$$\frac{x^2}{a^2}+\frac{y^2}{b^2}+\frac{z^2}{c^2}=1 \tag{10.6}$$

所确定的曲面称为**椭球面**.这里a,b,c都是正数(如图 10.11 所示).

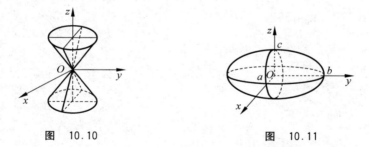

图 10.10   图 10.11

显然,方程(10.6)左端的每一项都不能大于 1,从而有

$$|x|\leqslant a, \quad |y|\leqslant b, \quad |z|\leqslant c.$$

这说明椭球面上的所有点,都在由六个平面$x=\pm a,y=\pm b,z=\pm c$所围成的长方体内,a,b,c称为椭球面的半轴.

现在来研究椭球面的性质.

① 对称性:椭球面对于坐标平面、坐标轴和坐标原点都对称;

② 椭球面被三个坐标面xOy,yOz,zOx所截的截痕各为椭圆:

$$\begin{cases} \dfrac{x^2}{a^2}+\dfrac{y^2}{b^2}=1, \\ z=0; \end{cases} \quad \begin{cases} \dfrac{y^2}{b^2}+\dfrac{z^2}{c^2}=1, \\ x=0; \end{cases} \quad \begin{cases} \dfrac{x^2}{a^2}+\dfrac{z^2}{c^2}=1, \\ y=0. \end{cases}$$

用平行于坐标面xOy的平面$z=h$($|h|<c$)截椭球面,截痕为椭圆:

$$\begin{cases} \dfrac{x^2}{a^2} + \dfrac{y^2}{b^2} = 1 - \dfrac{h^2}{c^2}, \\ z = h \end{cases}$$

或写为

$$\begin{cases} \dfrac{x^2}{a^2\left(1 - \dfrac{h^2}{c^2}\right)} + \dfrac{y^2}{b^2\left(1 - \dfrac{h^2}{c^2}\right)} = 1, \\ z = h, \end{cases}$$

此椭圆的半轴为

$$\frac{a}{c}\sqrt{c^2 - h^2}, \quad \frac{b}{c}\sqrt{c^2 - h^2},$$

如果 $h = \pm c$,则截痕缩为两点:$(0,0,c)$ 与 $(0,0,-c)$.

至于平行于其他两个坐标面的平面截此椭球面时,所得到的结果完全类似.

③ 如果 $a = b = c \neq 0$,则方程(10.6)表示一个球面.

如果 a,b,c 三个数中有两个相等时,例如 $a = b \neq c$,则方程(10.6)变为

$$\frac{x^2 + y^2}{a^2} + \frac{z^2}{c^2} = 1,$$

这是一个旋转椭球面,它由椭圆

$$\begin{cases} \dfrac{x^2}{a^2} + \dfrac{z^2}{c^2} = 1, \\ y = 0, \end{cases}$$

绕 z 轴旋转而成.

(6) 单叶双曲面

由方程

$$\frac{x^2}{a^2} + \frac{y^2}{b^2} - \frac{z^2}{c^2} = 1,$$

或

$$\frac{x^2}{a^2} - \frac{y^2}{b^2} + \frac{z^2}{c^2} = 1,$$

或

$$-\frac{x^2}{a^2} + \frac{y^2}{b^2} + \frac{z^2}{c^2} = 1,$$

所确定的曲面称为**单叶双曲面**,其中 a,b,c 均为正数,称为双曲面的**半轴**. 现以

$$\frac{x^2}{a^2} + \frac{y^2}{b^2} - \frac{z^2}{c^2} = 1 \tag{10.7}$$

为例,来考察曲面被坐标面及其平行平面所截得的截痕(如图 10.12 所示).

显然,它对于坐标面、坐标轴和坐标原点都是对称的.

① 用平行于坐标面 xOy 的平面 $z=h$ 截曲面(10.7),其截痕是椭圆

$$\begin{cases} \dfrac{x^2}{a^2} + \dfrac{y^2}{b^2} = 1 + \dfrac{h^2}{c^2}, \\ z = h, \end{cases}$$

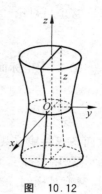

图 10.12

半轴为 $\dfrac{a}{c}\sqrt{c^2+h^2}, \dfrac{b}{c}\sqrt{c^2+h^2}$. 当 $h=0$ 时(xOy 面),半轴最小.

② 坐标面 xOz 截曲面(10.7)的截痕是双曲线

$$\begin{cases} \dfrac{x^2}{a^2} - \dfrac{z^2}{c^2} = 1, \\ y = 0, \end{cases}$$

它的实轴与 x 轴重合,虚轴与 z 轴重合,半轴为 a 和 c. 用平行于坐标面 xOz 的平面 $y=h$ 截曲面(10.7)的截痕是

$$\begin{cases} \dfrac{x^2}{a^2} - \dfrac{z^2}{c^2} = 1 - \dfrac{h^2}{b^2}, \\ y = h. \end{cases}$$

若 $|h|<b$,则为实轴平行于 x 轴,虚轴平行于 z 轴的双曲线;

若 $|h|>b$,则为实轴平行于 z 轴,虚轴平行于 x 轴的双曲线;

若 $|h|=b$,则上述截痕方程变成

$$\begin{cases} \left(\dfrac{x}{a} + \dfrac{z}{c}\right)\left(\dfrac{x}{a} - \dfrac{z}{c}\right) = 0, \\ y = h, \end{cases}$$

这表示平面 $y=\pm b$ 与单叶双曲面的截痕是一对相交的直线,交点为 $(0,b,0)$ 和 $(0,-b,0)$.

③ 坐标面 yOz 和平行于 yOz 的平面截曲面(10.7)的截痕与球面方程(10.3)类似.

④ 若 $a=b$,则曲面(10.7)变成**单叶旋转双曲面**.

(7) 双叶双曲面

由方程

$$-\dfrac{x^2}{a^2} + \dfrac{y^2}{b^2} + \dfrac{z^2}{c^2} = -1,$$

或

$$\dfrac{x^2}{a^2} - \dfrac{y^2}{b^2} + \dfrac{z^2}{c^2} = -1,$$

或

$$\dfrac{x^2}{a^2} + \dfrac{y^2}{b^2} - \dfrac{z^2}{c^2} = -1,$$

确定的曲面称为**双叶双曲面**,这里 a,b,c 为正数.

这里只讨论

$$\frac{x^2}{a^2} + \frac{y^2}{b^2} - \frac{z^2}{c^2} = -1. \tag{10.8}$$

① 对于坐标面、坐标轴和原点都对称,它与 xOz 面和 yOz 面的交线分别是双曲线

$$\begin{cases} \dfrac{x^2}{a^2} - \dfrac{z^2}{c^2} = -1, \\ y = 0, \end{cases} \quad 和 \quad \begin{cases} \dfrac{y^2}{b^2} - \dfrac{z^2}{c^2} = -1, \\ x = 0, \end{cases}$$

这两条双曲线有共同的实轴,实轴的长度也相等,它与 xOy 面不相交.

② 用平行于 xOy 面的平面 $z = h (|h| \geqslant c)$ 去截它,当 $|h| > c$ 时,截痕是椭圆

$$\begin{cases} \dfrac{x^2}{a^2} + \dfrac{y^2}{b^2} = \dfrac{h^2}{c^2} - 1, \\ z = h, \end{cases}$$

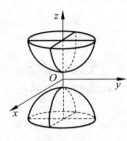

图　10.13

它的半轴随 $|h|$ 的增大而增大,当 $|h| = c$ 时,截痕是一个点;$|h| < c$ 时,没有交点. 显然双叶双曲面有两支,位于坐标面 xOy 两侧,无限延伸(如图 10.13 所示).

(8) 椭圆抛物面

由方程

$$\frac{x^2}{a^2} + \frac{y^2}{b^2} = z \tag{10.9}$$

确定的曲面称为**椭圆抛物面**. 它对于坐标面 xOz 和坐标面 yOz 对称,对于 z 轴也对称,但是它没有对称中心,它与对称轴的交点称为顶点,因 $z \geqslant 0$,故整个曲面在 xOy 面的上侧,它与坐标面 xOz 和坐标面 yOz 的交线是抛物线

$$\begin{cases} x^2 = a^2 z, \\ y = 0, \end{cases} \quad 和 \quad \begin{cases} y^2 = b^2 z, \\ x = 0, \end{cases}$$

这两条抛物线有共同的顶点和轴.

用平行于 xOy 面的平面 $z = h (h > 0)$ 去截它,截痕是椭圆

$$\begin{cases} \dfrac{x^2}{a^2} + \dfrac{y^2}{b^2} = h, \\ z = h, \end{cases}$$

这个椭圆的半轴随 h 增大而增大(如图 10.14 所示).

(9) 双曲抛物面

由方程

$$-\frac{x^2}{a^2} + \frac{y^2}{b^2} = z \tag{10.10}$$

确定的曲面称为**双曲抛物面**.

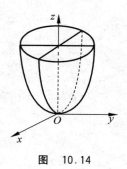

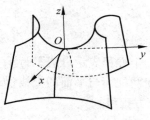

图 10.14　　　　　　　　　　　　　图 10.15

它对于坐标面 xOz 和 yOz 是对称的,对 z 轴也是对称的,但是它没有对称中心,它与坐标面 xOz 和坐标面 yOz 的截痕分别是抛物线(如图 10.15 所示)

$$\begin{cases} x^2 = -a^2 z, \\ y = 0 \end{cases} \quad 和 \quad \begin{cases} y^2 = b^2 z, \\ x = 0, \end{cases}$$

这两条抛物线有共同的顶点和轴,但轴的方向相反.用平行于 xOy 面的平面 $z = h$ 去截它,截痕是

$$\begin{cases} -\dfrac{x^2}{a^2} + \dfrac{y^2}{b^2} = h, \\ z = h. \end{cases}$$

当 $h \neq 0$ 时,截痕总是双曲线:若 $h > 0$,双曲线的实轴平行于 y 轴;若 $h < 0$,双曲线的实轴平行于 x 轴.

3. 空间曲线

（1）空间曲线的一般方程

设有两个相交曲面 S_1 与 S_2,它们的方程分别为

$$F(x, y, z) = 0, \quad G(x, y, z) = 0.$$

又设它们的交线为 C(如图 10.16 所示).若 $P(x, y, z)$ 是曲线 C 上的点,则点 P 必同时为两个曲面 S_1 和 S_2 上的点,因而其坐标同时满足这两个曲面方程.反之,若 P 的坐标同时满足这两个曲面方程,则点 P 必同时在两个曲面 S_1 和 S_2 上,因而它一定在曲面的交线 C 上.因此,联立方程组

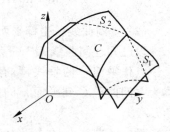

图 10.16

$$\begin{cases} F(x, y, z) = 0, \\ G(x, y, z) = 0 \end{cases} \tag{10.11}$$

是空间曲线 C 的方程.方程组(10.11)称为空间曲线的**一般方程**.

例 1.4　方程组

$$\begin{cases} x^2 + y^2 = 1, \\ 2x + 3y + 3z = 6 \end{cases}$$

表示怎样的曲线?

解　第一个方程表示母线平行于 z 轴的圆柱面,第二个方程表示一个平面,因此,方程组表示上述圆柱面与平面的交线(如图 10.17 所示).

例 1.5　方程组

$$\begin{cases} z = \sqrt{a^2 - x^2 - y^2}, \\ \left(x - \dfrac{a}{2}\right)^2 + y^2 = \left(\dfrac{a}{2}\right)^2 \end{cases}$$

表示怎样的曲线?

解　第一个方程表示球心在坐标原点、半径为 a 的上半球面,第二个方程表示母线平行于 z 轴的圆柱面,因此方程组就表示上述半球面与圆柱面的交线(如图 10.18 所示).

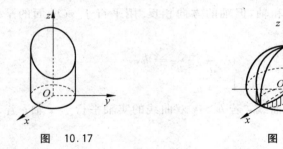

图　10.17 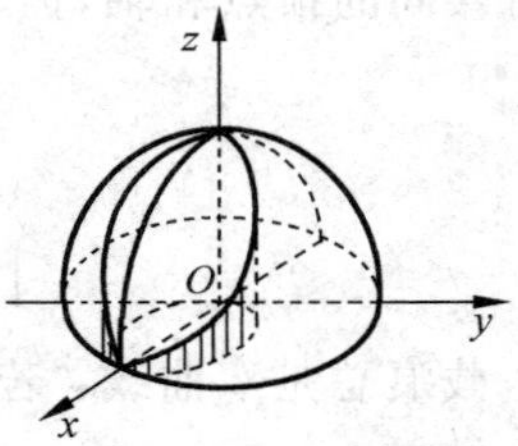　　　　　　　图　10.18

(2) 空间曲线在坐标平面上的投影

设已知空间曲线 C 和平面 π,若从空间曲线 C 上每一点作平面 π 的垂线,所有垂线所构成的投影曲面称为空间曲线 C 到平面 π 的**投影柱面**(如图 10.19 所示).

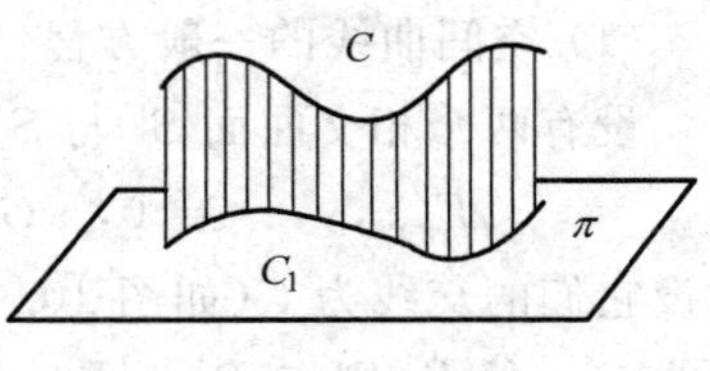

图　10.19

设空间曲线 C 的方程为

$$\begin{cases} F(x,y,z) = 0, \\ G(x,y,z) = 0. \end{cases} \tag{10.12}$$

求曲线 C 在坐标平面 xOy 上的投影曲线 C_1 的方程. 从方程组(10.12)中消去 z,得到一个不含变量 z 的方程

$$\Phi(x,y) = 0,$$

它表示母线平行于 z 轴的柱面,而且由于曲线 C 上的点的坐标满足方程组(10.12),因而

也必然满足方程 $\Phi(x,y)=0$. 这就是说,柱面 $\Phi(x,y)=0$ 过曲线 C. 因此它就是空间曲线 C 到坐标柱面 xOy 的投影柱面. 于是曲线 C 在 xOy 平面上的投影曲线 C_1 的方程为

$$C_1:\begin{cases}\Phi(x,y)=0,\\ z=0.\end{cases}$$

同理,从方程组(10.12)中消去 x(或 y),也可以得到曲线 C 在坐标面 yOz(或 zOx)上的投影曲线的方程.

例 1.6　求曲线

$$C:\begin{cases}x^2+y^2=z^2,\\ z^2=y\end{cases}$$

在坐标面 xOy 和 yOz 上的投影曲线的方程.

解　曲线 C 是圆锥面和母线平行于 x 轴的柱面的交线. 由曲线方程组中消去 z,得到

$$x^2+y^2=y,\quad 即\quad x^2+\left(y-\frac{1}{2}\right)^2=\frac{1}{4},$$

它是曲线 C 在坐标面 xOy 的投影柱面的方程,因此曲线 C 在坐标面 xOy 上的投影曲线方程为

$$\begin{cases}x^2+\left(y-\frac{1}{2}\right)^2=\frac{1}{4},\\ z=0,\end{cases}$$

这是以 $\left(0,\frac{1}{2},0\right)$ 为圆心,$\frac{1}{2}$ 为半径的圆.

因为曲面 $z^2=y$ 是过曲线 C 且母线平行于 x 轴的柱面,所以它就是曲线 C 在坐标平面 yOz 上的投影柱面,因而曲线 C 在坐标平面 yOz 上的投影曲线的方程为

$$\begin{cases}z^2=y,\\ x=0,\end{cases}$$

这是一条抛物线.

习题 10.1

1. 在直角坐标系中,作出下列各点:
$(1,2,3)$;　$(-1,0,2)$;　$(-1,-3,2)$;　$(2,-1,2)$;
$(2,0,0)$;　$(0,-1,1)$;　$(0,-2,0)$.

2. 点 $M_0(x_0,y_0,z_0)$ 关于坐标轴、坐标面和坐标原点对称的点.

3. 求两点 $A(2,-1,3)$ 和 $B(-3,2,5)$ 之间的距离.

4. 写出以点 $c(1,3,-2)$ 为球心并通过坐标原点的球的方程.

5. 在空间直角坐标系下,下列方程的图形是什么？

(1) $x^2 + 4y^2 - 4 = 0$;　　　　(2) $y^2 + z^2 = -z$;　　　　(3) $z^2 = x^2 - 2x + 1$.

6. 指出下列方程表示什么曲线,并画出略图:

(1) $x^2 + y^2 + z^2 = 2az$;　　　　(2) $x^2 + y^2 = 2az$;

(3) $x^2 + z^2 = 2az$;　　　　(4) $x^2 - y^2 = z^2$;

(5) $x^2 = 2az$;　　　　(6) $z = 2 + x^2 + y^2$.

7. 画出下列各曲(平)面所围成的立体图形:

(1) $x = 0, y = 0, z = 0, 3x + 2y + z = 6$;

(2) $x = 0, y = 0, z = 0, x = 2, y = 1, 3x + 4y + 2z - 12 = 0$;

(3) $x = 0, y = 0, z = 0, x + y = 1, z = x^2 + y^2 + 4$;

(4) $y = \sqrt{x}, y = 2\sqrt{x}, z = 0, x + z = 4$.

8. 求曲线 $\begin{cases} x^2 + y^2 + 9z^2 = 1 \\ z^2 = x^2 + y^2 \end{cases}$ 在 xOy 平面上投影曲线的方程.

10.2　二元函数的基本概念

1. 平面点集合

设 $P_0(x, y)$ 是平面上任一点,则平面上以 P_0 为中心,以 r 为半径的圆的内部所有点的集合称为 P_0 的 r(**圆形**)**邻域**,记为 $U(P_0, r)$,即

$$U(P_0, r) = \left\{ P \mid |P - P_0| < r \right\} = \{(x, y) \mid (x - x_0)^2 + (y - y_0)^2 < r^2\}.$$

这里 $|P - P_0|$ 指的是 P 与 P_0 的距离,不难理解为什么这个邻域称为圆形邻域.

以 P_0 为中心,以 $2r$ 为边长的正方形内部所有点(正方形的边平行于坐标轴)的集合,称为点 P_0 的 r(**方形**)**邻域**,记作

$$\delta(P_0, r) = \left\{ (x, y) \mid |x - x_0| < r, |y - y_0| < r \right\}.$$

r 也称为邻域的半径.

这两种邻域只是形式的不同,没有本质的区别. 这是因为,一个点 P 的圆形邻域内必存在点 P 的方形邻域,一个点 P 的方形邻域内也必存在点 P 的圆形邻域(如图 10.20 所示). 圆形邻域和方形邻域统称为**邻域**. 如果不必指明邻域的半径 r 时,则把 P 的邻域表示为 $U(P)$.

设 E 是平面的一个子集,P 是平面上一点,若存在 $U(P)$,使得 $U(P) \subset E$,则称 P 是 E 的**内点**. 若 P 的任何邻域内既有点属于 E,又有

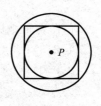

图　10.20

点不属于 E,则称 P 是 E 的**界点**. E 的界点的集合,称为 E 的**边界**.

设 D 是平面的一个子集,若 D 的每一点都是内点,则称 D 是平面的一个**开集**.

设 D 是平面的一个子集,若 D 的任意两点都能用含于 D 的折线连接起来,则称 D 是**连通**的.

若 D 既是连通的,又是开集,则称 D 为**开区域**. 常见的平面开区域是由封闭曲线围成的不包含边界的部分.

这里,不严格地给出平面闭区域的概念,将开区域加上它的边界,称为**闭区域**.

若一区域中各点到坐标原点的距离都小于某个正数 M,则称区域是**有界区域**,否则称为**无界区域**. 例如

$$\left\{(x,y)\,\middle|\,1 < \frac{x^2}{3} + \frac{y^2}{4} \leqslant 5\right\}$$

就是有界区域,而

$$\{(x,y) \mid x + y > 1\}$$

是无界区域.

2. 二元函数的定义

定义 10.1　设 D 是一平面点集,如果按照某个对应法则 f,对于 D 中的每个点 (x,y),都能得到惟一的实数 z 与这个点对应,则称这个对应法则 f 为定义在 D 上的**二元函数**,记为

$$z = f(x,y), \quad (x,y) \in D,$$

其中 D 称为函数 $z = f(x,y)$ 的**定义域**. 函数值的集合称为函数的**值域**,记为 $R(f)$,即

$$R(f) = \{f(x,y) \mid (x,y) \in D\}.$$

在空间坐标系中由下面的点组成的集合称为函数 $z = f(x,y)$ 的**图像**,记作 $G(f)$,

$$G(f) = \{(x,y,f(x,y)) \mid (x,y) \in D\}.$$

例 2.1　设三角形底为 x,高为 y,则三角形的面积 z 可表示为 x,y 的函数

$$z = \frac{1}{2}xy.$$

在这个具体问题中,函数的定义域是 $x > 0, y > 0$,即平面直角坐标系内第一象限的点,函数的值域是大于零的实数,即

$$D(f) = \{(x,y) \mid x > 0, y > 0\}, \quad R(f) = (0, +\infty).$$

如果抛开函数的具体意义,仅由一个表达式给出函数,则函数的定义域应理解为使解析式有意义的 (x,y) 点组成的集合.

例 2.2　设 $z = x^2 + y^2$,则函数定义域 $D(f)$ 是平面所有点组成的集合,即 $D(f) = \mathbb{R}^2$,易知,该函数的图像是旋转抛物面.

例 2.3　$z=\dfrac{1}{\sqrt{R^2-x^2-y^2}}$，其定义域为 $R^2-x^2-y^2>0$，即 $x^2+y^2<R^2$，所以函数定义域为平面上以坐标原点为中心、半径为 R 的圆的内部，即

$$D(f)=\{(x,y)\mid x^2+y^2<R^2\},$$

函数的值域是 $\left[\dfrac{1}{R},+\infty\right)$.

例 2.4　$f(x,y)=\arcsin x$，则函数对 y 没有要求，$x\in[-1,1]$，因此，其定义域是平面上的带形区域：

$$\{(x,y)\mid-1\leqslant x\leqslant 1,-\infty<y<+\infty\}.$$

习题 10.2

求下列函数的定义域，并指出是哪种类型的区域：

(1) $z=\ln(y^2-2x)$;

(2) $z=\dfrac{\sqrt{y-x}}{\sqrt{x^2+y^2-R^2}}$;

(3) $z=\arcsin\dfrac{1}{\sqrt{x^2+y^2}}$;

(4) $z=\sqrt{y-\sqrt{x}}$;

(5) $z=\dfrac{1}{\sqrt{x+y}}-\dfrac{1}{\sqrt{x-y}}$;

(6) $z=\ln(xy)$.

10.3　二元函数的极限和连续

回忆一下邻域的概念，将 $\mathring{U}(P,r)=U(P,r)\backslash\{P\}$ 称为点 P 的**去心邻域**，这个邻域既可以指圆形邻域，也可以指方形邻域.

仿照一元函数极限的定义，可以给出二元函数极限的定义.

设二元函数 $z=f(x,y)$ 在 D 上有定义，点 $P_0(x_0,y_0)$ 是 D 的内点或界点，A 是一个常数，如果对任意的正数 ε，都存在一个正数 δ，使得对于 $\forall P(x,y)\in U(P_0,\delta)\bigcap D$，都有

$$|f(x,y)-A|<\varepsilon,$$

则称 P 趋向 P_0 时 $f(P)$ 以 A 为极限，记作

$$\lim_{P\to P_0}f(P)=A,$$

也可写作 $\lim\limits_{\substack{x\to x_0\\y\to y_0}}f(x,y)=A$，或 $\lim\limits_{(x,y)\to(x_0,y_0)}f(x,y)=A$.

在上述的极限定义中，如果选定圆形区域或方形区域，便有两种等价叙述形式.

第一种形式：圆形邻域的极限形式.

$\forall \varepsilon > 0, \exists \delta > 0, \forall P(x,y) \in D$, 当 $0 < \sqrt{(x-x_0)^2 + (y-y_0)^2} < \delta$ 时, 有

$$|f(x,y) - A| < \varepsilon,$$

则称 P 趋向 P_0 时 $f(P)$ 以 A 为极限, 记作

$$\lim_{\substack{x \to x_0 \\ y \to y_0}} f(x,y) = A.$$

第二种形式: 方形邻域的极限形式.

$\forall \varepsilon > 0, \exists \delta > 0, \forall P(x,y) \in D$, 当 $|x-x_0| < \delta$ 且 $|y-y_0| < \delta, (x,y) \neq (x_0, y_0)$ 时, 有

$$|f(x,y) - A| < \varepsilon,$$

则称 P 趋向 P_0 时 $f(P)$ 以 A 为极限, 记作

$$\lim_{\substack{x \to x_0 \\ y \to y_0}} f(x,y) = A.$$

例 3.1 求证: $\lim\limits_{\substack{x \to 2 \\ y \to 4}} (xy - 4x - 2y + 10) = 2$.

证明 分析: 要使

$$|xy - 4x - 2y + 10 - 2| = |(x-2)(y-4)| < \varepsilon,$$

只需 $|x-2| < \sqrt{\varepsilon}, |y-4| < \sqrt{\varepsilon}$ 即可. 因此 $\forall \varepsilon > 0, \exists \delta = \sqrt{\varepsilon} > 0$, 当 $|x-2| < \delta, |y-4| < \delta$ 时, 有

$$|xy - 4x - 2y + 10 - 2| = |(x-2)(y-4)| < \varepsilon,$$

从而结论成立.

例 3.2 设 $f(x,y) = (x^2 + y^2) \sin \dfrac{1}{x^2+y^2}$ $((x,y) \neq (0,0))$, 求证 $\lim\limits_{\substack{x \to 0 \\ y \to 0}} f(x,y) = 0$.

证明 因为

$$\left| (x^2 + y^2) \sin \frac{1}{x^2+y^2} - 0 \right| = |x^2 + y^2| \cdot \left| \sin \frac{1}{x^2+y^2} \right| \leqslant x^2 + y^2,$$

可见, 对任意给定的 $\varepsilon > 0$, 取 $\delta = \sqrt{\varepsilon}$, 则当 $0 < \sqrt{(x-0)^2 + (y-0)^2} < \delta$ 时, 有

$$\left| (x^2 + y^2) \sin \frac{1}{x^2+y^2} - 0 \right| < \varepsilon$$

成立, 所以 $\lim\limits_{\substack{x \to 0 \\ y \to 0}} f(x,y) = 0$.

从以上两例可以看出, 根据不同的极限类型, 选取相应的圆形邻域或方形邻域.

由于一元函数的极限只有两种趋近方式: 左极限和右极限. 所以一元函数极限比较简单. 但二元函数趋向一点的方式有无数种, 因而二元函数的极限就比一元函数复杂得多, 它要求变量以任意方式趋向 (x_0, y_0) 时极限都存在并且相等.

例 3.3 函数 $f(x,y) = \dfrac{xy}{x^2+y^2}$ 当 $(x,y) \to (0,0)$ 时极限不存在.

这是因为,当点(x,y)沿直线 $y=x$ 上趋向于$(0,0)$时,

$$f(x,y) = \frac{x^2}{2x^2} \to \frac{1}{2},$$

而当点(x,y)沿直线 $y=2x$ 趋向于$(0,0)$时,

$$f(x,y) = \frac{2x^2}{5x^2} \to \frac{2}{5},$$

可见,$\lim\limits_{\substack{x \to 0 \\ y \to 0}} f(x,y)$不存在(如图 10.21 所示).

下面给出二元函数连续的定义.

设 $f(x,y)$ 在 $P(x_0,y_0)$ 的某邻域内有定义,如果

$$\lim_{\substack{x \to x_0 \\ y \to y_0}} f(x,y) = f(x_0,y_0),$$

则称 $f(x,y)$ 在点(x_0,y_0)**连续**.

二元函数在一点 P_0 连续可以用分析语言描述如下:

$\forall \varepsilon > 0, \exists \delta > 0$,对任意 $P:|P-P_0| < \delta$,有

$$|f(P) - f(P_0)| < \varepsilon.$$

若函数的定义域 D 是由一曲线围成的(如图 10.22 所示),则在定义域边界上点 P_0 的连续定义为:$\forall \varepsilon > 0, \exists \delta > 0, \forall P: P \in D \bigcap (P_0, \delta)$,有

$$|f(P) - f(P_0)| < \varepsilon.$$

它是一元函数在区间端点处连续概念在平面上的推广.

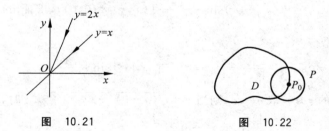

图　10.21　　　　　　　　　图　10.22

如果 $z=f(x,y)$ 在区域 D 内每一点都连续,则称 $z=f(x,y)$ 在区域 D 上连续.

与闭区间上一元连续函数类似,在闭区域上连续二元函数也有一些好的性质.

性质 1　有界闭区域 D 上的二元连续函数是**有界**的;

性质 2　有界闭区域 D 上的二元连续函数能取得最大值与最小值;

性质 3　有界闭区域 D 上的二元连续函数具有**介值性**.

这 3 条性质可以概括为:在有界闭区域 D 上的二元连续函数

$$z = f(x,y), \quad (x,y) \in D,$$

它的值域是一个闭区间$[m,M]$（$m=M$ 时,值域是一点）.

与一元初等函数类似,二元初等函数是可以用一个式子所表示的函数,这个式子由一元基本初等函数经过有限次四则运算及有限次复合所形成,例如

$$f(x,y) = \frac{\sin(x^2+y^2)}{1+x^2} + \sqrt{y}, \quad \mathrm{e}^{x+\cos y},$$

等都是二元初等函数. 根据一元初等函数的连续性,不难得出:二元初等函数在其定义域内是连续的.

由上面性质,若已知 $z=f(x,y)$ 是初等函数,而(x_0,y_0)是其定义域内的一个点,则

$$\lim_{\substack{x\to x_0 \\ y\to y_0}} f(x,y) = f(x_0,y_0).$$

例 3.4　求$\lim\limits_{\substack{x\to 2 \\ y\to 4}}(xy-4x-2y+10)$.

解　函数 $f(x,y)=xy-4x-2y+10$ 是初等函数,它的定义域为$\mathbb{R}^2$. 因此,$f(x,y)$在$\mathbb{R}^2$ 上每一点都连续,于是有

$$\lim_{\substack{x\to 2 \\ y\to 4}}(xy-4x-2y+10) = f(2,4) = 2.$$

例 3.5　求$\lim\limits_{\substack{x\to 0 \\ y\to 0}}\dfrac{\sqrt{xy+1}-1}{xy}$.

解　$\lim\limits_{\substack{x\to 0 \\ y\to 0}}\dfrac{\sqrt{xy+1}-1}{xy} = \lim\limits_{\substack{x\to 0 \\ y\to 0}}\dfrac{xy}{xy(\sqrt{xy+1}+1)} = \lim\limits_{\substack{x\to 0 \\ y\to 0}}\dfrac{1}{\sqrt{xy+1}+1} = \dfrac{1}{\sqrt{0\times 0+1}+1} = \dfrac{1}{2}$.

习题 10.3

1. 用极限定义证明$\lim\limits_{\substack{x\to 0 \\ y\to 0}}\dfrac{xy}{\sqrt{x^2+y^2}}=0$.

2. 证明下列极限不存在:

(1) $\lim\limits_{\substack{x\to 0 \\ y\to 0}}\dfrac{x+y}{x-y}$;

(2) $\lim\limits_{\substack{x\to 0 \\ y\to 0}}\dfrac{x^2 y^2}{x^2 y^2+(x-y)^2}$.

3. 求极限:

(1) $\lim\limits_{\substack{x\to 0 \\ y\to 0}}\dfrac{\sin(xy)}{\sin x \sin y}$;

(2) $\lim\limits_{\substack{x\to 0 \\ y\to 0}}\dfrac{1-xy}{x^2+y^2}$;

(3) $\lim\limits_{\substack{x\to 0 \\ y\to 0}}\dfrac{2-\sqrt{xy+4}}{xy}$;

(4) $\lim\limits_{\substack{x\to\infty \\ y\to\infty}}\dfrac{1}{x^2+y^2}$.

10.4　偏导数

定义 10.2　设二元函数 $z=f(x,y)$ 在 $P_0(x_0,y_0)$ 的某邻域内有定义,若把第二个变量固定为 $y=y_0$,一元函数 $z=f(x,y_0)$ 在 $x=x_0$ 可导,即极限

$$\lim_{\Delta x \to 0} \frac{f(x_0+\Delta x,y_0)-f(x_0,y_0)}{\Delta x}$$

存在,则称此极限为函数 $f(x,y)$ 在点 $P_0(x_0,y_0)$**关于 x 的偏导数**,记作

$$f_x'(x_0,y_0),\quad \frac{\partial f}{\partial x}(x_0,y_0)\quad \text{或}\quad \frac{\partial z}{\partial x}\bigg|_{(x_0,y_0)},\ z_x'(x_0,y_0).$$

类似地,若 $x=x_0$(常数),一元函数 $z=f(x_0,y)$ 在 $y=y_0$ 可导,即极限

$$\lim_{\Delta y \to 0} \frac{f(x_0,y_0+\Delta y)-f(x_0,y_0)}{\Delta y}$$

存在,则称此极限为函数 $f(x,y)$ 在点 $P_0(x_0,y_0)$**关于 y 的偏导数**,记作

$$f_y'(x_0,y_0),\quad \frac{\partial f}{\partial y}(x_0,y_0)\quad \text{或}\quad \frac{\partial z}{\partial y}\bigg|_{(x_0,y_0)},\ z_y'(x_0,y_0).$$

由偏导数的定义,在已知偏导数存在的前提下,求多元函数对一个量的偏导数时,只需将其他的变量视为常数,用一元函数的微分法即可.

例 4.1　设 $f(x,y)=\sin xy+x^2y^3$,求 $f_x'(x,y)$ 及 $f_y'(x,y)$.

解　$f_x'(x,y)=y\cos xy+2xy^3$, $f_y'(x,y)=x\cos xy+3x^2y^2$.

例 4.2　设 $f(x,y)=\mathrm{e}^x\cos y^2+\arctan x$,求 f_x' 及 f_y'.

解　$f_x'(x,y)=\mathrm{e}^x\cos y^2+\dfrac{1}{1+x^2}$, $f_y'(x,y)=-2y\mathrm{e}^x\sin y^2$.

一般地,如果函数 $z=f(x,y)$ 在区域 D 内的每一点 (x,y),偏导函数 $\dfrac{\partial z}{\partial x}$ 及 $\dfrac{\partial z}{\partial y}$ 都存在,则 $\dfrac{\partial z}{\partial x}$ 及 $\dfrac{\partial z}{\partial y}$ 还是 x,y 的二元函数,称之为函数 $z=f(x,y)$ 的偏导函数. 若它们偏导数仍存在,则称这些偏导数为二元函数 $z=f(x,y)$ 的**二阶偏导数**,记作

$$\frac{\partial^2 z}{\partial x^2}=\frac{\partial}{\partial x}\left(\frac{\partial z}{\partial x}\right),\quad \frac{\partial^2 z}{\partial x \partial y}=\frac{\partial}{\partial y}\left(\frac{\partial z}{\partial x}\right),$$

$$\frac{\partial^2 z}{\partial y \partial x}=\frac{\partial}{\partial x}\left(\frac{\partial z}{\partial y}\right),\quad \frac{\partial^2 z}{\partial y^2}=\frac{\partial}{\partial y}\left(\frac{\partial z}{\partial y}\right).$$

仿此可以定义二元函数更高阶的偏导数.

例 4.3　求本节例 4.1 与例 4.2 中函数的二阶偏导数.

解　对于 $f(x,y)=\sin xy+x^2y^3$,已求得

$$\frac{\partial f}{\partial x} = y\cos xy + 2xy^3, \quad \frac{\partial f}{\partial y} = x\cos xy + 3x^2 y^2,$$

于是有

$$\frac{\partial^2 f}{\partial x^2} = \frac{\partial}{\partial x}\left(\frac{\partial f}{\partial x}\right) = -y^2\sin xy + 2y^3,$$

$$\frac{\partial^2 f}{\partial x \partial y} = \frac{\partial}{\partial y}\left(\frac{\partial f}{\partial x}\right) = \cos xy - xy\sin xy + 6xy^2,$$

$$\frac{\partial^2 f}{\partial y \partial x} = \frac{\partial}{\partial x}\left(\frac{\partial f}{\partial y}\right) = \cos xy - xy\sin xy + 6xy^2,$$

$$\frac{\partial^2 f}{\partial y^2} = \frac{\partial}{\partial y}\left(\frac{\partial f}{\partial y}\right) = -x^2\sin xy + 6x^2 y.$$

对于 $f(x,y) = e^x\cos y^2 + \arctan x$, 已求得

$$\frac{\partial f}{\partial x} = e^x\cos y^2 + \frac{1}{1+x^2}, \quad \frac{\partial f}{\partial y} = -2ye^x\sin y^2,$$

因而有

$$\frac{\partial^2 f}{\partial x^2} = \frac{\partial}{\partial x}\left(\frac{\partial f}{\partial x}\right) = e^x\cos y^2 - \frac{2x}{(1+x^2)^2},$$

$$\frac{\partial^2 f}{\partial x \partial y} = \frac{\partial}{\partial y}\left(\frac{\partial f}{\partial x}\right) = -2ye^x\sin y^2,$$

$$\frac{\partial^2 f}{\partial y \partial x} = \frac{\partial}{\partial x}\left(\frac{\partial f}{\partial y}\right) = -2ye^x\sin y^2,$$

$$\frac{\partial^2 f}{\partial y^2} = \frac{\partial}{\partial y}\left(\frac{\partial f}{\partial y}\right) = -2e^x\sin y^2 - 4y^2 e^x\cos y^2.$$

在二阶偏导数中, $\dfrac{\partial^2 f}{\partial x \partial y}$ 与 $\dfrac{\partial^2 f}{\partial y \partial x}$ 称为**混合偏导数**. 在上面例子中, 求混合偏导时, 与变量的先后顺序没有关系, 但是, 并非任何函数的二阶混合偏导数都相等. 一般地, 可以证明下面的结论.

定理 10.1　若 $f(x,y)$ 的二阶偏导数 $\dfrac{\partial^2 f}{\partial x \partial y}$ 与 $\dfrac{\partial^2 f}{\partial y \partial x}$ 是关于 (x,y) 的连续函数, 则

$$\frac{\partial^2 f}{\partial x \partial y} = \frac{\partial^2 f}{\partial y \partial x}.$$

(证明略.)

习题 10.4

1. 已知函数 $f(x,y) = \begin{cases} \dfrac{xy}{x^2+y^2}, & (x,y) \neq (0,0), \\ 0, & (x,y) = (0,0). \end{cases}$　证明:

(1) $f'_x(0,0)$ 及 $f'_y(0,0)$ 均存在;

(2) $f(x,y)$ 在 $(0,0)$ 点不连续.

2. 对于二元函数,讨论连续性与偏导数存在之间的关系.

3. 给出多元函数偏导数定义,并计算下面函数的偏导数:

(1) $u=x^{\frac{y}{z}}$;　　　　　　　　(2) $u=e^{z(x^2+y^2+z^2)}$.

4. 求下列函数的二阶偏导数:

(1) $z=x^4+y^4-4x^2y^2$;　　　(2) $z=\arctan\dfrac{y}{x}$;　　　　(3) $z=y^x$.

5. $z=xy+e^{x+y}\cos x$,求 $z'_x,z'_y,z''_{xy},z''_{xx},z''_{yy}$.

10.5   全微分

我们知道,一元函数的微分 dy 定义为自变量改变量的线性函数,且当 $\Delta x \to 0$ 时,dy 与 Δy 的差是 Δx 的高阶无穷小,即 $\Delta y=A\Delta x+o(\Delta x)$(其中 A 是 $f(x)$ 在点 x 处的导数).

定义 10.3　设二元函数 $z=f(x,y)$ 在点 (x,y) 的某邻域内有定义,若对于定义域中的另一点 $(x+\Delta x,y+\Delta y)$,函数的全改变量 Δz 可以写成下面的形式:
$$\Delta z = f(x+\Delta x,y+\Delta y)-f(x,y) = A\Delta x+B\Delta y+o(\rho),$$
其中 A,B 是与 $\Delta x,\Delta y$ 无关的常数,$\rho=\sqrt{(\Delta x)^2+(\Delta y)^2}$,则称 $z=f(x,y)$ 在点 (x,y) 处**可微**. Δz 的线性主要部分 $A\Delta x+B\Delta y$ 称为 $f(x,y)$ 在点 (x,y) 的**全微分**,用 dz 或 df 来表示,即
$$dz = A\Delta x+B\Delta y.$$

定理 10.2　若函数 $z=f(x,y)$ 在点 (x,y) 可微分,则 $z=f(x,y)$ 在点 (x,y) 偏导数存在.

证明　由可微定义,存在常数 A,B,使
$$f(x+\Delta x,y+\Delta y)-f(x,y) = A\Delta x+B\Delta y+o(\rho).$$
令 $\Delta y=0$,便有
$$f(x+\Delta x,y)-f(x,y) = A\Delta x+o(\Delta x),$$
用 Δx 除上式等号两端,再取极限($\Delta x \to 0$),有
$$\frac{\partial z}{\partial x} = \lim_{\Delta x \to 0}\frac{f(x+\Delta x,y)-f(x,y)}{\Delta x} = A,$$
同样也可以证明 $\dfrac{\partial z}{\partial y}=B$,因此定理得证.

由定理 10.2,若函数 $z=f(x,y)$ 在点 (x,y) 可微,则

$$dz = \frac{\partial z}{\partial x}\Delta x + \frac{\partial z}{\partial y}\Delta y.$$

定理 10.3 若函数 $z=f(x,y)$ 在点 (x,y) 的某邻域有连续的偏导数,则 $z=f(x,y)$ 在点 (x,y) 处可微分.

证明 对于点 (x,y) 邻域内的任意点 $(x+\Delta x,y+\Delta y)$,有

$$\begin{aligned}
\Delta z &= f(x+\Delta x,y+\Delta y) - f(x,y)\\
&= f(x+\Delta x,y+\Delta y) - f(x+\Delta x,y) + f(x+\Delta x,y) - f(x,y)\\
&= f'_y(x+\Delta x,y+\theta_1\Delta y)\Delta y + f'_x(x+\theta_2\Delta x,y)\Delta x,\quad 0<\theta_i<1,\ i=1,2.
\end{aligned}$$

由偏导函数 $f'_x(x,y)$ 及 $f'_y(x,y)$ 的连续性,可知当 $\Delta x\to0,\Delta y\to0$ 时,

$$f'_x(x+\theta_2\Delta x,y) \to f'_x(x,y),$$
$$f'_y(x+\Delta x,y+\theta_1\Delta y) \to f'_y(x,y),$$

因而

$$f'_x(x+\theta_2\Delta x,y) = f'_x(x,y)+\alpha,$$
$$f'_y(x+\Delta x,y+\theta_1\Delta y) = f'_y(x,y)+\beta,$$

其中 $\alpha,\beta\to0$(当 $\rho\to0$ 时). 因此

$$\alpha\Delta x + \beta\Delta y = o(\rho),$$

从而

$$\Delta z = f'_x(x,y)\Delta x + f'_y(x,y)\Delta y + o(\rho),$$

即 $z=f(x,y)$ 在点 (x,y) 处可微分,且

$$dz = f'_x(x,y)\Delta x + f'_y(x,y)\Delta y.$$

例 5.1 求 $z=f(x,y)=x$ 与 $z=g(x,y)=y$ 的全微分.

解 由于 $\dfrac{\partial f}{\partial x}=1, \dfrac{\partial f}{\partial y}=0$,因此

$$dx = \Delta x.$$

同理可得

$$dy = \Delta y.$$

因此,在以后的全微分表达式中,可以写成下面形式:

$$dz = f'_x(x,y)dx + f'_y(x,y)dy.$$

例 5.2 求 $z=e^{\sqrt{x^2+y^2}}$ 的全微分.

解 $\dfrac{\partial z}{\partial x} = \dfrac{x}{\sqrt{x^2+y^2}}e^{\sqrt{x^2+y^2}}, \dfrac{\partial z}{\partial y} = \dfrac{y}{\sqrt{x^2+y^2}}e^{\sqrt{x^2+y^2}},$

所以

$$dz = \frac{e^{\sqrt{x^2+y^2}}}{\sqrt{x^2+y^2}}(x dx + y dy).$$

例 5.3 已知 $f(x,y) = \sqrt{|xy|}$，研究函数 $f(x,y)$ 在 $(0,0)$ 点的 (1) 连续性；(2) 偏导数存在性；(3) 可微性.

解 (1) $f(x,y) = \sqrt{|xy|} = (x^2 y^2)^{\frac{1}{4}}$ 是初等函数，在 $(0,0)$ 有定义，因此，在 $(0,0)$ 点连续.

(2) 因为

$$\lim_{\Delta x \to 0} \frac{f(\Delta x, 0) - f(0,0)}{\Delta x} = \lim_{\Delta x \to 0} \frac{0}{\Delta x} = 0,$$

所以，$f(x,y)$ 在点 $(0,0)$ 关于 x 的偏导数存在并且 $f'_x(0,0) = 0$. 同理可知 $f(x,y)$ 在点 $(0,0)$ 处关于 y 的偏导数也存在并且 $f'_y(0,0) = 0$.

(3) 若 $f(x,y)$ 在 $(0,0)$ 可微分，必有

$$\Delta f = f(\Delta x, \Delta y) - f(0,0) = f'_x \Delta x + f'_y \Delta y + o(\rho),$$

即

$$\sqrt{|\Delta x \Delta y|} = o(\sqrt{(\Delta x)^2 + (\Delta y)^2}),$$

但 $(\Delta x, \Delta y)$ 沿 $\Delta x = \Delta y$ 趋向于 $(0,0)$ 时，极限

$$\lim_{\substack{\Delta x \to 0 \\ \Delta y \to 0}} \frac{\sqrt{|\Delta x \Delta y|}}{\sqrt{(\Delta x)^2 + (\Delta y)^2}} = \frac{1}{\sqrt{2}},$$

因此

$$\lim_{\substack{\Delta x \to 0 \\ \Delta y \to 0}} \frac{\sqrt{\Delta x + \Delta y}}{\sqrt{(\Delta x)^2 + (\Delta y)^2}} \neq 0,$$

矛盾. 于是 $f(x,y) = \sqrt{|xy|}$ 在 $(0,0)$ 点不可微.

习题 10.5

1. 已知函数

$$f(x,y) = \begin{cases} \dfrac{\sqrt{|xy|}}{x^2+y^2}\sin(x^2+y^2), & (x,y) \neq (0,0), \\ 0, & (x,y) = (0,0). \end{cases}$$

(1) 求证 $f(x,y)$ 在 $(0,0)$ 处两个偏导数都存在；

(2) 证明 $f(x,y)$ 在 $(0,0)$ 处不可微.

$\Big($提示：证明在点$(0,0)$处$\dfrac{\Delta f-(f'_x\Delta x+f'_y\Delta y)}{\rho}\to 0$不成立.$\Big)$

（3）以上结论说明了什么？

2. 对于一元函数来说,有:（1）可导必连续;（2）可导等价于可微.对于二元函数,讨论"连续","偏导数存在","可微","偏导数连续"之间的关系.

3. 如果定义在 $\mathbb{R}^2$ 上的二元函数 $f(x,y)$ 满足下面条件,则称 $z=f(x,y)$ 是线性函数:

（1）$f(\lambda x,\lambda y)=\lambda f(x,y),\lambda\in\mathbb{R}$;

（2）$f(x_1+x_2,y_1+y_2)=f(x_1,y_1)+f(x_2,y_2)$.

试证明：$z=f(x,y)$是线性函数,当且仅当存在常数 A,B,使

$$f(x,y)=Ax+By.$$

4. 计算$1.04^{2.02}$的近似值.（提示:用全微分近似代替全增量.）

10.6 复合函数和隐函数的偏导数

1. 复合函数的偏导数公式

设函数 $z=f(u,v)$,而 u 和 v 又是变量(x,y)的函数:$u=\varphi(x,y),v=\psi(x,y)$,因此

$$z=f[\varphi(x,y),\psi(x,y)]$$

是(x,y)的复合函数,复合时,要求内函数的"值域"含于外函数的定义域,即

$$R(\varphi,\psi)\subset Df(u,v),$$

其中

$$R(\varphi,\psi)=\{(\varphi(x,y),\psi(x,y))\mid (x,y)\in D\}.$$

定理 10.4 如果函数 $u=\varphi(x)$ 及 $v=\psi(x)$在 x 可导,而 $z=f(u,v)$ 在相应的点(u,v)可微,则复合函数 $z=f[\varphi(x),\psi(x)]$在 x 也可导,且

$$\frac{\mathrm{d}z}{\mathrm{d}x}=\frac{\partial z}{\partial u}\frac{\mathrm{d}u}{\mathrm{d}x}+\frac{\partial z}{\partial v}\frac{\mathrm{d}v}{\mathrm{d}x}. \tag{10.13}$$

证明 给自变量 x 一个改变量 Δx,相应地 u 和 v 有改变量 Δu 和 Δv,从而 z 有改变量 Δz. 由可微定义,有

$$\Delta z=f'_u(u,v)\Delta u+f'_v(u,v)\Delta v+\alpha\rho,$$

其中 $\rho=\sqrt{(\Delta u)^2+(\Delta v)^2}$,$\lim\limits_{\rho\to 0}\alpha=0$.

上面等式两端用 Δx 除,有

$$\frac{\Delta z}{\Delta x}=f'_u(u,v)\frac{\Delta u}{\Delta x}+f'_v(u,v)\frac{\Delta v}{\Delta x}+\alpha\frac{\rho}{\Delta x}.$$

等号两端取极限（$\Delta x\to 0$）,有

$$\lim_{\Delta x \to 0} \frac{\Delta z}{\Delta x} = f'_u(u,v) \lim_{\Delta x \to 0} \frac{\Delta u}{\Delta x} + f'_v(u,v) \lim_{\Delta x \to 0} \frac{\Delta v}{\Delta x} + \lim_{\Delta x \to 0} \alpha \frac{\rho}{\Delta x}.$$

因为 $u = \varphi(x)$ 及 $v = \psi(x)$ 在 x 可导,并且

$$\lim_{\Delta x \to 0} \alpha \frac{\rho}{\Delta x} = \lim_{\Delta x \to 0} \alpha \sqrt{\left(\frac{\Delta u}{\Delta x}\right)^2 + \left(\frac{\Delta v}{\Delta x}\right)^2} = 0,$$

因此

$$\frac{\mathrm{d}z}{\mathrm{d}x} = \frac{\partial z}{\partial u} \frac{\mathrm{d}u}{\mathrm{d}x} + \frac{\partial z}{\partial v} \frac{\mathrm{d}v}{\mathrm{d}x}.$$

推论　如果函数 $u = \varphi(x,y)$ 及 $v = \psi(x,y)$ 偏导数存在,而 $z = f(u,v)$ 关于 u,v 可微,则复合函数 $z = f[\varphi(x,y), \psi(x,y)]$ 偏导数存在,且

$$\frac{\partial z}{\partial x} = \frac{\partial z}{\partial u} \frac{\partial u}{\partial x} + \frac{\partial z}{\partial v} \frac{\partial v}{\partial x}, \tag{10.14}$$

$$\frac{\partial z}{\partial y} = \frac{\partial z}{\partial u} \frac{\partial u}{\partial y} + \frac{\partial z}{\partial v} \frac{\partial v}{\partial y}. \tag{10.15}$$

证明　将 y 看作常数,应用定理 10.4,得(10.14)式. 将 x 看作常数,再应用定理 10.4,得(10.15)式.

注　对于常见的函数,都是可导的,因此,在应用上很少去验证定理 10.4 的条件.

例 6.1　求 $z = (x^2 + y^2)^{(x^2 - y^2)}$ 的偏导数.

解　设 $u = x^2 + y^2, v = x^2 - y^2$,则 $z = u^v$. 可得

$$\frac{\partial z}{\partial u} = vu^{v-1} = \frac{v}{u}z, \qquad \frac{\partial z}{\partial v} = u^v \ln u = z \ln u,$$

因此

$$\frac{\partial z}{\partial x} = \frac{\partial z}{\partial u} \frac{\partial u}{\partial x} + \frac{\partial z}{\partial v} \frac{\partial v}{\partial x} = z\left(2x \frac{v}{u} + 2x \ln u\right)$$

$$= 2xz\left(\frac{v}{u} + \ln u\right) = 2x(x^2 + y^2)^{x^2 - y^2}\left(\frac{x^2 - y^2}{x^2 + y^2} + \ln(x^2 + y^2)\right),$$

$$\frac{\partial z}{\partial y} = \frac{\partial z}{\partial u} \frac{\partial u}{\partial y} + \frac{\partial z}{\partial v} \frac{\partial v}{\partial y} = z\left(\frac{v}{u}2y - 2y \ln u\right)$$

$$= 2yz\left(\frac{x^2 - y^2}{x^2 + y^2} - \ln(x^2 + y^2)\right)$$

$$= 2y(x^2 + y^2)^{(x^2 - y^2)}\left(\frac{x^2 - y^2}{x^2 + y^2} - \ln(x^2 + y^2)\right).$$

例 6.2　$y = x^{\sin x}$,求 y'.

解　设 $y = u^v, u = x, v = \sin x$,则

$$\frac{\partial y}{\partial u} = vu^{v-1}, \qquad \frac{\partial y}{\partial v} = u^v \ln u,$$

因此

$$y' = \frac{\partial y}{\partial u}\frac{\partial u}{\partial x} + \frac{\partial y}{\partial v}\frac{\partial v}{\partial x} = u^v\left(\frac{v}{u}\cdot 1 + \ln u\cos x\right) = x^{\sin x}\left(\frac{\sin x}{x} + \cos x\ln x\right).$$

复合函数的求导公式不难推广到任意有限多个中间变量或自变量的情况.

例如,设 $w = f(u,v,s,t)$,而 u,v,s,t 都是 x,y 与 z 的函数:

$$u = u(x,y,z), \quad v = v(x,y,z), \quad s = s(x,y,z), \quad t = t(x,y,z).$$

则复合函数 $w = f[u(x,y,z),v(x,y,z),s(x,y,z),t(x,y,z)]$ 对三个自变量 x,y,z 的偏导数为

$$\frac{\partial w}{\partial x} = \frac{\partial w}{\partial u}\frac{\partial u}{\partial x} + \frac{\partial w}{\partial v}\frac{\partial v}{\partial x} + \frac{\partial w}{\partial s}\frac{\partial s}{\partial x} + \frac{\partial w}{\partial t}\frac{\partial t}{\partial x},$$

$$\frac{\partial w}{\partial y} = \frac{\partial w}{\partial u}\frac{\partial u}{\partial y} + \frac{\partial w}{\partial v}\frac{\partial v}{\partial y} + \frac{\partial w}{\partial s}\frac{\partial s}{\partial y} + \frac{\partial w}{\partial t}\frac{\partial t}{\partial y},$$

$$\frac{\partial w}{\partial z} = \frac{\partial w}{\partial u}\frac{\partial u}{\partial z} + \frac{\partial w}{\partial v}\frac{\partial v}{\partial z} + \frac{\partial w}{\partial s}\frac{\partial s}{\partial z} + \frac{\partial w}{\partial t}\frac{\partial t}{\partial z}.$$

多元函数的复合函数求导公式比较复杂,必须特别注意在复合函数中哪些是自变量,哪些是中间变量.一般来说,复合函数对某一变量求偏导数时,若与该变量有关的中间变量有 n 个,则复合函数求导公式的右端包含 n 项之和,其中每一项是因变量对一个中间变量的偏导数与这个中间变量对该自变量的偏导数的乘积.

例 6.3　设 $F = f(x,xy,xyz)$,求 $\dfrac{\partial F}{\partial x},\dfrac{\partial F}{\partial y},\dfrac{\partial F}{\partial z}$.

解　设 $u = x, v = xy, w = xyz$,有 $F = f(u,v,w)$,并且用 f'_1, f'_2, f'_3 分别代替 $\dfrac{\partial f}{\partial u},\dfrac{\partial f}{\partial v}$,

$\dfrac{\partial f}{\partial w}$,于是

$$\frac{\partial F}{\partial x} = \frac{\partial f}{\partial u}\frac{\partial u}{\partial x} + \frac{\partial f}{\partial v}\frac{\partial v}{\partial x} + \frac{\partial f}{\partial w}\frac{\partial w}{\partial x} = f'_1 + f'_2 y + f'_3 yz;$$

$$\frac{\partial F}{\partial y} = \frac{\partial f}{\partial v}\frac{\partial v}{\partial y} + \frac{\partial f}{\partial w}\frac{\partial w}{\partial y} = f'_2 x + f'_3 xz;$$

$$\frac{\partial F}{\partial z} = \frac{\partial f}{\partial w}\frac{\partial w}{\partial z} = f'_3 xy.$$

例 6.4　设 $z = uv + \sin t$,而 $u = e^t, v = \cos t$,求全导数 $\dfrac{\mathrm{d}z}{\mathrm{d}t}$.

解　$\dfrac{\mathrm{d}z}{\mathrm{d}t} = \dfrac{\partial z}{\partial u}\dfrac{\mathrm{d}u}{\mathrm{d}t} + \dfrac{\partial z}{\partial v}\dfrac{\mathrm{d}v}{\mathrm{d}t} + \dfrac{\partial z}{\partial t} = ve^t - u\sin t + \cos t$

$= e^t\cos t - e^t\sin t + \cos t = e^t(\cos t - \sin t) + \cos t.$

2. 隐函数的导数和偏导数公式

在一元函数微分学中,讨论了隐函数的求导方法.现在利用偏导数来推导出隐函数的导数和偏导数公式.

(1) 若因变量 y 和自变量 x 之间的函数关系由方程

$$F(x,y) = 0$$

确定,则称函数 $y = y(x)$ 为由方程 $F(x,y) = 0$ 确定的**隐函数**.显然,隐函数 $y(x)$ 满足恒等式

$$F(x,y(x)) \equiv 0. \tag{10.16}$$

由(10.16)式两边对 x 求导数,得

$$\frac{\partial F}{\partial x} + \frac{\partial F}{\partial y}\frac{\mathrm{d}y}{\mathrm{d}x} = 0,$$

当 $\dfrac{\partial F}{\partial y} \neq 0$ 时,有

$$\frac{\mathrm{d}y}{\mathrm{d}x} = -\frac{\dfrac{\partial F}{\partial x}}{\dfrac{\partial F}{\partial y}}. \tag{10.17}$$

这就是由方程 $F(x,y) = 0$ 确定的隐函数 $y(x)$ 的求导公式.

(2) 若因变量 z 和自变量 x,y 之间的函数关系由方程

$$F(x,y,z) = 0$$

确定,则称函数 $z = z(x,y)$ 为由方程 $F(x,y,z) = 0$ 确定的隐函数.显然,隐函数 $z(x,y)$ 满足恒等式

$$F(x,y,z(x,y)) \equiv 0. \tag{10.18}$$

由(10.18)式两边对 x,y 求偏导数,得

$$\frac{\partial F}{\partial x} + \frac{\partial F}{\partial z}\frac{\partial z}{\partial x} = 0, \qquad \frac{\partial F}{\partial y} + \frac{\partial F}{\partial z}\frac{\partial z}{\partial y} = 0,$$

当 $\dfrac{\partial F}{\partial z} \neq 0$ 时,有

$$\frac{\partial z}{\partial x} = -\frac{\dfrac{\partial F}{\partial x}}{\dfrac{\partial F}{\partial z}}, \qquad \frac{\partial z}{\partial y} = -\frac{\dfrac{\partial F}{\partial y}}{\dfrac{\partial F}{\partial z}}. \tag{10.19}$$

这就是由方程 $F(x,y,z) = 0$ 确定的隐函数 $z(x,y)$ 的求偏导数公式.

例 6.5 求由方程 $\dfrac{x^2}{a^2} + \dfrac{y^2}{b^2} + \dfrac{z^2}{c^2} = 1$ 确定函数 z 的偏导数.

解法 1 两边先对 x 求偏导数,记住 z 是 x 的函数,得

$$\frac{2x}{a^2} + \frac{2z}{c^2}\frac{\partial z}{\partial x} = 0,$$

解得

$$\frac{\partial z}{\partial x} = -\frac{c^2 x}{a^2 z}.$$

两边对 y 求偏导数,有

$$\frac{2y}{b^2} + \frac{2z}{c^2}\frac{\partial z}{\partial y} = 0,$$

解得

$$\frac{\partial z}{\partial y} = -\frac{c^2 y}{b^2 z}.$$

解法 2 设 $F(x,y,z) = \dfrac{x^2}{a^2} + \dfrac{y^2}{b^2} + \dfrac{z^2}{c^2} - 1$,则

$$\frac{\partial F}{\partial x} = \frac{2x}{a^2}, \quad \frac{\partial F}{\partial y} = \frac{2y}{b^2}, \quad \frac{\partial F}{\partial z} = \frac{2z}{c^2}.$$

由公式(10.19),有

$$\frac{\partial z}{\partial x} = -\frac{c^2 x}{a^2 z}, \quad \frac{\partial z}{\partial y} = -\frac{c^2 y}{b^2 z}.$$

习题 10.6

1. 求下列复合函数的导数或偏导数:

(1) $u = \mathrm{e}^{x-2y}$,其中 $x = \sin t, y = t^3$,求 $\dfrac{\mathrm{d}u}{\mathrm{d}t}$;

(2) $z = x^2 y - xy^2$,其中 $x = u\cos v, y = u\sin v$,求 $\dfrac{\partial z}{\partial u}, \dfrac{\partial z}{\partial v}$;

(3) $w = f(u,v)$,其中 $u = x+y+z, v = x^2+y^2+z^2$,求 $\dfrac{\partial w}{\partial x}, \dfrac{\partial w}{\partial y}, \dfrac{\partial w}{\partial z}$;

(4) $w = \tan(3x + 2y^2 - z)$,其中 $y = \dfrac{1}{x}, z = x^2$,求 $\dfrac{\mathrm{d}w}{\mathrm{d}x}$;

(5) $z = f(x,y)$,其中 $x = r\cos\theta, y = r\sin\theta$,求 z_r', z_θ'.

2. 求下列方程确定的函数 $y(x)$ 的导数 $\dfrac{\mathrm{d}y}{\mathrm{d}x}$:

(1) $x^2 + 2xy - y^2 = a^2$; (2) $x^y = y^x$; (3) $\ln\sqrt{x^2+y^2} = \arctan\dfrac{y}{x}$.

3. 求由下列方程确定的函数 $z(x,y)$ 的偏导数 $\dfrac{\partial z}{\partial x}, \dfrac{\partial z}{\partial y}$:

(1) $\mathrm{e}^z - xyz = 0$; (2) $\cos^2 x + \cos^2 y + \cos^2 z = 1$;

(3) $x^3 + y^3 + z^3 - 3axyz = 0$.

4. 设 $z = f(xy, x^2 + y^2)$，其中 f 具有二阶连续偏导数，求 $\dfrac{\partial^2 z}{\partial x^2}, \dfrac{\partial^2 z}{\partial y^2}$.

5. 求由方程

$$x^2 - 2y^2 + z^2 - 4x + 2z - 5 = 0$$

确定的函数 $z(x, y)$ 的全微分.

6. 设 $u = f(x - y, y - z, z - x)$，证明：$\dfrac{\partial u}{\partial x} + \dfrac{\partial u}{\partial y} + \dfrac{\partial u}{\partial z} = 0$.

10.7　二元函数的极值

1. 普通极值

在实际问题中，不仅需要一元函数的极值，而且还需要多元函数的极值. 下面是关于二元函数极值的讨论，其结果可以推广到二元以上的函数.

定义 10.4　设二元函数 $z = f(x, y)$ 在 (x_0, y_0) 的某邻域 U 内有定义，若对 $\forall (x, y) \in U$，有

$$f(x, y) \leqslant f(x_0, y_0) \quad (f(x, y) \geqslant f(x_0, y_0)),$$

则称 $z = f(x, y)$ 在点 (x_0, y_0) 处取得**极大值**（**极小值**）$f(x_0, y_0)$，点 (x_0, y_0) 称为函数 $z = f(x, y)$ 的**极大点**（**极小点**）. 极大值和极小值统称为**极值**，极大点和极小点统称为**极值点**.

例如，旋转抛物面 $z = x^2 + y^2$ 在点 $(0, 0)$ 处有极小值 0，而半球面 $z = \sqrt{1 - x^2 - y^2}$ 在点 $(0, 0)$ 处有极大值 1.

在研究极值中，偏导数起着很大的作用.

定理 10.5（二元函数极值的必要条件）　如果函数 $z = f(x, y)$ 在点 (x_0, y_0) 处有极值，且存在偏导数，则有

$$f'_x(x_0, y_0) = f'_y(x_0, y_0) = 0.$$

证明　固定 y 使 $y = y_0$，则 $z = f(x, y_0)$ 是关于 x 的一元函数，显然此函数在 x_0 处取得极值并且可导，因此 z 关于 x 的导数是 0，即 $f'_x(x_0, y_0) = 0$. 同样地，也有 $f'_y(x_0, y_0) = 0$.

使两个偏导数都是 0 的点 (x_0, y_0) 称为函数的**驻点**.

由定理 10.5，对于可导函数来说，极值点一定是驻点. 但对于不可导函数，或函数在其不可导的点，也可能有极值，例如：函数 $z = \sqrt{x^2 + y^2}$ 在点 $(0, 0)$ 有极小值 0，但是易证明在点 $(0, 0)$ 函数的两个偏导数都不存在.

函数的驻点和偏导数不存在的点统称为二元函数的**临界点**. 由定理 10.5 可知，极值点一定是临界点.

例 7.1　讨论函数 $f(x,y)=y^2-x^2$ 的极值.

解　令 $f'_x(x,y)=f'_y(x,y)=0$,求得驻点是 $(0,0)$.

当 x 固定为 0 时,$\forall y\neq 0, f(0,y)=y^2>0$;

当 y 固定为 0 时,$\forall x\neq 0, f(x,0)=-x^2<0$.

因此在 $(0,0)$ 点既不能取得极大值也不能取得极小值,即 $(0,0)$ 不是极值点.

注　$(0,0,0)$ 是马鞍面 $z=y^2-x^2$ 的鞍点.

由上面的讨论可知,偏导数存在的函数的极值点一定是驻点,但驻点未必是极值点. 那么,驻点在什么条件下一定是极值点呢?

定理 10.6(二元函数极值的充分条件)　设 $z=f(x,y)$ 在 (x_0,y_0) 的邻域内有连续的二阶偏导数,且 (x_0,y_0) 点是函数的驻点. 设

$$A=f''_{xx}(x_0,y_0),\quad B=f''_{xy}(x_0,y_0)=f''_{yx}(x_0,y_0),\quad C=f''_{yy}(x_0,y_0),$$

则

(1) 若 $B^2-AC<0$,$f(x,y)$ 在点 (x_0,y_0) 取得极值,并且

① A(或 C)为正号,(x_0,y_0) 是极小点;

② A(或 C)为负号,(x_0,y_0) 是极大点.

(2) 若 $B^2-AC>0$,(x_0,y_0) 不是极值点.

(3) 若 $B^2-AC=0$,(x_0,y_0) 可能是极值点,也可能不是极值点.

定理的证明从略.

例 7.2　求函数 $z=x^2-xy+y^2+9x-6y$ 的极值.

解　$f'_x=2x-y+9, f'_y=-x+2y-6$,令 $f'_x=f'_y=0$,解得 $x=-4, y=1$,所以 $(-4,1)$ 是驻点. 又求得 $f''_{xx}=2, f''_{xy}=-1, f''_{yy}=2$,可知 $B^2-AC=-3<0$. 于是 $(-4,1)$ 是极小点,且极小值为 $f(-4,1)=-21$.

例 7.3　求周长为 l 的所有三角形的最大面积.

解　由秦九韶-Helen 公式,三角形面积与三边之间的关系式为

$$s=\sqrt{p(p-a)(p-b)(p-c)},$$

其中 a,b,c 是三边长,p 为周长的一半. 由于面积的表达式带根号,因此,先求面积的平方 A 的极值.

设三角形有两条边长是 x 与 y,则第三边长是 $l-x-y$,因此,面积的平方 A 可表示为

$$A=\frac{l}{2}\left(\frac{l}{2}-x\right)\left(\frac{l}{2}-y\right)\left(x+y-\frac{l}{2}\right)$$

$$=\frac{l}{2}\left[x^2y+xy^2-\frac{l}{2}(x+y)^2-\frac{l}{2}xy+\frac{l^2}{2}(x+y)-\frac{l^3}{8}\right].$$

求得

$$\frac{\partial A}{\partial x} = \frac{l}{2}\left[2xy + y^2 - l(x+y) + \frac{l^2}{2} - \frac{l}{2}y\right], \tag{10.20}$$

$$\frac{\partial A}{\partial y} = \frac{l}{2}\left[x^2 + 2xy - l(x+y) + \frac{l^2}{2} - \frac{l}{2}x\right]. \tag{10.21}$$

令

$$\frac{\partial A}{\partial x} = \frac{\partial A}{\partial y} = 0,$$

得

$$\begin{cases} 2xy + y^2 - l(x+y) + \dfrac{l^2}{2} - \dfrac{l}{2}y = 0, \\ x^2 + 2xy - l(x+y) + \dfrac{l^2}{2} - \dfrac{l}{2}x = 0, \end{cases}$$

两式相减,得

$$(x-y)\left(x+y - \frac{l}{2}\right) = 0,$$

由三边不等式关系,只有 $x=y$,代入原方程,求得 $x=y=\dfrac{l}{3}$. 由于此实际问题的最大值一定存在,因此当三角形是等边三角形时,面积最大,且此时最大面积是 $\dfrac{\sqrt{3}}{36}l^2$.

2. 条件极值

在求极值中,经常会出现自变量满足一定条件的极值问题,如上面的例子便可以看作是求三元函数

$$A = \frac{l}{2}\left(\frac{l}{2} - x\right)\left(\frac{l}{2} - y\right)\left(\frac{l}{2} - z\right)$$

在条件 $x+y+z=l$ 下的极值问题. 这类附有条件的极值问题称为**条件极值问题**.

同样可以定义 n 元函数带有 m 个附加条件的条件极值问题.

下面以三元函数带有两个附加条件的条件极值为例,来介绍求这类条件极值的一般方法——**拉格朗日乘数方法**.

在条件 $g_1(x,y,z)=0$ 和 $g_2(x,y,z)=0$ 下,求函数 $u=f(x,y,z)$ 的极值.

首先假定函数 $g_1(x,y,z),g_2(x,y,z),f(x,y,z)$ 在所考虑的区域内有连续的偏导数.

第 1 步 引入辅助函数

$$F(x,y,z,\lambda_1,\lambda_2) = f(x,y,z) + \lambda_1 g_1(x,y,z) + \lambda_2 g_2(x,y,z),$$

这里把 λ_1 与 λ_2 都看作变量.

第 2 步 令 F 关于 5 个变量的偏导数都是 0,求出相应的驻点.

第 3 步　根据实际问题判断驻点是否是极值点.

例 7.4　求 (x_0, y_0, z_0) 到平面 $Ax + By + Cz + D = 0$ 的距离.

解　点到平面上的距离指的是点到平面上各点距离的最小值. 因为当距离取得最小值时, 距离的平方也取得最小值, 所以求函数

$$f(x, y, z) = (x - x_0)^2 + (y - y_0)^2 + (z - z_0)^2$$

在条件

$$Ax + By + Cz + D = 0$$

下的最小值.

因此, 作辅助函数

$$F(x, y, z, \lambda) = (x - x_0)^2 + (y - y_0)^2 + (z - z_0)^2 + \lambda(Ax + By + Cz + D).$$

求 F 对 4 个变量的偏导数, 可得方程组

$$\begin{cases} 2(x - x_0) + \lambda A = 0, \\ 2(y - y_0) + \lambda B = 0, \\ 2(z - z_0) + \lambda C = 0, \\ Ax + By + Cz + D = 0, \end{cases}$$

易求出

$$x = x_0 - \frac{\lambda A}{2}, \quad y = y_0 - \frac{\lambda B}{2}, \quad z = z_0 - \frac{\lambda C}{2},$$

$$\lambda = \frac{2(Ax_0 + By_0 + Cz_0 + D)}{A^2 + B^2 + C^2},$$

于是, 方程组只有惟一一组解

$$x = x_0 - \frac{A(Ax_0 + By_0 + Cz_0 + D)}{A^2 + B^2 + C^2},$$

$$y = y_0 - \frac{B(Ax_0 + By_0 + Cz_0 + D)}{A^2 + B^2 + C^2},$$

$$z = z_0 - \frac{C(Ax_0 + By_0 + Cz_0 + D)}{A^2 + B^2 + C^2}.$$

$$(x - x_0)^2 + (y - y_0)^2 + (z - z_0)^2 = \frac{\lambda^2}{4}(A^2 + B^2 + C^2).$$

显然, 这个问题存在最小值. 因此求得 $f(x, y, z)$ 的最小值为

$$\frac{(Ax_0 + By_0 + Cz_0 + D)^2}{A^2 + B^2 + C^2},$$

而点 (x_0, y_0, z_0) 到平面 $Ax + By + Cz + D = 0$ 的距离为

$$d = \frac{|Ax_0 + By_0 + Cz_0 + D|}{\sqrt{A^2 + B^2 + C^2}}.$$

3. 多元函数的最大值与最小值问题

已知有界闭区域上的连续函数在该区域上必有最大值和最小值. 设函数在区域内只有有限个临界点,且最大值、最小值在区域的内部取得,那么它一定是函数的极大值或极小值. 所以欲求多元函数的最大值、最小值,可以先求出函数在定义域内部所有临界点处的值以及函数在区域边界上的最大值和最小值,这些值中最大的一个就是最大值,最小的一个就是最小值.

例 7.5　求函数 $f(x,y)=xy-x^2$ 在正方形闭区域 $D=[0,1;0,1]$ 上的最大值和最小值.

解　$f'_x(x,y)=y-2x$, $f'_y(x,y)=x$. 令 $f'_x(x,y)=0$, $f'_y(x,y)=0$, 解得驻点 $(0,0)$, 它恰好在区域的边界上(如图 10.23 所示),函数在 D 的内部无临界点. 所以函数的最大值和最小值只能在 D 的边界上取得. 边界由 4 条直线段组成. 在 OA 上, $f(x,0)=-x^2$, 因此, $f(x,y)$ 在 OA 上的最大值为 0, 最小值为 -1; 在 AB 上, $f(1,y)=y-1(0\leqslant y\leqslant 1)$, 因此, $f(x,y)$ 在 AB 上的最大值为 0, 最小值为 -1; 在 BC 上, $f(x,1)=x-x^2(0\leqslant x\leqslant 1)$, 因此, $f(x,y)$ 在 BC 上的最大值为 $\frac{1}{4}$, 最小值为 0; 在 OC 上, 恒有 $f(0,y)=0$.

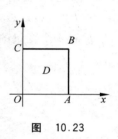

图　10.23

综上所述, $f(x,y)$ 在 D 上的最大值为 $\frac{1}{4}$, 最小值为 -1.

例 7.6　求函数 $f(x,y)=x^2-y^2$ 在闭区域 $D=\{(x,y)\,|\,2x^2+y^2\leqslant 1\}$ 上的最大值与最小值.

解　在区域的内部,函数 $f(x,y)=x^2-y^2$ 有惟一的驻点 $(0,0)$, $f(0,0)=0$. 在边界曲线 $2x^2+y^2=1$ 上, $f(x,y)=3x^2-1$, $-\frac{1}{\sqrt{2}}\leqslant x\leqslant\frac{1}{\sqrt{2}}$. 函数 $f(x,y)$ 在边界上的最大值为 $f\left(\frac{1}{\sqrt{2}},0\right)=\frac{1}{2}$, 最小值为 $f(0,1)=-1$. 所以函数 $f(x,y)$ 在 D 上的最大值为 $\frac{1}{2}$, 最小值为 -1.

注　函数 $f(x,y)=x^2-y^2$ 在边界曲线 $2x^2+y^2=1$ 上最大值与最小值问题,实际上是条件极值问题,在此例中是把条件极值化为普通极值来解决的.

习题 10.7

1. 求函数的极值:

(1) $f(x,y)=4(x-y)-x^2-y^2$;　　　　　　　(2) $f(x,y)=xy+x^3+y^3$;

(3) $f(x,y)=xy(a-x-y)$;　　　　　　(4) $f(x,y)=e^x(x+y^2+2y)$.

2. 求内接于半径为 a 的球且有最大体积的长方体的边长.

3. 要制造一个无盖的圆柱形容器,其容积为 V,要求表面积 A 最小,问该容器的高度 H 和半径 R 应是多少?

4. 设 n 个正数 $a_1,a_2,\cdots,a_n$ 的和为定值 a,求 $\sqrt[n]{a_1a_2\cdots a_n}$ 的最大值,并由此推得不等式

$$\sqrt[n]{a_1a_2\cdots a_n}\leqslant\frac{a_1+a_2+\cdots+a_n}{n}.$$

5. 求函数 $f(x,y)=x^2y(4-x-y)$ 在由 x 轴,y 轴和直线 $x+y=6$ 所围成的闭区域 D 上的最大值与最小值.

第 11 章

重 积 分

11.1 二重积分的概念和性质

在一元函数微积分中,为了求解变力做功问题和曲边梯形的面积问题,引入了定积分的概念.在数学和物理中,也有涉及二元函数的类似的问题.

1. 曲顶柱体的体积

设有一立体,它的底是 xOy 平面上的闭区域 D,它的侧面是以 D 的边界为准线、母线平行于 z 轴的柱面,它的顶是曲面 $z=f(x,y)$.这里,$f(x,y)\geqslant 0$,且在 D 上连续.这种立体叫**曲顶柱体**.如图 11.1 所示.

现在来讨论如何计算曲顶柱体的体积 V.

已知若此柱体的顶为平行于坐标面 xOy 的平面,即 $z=c$,则此曲顶柱体的体积为 $V=cS(D)$,这里 $S(D)$ 是指 D 的面积. 对于一般的曲顶柱体,用一些平顶柱体的面积近似地代替它,具体的方法是:

(1)用一组曲线网把区域 D 分成 n 个小闭区域 σ_1, $\sigma_2,\cdots,\sigma_n$,它们的面积记作 $\Delta\sigma_1,\Delta\sigma_2,\cdots,\Delta\sigma_n$,这样曲顶柱被分成了 n 个小曲顶柱体

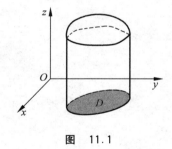

图 11.1

$$\Delta V_1,\Delta V_2,\cdots,\Delta V_n;$$

(2)在每个小区域上任取一点:

$$(\xi_1,\eta_1)\in\sigma_1,\quad(\xi_2,\eta_2)\in\sigma_2,\quad\cdots,\quad(\xi_n,\eta_n)\in\sigma_n,$$

用 $f(\xi_i,\eta_i)$ 代表第 i 个小曲顶柱体的高,并把所有小柱体的体积用平顶柱体的体积近似表示:$\Delta V_i\approx f(\xi_i,\eta_i)\Delta\sigma_i(i=1,2,\cdots,n)$;

(3)求和,得曲顶柱体体积的近似值

$$V\approx\sum_{i=1}^{n}f(\xi_i,\eta_i)\Delta\sigma_i.$$

当然,求得的和不能精确地表示曲顶柱体的真实体积,但当把 D 分得越来越细时,所求出

的和则越来越接近真实的体积值.

(4) 设 n 个小闭区域的直径最大者是 d,即

$$d = \max\{d(\sigma_1), d(\sigma_2), \cdots, d(\sigma_n)\},$$

当 $d \to 0$ 时,$\sum_{i=1}^{n} f(\xi_i, \eta_i)\Delta\sigma_i$ 的极限就是所要求的体积 V,即

$$V = \lim_{d\to 0} \sum_{i=1}^{n} f(\xi_i, \eta_i)\Delta\sigma_i.$$

2. 二重积分的定义

类似于求曲顶柱体体积的问题还有很多,解决这些问题方法相似,若抛开其具体的意义,在数学上进行抽象,便得出了二重积分的定义.

定义 11.1 设 $z = f(x, y)$ 是有界闭区域 D 上的有界函数,把区域 D 任意分成 n 个小区域 $\sigma_1, \sigma_2, \cdots, \sigma_n$,第 i 个小区域的面积记作 $\Delta\sigma_i(i = 1, 2, \cdots, n)$,在每个小区域内任取一点

$$(\xi_i, \eta_i) \in \sigma_i, \quad i = 1, 2, \cdots, n,$$

作和

$$S = \sum_{i=1}^{n} f(\xi_i, \eta_i)\Delta\sigma_i.$$

设 $d = \max\{d(\sigma_1), d(\sigma_2), \cdots, d(\sigma_n)\}$,若极限

$$\lim_{d\to 0} \sum_{i=1}^{n} f(\xi_i, \eta_i)\Delta\sigma_i$$

存在,则称 $f(x, y)$ 在区域 D 上**可积**,而把极限值称为函数 $z = f(x, y)$ 在闭区域 D 上的**二重积分**,记作 $\iint\limits_{D} f(x, y)\mathrm{d}\sigma$,即

$$\iint\limits_{D} f(x, y)\mathrm{d}\sigma = \lim_{d\to 0} \sum_{i=1}^{n} f(\xi_i, \eta_i)\Delta\sigma_i.$$

这里,$f(x, y)$ 称为**被积函数**,$\mathrm{d}\sigma$ 称为**面积元素**,x 和 y 称为**积分变量**,D 称为**积分区域**,$f(x, y)\mathrm{d}\sigma$ 称为**被积表达式**.

在多数情况下,用一些平行于坐标轴的网状直线分割区域 D,那么,除了少数边缘上的小区域外,其余的小区域都是矩形,设它的边长是 Δx_j 和 Δy_k,则 $\Delta\sigma_i = \Delta x_j \Delta y_k$,因此,面积元素 $\mathrm{d}\sigma$ 有时也用 $\mathrm{d}x\mathrm{d}y$ 表示.于是,二重积分写作

$$\iint\limits_{D} f(x, y)\mathrm{d}x\mathrm{d}y,$$

其中 $\mathrm{d}x\mathrm{d}y$ 称为直角坐标系中的面积元素.

给出了二重积分的定义,这时自然要提出问题:什么样的函数在有界闭区域 D 上是

可积的？结论如下：

（1）若函数 $f(x,y)$ 在有界闭区域 D 上连续，则函数 $f(x,y)$ 在 D 上二重积分存在.

（2）若函数 $f(x,y)$ 在有界闭区域 D 上有界且分片连续[①]，则函数 $f(x,y)$ 在 D 上的二重积分存在.

3. 二重积分的性质

与定积分类似，不难得出二重积分的如下性质，这里首先假定所讨论的函数都是可积的.

性质 1（线性性质）

$$\iint\limits_{D}[af(x,y)+bg(x,y)]\mathrm{d}\sigma = a\iint\limits_{D}f(x,y)\mathrm{d}\sigma + b\iint\limits_{D}g(x,y)\mathrm{d}\sigma.$$

（a,b 是常数.）

性质 2（区域可加性）　若 $D=D_1\bigcup D_2$，且 D_1 与 D_2 公共部分面积是 0，则有

$$\iint\limits_{D}f(x,y)\mathrm{d}\sigma = \iint\limits_{D_1}f(x,y)\mathrm{d}\sigma + \iint\limits_{D_2}f(x,y)\mathrm{d}\sigma.$$

性质 3　若 $f(x,y)=1$，则 $\iint\limits_{D}f(x,y)\mathrm{d}\sigma = \sigma$，这里 σ 是区域 D 的面积.

性质 4　若 $f(x,y)\geqslant 0,(x,y)\in D$，则

$$\iint\limits_{D}f(x,y)\mathrm{d}\sigma \geqslant 0.$$

性质 5（中值定理）　设函数 $f(x,y)$ 在有界闭区域 D 上连续，σ 是 D 的面积，则在 D 上至少存在一点 (ξ,η) 使

$$\iint\limits_{D}f(x,y)\mathrm{d}\sigma = f(\xi,\eta)\sigma.$$

（证明留作练习.）

习题 11.1

1. 证明：若在 D 上，$f(x,y)\leqslant g(x,y)$，则有

$$\iint\limits_{D}f(x,y)\mathrm{d}\sigma \leqslant \iint\limits_{D}g(x,y)\mathrm{d}\sigma.$$

2. 证明：$\left|\iint\limits_{D}f(x,y)\mathrm{d}\sigma\right| \leqslant \iint\limits_{D}\left|f(x,y)\right|\mathrm{d}\sigma.$

[①]　所谓函数在 D 上分片连续，是指可以把 D 分成有限个小区域，函数在每个小区域内都连续.

3. 证明性质 5(中值定理).

11.2 二重积分的计算

按照二重积分定义来计算二重积分,只对少数被积函数和积分区域都很简单的情形是可行的,对一般的情形,需要另寻他径——化二重积分为二次积分.[①]

(1) 积分区域是矩形区域

设 D 是矩形区域:$a \leqslant x \leqslant b, c \leqslant y \leqslant d, z = f(x, y)$ 在 D 上连续,则对任意固定的 $x \in [a, b]$,$f(x, y)$ 作为 y 的函数在 $[c, d]$ 上可积,即 $\int_c^d f(x, y) \mathrm{d}y$ 是 x 的函数,记作

$$F(x) = \int_c^d f(x, y) \mathrm{d}y.$$

$F(x)$ 称为由含变量 x 的积分 $\int_c^d f(x, y) \mathrm{d}y$ 所确定的函数(以下同).

在区间 $[a, b]$ 及 $[c, d]$ 内分别插入分点

$$a = x_0 < x_1 < \cdots < x_{n-1} < x_n = b,$$
$$c = y_0 < y_1 < \cdots < y_{m-1} < y_m = d,$$

作两组直线 $x = x_i (i = 1, 2, \cdots, n), y = y_j (j = 1, 2, \cdots, m)$,将矩形 D 分成 $n \times m$ 个小矩形区域 Δ_{ij}:$x_{i-1} \leqslant x \leqslant x_i, y_{j-1} \leqslant y \leqslant y_j$,$\Delta x_i = x_i - x_{i-1}, \Delta y_j = y_j - y_{j-1} (i = 1, 2, \cdots, n; j = 1, 2, \cdots, m)$(如图 11.2 所示).

设 $f(x, y)$ 在 Δ_{ij} 上的最大值、最小值分别为 M_{ij} 和 m_{ij},在 $[x_{i-1}, x_i]$ 中任取一点 ξ_i,则有

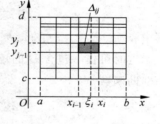

图 11.2

$$m_{ij} \Delta y_j \leqslant \int_{y_{j-1}}^{y_j} f(\xi_i, y) \mathrm{d}y \leqslant M_{ij} \Delta y_j,$$

对所有的 j 相加,得

$$\sum_{j=1}^m m_{ij} \Delta y_j \leqslant \int_c^d f(\xi_i, y) \mathrm{d}y \leqslant \sum_{j=1}^m M_{ij} \Delta y_j,$$

再乘以 Δx_i,然后对所有的 i 相加,得

$$\sum_{i=1}^n \sum_{j=1}^m m_{ij} \Delta x_i \Delta y_j \leqslant \sum_{i=1}^n F(\xi_i) \Delta x_i \leqslant \sum_{i=1}^n \sum_{j=1}^m M_{ij} \Delta x_i \Delta y_j,$$

记 $d = \max\limits_{i,j} \{\Delta_{ij}$ 的直径$\}$,由于 $f(x, y)$ 在 D 上连续,所以可积,当 $d \to 0$ 时,上述不等式两端趋于同一极限——$f(x, y)$ 在 D 上的二重积分. 于是 $F(x)$ 在 $[a, b]$ 上可积,而且

[①] 二次积分也称累次积分.

$$\iint\limits_{D} f(x,y)\mathrm{d}x\mathrm{d}y = \int_a^b F(x)\mathrm{d}x = \int_a^b \left[\int_c^d f(x,y)\mathrm{d}y\right]\mathrm{d}x.$$

这样,二重积分可以化为二次定积分来计算.同样,也可以采用先对 x 后对 y 的次序

$$\iint\limits_{D} f(x,y)\mathrm{d}x\mathrm{d}y = \int_c^d \left[\int_a^b f(x,y)\mathrm{d}x\right]\mathrm{d}y.$$

为了书写方便,可将

$$\int_a^b \left[\int_c^d f(x,y)\mathrm{d}y\right]\mathrm{d}x \quad 记作 \quad \int_a^b \mathrm{d}x \int_c^d f(x,y)\mathrm{d}y,$$

$$\int_c^d \left[\int_a^b f(x,y)\mathrm{d}x\right]\mathrm{d}y \quad 记作 \quad \int_c^d \mathrm{d}y \int_a^b f(x,y)\mathrm{d}x,$$

则有

$$\iint\limits_{D} f(x,y)\mathrm{d}x\mathrm{d}y = \int_a^b \mathrm{d}x \int_c^d f(x,y)\mathrm{d}y = \int_c^d \mathrm{d}y \int_a^b f(x,y)\mathrm{d}x.$$

注   可以证明,上述公式当被积函数 $f(x,y)$ 在 D 上可积时也成立.

(2) 积分区域 D 是 x 型区域

所谓 x 型区域,即任何平行于 y 轴的直线与 D 的边界最多交于两点或有一段重合,这时 D 可表示为

$$y_1(x) \leqslant y \leqslant y_2(x), \quad a \leqslant x \leqslant b,$$

其中 $y_1(x)$ 及 $y_2(x)$ 在 $[a,b]$ 上连续(如图 11.3 所示).

这时可作一包含 D 的矩形区域 D_1: $a \leqslant x \leqslant b, c \leqslant y \leqslant d$,并作一辅助函数

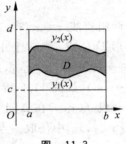

图   11.3

$$\bar{f}(x,y) = \begin{cases} f(x,y), & (x,y) \in D, \\ 0, & (x,y) \notin D. \end{cases}$$

于是,由积分的性质及前面的结果知

$$\iint\limits_{D} f(x,y)\mathrm{d}x\mathrm{d}y = \iint\limits_{D_1} \bar{f}(x,y)\mathrm{d}x\mathrm{d}y$$

$$= \int_a^b \mathrm{d}x \int_c^d \bar{f}(x,y)\mathrm{d}y = \int_a^b \mathrm{d}x \int_{y_1(x)}^{y_2(x)} f(x,y)\mathrm{d}y.$$

(3) 积分区域 D 是 y 型区域

所谓 y 型区域,即任何平行于 x 轴的直线与 D 的边界最多交于两点或有一段重合,这时 D 可表示为

$$x_1(y) \leqslant x \leqslant x_2(y), \quad c \leqslant y \leqslant d,$$

其中 $x_1(y)$ 及 $x_2(y)$ 在 $[c,d]$ 上连续(如图 11.4 所示).

完全类似于(2)的情形,可得

$$\iint\limits_{D} f(x,y)\mathrm{d}x\mathrm{d}y = \int_{c}^{d}\mathrm{d}y\int_{x_{1}(y)}^{x_{2}(y)} f(x,y)\mathrm{d}x.$$

(4) 对任意有界闭区域 D,如果 D 既不是 x 型区域,也不是 y 型区域,则可以把区域 D 分割成有限个区域,使每个子区域是 x 型的或 y 型的,然后利用二重积分关于区域的可加性进行计算(如图 11.5 所示).

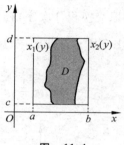
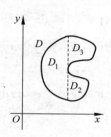

图 11.4   图 11.5

例 2.1 求 $\iint\limits_{D}\mathrm{e}^{x+y}\mathrm{d}x\mathrm{d}y$,其中 D: $0\leqslant x\leqslant 1, 1\leqslant y\leqslant 2$.

解 区域是矩形区域,有

$$\iint\limits_{D}\mathrm{e}^{x+y}\mathrm{d}x\mathrm{d}y = \int_{0}^{1}\mathrm{d}x\int_{1}^{2}\mathrm{e}^{x+y}\mathrm{d}y.$$

对于第一次积分,y 是积分变量,x 可以认为是常量,于是

$$\int_{1}^{2}\mathrm{e}^{x+y}\mathrm{d}y = \mathrm{e}^{x}\int_{1}^{2}\mathrm{e}^{y}\mathrm{d}y = \mathrm{e}^{x}(\mathrm{e}^{2}-\mathrm{e}),$$

因此

$$\int_{0}^{1}\mathrm{d}x\int_{1}^{2}\mathrm{e}^{x+y}\mathrm{d}y = \int_{0}^{1}\mathrm{e}^{x}(\mathrm{e}^{2}-\mathrm{e})\mathrm{d}x = \mathrm{e}(\mathrm{e}-1)^{2}.$$

例 2.2 求 $\iint\limits_{D}\mathrm{e}^{\frac{x}{y}}\mathrm{d}x\mathrm{d}y$,其中 D 是由抛物线 $y^{2}=x$ 和直线 $y=1$ 及 y 轴所围成的区域.

解 如图 11.6 所示,区域 D 既是 x 型区域,又是 y 型区域,因此,按不同的积分次序有

$$\iint\limits_{D}\mathrm{e}^{\frac{x}{y}}\mathrm{d}x\mathrm{d}y = \int_{0}^{1}\mathrm{d}x\int_{\sqrt{x}}^{1}\mathrm{e}^{\frac{x}{y}}\mathrm{d}y$$

与

$$\iint\limits_{D}\mathrm{e}^{\frac{x}{y}}\mathrm{d}x\mathrm{d}y = \int_{0}^{1}\mathrm{d}y\int_{0}^{y^{2}}\mathrm{e}^{\frac{x}{y}}\mathrm{d}x.$$

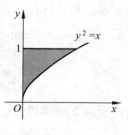

图 11.6

由于不定积分 $\int e^{\frac{x}{y}} dy$ 难以求出,因此,选用先对 x 再对 y 积分比较方便,此时,

$$\iint\limits_{D} e^{\frac{x}{y}} dx dy = \int_0^1 dy \int_0^{y^2} e^{\frac{x}{y}} dx = \int_0^1 y(e^y - 1) dy = \frac{1}{2}.$$

可见,选取哪种积分次序,对于能否顺利地计算至关重要.

例 2.3　计算积分 $\int_0^1 dy \int_y^1 e^{x^2} dx$.

解　若直接计算,$\int e^{x^2} dx$ 不是初等函数,因此考虑交换积分次序,首先确定积分区域 D 是由下面三条线围成:$y = 0, x = y, x = 1$,如图 11.7 所示. 此区域也可以看成 x 型区域,因此

$$\int_0^1 dy \int_y^1 e^{x^2} dx = \iint\limits_{D} e^{x^2} dx dy = \int_0^1 dx \int_0^x e^{x^2} dy = \int_0^1 x e^{x^2} dx = \frac{1}{2}(e - 1).$$

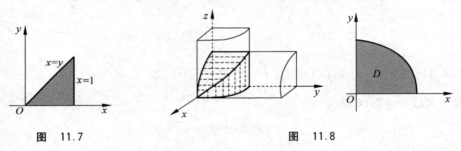

图　11.7　　　　　　　　　　　　　　　图　11.8

例 2.4　求两个底圆半径相等的直交圆柱面:$x^2 + y^2 = R^2$ 及 $x^2 + z^2 = R^2$ 所围成的立体的体积.

解　利用立体关于坐标平面的对称性,只需算出它在第一卦限部分的体积即可.

所求第一卦限部分可以看成是一个曲顶柱体,它的底是半径为 R 的圆的 1/4 部分,它的顶是曲面 $z = \sqrt{R^2 - x^2}$(如图 11.8 所示). 于是

$$V_1 = \iint\limits_{D} \sqrt{R^2 - x^2} \, d\sigma,$$

化为累次积分,得

$$V_1 = \iint\limits_{D} \sqrt{R^2 - x^2} \, d\sigma$$

$$= \int_0^R dx \int_0^{\sqrt{R^2 - x^2}} \sqrt{R^2 - x^2} \, dy = \int_0^R (R^2 - x^2) dx = \frac{2}{3} R^3,$$

从而所求立体体积为

$$V = 8V_1 = \frac{16}{3} R^3.$$

习题 11.2

1. 计算下面二重积分：

(1) $\displaystyle\iint_D (x^2 + y^2)\mathrm{d}\sigma$, D 是区域, $|x| \leqslant 1, |y| \leqslant 1$;

(2) $\displaystyle\iint_D \mathrm{e}^{x+y}\mathrm{d}\sigma$, D 是由 $|x| + |y| \leqslant 1$ 所确定的区域;

(3) $\displaystyle\iint_D x^2 y\mathrm{d}x\mathrm{d}y$, 其中 D 是圆域 $x^2 + y^2 \leqslant 1$;

(4) $\displaystyle\iint_D (x^2 - y^2)\mathrm{d}\sigma$, D 是闭区域, $0 \leqslant y \leqslant \sin x, 0 \leqslant x \leqslant \pi$.

2. 计算下面二重积分的值 $\displaystyle\iint_D f(x, y)\mathrm{d}\sigma$, 其中:

(1) $f(x, y) = x + 6y$, D: $y = x, y = 5x, x = 1$ 所围成;

(2) $f(x, y) = \cos(x + y)$, D: $x = 0, y = x, y = 1$ 所围成;

(3) $f(x, y) = x^2 + y^2$, D: $y = x, y = x + a, y = a, y = 3a$ 所围成, 这里 $a > 0$.

3. 求证: 如果函数 $F(x, y) = f(x)g(y)$, 即函数是变量可分离函数, 则 $F(x, y)$ 在矩形区域 D: $a \leqslant x \leqslant b, c \leqslant y \leqslant d$ 上的积分也可分离, 即

$$\iint_D F(x, y)\mathrm{d}x = \int_a^b f(x)\mathrm{d}x \int_c^d g(y)\mathrm{d}y.$$

4. 改变下面积分的次序:

(1) $\displaystyle\int_1^e \mathrm{d}x \int_0^{\ln x} f(x, y)\mathrm{d}y$;   (2) $\displaystyle\int_0^4 \mathrm{d}y \int_{-\sqrt{4-y}}^{\frac{1}{2}(y-4)} f(x, y)\mathrm{d}x$;

(3) $\displaystyle\int_1^2 \mathrm{d}x \int_{2-x}^{\sqrt{2x-x^2}} f(x, y)\mathrm{d}y$.

11.3 利用极坐标计算二重积分

在计算二重积分时, 如果积分区域的边界曲线或被积函数的表达式用极坐标变量 r, θ 表达比较简单时, 可以考虑利用极坐标来计算二重积分 $\displaystyle\iint_D f(x, y)\mathrm{d}\sigma$.

按照二重积分的定义,

$$\iint_D f(x, y)\mathrm{d}\sigma = \lim_{d \to 0} \sum_{i=1}^n f(\xi_i, \eta_i)\Delta\sigma_i.$$

在直角坐标系中, 用两组平行于坐标轴的直线把区域 D 分成若干方形小块, 因而求得

$\Delta\sigma = \Delta x_i \Delta y_i$. 在极坐标系中,当然用 r＝常数,θ＝常数的曲线网分割区域 D,如图 11.9 所示,在阴影部分所对应的扇环形区域,圆心角是 $\Delta\theta$,外弧半径是 $r+\Delta r$,内弧半径是 r,因此,阴影部分的面积是

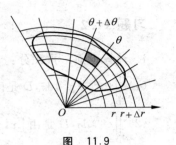

图 11.9

$$\Delta\sigma = \frac{1}{2}(r+\Delta r)^2 \Delta\theta - \frac{1}{2}r^2 \Delta\theta$$

$$= r\Delta r\Delta\theta + \frac{1}{2}(\Delta r)^2 \Delta\theta,$$

略去高阶无穷小,便有

$$\Delta\sigma \approx r\Delta r\Delta\theta,$$

所以面积元素是

$$\mathrm{d}\sigma = r\mathrm{d}r\mathrm{d}\theta,$$

而被积函数变为

$$f(x,y) = f(r\cos\theta, r\sin\theta),$$

于是在直角坐标系中的二重积分变为在极坐标系中的二重积分

$$\iint\limits_{D} f(x,y)\mathrm{d}\sigma = \iint\limits_{D} f(r\cos\theta, r\sin\theta)r\mathrm{d}r\mathrm{d}\theta.$$

计算极坐标系下的二重积分,也要将它化为累次积分.

类似于直角坐标的情形,如果对每条过极点的射线 $\theta=\theta_0$ 与区域的边界至多有两个交点 $r_1(\theta_0)$ 及 $r_2(\theta_0)$,$r_1(\theta_0) \leqslant r_2(\theta_0)$,而 θ 的范围是 $\alpha \leqslant \theta \leqslant \beta$,则区域 D 可表示为(如图 11.10 所示).

$$D = \{(r,\theta) \mid r_1(\theta) \leqslant r \leqslant r_2(\theta), \alpha \leqslant \theta \leqslant \beta\},$$

因此二重积分可化为累次积分

$$\iint\limits_{D} f(r\cos\theta, r\sin\theta)r\mathrm{d}r\mathrm{d}\theta = \int_{\alpha}^{\beta} \mathrm{d}\theta \int_{r_1(\theta)}^{r_2(\theta)} f(r\cos\theta, r\sin\theta)r\mathrm{d}r.$$

如果极点在区域 D 的内部或边界,则 $r_1(\theta)=0$,如图 11.11 所示,此时二重积分可分别表示为

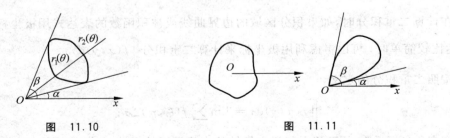

图 11.10   图 11.11

$$\int_0^{2\pi} \mathrm{d}\theta \int_0^{r(\theta)} f(r\cos\theta, r\sin\theta) r\mathrm{d}r,$$

及

$$\int_\alpha^\beta \mathrm{d}\theta \int_0^{r(\theta)} f(r\cos\theta, r\sin\theta) r\mathrm{d}r.$$

例 3.1 计算半径为 R 的圆的面积.

解 取圆心为极点,则圆的面积 A 可表示为

$$A = \iint\limits_D \mathrm{d}\sigma,$$

其中 D 是圆的内部区域,因此

$$A = \int_0^{2\pi} \mathrm{d}\theta \int_0^R r\mathrm{d}r = \int_0^{2\pi} \frac{R^2}{2} \mathrm{d}\theta = \pi R^2.$$

例 3.2 计算二重积分 $\displaystyle\iint\limits_D \frac{\mathrm{d}x\mathrm{d}y}{1+x^2+y^2}$,其中区域 $D = \{(x,y) \mid 1 \leqslant x^2+y^2 \leqslant 4\}$.

解 利用极坐标,区域的边界曲线是

$$r_1(\theta) = 1 \quad 与 \quad r_2(\theta) = 2,$$

因此

$$\iint\limits_D \frac{\mathrm{d}x\mathrm{d}y}{1+x^2+y^2} = \int_0^{2\pi} \mathrm{d}\theta \int_1^2 \frac{r}{1+r^2} \mathrm{d}r = \int_0^{2\pi} \frac{1}{2} \ln\frac{5}{2} \mathrm{d}\theta = \pi\ln\frac{5}{2}.$$

例 3.3 求球体 $x^2+y^2+z^2 \leqslant 4a^2$ 被圆柱面 $x^2+y^2 = 2ax(a>0)$ 所截得的立体的体积(如图 11.12 所示).

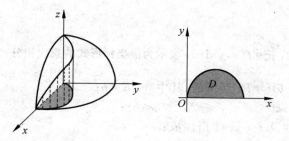

图 11.12

解 由对称性,所截的部分是以 D 为底的曲顶柱体体积的 4 倍,而曲顶柱体顶面的方程是 $z = \sqrt{4a^2-x^2-y^2}$. 因此

$$V = 4\iint\limits_D \sqrt{4a^2-x^2-y^2}\, \mathrm{d}x\mathrm{d}y,$$

利用极坐标,便得

$$V = 4\iint\limits_{D} \sqrt{4a^2 - r^2}\, r\mathrm{d}r\mathrm{d}\theta = 4\int_0^{\frac{\pi}{2}} \mathrm{d}\theta \int_0^{2a\cos\theta} \sqrt{4a^2 - r^2}\, r\mathrm{d}r$$

$$= \frac{32}{3}a^3 \int_0^{\frac{\pi}{2}} (1 - \sin^3\theta)\mathrm{d}\theta = \frac{32}{3}a^3 \left(\frac{\pi}{2} - \frac{2}{3} \right).$$

例 3.4   计算泊松积分 $I = \displaystyle\int_{-\infty}^{+\infty} \mathrm{e}^{-x^2}\mathrm{d}x$.

解 $\displaystyle\int \mathrm{e}^{-x^2}\mathrm{d}x$ 不是初等函数,"积" 不出来. 先求 $k = \iint\limits_{D} \mathrm{e}^{-(x^2+y^2)}\mathrm{d}x\mathrm{d}y$, 其中 D 是整个平面, 显然, 这类似于一元函数的广义积分, 因此, k 可用累次积分表示为

$$k = \int_{-\infty}^{+\infty} \mathrm{d}x \int_{-\infty}^{+\infty} \mathrm{e}^{-(x^2+y^2)}\mathrm{d}y = \int_{-\infty}^{+\infty} \mathrm{e}^{-x^2}\mathrm{d}x \int_{-\infty}^{+\infty} \mathrm{e}^{-y^2}\mathrm{d}y = I^2,$$

而把上述积分用极坐标表示, 便有

$$k = \int_0^{2\pi} \mathrm{d}\theta \int_0^{+\infty} \mathrm{e}^{-r^2}\, r\mathrm{d}r.$$

又

$$\int_0^{+\infty} \mathrm{e}^{-r^2}\, r\mathrm{d}r = \left[-\frac{\mathrm{e}^{-r^2}}{2} \right]_0^{+\infty} = \frac{1}{2},$$

所以

$$k = \int_0^{2\pi} \frac{1}{2}\mathrm{d}\theta = \pi,$$

于是 $I^2 = \pi, I = \sqrt{\pi}$.

习题 11.3

1. 画出积分区域, 把 $\iint\limits_{D} f(x,y)\mathrm{d}x\mathrm{d}y$ 表示为极坐标形式的累次积分, 其中积分区域 D 是:

(1) 圆 $x^2 + (y-b)^2 = R^2$ 所围成, 其中 $0 < R < b$;

(2) $D = \{(x,y) \mid a^2 \leqslant x^2 + y^2 \leqslant b^2, 0 < a < b\}$;

(3) 由 x 轴、y 轴及 $x + y = 1$ 所围成;

(4) 由 x 轴及 $2y = -x^2 + 1$ 所围成.

2. 计算下面二重积分:

(1) $\iint\limits_{D} \sqrt{\dfrac{1 - x^2 - y^2}{1 + x^2 + y^2}}\mathrm{d}\sigma$, 其中 D 是 $x^2 + y^2 = 1$ 所围成的区域;

(2) $\iint\limits_{D} y\mathrm{d}\sigma$, 其中 D 是 $x^2 + y^2 = a^2$ 所包围的第一象限的区域;

(3) $\iint\limits_{D} \sqrt{R^2 - x^2 - y^2}\mathrm{d}\sigma$, 其中 D 是 $x^2 + y^2 = Rx$ 所围成的区域;

(4) $\displaystyle\iint_D \arctan\frac{y}{x}d\sigma$,其中 D 是 $x^2+y^2=1,x^2+y^2=4,y=x,y=0$ 所围成的区域.

11.4* 三重积分的概念及其计算

1. 三重积分的概念

一重积分(定积分)和二重积分作为和的极限的概念,可以自然地推广到定义在空间区域 Ω 的三元函数上.

定义 11.2 设函数 $f(x,y,z)$ 在空间有界闭区域 Ω 上有定义.将 Ω 分为 n 个小区域 $V_1,V_2,\cdots,V_n$,并设它们的体积分别为 $\Delta V_1,\Delta V_2,\cdots,\Delta V_n$;在每个小区域上任取一点 $M_i(\xi_i,\eta_i,\zeta_i)(i=1,2,\cdots,n)$,作和

$$\sum_{i=1}^{n}f(\xi_i,\eta_i,\zeta_i)\Delta V_i, \tag{11.1}$$

和(11.1)式称为函数 $f(x,y,z)$ 在区域 Ω 上的**积分和**.

设 d 是这些区域中直径最大者.如果极限

$$\lim_{d\to 0}\sum_{i=1}^{n}f(\xi_i,\eta_i,\zeta_i)\Delta V_i$$

存在,则称函数 $u=f(x,y,z)$ 在 Ω 上**可积**,并把这个极限称为函数 $u=f(x,y,z)$ 在 Ω 上的**三重积分**,记作 $\displaystyle\iiint_\Omega f(x,y,z)dv$,即

$$\iiint_\Omega f(x,y,z)dv=\lim_{d\to 0}\sum_{i=1}^{n}f(\xi_i,\eta_i,\zeta_i)\Delta V_i. \tag{11.2}$$

称 dv 是体积元素.在直角坐标系中,可以选取平行于坐标平面的一些平面把 Ω 分成一些"格子",每个小长方体体积

$$\Delta V=\Delta x\Delta y\Delta z,$$

因此,在空间直角坐标系中,有时把 dv 记作 $dxdydz$,而把三重积分记作

$$\iiint_\Omega f(x,y,z)dxdydz.$$

应该指出,当被积函数 $f(x,y,z)$ 在 Ω 上是连续函数时,它在 Ω 上的三重积分一定存在,即是可积的.今后在计算中,都假定所求的三重积分是存在的.

三重积分也有与定积分和二重积分类似的性质,这里就不一一叙述了,请读者自己给出这些性质.

三重积分难以用几何表达,但也有它的实际意义,在物理学中,如果 $f(x,y,z)$ 表示物体在 (x,y,z) 的密度,则 $\iiint\limits_{\Omega} f(x,y,z)\mathrm{d}v$ 就是物体 Ω 的质量.

2. 三重积分的计算

正如二重积分可以化为累次积分一样,三重积分也可以化为累次积分.常见的方式有两种:一种是先一重后二重,另一种是先二重后一重.在一定条件下,三重积分化为累次积分与二重积分化为二次定积分的证法相同.这里只给出求三重积分确定积分限的方法.

如果 Ω 是由一母线平行于 z 轴的柱面和两个曲面 $z=z_1(x,y)$ 和 $z=z_2(x,y)$ 所围成,Ω 在 xOy 平面的投影是区域 D(如图 11.13 所示),则

$$\iiint\limits_{\Omega} f(x,y,z)\mathrm{d}x\mathrm{d}y\mathrm{d}z$$

$$= \iint\limits_{D}\mathrm{d}x\mathrm{d}y\int_{z_1(x,y)}^{z_2(x,y)} f(x,y,z)\mathrm{d}z. \qquad (11.3)$$

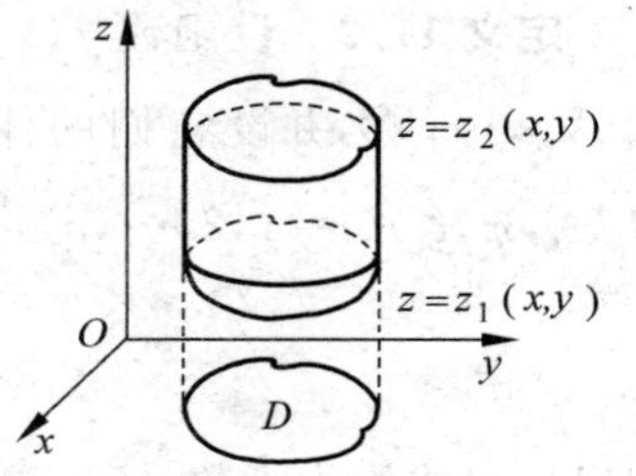

如果投影是区域 D 可用不等式

$$y_1(x) \leqslant y \leqslant y_2(x), \quad a \leqslant x \leqslant b$$

来表示,由(11.3)式可得

$$\iiint\limits_{\Omega} f(x,y,z)\mathrm{d}x\mathrm{d}y\mathrm{d}z = \int_a^b \mathrm{d}x \int_{y_1(x)}^{y_2(x)} \mathrm{d}y \int_{z_1(x,y)}^{z_2(x,y)} f(x,y,z)\mathrm{d}z. \qquad (11.4)$$

公式(11.4)把三重积分化为三次积分.

例 4.1   计算 $\iiint\limits_{\Omega} \dfrac{\mathrm{d}x\mathrm{d}y\mathrm{d}z}{(1+x+y+z)^2}$,其中 Ω 是平面 $x=0, y=0, z=0$ 及 $x+y+z=1$ 所围成的四面体.

解   如图 11.14 所示,Ω 可以看作柱体区域,上下两个底面是 $\triangle ABC$ 和 $\triangle AOB$,它们的方程分别是 $z=1-x-y$ 及 $z=0$.而柱体在 xOy 平面的投影就是 $\triangle OAB$ 所在的区域(如图 11.15 所示),因此

图   11.13

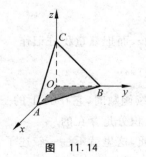

图   11.14

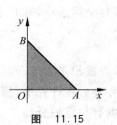

图   11.15

$$\iiint\limits_{\Omega} \frac{\mathrm{d}x\mathrm{d}y\mathrm{d}z}{(1+x+y+z)^2} = \iint\limits_{D} \mathrm{d}x\mathrm{d}y \int_0^{1-x-y} \frac{\mathrm{d}z}{(1+x+y+z)^2}$$

$$= \int_0^1 \mathrm{d}x \int_0^{1-x} \mathrm{d}y \int_0^{1-x-y} \frac{\mathrm{d}z}{(1+x+y+z)^2}$$

$$= \int_0^1 \mathrm{d}x \int_0^{1-x} \left(\frac{1}{1+x+y} - \frac{1}{2} \right) \mathrm{d}y$$

$$= \int_0^1 \left[\ln 2 - \frac{1-x}{2} - \ln(1+x) \right] \mathrm{d}x = \frac{3}{4} - \ln 2.$$

例 4.2 求三重积分 $I = \iiint\limits_{\Omega} z\mathrm{d}x\mathrm{d}y\mathrm{d}z$,其中 Ω 由曲面 $z = x^2 + y^2$ 及平面 $z = 1$ 围成.

解 两曲面的交线在 xOy 平面的投影是曲线

$$\begin{cases} x^2 + y^2 = 1, \\ z = 0, \end{cases}$$

因此,Ω 可以看作是由柱面 $x^2 + y^2 = 1$,曲面 $z = x^2 + y^2$ 及 $z = 1$ 所围成,所以

$$\iiint\limits_{\Omega} z\mathrm{d}x\mathrm{d}y\mathrm{d}z = \iint\limits_{D} \mathrm{d}x\mathrm{d}y \int_{x^2+y^2}^1 z\mathrm{d}z,$$

其中 D 是 $x^2 + y^2 = 1$ 所围成的圆域. 计算得

$$\iint\limits_{D} \mathrm{d}x\mathrm{d}y \int_{x^2+y^2}^1 z\mathrm{d}z = \frac{1}{2} \iint\limits_{D} \left[1 - (x^2 + y^2)^2 \right] \mathrm{d}x\mathrm{d}y,$$

其中

$$\frac{1}{2} \iint\limits_{D} \mathrm{d}x\mathrm{d}y = \frac{\pi}{2},$$

$$\frac{1}{2} \iint\limits_{D} (x^2 + y^2)^2 \mathrm{d}x\mathrm{d}y = \frac{1}{2} \int_0^{2\pi} \mathrm{d}\theta \int_0^1 r^5 \mathrm{d}r = \frac{\pi}{6},$$

于是原积分值为

$$\iiint\limits_{\Omega} z\mathrm{d}x\mathrm{d}y\mathrm{d}z = \frac{\pi}{2} - \frac{\pi}{6} = \frac{\pi}{3}.$$

下面介绍化三重积分为累次积分的第二种方法. 在这里,对 Ω 的形状没有特定要求.

设过 z 轴上点 $(0,0,z)$ 且平行于 xOy 平面的平面与 Ω 相交得到的平面区域是 D_z(如图 11.16),它在 xOy 平面上的投影和它本身图形一致,也记为 D_z,则可将函数值在每一片 D_z 上先相加(连续求和——求二重积分),然后再把 D_z 从最下端加到最上端(连续求和——定积分),便能使点跑遍区域 Ω,这样,

$$\iiint\limits_{\Omega} f(x,y,z)\mathrm{d}x\mathrm{d}y\mathrm{d}z = \int_{c_1}^{c_2} \mathrm{d}z \iint\limits_{D_z} f(x,y,z)\mathrm{d}x\mathrm{d}y.$$

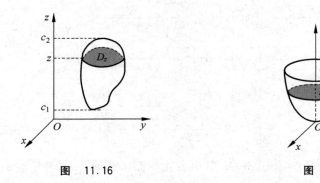

图   11.16   图   11.17

例 4.3   计算 $\iiint\limits_{\Omega} z \, dx \, dy \, dz$，其中 Ω 是旋转抛物面 $z = x^2 + y^2$ 与平面 $z = 1$ 所围成的区域（如图 11.17 所示）.

解   对每一 $z(0 \leqslant z \leqslant 1)$，$D_z$ 在 xOy 平面上是一以 O 为圆心，以 $\sqrt{z}$ 为半径的圆及其内部，因此，

$$\iiint\limits_{\Omega} z \, dx \, dy \, dz = \int_0^1 dz \iint\limits_{D_z} z \, dx \, dy.$$

由于被积函数不含有 x, y，所以可把 z 提到外层积分里，注意

$$\iint\limits_{D_z} dx \, dy = D_z \text{ 的面积} = \pi z,$$

于是有

$$\iiint\limits_{\Omega} z \, dx \, dy \, dz = \int_0^1 \pi z^2 \, dz = \frac{\pi}{3}.$$

这与例 4.2 的结果是一致的.

前面介绍了两种积分次序：先一重后二重和先二重后一重，前者对区域 Ω 的形状有限制，后者对 Ω 的形状没有限制，但前者应用较广，而后者用途较少，主要原因是后者要求每一个 z 为常数的截面 D_z 的形状都能清楚地求出来，因此，只有对一些特殊的区域 Ω 才能起作用.

习题 11.4

1. 化三重积分 $I = \iiint\limits_{\Omega} f(x, y, z) \, dx \, dy \, dz$ 为三次积分，其中，积分区域 Ω 分别是：

(1) 球体 $x^2 + y^2 + z^2 \leqslant R^2$；

(2) 两曲面 $z = x^2 + 2y^2$ 及 $z = 2 - x^2$ 所围区域；

(3) 平面 $x-2y+3z=12$ 与三坐标平面所围区域;

(4) $z=x^2+y^2$, $y=x^2$ 及平面 $y=1, z=0$ 所围区域.

2. 计算下面三重积分 $\iiint\limits_{\Omega} f(x,y,z)\mathrm{d}x\mathrm{d}y\mathrm{d}z$, 其中:

(1) $f(x,y,z)=x+y+z$, Ω: $0\leqslant x\leqslant 1, 0\leqslant y\leqslant 1, 0\leqslant z\leqslant 1$;

(2) $f(x,y,z)=xyz$, Ω: $x^2+y^2+z^2=1$ 在第一卦限的部分;

(3) $f(x,y,z)=z$, Ω 由 $z=\dfrac{\sqrt{x^2+y^2}}{3}$ 及平面 $z=1$ 所围成;

(4) $f(x,y,z)=xyz$, Ω: $1\leqslant x\leqslant 2, -2\leqslant y\leqslant 1, 0\leqslant z\leqslant\dfrac{1}{2}$;

(5) $f(x,y,z)=(1+x+y+z)^{-3}$, Ω 由 $x=0, y=0, z=0, x+y+z=1$ 所围成;

(6) $f(x,y,z)=xy$, Ω 由 $z=xy, x+y=1, z=0$ 所围成.

11.5*   利用柱面坐标和球面坐标计算三重积分

在二重积分的计算中看到,由于积分区域和被积函数的特点,二重积分有时用极坐标计算比较方便. 与此类似,三重积分有时选取柱面或球面坐标来计算比较方便.

1. 利用柱面坐标计算三重积分

由 11.4 节可知,三重积分可化为先一重后二重的积分:

$$\iiint\limits_{\Omega}f(x,y,z)\mathrm{d}x\mathrm{d}y\mathrm{d}z=\iint\limits_{D}\mathrm{d}x\mathrm{d}y\int_{z_1(x,y)}^{z_2(x,y)}f(x,y,z)\mathrm{d}z. \tag{11.5}$$

对于(11.5)式中的二重积分,也可利用极坐标来计算. 设 xOy 面上的点 $P(x,y)$ 的极坐标 (r,θ), 则空间中的点 $M(x,y,z)$ 也可用坐标 (r,θ,z) 来表示(如图 11.18 所示). 坐标 (r,θ,z) 称为点 M 的**柱面坐标**.

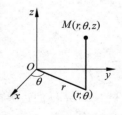

图   11.18

设 $g(x,y)=\displaystyle\int_{z_1(x,y)}^{z_2(x,y)}f(x,y,z)\mathrm{d}z$, 则

$$\iint\limits_{D}g(x,y)\mathrm{d}x\mathrm{d}y=\iint\limits_{D}g(r\cos\theta,r\sin\theta)r\mathrm{d}r\mathrm{d}\theta.$$

因此

$$\iiint\limits_{\Omega}f(x,y,z)\mathrm{d}x\mathrm{d}y\mathrm{d}z=\iint\limits_{D}\mathrm{d}x\mathrm{d}y\int_{z_1(x,y)}^{z_2(x,y)}f(x,y,z)\mathrm{d}z$$

$$=\iint\limits_{D}r\mathrm{d}r\mathrm{d}\theta\int_{z_1(r\cos\theta,r\sin\theta)}^{z_2(r\cos\theta,r\sin\theta)}f(r\cos\theta,r\sin\theta,z)\mathrm{d}z.$$

也可以写成 $\iiint\limits_{\Omega} f(r\cos\theta, r\sin\theta, z)r\mathrm{d}r\mathrm{d}\theta\mathrm{d}z$. 从而可以看出,体积元素 $\mathrm{d}v = r\mathrm{d}r\mathrm{d}\theta\mathrm{d}z$. 积分限的确定类似于极坐标计算中积分限的确定. 下面通过具体例子来说明利用柱面坐标计算三重积分.

例 5.1 计算 $\iiint\limits_{\Omega} z\mathrm{d}x\mathrm{d}y\mathrm{d}z$,其中闭区域 Ω 是半球体 $x^2 + y^2 + z^2 \leqslant 1 (z \geqslant 0)$.

解 按着先一重后二重的原则,可把上面的积分化为

$$\iiint\limits_{\Omega} z\mathrm{d}x\mathrm{d}y\mathrm{d}z = \iint\limits_{D} \mathrm{d}x\mathrm{d}y \int_0^{\sqrt{1-x^2-y^2}} z\mathrm{d}z,$$

其中 D 是区域 $x^2 + y^2 \leqslant 1$,再对 D 采用极坐标 $x = r\cos\theta, y = r\sin\theta$,便有

$$\mathrm{d}x\mathrm{d}y = r\mathrm{d}r\mathrm{d}\theta,$$

所以

$$\iint\limits_{D} \mathrm{d}x\mathrm{d}y \int_0^{\sqrt{1-x^2-y^2}} z\mathrm{d}z = \int_0^{2\pi} \mathrm{d}\theta \int_0^1 r\mathrm{d}r \int_0^{\sqrt{1-r^2}} z\mathrm{d}z$$

$$= \int_0^{2\pi} \mathrm{d}\theta \int_0^1 \frac{r(1-r^2)}{2}\mathrm{d}r = \int_0^{2\pi} \frac{1}{8}\mathrm{d}\theta$$

$$= \frac{\pi}{4}.$$

在计算熟练的情况下,也可以绕开直角坐标,直接给出柱面坐标下的积分限.

例 5.2 计算 $\iiint\limits_{\Omega} z\mathrm{d}v$,其中 Ω 是由曲面 $z = \sqrt{2-x^2-y^2}$ 及 $z = x^2+y^2$ 所围成的区域.

解 首先求出 Ω 在 xOy 平面的投影区域,为此,先求出区域的边界曲线,也就是两曲面的交线在 xOy 平面的投影,联立方程

$$\begin{cases} z = \sqrt{2-x^2-y^2}, \\ z = x^2 + y^2, \end{cases}$$

消去 z 得

$$x^2 + y^2 = 1.$$

这就是区域 D 的边界曲线,即 Ω 在 xOy 平面的投影区域 D: $x^2+y^2 \leqslant 1$,因此 Ω 可以用柱面坐标表示为

$$r^2 \leqslant z \leqslant \sqrt{2-r^2}, \quad 0 \leqslant r \leqslant 1, \quad 0 \leqslant \theta \leqslant 2\pi.$$

于是

$$\iiint\limits_{\Omega} z\mathrm{d}v = \iiint\limits_{\Omega} zr\mathrm{d}r\mathrm{d}\theta\mathrm{d}z = \int_0^{2\pi} \mathrm{d}\theta \int_0^1 r\mathrm{d}r \int_{r^2}^{\sqrt{2-r^2}} z\mathrm{d}z = \frac{7}{12}\pi.$$

2. 利用球面坐标计算三重积分

在三重积分计算中,引入球面坐标变换:

$$\begin{cases} x = r\sin\varphi\cos\theta, \\ y = r\sin\varphi\sin\theta, \\ z = r\cos\varphi, \end{cases}$$

$0 \leqslant r \leqslant +\infty, 0 \leqslant \theta \leqslant 2\pi, 0 \leqslant \varphi \leqslant \pi.$ 则

$$f(x,y,z) = f(r\cos\theta\sin\varphi, r\sin\theta\sin\varphi, r\cos\varphi) = F(r,\theta,\varphi).$$

如图 11.19 所示,在球面坐标系中,可以用以原点为球心的

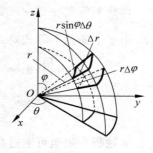

图 11.19

球面族 $r=$ 常数,过 z 轴的半平面 $\theta=$ 常数,以及顶点在原点且以 z 轴为中心轴的圆锥面 $\varphi=$ 常数,这样三组球坐标面把空间区域 Ω 分割成 n 个小子域,其中有规则的子域的体积近似地等于

$$r\Delta r\Delta\varphi r\sin\varphi\Delta\theta = r^2\sin\varphi\Delta r\Delta\theta\Delta\varphi,$$

因此,球面坐标的体积元素为

$$\mathrm{d}v = r^2\sin\varphi\mathrm{d}r\mathrm{d}\theta\mathrm{d}\varphi,$$

从而有

$$\iiint\limits_{\Omega} f(x,y,z)\mathrm{d}v = \iiint\limits_{\Omega} F(r,\theta,\varphi)r^2\sin\varphi\mathrm{d}r\mathrm{d}\theta\mathrm{d}\varphi.$$

怎样把上式右端的球面坐标三重积分化为累积分,要根据 Ω 的具体情况而定. 现通过以下例题来说明确定积分限的方法.

例 5.3 计算 $\iiint\limits_{\Omega}(x^2+y^2+z^2)\mathrm{d}x\mathrm{d}y\mathrm{d}z$,其中 Ω 是球面 $x^2+y^2+z^2=1$ 所围成的区域.

解 根据 r 的几何意义,r 从 0 变到球面 $x^2+y^2+z^2=1$ 上,即 r 的取值范围是从 0 到 1. 再根据 θ 和 φ 的几何意义,能确定出它们的取值范围,因此

$$\iiint\limits_{\Omega}(x^2+y^2+z^2)\mathrm{d}x\mathrm{d}y\mathrm{d}z = \int_0^{2\pi}\mathrm{d}\theta\int_0^{\pi}\mathrm{d}\varphi\int_0^1 r^2\cdot r^2\sin\varphi\mathrm{d}r = 2\pi\int_0^{\pi}\sin\varphi\mathrm{d}\varphi\int_0^1 r^4\mathrm{d}r = \frac{4}{5}\pi.$$

例 5.4 计算 $\iiint\limits_{\Omega}z\mathrm{d}v$,其中 Ω 由不等式 $x^2+y^2+(z-a)^2\leqslant a^2$ 及 $x^2+y^2\leqslant z^2$ 所确定.

解 利用球面坐标

$$\begin{cases} x = r\sin\varphi\cos\theta, \\ y = r\sin\varphi\sin\theta, \\ z = r\cos\varphi, \end{cases}$$

不等式 $x^2+y^2+(z-a)^2\leqslant a^2$ 化为 $r\leqslant 2a\cos\varphi$,由此可知 $0\leqslant r\leqslant 2a\cos\varphi$,易见 φ 是锐角.

再化不等式 $x^2 + y^2 \leqslant z^2$ 得 $\tan^2 \varphi \leqslant 1$,又由 φ 是锐角,便知 $0 \leqslant \varphi \leqslant \dfrac{\pi}{4}$.

由于上面两不等式对 θ 没有限制,便可知 θ 的范围是 $0 \leqslant \theta \leqslant 2\pi$. 于是

$$\iiint\limits_{\Omega} z \, \mathrm{d}v = \int_0^{2\pi} \mathrm{d}\theta \int_0^{\frac{\pi}{4}} \mathrm{d}\varphi \int_0^{2a\cos\varphi} r\cos\varphi \, r^2 \sin\varphi \, \mathrm{d}r$$

$$= \int_0^{2\pi} \mathrm{d}\theta \int_0^{\frac{\pi}{4}} 4a^4 \cos^5\varphi \sin\varphi \, \mathrm{d}\varphi = 2\pi \frac{7}{12} a^4 = \frac{7}{6} \pi a^4.$$

本题积分限也可通过画图来确定,但有时图形比较难画时,由不等式本身来确定积分限更方便.

习题 11.5

1. 求半径为 a 的球面与顶角为 2α 的内接锥面所围成立体的体积.

2. 计算 $\iiint\limits_{\Omega} (x^2 + y^2) \mathrm{d}x\mathrm{d}y\mathrm{d}z$,其中 Ω 是由两曲面 $x^2 + y^2 = 2z$ 及 $z = 2$ 所围成的闭区域.

3. 计算 $\iiint\limits_{\Omega} \sqrt{x^2 + y^2 + z^2} \, \mathrm{d}x\mathrm{d}y\mathrm{d}z$,$\Omega$ 是球体 $x^2 + y^2 + z^2 = E$ 所围成的区域.

4. 计算 $\iiint\limits_{\Omega} \dfrac{z\ln(x^2 + y^2 + z^2 + 1)}{x^2 + y^2 + z^2 + 1} \mathrm{d}x\mathrm{d}y\mathrm{d}z$,其中 Ω 是两个球面 $x^2 + y^2 + z^2 = 1$ 及 $x^2 + y^2 + z^2 = 2$ 所围成的区域.

11.6 空间曲面的面积

设曲面 Σ 由方程

$$z = f(x, y), \quad (x, y) \in D,$$

给出,D 为曲面 Σ 在 xOy 平面上的投影区域,即函数 $f(x, y)$ 的定义域,假定 $f(x, y)$ 在 D 上两个偏导数 $\dfrac{\partial f}{\partial x}$ 和 $\dfrac{\partial f}{\partial y}$ 都连续.

在闭区域 D 上选取一块直径很小的区域 σ(图 11.20 是曲面微元的放大图),在 σ 内取一点 $P(x, y)$,对应曲面 Σ 上有一点 $M(x, y, f(x, y))$,即点 M 在 xOy 平面上的投影是点 P,过 M 作曲面的切平面 T. 以 σ 的边界为准线,作母线平行于 z 轴的柱面,这柱面在曲面上截下一小片曲面 ΔS,在切平面上截下一小片平面 ΔA,用切平面上的那一小块平面的面积近似地代表相应的那片小曲面的面积. 设 M 处曲面 S 的法线与 z 轴所成锐角为 γ,则

$$\Delta A = \frac{\Delta \sigma}{\cos\gamma},$$

因此,

$$\Delta S \approx \frac{\Delta\sigma}{\cos\gamma}.$$

于是,曲面的面积元素为

$$dS = \frac{d\sigma}{\cos\gamma}.$$

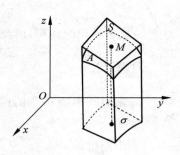

图 11.20

下面计算 $\cos\gamma$. 对于 $z=f(x,y)$,可变为 $z-f(x,y)=0$,求得法向量为

$$\boldsymbol{n} = \{-f'_x, -f'_y, 1\},$$

而 z 轴方向是 $\{0,0,1\}$,可得

$$\cos\gamma = \frac{1}{\sqrt{1+f'^{2}_x+f'^{2}_y}},$$

即

$$dS = \sqrt{1+f'^{2}_x+f'^{2}_y}\,d\sigma,$$

这样,曲面的面积是

$$S = \iint\limits_{D} \sqrt{1+f'^{2}_x+f'^{2}_y}\,d\sigma.$$

如果曲面方程是 $x=g(y,z)$ 或 $y=h(z,x)$ 的形式,也有类似的计算公式,这里就不一一列举了.

例 6.1 求半径为 a 的球的表面积.

解 上半球面积方程是 $z=\sqrt{a^2-x^2-y^2}$,它在 xOy 平面上投影区域 D 可表示为 $x^2+y^2 \leqslant a^2$.

先求出 dS:

$$dS = \sqrt{1+z'^{2}_x+z'^{2}_y} = \frac{a}{\sqrt{a^2-x^2-y^2}}\,d\sigma.$$

注意函数 $\dfrac{a}{\sqrt{a^2-x^2-y^2}}$ 在区域 D 的边界上不连续,把 D 缩小为区域 D_1: $x^2+y^2 \leqslant (a-\varepsilon)^2$,相应位于 D_1 上的半球面面积是

$$S' = \iint\limits_{D_1} \frac{a}{\sqrt{a^2-x^2-y^2}}\,dxdy.$$

利用极坐标,得

$$S' = a\iint\limits_{D_1} \frac{r}{\sqrt{a^2-r^2}}\,drd\theta = a\int_0^{2\pi}d\theta\int_0^{a-\varepsilon}\frac{rdr}{\sqrt{a^2-r^2}} = 2\pi a\big[a - \sqrt{a^2-(a-\varepsilon)^2}\,\big].$$

当 $\varepsilon \rightarrow 0$ 时,便有 $D_1 \rightarrow D$,因此,$S' \rightarrow S$,即

$$S = 2\pi a^2,$$

这就是上半球面的面积,因此整个球面的面积为 $4\pi a^2$.

习题 11.6

1. 求底圆半径相等的两个直交圆柱 $x^2 + y^2 = a^2$ 及 $x^2 + z^2 = a^2$ 所围成立体的表面积.

2. 求圆锥面 $z = \sqrt{x^2 + y^2}$ 被柱面 $z^2 = 2y$ 所截下部分的面积.

3. 设球面 $x^2 + y^2 + z^2 = a^2$ 被圆柱面 $x^2 + y^2 = ax$ 所截,求被围在圆柱面内那部分球面的面积.

4. 求由半球面 $z = \sqrt{3a^2 - x^2 - y^2}$ 及旋转抛物面 $x^2 + y^2 = 2az$ 所围成立体的表面积.

部分习题答案

第1章 准备知识

习题 1.2

2. (1) 奇； (2) 偶； (3) 偶； (4) 偶； (5) 奇； (6) 非； (7) 奇； (8) 非； (9) 非.

4. (1) $f[\varphi(x)]=4^x$，$\varphi[f(x)]=2^{x^2}$； (2) $f[f(x)]=\dfrac{x-1}{x}$； (3) $f(x)=x^2-5x+6$.

第2章 极限与连续

习题 2.3

2. (1) -9； (2) 0； (3) 0； (4) $\dfrac{1}{2}$； (5) $\dfrac{1}{2}$； (6) $2x$；

(7) 0； (8) 6； (9) $3\sqrt[3]{4}$； (10) $\dfrac{1}{2}$； (11) $\dfrac{1}{5}$.

习题 2.4

(1) $\dfrac{5}{9}$； (2) 3； (3) 2； (4) $\cos a$； (5) 1； (6) e；

(7) e； (8) e^2； (9) e^{-5}.

习题 2.5

7. (1) $\dfrac{3}{2}$； (2) $\begin{cases} 1, & m=n, \\ 0, & m<n, \\ \infty, & m>n. \end{cases}$

习题 2.6

2. (1) -1 无穷； (2) 0 可去，$k\pi(k\neq0)$无穷； (3) ±1 无穷，0 可去；

(4) 0 跳跃； (5) 0 无穷； (6) 0，$k\pi+\dfrac{\pi}{2}$可去，$k\pi(k\neq0)$无穷.

3. (1) 1； (2) mk；

4. $k=2$.

第3章 导数与微分

习题 3.1

1. -20. 2. a. 6. 12. 8. $-\dfrac{1}{2}$，-1.

9. 切线：$y-\dfrac{1}{2}=\dfrac{\sqrt{3}\left(x-\dfrac{\pi}{3}\right)}{2}$，法线：$y-\dfrac{1}{2}=-\dfrac{2}{3}\sqrt{3}\left(x-\dfrac{\pi}{3}\right)$.

11. $a=2$，$b=-1$.

习题 3.2

1. (1) $y'=4x^3+6x$；   (2) $y'=21x^{\frac{5}{2}}+10x^{\frac{3}{2}}+2$；

(3) $y'=\dfrac{-2a}{(a+x)^2}$；   (4) $y'=40x^4+6x^2+8x$；

(5) $y'=\dfrac{x^2-4x+1}{(x-2)^2}$；   (6) $y'=x\cos x$；

(7) $y'=\tan x+x\sec^2 x+\csc^2 x$；   (8) $y'=\dfrac{1}{1+\cos x}$；

(9) $y'=\dfrac{-2}{x\,(1+\ln x)^2}$；   (10) $y'=\dfrac{1-x\ln 4}{4^x}$；

(11) $y'=\dfrac{x-(1+x^2)\arctan x}{x^2(1+x^2)}$；   (12) $y'=\sin x\ln x+x\cos x\ln x+\sin x$.

2. (1) $y'=8x(2x^2-3)$；   (2) $y'=\dfrac{x}{\sqrt{x^2+a^2}}$；

(3) $y'=\dfrac{1}{(1-x)^2}\sqrt{\dfrac{1-x}{1+x}}$；   (4) $y'=\dfrac{1}{3}(2x+1)(x^2+x+1)^{-\frac{2}{3}}$；

(5) $y'=\dfrac{1}{2\sqrt{x+\sqrt{x+\sqrt{x}}}}\left[1+\dfrac{1+\dfrac{1}{2\sqrt{x}}}{2\sqrt{x+\sqrt{x}}}\right]$；

(6) $y'=a\sec^2(ax+b)$；   (7) $y'=2\cos 2x\cos 3x-3\sin 2x\sin 3x$；

(8) $y'=2a\cos\dfrac{x}{2}\left(\sin\dfrac{x}{2}\right)^3$；   (9) $y'=\dfrac{1}{\sin x\cos x}$；

(10) $y'=-10\cot 5x\csc^2 5x$；   (11) $y'=\dfrac{2x}{(x^2+1)\ln a}$；

(12) $y'=\dfrac{4x}{1-x^4}$；   (13) $y'=\dfrac{1}{x\ln x}$；

(14) $y'=4e^{4x+5}$；   (15) $y'=\dfrac{2x}{1+(x^2+1)^2}$；

(16) $y'=\dfrac{\sqrt{x^2+a^2}}{x^2}$；   (17) $y'=(2x+2)7^{x^2+2x}\ln 7$；

(18) $y'=\dfrac{x}{a+\sqrt{x^2+a^2}}+\dfrac{a}{x}$；   (19) $y'=\cos xe^{\sin x}$；

(20) $y'=2\sqrt{a^2-x^2}$；   (21) $y'=\dfrac{2\arcsin x}{\sqrt{1-x^2}}$；

(22) $y'=\dfrac{2a^3}{x^4-a^4}$；   (23) $y'=-\dfrac{2x}{\sqrt{1-x^4}}$.

习题 3.3

1. (1) $\dfrac{2p}{y}$；   (2) $-\dfrac{b^2x}{a^2y}$；   (3) $\dfrac{2a}{3-3y^2}$；

$(4) -\dfrac{y^{\frac{1}{3}}}{x^{\frac{1}{3}}}$；　　　　　　　$(5) \dfrac{ay-x^2}{y^2-ax}$；　　　　　　　$(6) \dfrac{-\sin(x+y)}{\sin(x+y)+1}$；

$(7) \dfrac{\sqrt{x-y}+1}{1-4\sqrt{x-y}}$；　　　　　$(8) \dfrac{1-y\cos(xy)}{x\cos(xy)}$.

2. $(1)\ x\sqrt{\dfrac{1-x}{1+x}}\left[\dfrac{1}{x}-\dfrac{1}{1-x^2}\right]$；

$(2)\ \dfrac{x^2}{1-x}\sqrt[3]{\dfrac{3-x}{(3+x)^2}}\left(\dfrac{2}{x}+\dfrac{1}{1-x}+\dfrac{1}{3x-9}-\dfrac{2}{3x+9}\right)$；

$(3)\ \dfrac{n}{\sqrt{1+x^2}}(x+\sqrt{1+x^2})^n$；

$(4)\ (x-a_1)^{a_1}(x-a_2)^{a_2}\cdots(x-a_n)^{a_n}\left(\dfrac{\alpha_1}{x-a_1}+\cdots+\dfrac{\alpha_n}{x-a_n}\right)$.

3. $(1) -\dfrac{1}{4}$；　　$(2) -\dfrac{2}{3}$；　　$(3) \dfrac{4}{3}$.

4. $(1) \dfrac{-2t}{t+1}$；　　$(2) \dfrac{2t-t^4}{1-2t^3}$；　　$(3) -\dfrac{b}{a}$；　　$(4) -\dfrac{b}{a}\tan t$.

5. $y=x+a\left(2-\dfrac{\pi}{2}\right)$.

习题 3.4

1. $(1)\ \mathrm{e}^{-x^2}(4x^2-2)$；　　　　　　　　　$(2)\ 2\arctan x+\dfrac{2x}{1+x^2}$；

$(3)\ \dfrac{2a}{a^2+x^2}\cos x-\sin x\arctan\dfrac{x}{a}+\dfrac{-2ax}{(a^2+x^2)^2}\sin x$；　　$(4)\ a^x[2+4x\ln a+x^2(\ln a)^2]$；

$(5)\ \dfrac{3x}{1-x^2}+\dfrac{\arcsin x}{(1-x^2)^{\frac{3}{2}}}\left(1+\dfrac{3x^2}{1-x^2}\right)$；　　$(6)\ -\dfrac{2}{x}\sin(\ln x)$.

4. $(1)\ \mathrm{e}^x(x^2+100x+2450)$；　　　　　$(2)\ \dfrac{30\times 28!}{(1+x)^{29}}-\dfrac{29!\ x}{(1+x)^{30}}$；

$(3)\ (x^2-379)\sin x-40x\cos x$；

$(4)\ \dfrac{1}{2^{100}(1-x)^{100}\sqrt{1-x}}\left[199!!\ (1+x)+200\cdot 197!!\ (1-x)\right]$；

$(5)\ (-1)^n n!\left[\dfrac{1}{(x-2)^{n+1}}-\dfrac{1}{(x-1)^{n+1}}\right]$；

$(6)\ \dfrac{(-1)^n n!\ \cdot 2}{(1+x)^{n+1}}$.

习题 3.5

1. $(1)\ (1-x+x^2-x^3)\mathrm{d}x$；　　　　　　　$(2)\ (2x\sin x+x^2\cos x)\mathrm{d}x$；

$(3)\ \dfrac{1-x^2}{(1+x^2)^2}\mathrm{d}x$；　　　　　　　　$(4)\ \dfrac{\mathrm{d}x}{\sin x\cos x}$；

$(5)\ \mathrm{e}^{ax}(a\cos bx-b\sin bx)\mathrm{d}x$；　　　$(6)\ \dfrac{-x}{|x|\ \sqrt{1-x^2}}\mathrm{d}x$.

第 4 章   中值定理与导数的应用

习题 4.2

(1) $\dfrac{a^2}{b^2}$;　　(2) 1;　　(3) 1;　　(4) $\dfrac{1}{3}$;　　(5) 1;　　(6) 1;　　(7) 1;

(8) $\dfrac{1}{2}$;　　(9) -2;　　(10) $-\dfrac{1}{6}$;　　(11) 2;　　(12) $+\infty$;　　(13) e^{-1};　　(14) 1;

(15) e;　　(16) $\dfrac{1}{2}$;　　(17) $\dfrac{2}{3}$;　　(18) $-\dfrac{e}{2}$;　　(19) 1;　　(20) 1.

习题 4.3

1. (1) $(-\infty,0)\nearrow$,$(0,+\infty)\searrow$,0 是极大值点;

　 (2) $(0,e)\searrow$,$(e,+\infty)\nearrow$,e 是极小值点;

　 (3) $\left(-\infty,-\dfrac{1}{2}\right)\nearrow$,$\left(-\dfrac{1}{2},\dfrac{11}{18}\right)\searrow$,$\left(\dfrac{11}{18},+\infty\right)\nearrow$,$-\dfrac{1}{2}$ 是极大值点,$\dfrac{11}{18}$ 是极小值点;

　 (4) $(-\infty,1)\searrow$,$(1,+\infty)\nearrow$,1 是极小值点;

　 (5) $\left(2k\pi-\dfrac{3}{4}\pi,2k\pi+\dfrac{\pi}{4}\right)\nearrow$,$\left(2k\pi+\dfrac{\pi}{4},2k\pi+\dfrac{5}{4}\pi\right)\searrow$,$2k\pi-\dfrac{\pi}{4}$ 是极大值点,$2k\pi+\dfrac{5}{4}\pi$ 是极
     小值点;

　 (6) $(-\infty,1)\nearrow$,$(1,+\infty)\searrow$,1 是极大值点;

　 (7) $(-1,0)\searrow$,$(1,+\infty)\nearrow$,0 是极小值点;

　 (8) $\left(-\infty,-\dfrac{11}{2}\right)\searrow$,$\left(-\dfrac{11}{2},\dfrac{1}{2}\right)\nearrow$,$\left(\dfrac{1}{2},+\infty\right)\searrow$,$-\dfrac{11}{2}$ 是极小值点,$\dfrac{1}{2}$ 是极大值点;

　 (9) $(-\infty,+\infty)\nearrow$;

　 (10) 类似于(5).

6. (1) 最大 32,最小 $\dfrac{1}{2}$;　　　(2) 最大 3,最小 1;　　　(3) 最大 e,最小 $-\dfrac{1}{e}$;

　 (4) 最大 2,最小 -10;　　　(5) 最大 1,最小 0.

习题 4.4

1. (1) $(-\infty,2)\cup$,$(2,4)\cap$,$(4,+\infty)\cup$;　　　　(2) $(-\infty,2)\cap$,$(2,+\infty)\cup$;

　 (3) $((2k-1)\pi,2k\pi)\cup$,$(2k\pi,(2k+1)\pi)\cap$,$k\in z$;

　 (4) $(-\infty,+\infty)\cup$.

2. (1) $(-\infty,-1)\cap$,$(-1,1)\cup$,$(1,+\infty)\cap$,拐点 $(-1,\ln 2)$,$(1,\ln 2)$;

　 (2) $\left(0,e^{\frac{3}{2}}a\right)\cap$,$\left(e^{\frac{3}{2}}a,+\infty\right)\cup$,拐点 $\left(e^{\frac{3}{2}}a,\dfrac{3}{2}e^{-\frac{3}{2}}\right)$;

　 (3) $(-\infty,2)\cap$,$(2,+\infty)\cup$,拐点 $(2,4)$;

　 (4) $\left(e^{2k\pi+\frac{\pi}{4}},e^{2k\pi+\frac{5}{4}\pi}\right)\cap$,$\left(e^{2k\pi+\frac{5}{4}\pi},e^{2k\pi+\frac{9}{4}\pi}\right)\cup$,拐点 $\left(e^{2k\pi+\frac{\pi}{4}},\dfrac{\sqrt{2}}{2}e^{2k\pi+\frac{\pi}{4}}\right)$ 与 $\left(e^{2k\pi+\frac{5}{4}\pi},-\dfrac{\sqrt{2}}{2}e^{2k\pi+\frac{5}{4}\pi}\right)$.

习题 4.5

1. (1) $x=-\dfrac{1}{e}$, $x=0$,$y=1$;　　　　(2) $x=-3$,$x=1$,$y=x-2$;

(3) $y=x+\dfrac{\pi}{2}$, $y=x-\dfrac{\pi}{2}$;　　　(4) $y=\dfrac{b}{a}x$, $y=-\dfrac{b}{a}x$.

习题 4.6

1. (1) $e^{-x}(2x-x)^2$,　$2-x$;　　　(2) $\dfrac{e^x(x-1)}{x^2}$,　$x-1$;

(3) $e^{-b(x+c)}(ax^{a-1}-bx^a)$,　$a-bx$.

2. (1) $104-0.8Q$;　　　(2) 64;　　　(3) $\dfrac{3}{8}$.

3. 当 $Q=3$ 时,边际成本为 3,平均成本为 7;当 $Q=5$ 时,边际成本为 26,平均成本为 $17\dfrac{2}{5}$.

4. 当需求量为 20 时,收益 120,平均收益 6,边际收益 2;

当需求量为 30 时,收益 120,平均收益 4,边际收益 -2.

5. (1) 0.5;　　　(2) 收益将增加 0.22%.

6. 5 批.

7. 3500 件.

第 5 章　不 定 积 分

习题 5.1

1. (1) $\dfrac{2}{7}x^{\frac{7}{2}}+C$;　　　(2) $-\dfrac{2}{5}x^{-\frac{5}{2}}+C$;

(3) $\dfrac{x^4}{2}-x^3-\dfrac{5}{2}x^2+C$;　　　(4) $\dfrac{t^2}{2}+\dfrac{2}{3}t^{\frac{3}{2}}-2t+C$;

(5) $2\arctan u-\tan u-3\arcsin u+C$;　　　(6) $\dfrac{2}{3}y^{\frac{3}{2}}+y-2\sqrt{y}-\ln y+C$;

(7) $-4\cot x+C$;　　　(8) $\sin x-\cos x+C$;

(9) $\tan x-\sec x+C$;　　　(10) $-\cot x-\tan x+C$;

(11) $\dfrac{\left(\dfrac{2.3}{5}\right)^x}{\ln\dfrac{2.3}{5}}-\dfrac{\left(\dfrac{3.2}{5}\right)^x}{\ln\dfrac{3.2}{5}}+C$;　　　(12) $x^3+\arctan x+C$.

2. (1) $y=\ln|x|+C$;　　　(2) $y=\ln|x|+1$.

3. $C(x)=\dfrac{x}{2000}-\dfrac{2}{\sqrt{x}}+1195.02$; $R(x)=100x-0.005x^2$.

习题 5.2

2. (1) $\dfrac{1}{4}e^{2x^2+1}+C$;　　　(2) $y=-\dfrac{1}{4}\ln|1-4x|+C$;

(3) $\dfrac{1}{2}\arctan\dfrac{x}{2}+C$;　　　(4) $e^x-\ln(1+e^x)+C$;

(5) $\dfrac{1}{300}(3x+1)^{100}+C$;　　　(6) $-\dfrac{2}{9}(1-t^3)^{\frac{3}{2}}+C$;

(7) $\dfrac{1}{2}\sin^2 u+C$;　　　(8) $\dfrac{x}{8}-\dfrac{1}{32}\sin 4x+C$;

(9) $\sin x - \dfrac{1}{3}\sin^3 x + C$；

(10) $-\dfrac{1}{16}\cos 8x - \dfrac{1}{8}\cos 4x + C$；

(11) $\dfrac{1}{3}\sec^3 x - 2\sec x - \cos x + C$；

(12) $\dfrac{3}{2}x^{\frac{2}{3}} - 3x^{\frac{1}{3}} + 3\ln|1 + \sqrt[3]{x}| + C$；

(13) $\dfrac{1}{6}(2x+1)^{\frac{3}{2}} + \dfrac{3}{2}(2x+1)^{\frac{1}{2}} + C$；

(14) $\dfrac{1}{a}\left(\ln(a - \sqrt{a^2 - x^2}) - \ln|x|\right) + C$；

(15) $\dfrac{1}{2a^3}\arctan\dfrac{x}{a} + \dfrac{1}{2a^2}\cdot\dfrac{x}{a^2 + x^2} + C$；

(16) $-\dfrac{1}{a^2}\dfrac{x}{\sqrt{x^2 - a^2}} + C$；

(17) $\dfrac{1}{2}\arcsin\dfrac{2x}{3} + \dfrac{1}{4}\sqrt{9 - 4x^2} + C$；

(18) $-\dfrac{10^{2\arccos x}}{2\ln 10} + C$；

(19) $\ln|\ln\ln x| + C$；

(20) $-\dfrac{1}{x\ln x} + C$；

(21) $\dfrac{x^2}{2} - \dfrac{9}{2}\ln(x^2 + 9) + C$；

(22) $2\arctan\sqrt{x} + C$；

(23) $\arcsin x - \dfrac{1}{x} + \dfrac{\sqrt{1 - x^2}}{x} + C$.

习题 5.3

(1) $\dfrac{x^2}{2}\ln x - \dfrac{x^2}{4} + C$；

(2) $x\arcsin x + \sqrt{1 - x^2} + C$；

(3) $\dfrac{x^3}{3}\arctan x - \dfrac{x^2}{6} + \dfrac{1}{6}\ln(1 + x^2) + C$；

(4) $x\tan x - \dfrac{1}{2x^2} + \ln|\cos x| + C$；

(5) $\dfrac{x^3}{6} - \dfrac{x^2}{4}\sin 2x - \dfrac{x}{4}\cos 2x + \dfrac{1}{8}\sin 2x + C$；

(6) $-\dfrac{x}{4}\cos 2x + \dfrac{1}{8}\sin 2x + C$；

(7) $\dfrac{x^2}{2}\ln(x-1) - \dfrac{x^2}{4} - \dfrac{x}{2} - \dfrac{1}{2}\ln(x-1) + C$；

(8) $x(\arcsin x)^2 + 2\sqrt{1 - x^2}\arcsin x - 2x + C$；

(9) $\dfrac{x^4}{4}\ln^2 x - \dfrac{x^4}{8}\ln x + \dfrac{x^4}{32} + C$；

(10) $x\ln(1 + x^2) - 2x + 2\arctan x + C$；

(11) $\displaystyle\int e^{ax}\sin bx\,dx = \dfrac{1}{a^2 + b^2}e^{ax}(a\sin bx - b\cos bx) + C$；

(12) $\dfrac{e^x}{2} - \dfrac{e^x}{5}\sin 2x - \dfrac{1}{10}e^x\cos 2x + C$.

习题 5.4

1. (1) $\dfrac{1}{6}\ln\dfrac{(x-1)^2}{x^2 + x + 1} - \dfrac{\sqrt{3}}{3}\arctan\dfrac{2x+1}{\sqrt{3}} + C$；

(2) $\dfrac{1}{4}\ln(4x^2 + 1) + \dfrac{3}{2}\arctan 2x + C$；

(3) $-\dfrac{1}{6}\ln|1 - 6x - 9x^2| - \dfrac{1}{2\sqrt{2}}\ln\left|\dfrac{\sqrt{2} + 3x + 1}{\sqrt{2} - 3x - 1}\right| + C$；

(4) $\dfrac{\sqrt{2}}{8}\ln\left|\dfrac{x^2 + \sqrt{2}x + 1}{x^2 - \sqrt{2}x + 1}\right| + \dfrac{\sqrt{2}}{4}\arctan(\sqrt{2}x + 1) + \dfrac{\sqrt{2}}{4}\arctan(\sqrt{2}x - 1) + C$；

(5) $\dfrac{x^2}{2} - x - 2\ln(x^2 + x + 3) + \dfrac{10}{\sqrt{11}}\arctan\dfrac{2x+1}{\sqrt{11}} + C$；

(6) $-\dfrac{x}{2(1+x^2)}-\dfrac{1}{x}-\dfrac{3}{2}\arctan x+C$;

(7) $\dfrac{1}{6a^3}\ln\left|\dfrac{a^3+x^3}{a^3-x^3}\right|+C$;

(8) $\ln\dfrac{(x-4)^4}{|x-3|}+C$;

(9) $x+2\ln|x|-5\ln|x-3|+4\ln|x+2|+C$;

(10) $\dfrac{x^2}{2}+\ln\dfrac{|x|}{(x-1)^2}+\dfrac{3}{2}\ln|2x+3|+C$.

2. (1) $\dfrac{\sqrt{3}}{3}\ln\left|\dfrac{\tan\frac{x}{2}+2-\sqrt{3}}{\tan\frac{x}{2}+2+\sqrt{3}}\right|+C$; 　(2) $\ln\left|\tan\frac{x}{2}+1\right|+C$;

(3) $\ln|\sin x+\cos x|+C$; 　(4) $-\dfrac{1}{2}\csc^2 x-\dfrac{1}{2}\ln(\csc^2 x-1)+C$;

(5) $\csc^3 x\sec x-4\cot x-\dfrac{4}{3}\cot^3 x+C$; 　(6) $\dfrac{1}{3}\ln\left|\dfrac{3+\tan\frac{x}{2}}{3-\tan\frac{x}{2}}\right|+C$;

(7) $\dfrac{1}{ab}\arctan\left(\dfrac{a\tan x}{b}\right)+C$; 　(8) $x-\dfrac{1}{\sqrt{2}}\arctan(\sqrt{2}\tan x)+C$;

(9) $x-\tan\left(\dfrac{\pi}{4}-\dfrac{x}{2}\right)+C$; 　(10) $\dfrac{1}{7}\sin^7 x-\dfrac{2}{9}\sin^9 x+\dfrac{1}{11}\sin^{11} x+C$.

3. (1) $\dfrac{5}{3}\ln|1+\sqrt[3]{3x+2}|+\dfrac{1}{1+\sqrt[3]{3x+2}}+\dfrac{4}{3}\ln|\sqrt[3]{3x+2}-2|+C$;

(2) $\dfrac{4}{3}(1+\sqrt{x})^{\frac{3}{2}}-4\sqrt{1+\sqrt{x}}+C$;

(3) $-\dfrac{3}{2}\sqrt{\dfrac{x+1}{x-1}}+C$;

(4) $\ln\dfrac{\sqrt{1+e^x}-1}{\sqrt{1+e^x}+1}+C$;

(5) $\arcsin\sqrt{x}+\sqrt{x(1-x)}+C$;

(6) $\dfrac{2}{3}(1+x)^{\frac{3}{2}}+\dfrac{3}{4}(1+x)^{\frac{4}{3}}+\dfrac{6}{7}(1+x)^{\frac{7}{6}}+(1+x)+\dfrac{6}{5}(1+x)^{\frac{5}{6}}+\dfrac{3}{2}(1+x)^{\frac{2}{3}}+C$;

(7) $2\sqrt{3+2x}+\sqrt{3}\ln\left|\dfrac{\sqrt{3+2x}-\sqrt{3}}{\sqrt{3+2x}+\sqrt{3}}\right|+C$;

(8) $3\left(\dfrac{\sqrt[3]{(1+t)^2}}{2}-\sqrt[3]{1+t}+\ln|\sqrt[3]{1+t}+1|\right)+C$;

(9) $-\dfrac{6}{7}(x+1)^{\frac{7}{6}}+\dfrac{6}{5}(x+1)^{\frac{5}{6}}+\dfrac{3}{2}(x+1)^{\frac{2}{3}}-2\sqrt{x+1}-3\sqrt[3]{x+1}$

$\qquad+6(x+1)^{\frac{1}{6}}+3\ln(\sqrt[3]{x+1}+1)-6\arctan\sqrt[6]{x+1}+C$;

(10) $-\sqrt{\dfrac{1+x^2}{x^2}}+C$;

(11) $\arctan\sqrt{x^2-1}+C$;

(12) $\sqrt{x^2-1}-\ln\left|x+\sqrt{x^2-1}\right|+C$.

第 6 章 定 积 分

习题 6.1

3. (1) $e-1$;   (2) $\sin b-\sin a$.

习题 6.3

1. (1) $y'=-\sin x\sin(\pi\cos^2 x)-\cos x\sin(\pi\sin^2 x)$;   (2) $y'=\dfrac{\sin 2x}{2x^2}$;

(3) $\dfrac{\mathrm{d}y}{\mathrm{d}x}=-\mathrm{e}^{-y}\cos x$;   (4) $y'=-\dfrac{2x}{\sqrt{1+x^4}}$.

2. (1) $\dfrac{\pi}{3}$;   (2) $\dfrac{\pi}{6}$;   (3) -1;   (4) 1.

4. (1) $\dfrac{1}{2}\mathrm{e}^{-1}$;   (2) 0.

习题 6.4

1. (1) $\dfrac{5}{8}\pi a^4$;   (2) $4-2\arctan 2$;   (3) $4-2\ln 3$;   (4) $\dfrac{1}{9}(4-2\sqrt{2})$.

4. 2.

5. $\pi\left(\dfrac{\pi}{2}-1\right)$.

习题 6.5

(1) $\dfrac{\pi}{12}+\dfrac{\sqrt{3}}{2}-1$;   (2) $\dfrac{1}{2}\left[\sqrt{2}+\ln\left(\sqrt{2}+1\right)\right]$;   (3) $4(\ln 4-1)$;

(4) $2\left(1-\dfrac{1}{\mathrm{e}}\right)$;   (5) $326\mathrm{e}^{-1}-44\mathrm{e}$;   (6) $\dfrac{1}{4}(1-\ln 2)$;

(7) $\dfrac{\pi^2}{4}-2$;   (8) $x\ln\left(x+\sqrt{x^2+a^2}\right)-\sqrt{x^2-a^2}-a\ln a$;

(9) 1;   (10) $\dfrac{1}{2}-\dfrac{3}{8}\ln 3$.

习题 6.6

1. (1) $-\dfrac{1}{2}$;   (2) $\dfrac{35}{128}\pi a^4$;   (3) $\ln(2+\sqrt{3})$;

(4) $\ln 2$;   (5) $\ln 2-\dfrac{1}{2}$;   (6) $\dfrac{\pi}{2}$.

2. (1) 发散；　(2) π；　　　(3) 2；　　　(4) 发散；　　(5) 1；　(6) $\dfrac{\pi}{2}$.

3. (1) $7!$；　　(2) $\dfrac{\sqrt{\pi}}{8\sqrt{2}}$；　　(3) $\dfrac{\sqrt{\pi}}{2a}$；　　(4) $\sqrt{2\pi}$.

第 7 章　定积分的应用

习题 7.2

1. (1) $\dfrac{a^2}{3}$；　　(2) $\dfrac{9}{2}$；　　(3) $\dfrac{1}{2}(1-\ln2)$；　　(4) $\dfrac{\pi}{4}-\dfrac{1}{6}$；　　(5) $e^2+e^{-2}-2$；

　(6) $2-\ln3$；　(7) 2；　　(8) $\dfrac{23}{12}$；　　　　(9) $\dfrac{16}{3}$；　　　(10) $\dfrac{\pi}{2}-1$.

2. $\dfrac{16}{3}p^2$.

3. (1) $\dfrac{3}{8}\pi a^2$；　(2) $\dfrac{8}{15}$；　(3) $\dfrac{\pi}{6}+\dfrac{1-\sqrt{3}}{2}$；　(4) $\dfrac{\pi}{2}a^2$；　　(5) $6\pi a^2$.

习题 7.3

1. $\dfrac{500\sqrt{3}}{3}$.

2. (1) $V_{方}=256$；　(2) $V_{等边}=64\sqrt{3}$；　(3) $V_3=36\sqrt{3}-18\ln(2+\sqrt{3})$.

3. $\dfrac{16}{3}(8-3\sqrt{3})$.

4. $V=\dfrac{\pi}{2}R^2h$.

5. $V_x=4\pi$；$V_y=\dfrac{256}{15}\pi$.

6. 64π.

7. $\dfrac{4}{3}\pi(R^2-a^2)^{\frac{3}{2}}$.

8. $V_x=5\pi^2a^3$；$V_y=6\pi^3a^3$.

习题 7.4

1. (1) $1+\dfrac{1}{2}\ln\dfrac{3}{2}$；　(2) $\ln(\sqrt{2}+1)$；　(3) $\ln\dfrac{(e^{2b}-1)e^a}{(e^{2a}-1)e^b}$；　(4) $\dfrac{4}{3}\sqrt{3}a$.

2. $\ln(1+\sqrt{2})$.

3. $2a$.

4. $\dfrac{5}{12}+\ln\dfrac{3}{2}$.

5. $\sqrt{2}(e^{\frac{\pi}{2}}-1)$.

第 8 章　微分方程初步

习题 8.1

3. $y = \dfrac{1}{3}x^3 - \dfrac{1}{3}$.

习题 8.2

1. （1）$y = -\ln(\cos x + C)$；

（2）$y^2 = C(x^2 + 1) + 1$；

（3）$y = \mathrm{e}^{Cx}$；

（4）$y^2 = C(x^2 - 1) - 1$；

（5）$\dfrac{1}{2}y + \dfrac{1}{4}\sin 2y - \dfrac{1}{3}x^3 = C$；

（6）$x\ln x + \ln\left(y + \sqrt{1 + y^2}\right) = C$.

2. （1）$x = \dfrac{y}{\ln y + C}$；

（2）$y = x\mathrm{e}^{Cx + 1}$；

（3）$y = x\arcsin\ln(Cx)$；

（4）$\ln\dfrac{x}{y} - \dfrac{1}{xy} = C$.

习题 8.3

1. （1）$y = C\mathrm{e}^{-\frac{x^3}{3}}$；

（2）$y = -\dfrac{5}{4} + C\mathrm{e}^{-4x}$；

（3）$y = \mathrm{e}^{-x}(x + 5)$；

（4）$y = \mathrm{e}^{-x^2}\left(\dfrac{1}{2}x^2 + C\right)$；

（5）$y = \mathrm{e}^{x^2}(\sin x + C)$；

（6）$s = x\sec x$；

（7）$y = x(\ln\ln x + C)$；

（8）$y = \dfrac{1}{12} - \dfrac{1}{11x} + \dfrac{C}{x^{12}}$.

2. （1）$y = x^4\left(\dfrac{1}{2}\ln x + C\right)^2$；

（2）$y^{-3} = Cx^{-3} - \dfrac{1}{2}x^3$.

习题 8.4

1. （1）$y = \dfrac{1}{3}x^3 - \cos x + C_1 x + C_2$；

（2）$y = \dfrac{1}{2}(x\ln x - x) + C_1 x^3 + C_2 x^2 + C_3 x + C_4$；

（3）$y = \dfrac{1}{C_1}\mathrm{e}^{C_1 x} + C_2$；

（4）$y = C_1 x^2 + C_2$；

（5）$\csc y - \cot y = C_2\mathrm{e}^{C_1 x}$；

（6）$\sin(y + C_1) = C_2\mathrm{e}^x$；

（7）$y = x\ln x - 2x + C_1\ln x + C_2$；

（8）$y = \dfrac{1}{C_1 x + C_2}$.

2. （1）$y = \dfrac{3}{-8\mathrm{e}^{\frac{3}{2}x} + 2}$；

（2）$y = \tan\left(x + \dfrac{\pi}{4}\right)$；

（3）$y = \left(\dfrac{1}{2}x + 1\right)^4$；

（4）$y = \dfrac{1}{1 - x}$.

习题 8.6

1. （1）$y = C_1\mathrm{e}^{2x} + C_2\mathrm{e}^{3x}$；

（2）$y = C_1\mathrm{e}^{-x} + C_2\mathrm{e}^{\frac{1}{2}x}$；

（3）$y = \mathrm{e}^x(C_1 + C_2 x)$；

（4）$y = \mathrm{e}^{-x}(C_1\cos 2x + C_2\sin 2x)$；

（5）$y = C_1\mathrm{e}^{2x} + C_2\mathrm{e}^{-\frac{4}{3}x}$；

（6）$y = C_1\cos x + C_2\sin x$；

(7) $s = e^{2t}(C_1 + C_2 t)$;　　　　　(8) $y = e^{\sqrt{3}x}(C_1 + C_2 x)$.

2. (1) $y = 4e^x + 2e^{3x}$;　　　　　(2) $y = e^{-x} - e^{4x}$;

　(3) $y = 3e^{-2x}\sin 5x$;　　　　(4) $y = \dfrac{2+\sqrt{3}}{\sqrt{3}}e^{(-2+\sqrt{3})x} + \dfrac{2+\sqrt{3}}{\sqrt{3}}e^{(-2-\sqrt{3})x}$;

　(5) $y = xe^{\sqrt{\frac{3}{2}}x}$.

3. $y = \cos 3x - \dfrac{1}{3}\sin 3x$.

4. $s = 6e^{-t}\sin 2t$.

习题 8.7

1. (1) $\bar{y} = \dfrac{1}{3}$;　　　　　(2) $\bar{y} = \dfrac{1}{3}x^3 - \dfrac{3}{5}x^2 - \dfrac{1}{5}x$;

　(3) $\bar{y} = \dfrac{1-a^2}{a^2}e^{ax}$;　　　(4) $\bar{y} = e^x(-4x^2 - 16x - 40)$;

　(5) $\bar{y} = \dfrac{1}{10}e^{3x} + \dfrac{1}{5}\cos x + \dfrac{1}{10}\sin x$;　(6) $\bar{y} = 4x^2 e^{2x}$.

2. (1) $y = \dfrac{2}{3} + C_1 e^x + C_2 e^{6x}$;　　(2) $y = 4x^2 - 8 + C_1\cos x + C_2\sin x$;

　(3) $y = -2e^{2x} + C_1 e^{3x} + C_2 e^{-x}$;　(4) $y = e^{-x}\left(\dfrac{3}{2}x^2 + C_1 x + C_2\right)$;

　(5) $y = \dfrac{1}{10}e^{3x} + \dfrac{1}{5}\cos x + \dfrac{1}{10}\sin x + e^{-x}(C_1\cos 2x + C_2\sin 2x)$;

　(6) $y = e^{2x}(4x^2 + C_1 x + C_2)$;

　(7) ① $y = \dfrac{1}{9}e^{-x} + e^{2x}(C_1 x + C_2)$,　② $y = e^{2x}\left(\dfrac{3}{2}x^2 + C_1 x + C_2\right)$,

　　③ $y = \dfrac{1}{8}\cos 2x + e^{2x}(C_1 x + C_2)$;

　(8) ① $y = x + C_1\cos x + C_2\sin x$,　② $y = \dfrac{1}{2}x\sin x + C_1\cos x + C_2\sin x$,

　　③ $y = -\dfrac{1}{40}e^{2x}(\cos 3x - 3\sin 3x) + C_1\cos x + C_2\sin x$,

　　④ $y = x + \dfrac{1}{2}x\sin x - \dfrac{1}{40}e^{2x}(\cos 3x - 3\sin 3x) + C_1\cos x + C_2\sin x$.

习题 8.8

1. $x = 10^{-5}(1 - e^{-0.01t})\,\text{kg/L}$.

2. $t = 6\sqrt{55} + 45$.

3. 约 52min.

4. $x = 500000(1 - e^{-\frac{1}{10000}t})\text{g}, t \to +\infty$ 时; $x \to 500000\text{g}$.

5. (1) $x = \cos 2t - \cos 3t$;　　(2) $x = \cos 2t - \cos 3t + 2\sin 2t$.

6. $y = x - x\ln x$.

7. 每分钟输入 $360\ln2\approx250\mathrm{m}^3$.

8. （4）约 $1\dfrac{1}{3}$ h.

习题 8.9

5. （1）通解 $y_x=-\dfrac{3}{4}+A5^x$，特解 $y_x=-\dfrac{3}{4}+\dfrac{37}{12}5^x$；

（2）通解 $y_x=\dfrac{3}{2}+A(-1)^x$，特解 $y_x=\dfrac{3}{2}+\dfrac{1}{2}(-1)^x$；

（3）通解 $y_x=\dfrac{2}{5}x^2+\dfrac{1}{25}x-\dfrac{36}{125}+A(-4)^x$，特解 $y_x=\dfrac{2}{5}x^2+\dfrac{1}{25}x-\dfrac{36}{125}+\dfrac{161}{125}(-4)^x$；

（4）通解 $y_x=A_1\left(-\dfrac{7}{2}\right)^x+A_2\left(\dfrac{1}{2}\right)^x+4$，特解 $y_x=\dfrac{1}{2}\left(-\dfrac{7}{2}\right)^x+\dfrac{3}{2}\left(\dfrac{1}{2}\right)^x+4$；

（5）通解 $y_x=4^x\left(A_1\cos\dfrac{\pi}{3}x+A_2\sin\dfrac{\pi}{3}x\right)$，特解 $y_x=\dfrac{\sqrt{3}}{6}4^x\sin\dfrac{\pi}{3}x$；

（6）通解 $y_x=2^{\frac{x}{2}}\left(A_1\cos\dfrac{\pi}{4}x+A_2\sin\dfrac{\pi}{4}x\right)$，特解 $y_x=2^{\frac{x}{2}+1}\cos\dfrac{\pi}{4}x$.

第 9 章　级　　数

习题 9.1

2. （1）$\dfrac{1}{2}$；　　　（2）$\dfrac{\sin2x}{2^n\sin\dfrac{x}{2^{n-1}}}$.

4. （1）发散；　　（2）发散；　　　（3）收敛.

5. （1）$\dfrac{3}{2}$；　　（2）$\dfrac{3}{2}$；　　　（3）$3\dfrac{1}{2}$.

习题 9.2

1. （1）收敛；　（2）收敛；　（3）收敛；　（4）收敛；　（5）收敛；

（6）$a>1$ 收敛，$0<a\leqslant1$ 发散；　（7）发散；　（8）收敛；　（9）收敛.

习题 9.3

3. （1）条件收敛；　　（2）绝对收敛；　　（3）条件收敛；　　（4）绝对收敛；

（5）绝对收敛；　　（6）绝对收敛；　　（7）绝对收敛；　　（8）条件收敛；

（9）发散；　　（10）绝对收敛；　　（11）绝对收敛；　　（12）绝对收敛.

习题 9.4

1. （1）$R=1,x\in(-1,1]$；　　　　　（2）$f'=\displaystyle\sum_{n=1}^{\infty}(-1)^{n-1}x^{2n-2}$；

（3）$f(x)=\arctan x$；　　　　　（4）$\dfrac{\pi}{4}$.

2. （1）$\left[-\dfrac{1}{2},\dfrac{1}{2}\right)$；　　　（2）$(-4,4)$；　　（3）$(0,2)$；

（4）$\left(-\dfrac{\sqrt{2}}{2}-3,\dfrac{\sqrt{2}}{2}-3\right)$；　　（5）$[-1,1)$；　　（6）$\left(\dfrac{1}{e},e\right)$.

3. (1) $\dfrac{1}{(x-1)^2}$;　　(2) $\dfrac{1}{2}\ln\left(\dfrac{1+x}{1-x}\right)$.

习题 9.5

1. $x+\displaystyle\sum_{n=0}^{\infty}\dfrac{1}{2n+1}\cdot\dfrac{(2n-1)!!}{(2n)!!}x^{2n+1}$.

2. $f(x)=\ln 2+\dfrac{x}{2}-\dfrac{1}{2}\cdot\left(\dfrac{x}{2}\right)^2+\dfrac{1}{3}\cdot\left(\dfrac{x}{2}\right)^3-\dfrac{1}{4}\cdot\left(\dfrac{x}{2}\right)^4+\cdots$.

3. $1+x\ln a+\dfrac{x^2\ln^2 a}{2!}+\dfrac{x^3\ln^3 a}{3!}+\cdots+\dfrac{x^n\ln^n a}{n!}+\cdots$.

4. $\displaystyle\sum_{n=0}^{\infty}\dfrac{(x-2)^n}{3^{n+1}}$,$(-1,5)$.

5. 提示：(1)$\sinh x=\dfrac{e^x-e^{-x}}{2}$；(2),(3)利用 $\sin x$ 展开式间接展开；(4)先对 x 求导,或展开 $\ln(1+x)$ 再乘 $1+x$.

第 10 章　多元函数的微分学

习题 10.1

4. $(x-1)^2+(y-3)^2+(z+2)^2=14$.

8. $\begin{cases} x^2+y^2=\dfrac{1}{10}, \\ z=0. \end{cases}$

习题 10.2

1. (1) $y^2>2x$,无界;　　　　(2) $\begin{cases} y\geqslant x, \\ x^2+y^2>R^2, \end{cases}$ 无界;

　(3) $x^2+y^2\geqslant 1$,无界;　　(4) $y^2\geqslant x$　$x\geqslant 0$,无界;

　(5) $x+y>0$　$x-y>0$,无界;　(6) $xy>0$,无界.

习题 10.3

3. (1) 1;　(2) $+\infty$;　(3) $-\dfrac{1}{4}$;　(4) 0.

习题 10.4

3. (1) $\dfrac{\partial u}{\partial x}=\dfrac{y}{z}x^{\frac{y}{z}-1}$,$\dfrac{\partial u}{\partial y}=\dfrac{1}{z}x^{\frac{y}{z}}\ln x$,$\dfrac{\partial u}{\partial z}=-\dfrac{y}{z^2}x^{\frac{y}{z}}\ln x$;

　(2) $\dfrac{\partial u}{\partial x}=2zx e^{z(x^2+y^2+z^2)}$,$\dfrac{\partial u}{\partial y}=2zy e^{z(x^2+y^2+z^2)}$,$\dfrac{\partial u}{\partial z}=(x^2+y^2+3z^2)e^{z(x^2+y^2+z^2)}$.

4. (1) $\dfrac{\partial^2 z}{\partial x^2}=12x^2-8y^2$,$\dfrac{\partial^2 z}{\partial y^2}=12y^2-8x^2$,$\dfrac{\partial^2 z}{\partial x\partial y}=\dfrac{\partial^2 z}{\partial y\partial x}=-16xy$;

　(2) $\dfrac{\partial^2 z}{\partial x^2}=\dfrac{2xy}{(x^2+y^2)^2}$,$\dfrac{\partial^2 z}{\partial y^2}=-\dfrac{2xy}{(x^2+y^2)^2}$,$\dfrac{\partial^2 z}{\partial x\partial y}=\dfrac{\partial^2 z}{\partial y\partial x}=\dfrac{y^2-x^2}{(x^2+y^2)^2}$;

　(3) $\dfrac{\partial^2 z}{\partial x^2}=y^x\ln^2 y$,$\dfrac{\partial^2 z}{\partial y^2}=x(x-1)y^{x-2}$,$\dfrac{\partial^2 z}{\partial x\partial y}=\dfrac{\partial^2 z}{\partial y\partial x}=xy^{x-1}\ln y+y^{x-1}$.

5. $z'_x = y + e^{x+y}\cos x - e^{x+y}\sin x$, $z'_y = x + e^{x+y}\cos x$,
$z''_{xy} = 1 + e^{x+y}(\cos x - \sin x)$, $z''_{xx} = -2\sin x\, e^{x+y}$, $z''_{yy} = e^{x+y}\cos x$.

习题 10.5

4. 1.08.

习题 10.6

1. (1) $\dfrac{du}{dt} = e^{\sin t - 2t^3}(\cos t - 6t^2)$;

(2) $\dfrac{\partial z}{\partial u} = 3u^2\cos v\sin v(\cos v - \sin v)$, $\dfrac{\partial z}{\partial v} = u^3(\cos v + \sin v)(1 - 3\cos v\sin v)$;

(3) $\dfrac{\partial w}{\partial x} = \dfrac{\partial f}{\partial u} + 2x\dfrac{\partial f}{\partial v}$, $\dfrac{\partial w}{\partial y} = \dfrac{\partial f}{\partial u} + 2y\dfrac{\partial f}{\partial v}$, $\dfrac{\partial w}{\partial z} = \dfrac{\partial f}{\partial u} + 2z\dfrac{\partial f}{\partial v}$;

(4) $\dfrac{dw}{dx} = \left(3 - \dfrac{4}{x^3} - 2x\right)\sec^2(3x + 2y^2 - z)$;

(5) $\dfrac{\partial z}{\partial r} = \dfrac{\partial f}{\partial x}\cos\theta + \dfrac{\partial f}{\partial y}\sin\theta$, $\dfrac{\partial z}{\partial \theta} = -\dfrac{\partial f}{\partial x}r\sin\theta + \dfrac{\partial f}{\partial y}r\cos\theta$.

2. (1) $\dfrac{dy}{dx} = \dfrac{x+y}{y-x}$;　(2) $\dfrac{dy}{dx} = \dfrac{xy\ln y - y^2}{xy\ln x - x^2}$;　(3) $\dfrac{dy}{dx} = \dfrac{x+y}{x-y}$.

3. (1) $\dfrac{\partial z}{\partial x} = \dfrac{yz}{e^z - xy}$, $\dfrac{\partial z}{\partial y} = \dfrac{xz}{e^z - xy}$;

(2) $\dfrac{\partial z}{\partial x} = -\dfrac{\sin 2x}{\sin 2z}$, $\dfrac{\partial z}{\partial y} = -\dfrac{\sin 2y}{\sin 2z}$;

(3) $\dfrac{\partial z}{\partial x} = \dfrac{ayz - x^2}{z^2 - axy}$, $\dfrac{\partial z}{\partial y} = \dfrac{axz - y^2}{z^2 - axy}$.

4. $\dfrac{\partial^2 z}{\partial x^2} = y^2 f''_{11} + 4xy f''_{12} + 4x^2 f''_{22} + 2f'_2$, $\dfrac{\partial^2 z}{\partial y^2} = x^2 f''_{11} + 4xy f''_{12} + 4y^2 f''_{22} + 2f'_2$.

5. $dz = \dfrac{2-x}{z+1}dx + \dfrac{2y}{z+1}dy$.

习题 10.7

1. (1) 极大值 $f(2, -2) = 8$;　　　　　　　　(2) $f_{\text{大}}\left(-\dfrac{1}{3}, -\dfrac{1}{3}\right) = \dfrac{1}{27}$;

(3) $a > 0, f_{\text{大}} = \dfrac{a^3}{27}$; $a < 0, f_{\text{小}} = \dfrac{a^3}{27}$; $a = 0$ 无极值;　(4) $f_{\text{小}}(0, -1) = -1$.

2. 长、宽、高为 $\dfrac{2\sqrt{3}}{3}a$.

3. $R = H = \sqrt[3]{\dfrac{v}{\pi}}$.

4. $\dfrac{a}{n}$.

第 11 章　重　积　分

习题 11.2

1. (1) $\dfrac{8}{3}$;　(2) $e - e^{-1}$;　(3) 0;　(4) $\pi^2 - \dfrac{40}{9}$.

2. (1) $\dfrac{76}{3}$;　(2) $-\dfrac{1}{2}\cos 2 + \cos 1 - \dfrac{1}{2}$;　(3) $14a^4$.

4. (1) $\int_0^1 \mathrm{d}y \int_{e^y}^e f(x,y)\mathrm{d}x$; 　　(2) $\int_{-2}^0 \mathrm{d}x \int_{2x+4}^{4-x^2} f(x,y)\mathrm{d}y$; 　　(3) $\int_0^1 \mathrm{d}y \int_{2-y}^{1+\sqrt{1-y^2}} f(x,y)\mathrm{d}x$.

习题 11.3

1. (1) $\iint\limits_D f(x,y)\mathrm{d}x\mathrm{d}y = \int_{\arccos\frac{R}{b}}^{\pi-\arccos\frac{R}{b}} \mathrm{d}\theta \int_{b\sin\theta-\sqrt{R^2-b^2\cos^2\theta}}^{b\sin\theta+\sqrt{R^2-b^2\cos^2\theta}} f(r\cos\theta, r\sin\theta)r\mathrm{d}r$;

(2) $\iint\limits_D f(x,y)\mathrm{d}x\mathrm{d}y = \int_0^{2\pi} \mathrm{d}\theta \int_a^b f(r\cos\theta, r\sin\theta)r\mathrm{d}r$;

(3) $\iint\limits_D f(x,y)\mathrm{d}x\mathrm{d}y = \int_0^{\frac{\pi}{2}} \mathrm{d}\theta \int_0^{\frac{1}{\sin\theta+\cos\theta}} f(r\cos\theta, r\sin\theta)r\mathrm{d}r$;

(4) $\iint\limits_D f(x,y)\mathrm{d}x\mathrm{d}y = \int_0^{\pi} \mathrm{d}\theta \int_0^{\frac{1-\sin\theta}{\cos^2\theta}} f(r\cos\theta, r\sin\theta)r\mathrm{d}r$.

2. (1) $\left(\dfrac{\pi}{2}-1\right)\pi$; 　　(2) $\dfrac{a^2}{3}\left(1-\dfrac{1}{\sqrt{2}}\right)$; 　　(3) $\dfrac{1}{3}R^3\left(\pi-\dfrac{4}{3}\right)$; 　　(4) $\dfrac{3}{32}\pi^2$.

习题 11.4

1. (1) $\int_{-R}^R \mathrm{d}x \int_{-\sqrt{R^2-x^2}}^{\sqrt{R^2-x^2}} \mathrm{d}y \int_{-\sqrt{R^2-x^2-y^2}}^{\sqrt{R^2-x^2-y^2}} f(x,y,z)\mathrm{d}z$; 　　(2) $\int_{-1}^1 \mathrm{d}x \int_{-\sqrt{1-x^2}}^{\sqrt{1-x^2}} \mathrm{d}y \int_{x^2+2y^2}^{2-x^2} f(x,y,z)\mathrm{d}z$;

(3) $\int_0^{12} \mathrm{d}x \int_{\frac{x}{2}-6}^0 \mathrm{d}y \int_0^{4-\frac{x}{3}+\frac{2}{3}y} f(x,y,z)\mathrm{d}z$; 　　(4) $\int_{-1}^1 \mathrm{d}x \int_{x^2}^1 \mathrm{d}y \int_0^{x^2+y^2} f(x,y,z)\mathrm{d}z$.

2. (1) $\dfrac{3}{2}$; 　　(2) $\dfrac{1}{48}$; 　　(3) $\dfrac{9}{4}\pi$; 　　(4) $-\dfrac{9}{32}$; 　　(5) $\dfrac{1}{2}\left(\ln 2-\dfrac{5}{8}\right)$; 　　(6) $\dfrac{1}{180}$.

习题 11.5

1. $\dfrac{4}{3}\pi a^3(1-\cos^4\alpha)$. 　　2. $\dfrac{16}{3}\pi$. 　　3. $\dfrac{\pi}{10}$. 　　4. 0.

习题 11.6

1. $16a^2$. 　　2. $2\sqrt{2}\pi$. 　　3. $2(\pi-2)a^2$. 　　4. $\dfrac{16}{3}\pi a^2$.

积 分 表

（一）含有 $ax+b$ 的积分

1. $\displaystyle\int \frac{\mathrm{d}x}{ax+b} = \frac{1}{a}\ln|ax+b| + C$

2. $\displaystyle\int (ax+b)^{\mu}\mathrm{d}x = \frac{1}{a(\mu+1)}(ax+b)^{\mu+1} + C\,(\mu\neq-1)$

3. $\displaystyle\int \frac{x}{ax+b}\mathrm{d}x = \frac{1}{a^2}(ax+b-b\ln|ax+b|) + C$

4. $\displaystyle\int \frac{x^2}{ax+b}\mathrm{d}x = \frac{1}{a^3}\left[\frac{1}{2}(ax+b)^2 - 2b(ax+b) + b^2\ln|ax+b|\right] + C$

5. $\displaystyle\int \frac{\mathrm{d}x}{x(ax+b)} = -\frac{1}{b}\ln\left|\frac{ax+b}{x}\right| + C$

6. $\displaystyle\int \frac{\mathrm{d}x}{x^2(ax+b)} = -\frac{1}{bx} + \frac{a}{b^2}\ln\left|\frac{ax+b}{x}\right| + C$

7. $\displaystyle\int \frac{x\mathrm{d}x}{(ax+b)^2} = \frac{1}{a^2}\left(\ln|ax+b| + \frac{b}{ax+b}\right) + C$

8. $\displaystyle\int \frac{x^2}{(ax+b)^2}\mathrm{d}x = \frac{1}{a^3}\left(ax+b-2b\ln|ax+b| - \frac{b^2}{ax+b}\right) + C$

9. $\displaystyle\int \frac{\mathrm{d}x}{x(ax+b)^2} = \frac{1}{b(ax+b)} - \frac{1}{b^2}\ln\left|\frac{ax+b}{x}\right| + C$

（二）含有 $ax+b$ 的积分

10. $\displaystyle\int \sqrt{ax+b}\,\mathrm{d}x = \frac{2}{3a}\sqrt{(ax+b)^3} + C$

11. $\displaystyle\int x\sqrt{ax+b}\,\mathrm{d}x = \frac{2}{15a^2}(3ax-2b)\sqrt{(ax+b)^3} + C$

12. $\displaystyle\int x^2\sqrt{ax+b}\,\mathrm{d}x = \frac{2}{105a^3}(15a^2x^2 - 12abx + 8b^2)\sqrt{(ax+b)^3} + C$

13. $\displaystyle\int \frac{x}{\sqrt{ax+b}}\mathrm{d}x = \frac{2}{3a^2}(ax-2b)\sqrt{ax+b} + C$

14. $\displaystyle\int \frac{x^2}{\sqrt{ax+b}}\mathrm{d}x = \frac{2}{15a^3}(3a^2x^2 - 4abx + 8b^2)\sqrt{ax+b} + C$

15. $\displaystyle\int \frac{\mathrm{d}x}{x\sqrt{ax+b}} = \begin{cases} \dfrac{1}{\sqrt{b}}\ln\left|\dfrac{\sqrt{ax+b}-\sqrt{b}}{\sqrt{ax+b}+\sqrt{b}}\right| + C & (b>0) \\[3mm] \dfrac{2}{\sqrt{-b}}\arctan\sqrt{\dfrac{ax+b}{-b}} + C & (b<0) \end{cases}$

16. $\displaystyle\int \frac{\mathrm{d}x}{x^2\sqrt{ax+b}} = -\frac{\sqrt{ax+b}}{bx} - \frac{a}{2b}\int \frac{\mathrm{d}x}{x\sqrt{ax+b}}$

17. $\displaystyle\int \frac{\sqrt{ax+b}}{x}\mathrm{d}x = 2\sqrt{ax+b} + b\int \frac{\mathrm{d}x}{x\sqrt{ax+b}}$

18. $\displaystyle\int \frac{\sqrt{ax+b}}{x^2}\mathrm{d}x = -\frac{\sqrt{ax+b}}{x} + \frac{a}{2}\int \frac{\mathrm{d}x}{x\sqrt{ax+b}}$

（三）含有 $x^2 \pm a^2$ 的积分

19. $\displaystyle\int \frac{\mathrm{d}x}{x^2+a^2} = \frac{1}{a}\arctan\frac{x}{a} + C$

20. $\displaystyle\int \frac{\mathrm{d}x}{(x^2+a^2)^n} = \frac{x}{2(n-1)a^2(x^2+a^2)^{n-1}} + \frac{2n-3}{2(n-1)a^2}\int \frac{\mathrm{d}x}{(x^2+a^2)^{n-1}}$

21. $\displaystyle\int \frac{\mathrm{d}x}{x^2-a^2} = \frac{1}{2a}\ln\left|\frac{x-a}{x+a}\right| + C$

（四）含有 $ax^2+b(a>0)$ 的积分

22. $\displaystyle\int \frac{\mathrm{d}x}{ax^2+b} = \begin{cases} \dfrac{1}{\sqrt{ab}}\arctan\sqrt{\dfrac{a}{b}}\,x + C & (b>0) \\[3mm] \dfrac{1}{2\sqrt{-ab}}\ln\left|\dfrac{\sqrt{a}\,x-\sqrt{-b}}{\sqrt{a}\,x+\sqrt{-b}}\right| + C & (b<0) \end{cases}$

23. $\displaystyle\int \frac{x}{ax^2+b}\mathrm{d}x = \frac{1}{2a}\ln|ax^2+b| + C$

24. $\displaystyle\int \frac{x^2}{ax^2+b}\mathrm{d}x = \frac{x}{a} - \frac{b}{a}\int \frac{\mathrm{d}x}{ax^2+b}$

25. $\displaystyle\int \frac{\mathrm{d}x}{x(ax^2+b)} = \frac{1}{2b}\ln\frac{x^2}{|ax^2+b|} + C$

26. $\displaystyle\int \frac{\mathrm{d}x}{x^2(ax^2+b)} = -\frac{1}{bx} - \frac{a}{b}\int \frac{\mathrm{d}x}{ax^2+b}$

27. $\displaystyle\int \frac{\mathrm{d}x}{x^3(ax^2+b)} = \frac{a}{2b^2}\ln\frac{|ax^2+b|}{x^2} - \frac{1}{2bx^2} + C$

28. $\displaystyle\int \frac{\mathrm{d}x}{(ax^2+b)^2} = \frac{x}{2b(ax^2+b)} + \frac{1}{2b}\int \frac{\mathrm{d}x}{ax^2+b}$

（五）含有 $ax^2+bx+c(a>0)$ 的积分

29. $\displaystyle\int \frac{\mathrm{d}x}{ax^2+bx+c} = \begin{cases} \dfrac{2}{\sqrt{4ac-b^2}}\arctan\dfrac{2ax+b}{\sqrt{4ac-b^2}} + C & (b^2<4ac) \\[3mm] \dfrac{1}{\sqrt{b^2-4ac}}\ln\left|\dfrac{2ax+b-\sqrt{b^2-4ac}}{2ax+b+\sqrt{b^2-4ac}}\right| + C & (b^2>4ac) \end{cases}$

30. $\int \dfrac{x}{ax^2+bx+c}\mathrm{d}x = \dfrac{1}{2a}\ln|ax^2+bx+c| - \dfrac{b}{2a}\int \dfrac{\mathrm{d}x}{ax^2+bx+c}$

（六）含有 $\sqrt{x^2+a^2}\,(a>0)$ 的积分

31. $\int \dfrac{\mathrm{d}x}{\sqrt{x^2+a^2}} = \operatorname{arsinh}\dfrac{x}{a} + C_1 = \ln(x+\sqrt{x^2+a^2}) + C$

32. $\int \dfrac{\mathrm{d}x}{\sqrt{(x^2+a^2)^3}} = \dfrac{x}{a^2\sqrt{x^2+a^2}} + C$

33. $\int \dfrac{x}{\sqrt{x^2+a^2}}\mathrm{d}x = \sqrt{x^2+a^2} + C$

34. $\int \dfrac{x}{\sqrt{(x^2+a^2)^3}}\mathrm{d}x = -\dfrac{1}{\sqrt{x^2+a^2}} + C$

35. $\int \dfrac{x^2}{\sqrt{x^2+a^2}}\mathrm{d}x = \dfrac{x}{2}\sqrt{x^2+a^2} - \dfrac{a^2}{2}\ln(x+\sqrt{x^2+a^2}) + C$

36. $\int \dfrac{x^2}{\sqrt{(x^2+a^2)^3}}\mathrm{d}x = -\dfrac{x}{\sqrt{x^2+a^2}} + \ln(x+\sqrt{x^2+a^2}) + C$

37. $\int \dfrac{\mathrm{d}x}{x\sqrt{x^2+a^2}} = \dfrac{1}{a}\ln\dfrac{\sqrt{x^2+a^2}-a}{|x|} + C$

38. $\int \dfrac{\mathrm{d}x}{x^2\sqrt{x^2+a^2}} = -\dfrac{\sqrt{x^2+a^2}}{a^2 x} + C$

39. $\int \sqrt{x^2+a^2}\,\mathrm{d}x = \dfrac{x}{2}\sqrt{x^2+a^2} + \dfrac{a^2}{2}\ln(x+\sqrt{x^2+a^2}) + C$

40. $\int \sqrt{(x^2+a^2)^3}\,\mathrm{d}x = \dfrac{x}{8}(2x^2+5a^2)\sqrt{x^2+a^2} + \dfrac{3}{8}a^4\ln(x+\sqrt{x^2+a^2}) + C$

41. $\int x\sqrt{x^2+a^2}\,\mathrm{d}x = \dfrac{1}{3}\sqrt{(x^2+a^2)^3} + C$

42. $\int x^2\sqrt{x^2+a^2}\,\mathrm{d}x = \dfrac{x}{8}(2x^2+a^2)\sqrt{x^2+a^2} - \dfrac{a^4}{8}\ln(x+\sqrt{x^2+a^2}) + C$

43. $\int \dfrac{\sqrt{x^2+a^2}}{x}\mathrm{d}x = \sqrt{x^2+a^2} + a\ln\dfrac{\sqrt{x^2+a^2}-a}{|x|} + C$

44. $\int \dfrac{\sqrt{x^2+a^2}}{x^2}\mathrm{d}x = -\dfrac{\sqrt{x^2+a^2}}{x} + \ln(x+\sqrt{x^2+a^2}) + C$

（七）含有 $\sqrt{x^2-a^2}\,(a>0)$ 的积分

45. $\int \dfrac{\mathrm{d}x}{\sqrt{x^2-a^2}} = \dfrac{x}{|x|}\operatorname{arcosh}\dfrac{|x|}{a} + C_1 = \ln|x+\sqrt{x^2-a^2}| + C$

46. $\int \dfrac{\mathrm{d}x}{\sqrt{(x^2-a^2)^3}} = -\dfrac{x}{a^2\sqrt{x^2-a^2}} + C$

47. $\int \dfrac{x}{\sqrt{x^2-a^2}}\mathrm{d}x = \sqrt{x^2-a^2} + C$

48. $\displaystyle\int \frac{x}{\sqrt{(x^2-a^2)^3}}dx = -\frac{1}{\sqrt{x^2-a^2}}+C$

49. $\displaystyle\int \frac{x^2}{\sqrt{x^2-a^2}}dx = \frac{x}{2}\sqrt{x^2-a^2}+\frac{a^2}{2}\ln\left|x+\sqrt{x^2-a^2}\right|+C$

50. $\displaystyle\int \frac{x^2}{\sqrt{(x^2-a^2)^3}}dx = -\frac{x}{\sqrt{x^2-a^2}}+\ln\left|x+\sqrt{x^2-a^2}\right|+C$

51. $\displaystyle\int \frac{dx}{x\sqrt{x^2-a^2}} = \frac{1}{a}\arccos\frac{a}{|x|}+C$

52. $\displaystyle\int \frac{dx}{x^2\sqrt{x^2-a^2}} = \frac{\sqrt{x^2-a^2}}{a^2 x}+C$

53. $\displaystyle\int \sqrt{x^2-a^2}\,dx = \frac{x}{2}\sqrt{x^2-a^2}-\frac{a^2}{2}\ln\left|x+\sqrt{x^2-a^2}\right|+C$

54. $\displaystyle\int \sqrt{(x^2-a^2)^3}\,dx = \frac{x}{8}(2x^2-5a^2)\sqrt{x^2-a^2}+\frac{3}{8}a^4\ln\left|x+\sqrt{x^2-a^2}\right|+C$

55. $\displaystyle\int x\sqrt{x^2-a^2}\,dx = \frac{1}{3}\sqrt{(x^2-a^2)^3}+C$

56. $\displaystyle\int x^2\sqrt{x^2-a^2}\,dx = \frac{x}{8}(2x^2-a^2)\sqrt{x^2-a^2}-\frac{a^4}{8}\ln\left|x+\sqrt{x^2-a^2}\right|+C$

57. $\displaystyle\int \frac{\sqrt{x^2-a^2}}{x}dx = \sqrt{x^2-a^2}-a\arccos\frac{a}{|x|}+C$

58. $\displaystyle\int \frac{\sqrt{x^2-a^2}}{x^2}dx = -\frac{\sqrt{x^2-a^2}}{x}+\ln\left|x+\sqrt{x^2-a^2}\right|+C$

（八）含有 $\sqrt{a^2-x^2}\,(a>0)$ 的积分

59. $\displaystyle\int \frac{dx}{\sqrt{a^2-x^2}} = \arcsin\frac{x}{a}+C$

60. $\displaystyle\int \frac{dx}{\sqrt{(a^2-x^2)^3}} = \frac{x}{a^2\sqrt{a^2-x^2}}+C$

61. $\displaystyle\int \frac{x}{\sqrt{a^2-x^2}}dx = -\sqrt{a^2-x^2}+C$

62. $\displaystyle\int \frac{x}{\sqrt{(a^2-x^2)^3}}dx = \frac{1}{\sqrt{a^2-x^2}}+C$

63. $\displaystyle\int \frac{x^2}{\sqrt{a^2-x^2}}dx = -\frac{x}{2}\sqrt{a^2-x^2}+\frac{a^2}{2}\arcsin\frac{x}{a}+C$

64. $\displaystyle\int \frac{x^2}{\sqrt{(a^2-x^2)^3}}dx = \frac{x}{\sqrt{a^2-x^2}}-\arcsin\frac{x}{a}+C$

65. $\displaystyle\int \frac{dx}{x\sqrt{a^2-x^2}} = \frac{1}{a}\ln\frac{a-\sqrt{a^2-x^2}}{|x|}+C$

66. $\displaystyle\int \frac{dx}{x^2\sqrt{a^2-x^2}} = -\frac{\sqrt{a^2-x^2}}{a^2 x}+C$

67. $\displaystyle\int \sqrt{a^2-x^2}\,\mathrm{d}x = \frac{x}{2}\sqrt{a^2-x^2}+\frac{a^2}{2}\arcsin\frac{x}{a}+C$

68. $\displaystyle\int \sqrt{(a^2-x^2)^3}\,\mathrm{d}x = \frac{x}{8}(5a^2-2x^2)\sqrt{a^2-x^2}+\frac{3}{8}a^4\arcsin\frac{x}{a}+C$

69. $\displaystyle\int x\sqrt{a^2-x^2}\,\mathrm{d}x = -\frac{1}{3}\sqrt{(a^2-x^2)^3}+C$

70. $\displaystyle\int x^2\sqrt{a^2-x^2}\,\mathrm{d}x = \frac{x}{8}(2x^2-a^2)\sqrt{a^2-x^2}+\frac{a^4}{8}\arcsin\frac{x}{a}+C$

71. $\displaystyle\int \frac{\sqrt{a^2-x^2}}{x}\,\mathrm{d}x = \sqrt{a^2-x^2}+a\ln\frac{a-\sqrt{a^2-x^2}}{|x|}+C$

72. $\displaystyle\int \frac{\sqrt{a^2-x^2}}{x^2}\,\mathrm{d}x = -\frac{\sqrt{a^2-x^2}}{x}-\arcsin\frac{x}{a}+C$

（九）含有 $\sqrt{\pm ax^2+bx+c}\,(a>0)$ 的积分

73. $\displaystyle\int \frac{\mathrm{d}x}{\sqrt{ax^2+bx+c}} = \frac{1}{\sqrt{a}}\ln\left|2ax+b+2\sqrt{a}\sqrt{ax^2+bx+c}\right|+C$

74. $\displaystyle\int \sqrt{ax^2+bx+c}\,\mathrm{d}x = \frac{2ax+b}{4a}\sqrt{ax^2+bx+c}$
$$+\frac{4ac-b^2}{8\sqrt{a^3}}\ln\left|2ax+b+2\sqrt{a}\sqrt{ax^2+bx+c}\right|+C$$

75. $\displaystyle\int \frac{x}{\sqrt{ax^2+bx+c}}\,\mathrm{d}x = \frac{1}{a}\sqrt{ax^2+bx+c}$
$$-\frac{b}{2\sqrt{a^3}}\ln\left|2ax+b+2\sqrt{a}\sqrt{ax^2+bx+c}\right|+C$$

76. $\displaystyle\int \frac{\mathrm{d}x}{\sqrt{c+bx-ax^2}} = -\frac{1}{\sqrt{a}}\arcsin\frac{2ax-b}{\sqrt{b^2+4ac}}+C$

77. $\displaystyle\int \sqrt{c+bx-ax^2}\,\mathrm{d}x = \frac{2ax-b}{4a}\sqrt{c+bx-ax^2}$
$$+\frac{b^2+4ac}{8\sqrt{a^3}}\arcsin\frac{2ax-b}{\sqrt{b^2+4ac}}+C$$

78. $\displaystyle\int \frac{x}{\sqrt{c+bx-ax^2}}\,\mathrm{d}x = -\frac{1}{a}\sqrt{c+bx-ax^2}+\frac{b}{2\sqrt{a^3}}\arcsin\frac{2ax-b}{\sqrt{b^2+4ac}}+C$

（十）含有 $\sqrt{\pm\dfrac{x-a}{x-b}}$ 或 $\sqrt{(x-a)(b-x)}$ 的积分

79. $\displaystyle\int \sqrt{\frac{x-a}{x-b}}\,\mathrm{d}x = (x-b)\sqrt{\frac{x-a}{x-b}}+(b-a)\ln\left(\sqrt{|x-a|}+\sqrt{|x-b|}\right)+C$

80. $\displaystyle\int \sqrt{\frac{x-a}{b-x}}\,\mathrm{d}x = (x-b)\sqrt{\frac{x-a}{b-x}}+(b-a)\arctan\sqrt{\frac{x-a}{b-x}}+C$

81. $\displaystyle\int \frac{\mathrm{d}x}{\sqrt{(x-a)(b-x)}} = 2\arctan\sqrt{\frac{x-a}{b-x}}+C$

82. $\displaystyle\int \sqrt{(x-a)(b-x)}\,\mathrm{d}x = \frac{2x-a-b}{4}\sqrt{(x-a)(b-x)}$

$$+ \frac{(b-a)^2}{4}\arctan\sqrt{\frac{x-a}{b-x}} + C$$

（十一）含有三角函数的积分

83. $\displaystyle\int \sin x\,\mathrm{d}x = -\cos x + C$

84. $\displaystyle\int \cos x\,\mathrm{d}x = \sin x + C$

85. $\displaystyle\int \tan x\,\mathrm{d}x = -\ln|\cos x| + C$

86. $\displaystyle\int \cot x\,\mathrm{d}x = \ln|\sin x| + C$

87. $\displaystyle\int \sec x\,\mathrm{d}x = \ln\left|\tan\left(\frac{\pi}{2}+\frac{x}{2}\right)\right| + C = \ln|\sec x + \tan x| + C$

88. $\displaystyle\int \csc x\,\mathrm{d}x = \ln\left|\tan\frac{x}{2}\right| + C = \ln|\csc x - \cot x| + C$

89. $\displaystyle\int \sec^2 x\,\mathrm{d}x = \tan x + C$

90. $\displaystyle\int \csc^2 x\,\mathrm{d}x = -\cot x + C$

91. $\displaystyle\int \sec x\tan x\,\mathrm{d}x = \sec x + C$

92. $\displaystyle\int \csc x\cot x\,\mathrm{d}x = -\csc x + C$

93. $\displaystyle\int \sin^2 x\,\mathrm{d}x = \frac{x}{2} - \frac{1}{4}\sin 2x + C$

94. $\displaystyle\int \cos^2 x\,\mathrm{d}x = \frac{x}{2} + \frac{1}{4}\sin 2x + C$

95. $\displaystyle\int \sin^n x\,\mathrm{d}x = -\frac{1}{n}\sin^{n-1}x\cos x + \frac{n-1}{n}\int \sin^{n-2}x\,\mathrm{d}x$

96. $\displaystyle\int \cos^n x\,\mathrm{d}x = \frac{1}{n}\cos^{n-1}x\sin x + \frac{n-1}{n}\int \cos^{n-2}x\,\mathrm{d}x$

97. $\displaystyle\int \frac{\mathrm{d}x}{\sin^n x} = -\frac{1}{n-1}\cdot\frac{\cos x}{\sin^{n-1}x} + \frac{n-2}{n-1}\int \frac{\mathrm{d}x}{\sin^{n-2}x}$

98. $\displaystyle\int \frac{\mathrm{d}x}{\cos^n x} = \frac{1}{n-1}\cdot\frac{\sin x}{\cos^{n-1}x} + \frac{n-2}{n-1}\int \frac{\mathrm{d}x}{\cos^{n-2}x}$

99. $\displaystyle\int \cos^m x\sin^n x\,\mathrm{d}x = \frac{1}{m+n}\cos^{m-1}x\sin^{n+1}x + \frac{m-1}{m+n}\int \cos^{m-2}x\sin^n x\,\mathrm{d}x$

$$= -\frac{1}{m+n}\cos^{m+1}x\sin^{n-1}x + \frac{m-1}{m+n}\int \cos^m x\sin^{n-2}x\,\mathrm{d}x$$

100. $\displaystyle\int \sin ax\cos bx\,\mathrm{d}x = -\frac{1}{2(a+b)}\cos(a+b)x - \frac{1}{2(a-b)}\cos(a-b)x + C$

101. $\int \sin ax \sin bx \, dx = -\dfrac{1}{2(a+b)}\sin(a+b)x + \dfrac{1}{2(a-b)}\sin(a-b)x + C$

102. $\int \cos ax \cos bx \, dx = \dfrac{1}{2(a+b)}\sin(a+b)x + \dfrac{1}{2(a-b)}\sin(a-b)x + C$

103. $\int \dfrac{dx}{a+b\sin x} = \dfrac{2}{\sqrt{a^2-b^2}}\arctan\dfrac{a\tan\frac{x}{2}+b}{\sqrt{a^2-b^2}} + C \ (a^2 > b^2)$

104. $\int \dfrac{dx}{a+b\sin x} = \dfrac{1}{\sqrt{b^2-a^2}}\ln\left|\dfrac{a\tan\frac{x}{2}+b-\sqrt{b^2-a^2}}{a\tan\frac{x}{2}+b+\sqrt{b^2-a^2}}\right| + C \ (a^2 < b^2)$

105. $\int \dfrac{dx}{a+b\cos x} = \dfrac{2}{\sqrt{a^2-b^2}}\arctan\left[\sqrt{\dfrac{a-b}{a+b}}\tan\dfrac{x}{2}\right] + C \ (a^2 > b^2)$

106. $\int \dfrac{dx}{a+b\cos x} = \dfrac{1}{\sqrt{b^2-a^2}}\ln\left|\dfrac{\tan\frac{x}{2}+\sqrt{\frac{a+b}{a-b}}}{\tan\frac{x}{2}-\sqrt{\frac{a+b}{a-b}}}\right| + C \ (a^2 < b^2)$

107. $\int \dfrac{dx}{a^2\cos^2 x + b^2\sin^2 x} = \dfrac{1}{ab}\arctan\left(\dfrac{b}{a}\tan x\right) + C$

108. $\int \dfrac{dx}{a^2\cos^2 x - b^2\sin^2 x} = \dfrac{1}{2ab}\ln\left|\dfrac{b\tan x + a}{b\tan x - a}\right| + C$

109. $\int x\sin ax \, dx = \dfrac{1}{a^2}\sin ax - \dfrac{1}{a}x\cos ax + C$

110. $\int x^2\sin ax \, dx = -\dfrac{1}{a^2}x^2\cos ax + \dfrac{2}{a^2}x\sin ax + \dfrac{2}{a^3}\cos ax + C$

111. $\int x\cos ax \, dx = \dfrac{1}{a^2}\cos ax + \dfrac{1}{a}x\sin ax + C$

112. $\int x^2\cos ax \, dx = \dfrac{1}{a}x^2\sin ax + \dfrac{2}{a^2}x\cos ax - \dfrac{2}{a^3}\sin ax + C$

（十二）含有反三角函数的积分（其中 $a>0$）

113. $\int \arcsin\dfrac{x}{a}\,dx = x\arcsin\dfrac{x}{a} + \sqrt{a^2-x^2} + C$

114. $\int x\arcsin\dfrac{x}{a}\,dx = \left(\dfrac{x^2}{2} - \dfrac{a^2}{4}\right)\arcsin\dfrac{x}{a} + \dfrac{x}{4}\sqrt{a^2-x^2} + C$

115. $\int x^2\arcsin\dfrac{x}{a}\,dx = \dfrac{x^3}{3}\arcsin\dfrac{x}{a} + \dfrac{1}{9}(x^2+2a^2)\sqrt{a^2-x^2} + C$

116. $\int \arccos\dfrac{x}{a}\,dx = x\arccos\dfrac{x}{a} - \sqrt{a^2-x^2} + C$

117. $\int x\arccos\dfrac{x}{a}\,dx = \left(\dfrac{x^2}{2} - \dfrac{a^2}{4}\right)\arccos\dfrac{x}{a} - \dfrac{x}{4}\sqrt{a^2-x^2} + C$

118. $\int x^2\arccos\dfrac{x}{a}\,dx = \dfrac{x^3}{3}\arccos\dfrac{x}{a} - \dfrac{1}{9}(x^2+2a^2)\sqrt{a^2-x^2} + C$

119. $\int \arctan \dfrac{x}{a} \mathrm{d}x = x\arctan \dfrac{x}{a} - \dfrac{a}{2}\ln(a^2 + x^2) + C$

120. $\int x\arctan \dfrac{x}{a} \mathrm{d}x = \dfrac{1}{2}(a^2 + x^2)\arctan \dfrac{x}{a} - \dfrac{a}{2}x + C$

121. $\int x^2 \arctan \dfrac{x}{a} \mathrm{d}x = \dfrac{x^3}{3}\arctan \dfrac{x}{a} - \dfrac{a}{6}x^2 + \dfrac{a^3}{6}\ln(a^2 + x^2) + C$

（十三）含有指数函数的积分

122. $\int a^x \mathrm{d}x = \dfrac{1}{\ln a}a^x + C$

123. $\int \mathrm{e}^{ax} \mathrm{d}x = \dfrac{1}{a}\mathrm{e}^{ax} + C$

124. $\int x\mathrm{e}^{ax} \mathrm{d}x = \dfrac{1}{a^2}(ax - 1)\mathrm{e}^{ax} + C$

125. $\int x^n \mathrm{e}^{ax} \mathrm{d}x = \dfrac{1}{a}x^n \mathrm{e}^{ax} - \dfrac{n}{a}\int x^{n-1}\mathrm{e}^{ax} \mathrm{d}x$

126. $\int xa^x \mathrm{d}x = \dfrac{x}{\ln a}a^x - \dfrac{1}{(\ln a)^2}a^x + C$

127. $\int x^n a^x \mathrm{d}x = \dfrac{1}{\ln a}x^n a^x - \dfrac{n}{\ln a}\int x^{n-1}a^x \mathrm{d}x$

128. $\int \mathrm{e}^{ax}\sin bx \,\mathrm{d}x = \dfrac{1}{a^2 + b^2}\mathrm{e}^{ax}(a\sin bx - b\cos bx) + C$

129. $\int \mathrm{e}^{ax}\cos bx \,\mathrm{d}x = \dfrac{1}{a^2 + b^2}\mathrm{e}^{ax}(a\sin bx + b\cos bx) + C$

130. $\int \mathrm{e}^{ax}\sin^n bx \,\mathrm{d}x = \dfrac{1}{a^2 + b^2 n^2}\mathrm{e}^{ax}\sin^{n-1}bx\,(a\sin bx - nb\cos bx)$
$$+ \dfrac{n(n-1)b^2}{a^2 + b^2 n^2}\int \mathrm{e}^{ax}\sin^{n-2}bx \,\mathrm{d}x$$

131. $\int \mathrm{e}^{ax}\cos^n bx \,\mathrm{d}x = \dfrac{1}{a^2 + b^2 n^2}\mathrm{e}^{ax}\cos^{n-1}bx\,(a\cos bx + nb\sin bx)$
$$+ \dfrac{n(n-1)b^2}{a^2 + b^2 n^2}\int \mathrm{e}^{ax}\cos^{n-2}bx \,\mathrm{d}x$$

（十四）含有对数函数的积分

132. $\int \ln x \,\mathrm{d}x = x\ln x - x + C$

133. $\int \dfrac{\mathrm{d}x}{x\ln x} = \ln|\ln x| + C$

134. $\int x^n \ln x \,\mathrm{d}x = \dfrac{1}{n+1}x^{n+1}\left(\ln x - \dfrac{1}{n+1}\right) + C$

135. $\int (\ln x)^n \,\mathrm{d}x = x(\ln x)^n - n\int (\ln x)^{n-1} \,\mathrm{d}x$

136. $\int x^m (\ln x)^n \,\mathrm{d}x = \dfrac{1}{m+1}x^{m+1}(\ln x)^n - \dfrac{n}{m+1}\int x^m (\ln x)^{n-1} \,\mathrm{d}x$

（十五）含有双曲函数的积分

137. $\int \sinh x \, dx = \cosh x + C$

138. $\int \cosh x \, dx = \sinh x + C$

139. $\int \tanh x \, dx = \ln \cosh x + C$

140. $\int \sinh^2 x \, dx = -\dfrac{x}{2} + \dfrac{1}{4} \sinh 2x + C$

141. $\int \cosh^2 x \, dx = \dfrac{x}{2} + \dfrac{1}{4} \sinh 2x + C$

（十六）定 积 分

142. $\displaystyle\int_{-\pi}^{\pi} \cos nx \, dx = \int_{-\pi}^{\pi} \sin nx \, dx = 0$

143. $\displaystyle\int_{-\pi}^{\pi} \cos mx \sin nx \, dx = 0$

144. $\displaystyle\int_{-\pi}^{\pi} \cos mx \cos nx \, dx = \begin{cases} 0, & m \neq n \\ \pi, & m = n \end{cases}$

145. $\displaystyle\int_{-\pi}^{\pi} \sin mx \sin nx \, dx = \begin{cases} 0, & m \neq n \\ \pi, & m = n \end{cases}$

146. $\displaystyle\int_{0}^{\pi} \sin mx \sin nx \, dx = \int_{0}^{\pi} \cos mx \cos nx \, dx = \begin{cases} 0, & m \neq n \\ \dfrac{\pi}{2}, & m = n \end{cases}$

147. $I_n = \displaystyle\int_{0}^{\frac{\pi}{2}} \sin^n x \, dx = \int_{0}^{\frac{\pi}{2}} \cos^n x \, dx$

$I_n = \dfrac{n-1}{n} I_{n-2}$

$I_n = \dfrac{n-1}{n} \cdot \dfrac{n-3}{n-2} \cdots \dfrac{4}{5} \cdot \dfrac{2}{3}$（$n$ 为大于 1 的奇数），$I_1 = 1$

$I_n = \dfrac{n-1}{n} \cdot \dfrac{n-3}{n-2} \cdots \dfrac{3}{4} \cdot \dfrac{1}{2} \cdot \dfrac{\pi}{2}$（$n$ 为正偶数），$I_0 = \dfrac{\pi}{2}$

附录 B

极　坐　标

1. 极坐标系

极坐标系是平面上的点与有序实数对的又一种对应关系,它也是常用的坐标系.

在平面上取一定点 O,自 O 出发引一条射线 Ox,并取定长度单位与计算角度的正方向(如无特别声明,均指逆时针方向),这样,在平面上就确定了一个极坐标系,O 点称为极点,Ox 轴称为极轴.

设 M 是平面上的任意一点,它的位置可以用 $\overline{OM}$ 的长度 r 与从 Ox 轴到 $\overline{OM}$ 的角度 θ 来刻画(图 A.1). r 称为点 M 的极径,θ 称为点 M 的极角,有序实数对 (r,θ) 称为 M 在这个坐标系中的极坐标.

在确定的极坐标系中,给定一对实数 $r(r>0)$ 与 θ,那么如图 A.1就有惟一的一点与它对应,这点的极坐标为 (r,θ);反过来,在建立了极坐标系的平面上给定一点,r 可完全确定,但 θ 不是惟一确定的,可以相差 2π 的任意整数倍,也就是说 (r,θ) 与 $(r,\theta+2k\pi)$ 表示同一点(其中 k 是任意整数,如图 A.2所示),因此在给定的极坐标系中,点与它的坐标的对应不是一一对应,这与直角坐标系是不一样的.

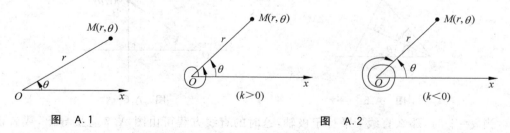

图　A.1　　　　　　　　　　　　图　A.2

当 $r=0$ 时,不论 θ 是什么角,$(0,\theta)$ 都表示极点.

为了今后研究问题的方便,我们也允许 r 取负值,当 $r<0$ 时,极坐标为 (r,θ) 的点 M 的位置按下列规则来确定. 作射线 OP(图 A.3),使 $\angle xOP=\theta$,在 OP 的反向延长线上取点 M,使 $|OM|=|r|$,那么点 M 就是极坐标为 (r,θ) 的点. 例如极坐标为 $\left(-3,\dfrac{\pi}{6}\right)$,

$\left(-5,-\dfrac{\pi}{3}\right)$ 的点分别是图 A.4 中的 A,B. 平面上的一点的极坐标如果是 $\left(6,\dfrac{\pi}{3}\right)$,那么它

的坐标还可以写成 $\left(6,\dfrac{7\pi}{3}\right)$ 或 $\left(-6,\dfrac{4\pi}{3}\right)$ 或 $\left(-6,-\dfrac{2\pi}{3}\right)$. 一般地说,如果 (r,θ) 是一点的极

坐标,那么 $(r,\theta+2k\pi)$,$(-r,\theta+(2k+1)\pi)$ 都可以作为它的极坐标,其中 k 为整数.

图 A.3   图 A.4

2. 曲线的极坐标方程

和直角坐标系的情况一样,在极坐标系中,平面上点的轨迹可以用含有 r,θ 这两个变量的方程来表示,这个方程叫做这条曲线的极坐标方程. 下面介绍几种轨迹的极坐标方程.

（1）直线

设直线 l 离极点 O 的距离为 $p(p\neq 0)$,从 O 到这条直线的垂线与极轴所成的角为 α（图 A.5）,那么任意点 $M(r,\theta)$ 在直线 l 上的充要条件为

$$r\cos(\theta-\alpha)=p. \hspace{2cm} ①$$

这就是直线 l 的极坐标方程.

当 $\alpha=0$ 时,直线 l 垂直于极轴,这时的直线方程可由图 A.6 直接导出,或由①式中令 $\alpha=0$ 得出,直线 l 的方程为 $r\cos\theta=p$.

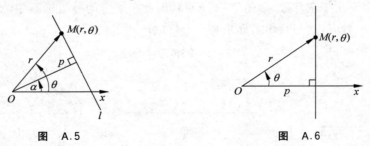

图 A.5   图 A.6

当 $\alpha=\dfrac{\pi}{2}$ 时,那么直线 l 平行于极轴,这时的直线方程可由图 A.7 直接导出,或者也

可由①式中令 $\alpha=\dfrac{\pi}{2}$ 得出,这时直线 l 的方程为 $r\sin\theta=p$.

如果 $p=0$,直线通过极点（图 A.8）,这时直线 l 上点的极角都可以等于 l 对极轴 Ox 的倾角 θ_0,所以直线 l 的方程为

$$\theta=\theta_0.$$

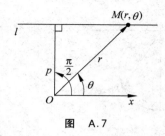

图 A.7

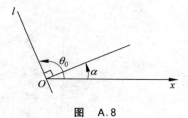

图 A.8

如果我们把①式作代数的推广,允许 $p=0$,这样①式就变成

$$r\cos(\theta-\alpha)=0,$$

所以 $\cos(\theta-\alpha)=0$,从而 $\theta-\alpha=\dfrac{\pi}{2}$,即

$$\theta=\alpha+\frac{\pi}{2}, \quad 或 \quad \theta=\theta_0.$$

因此,如果在①式中允许取 $p=0$,那么①包含了直线的各种情况.

（2）圆

设圆心 C 不是极点且它的极坐标为 $(b,\alpha)(b\neq 0)$,半径为 r_0,圆上任一点 P 的极坐标为 (r,θ)（图 A.9）,那么根据余弦定理有

$$r^2+b^2-2br\cos(\theta-\alpha)=r_0^2. \qquad ②$$

这就是圆心为 C 半径是 r_0 的圆的方程.

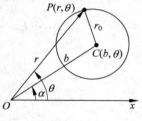

图 A.9

如果圆通过极点,那么 $b=r_0$,由②式或由图 A.10 直接导出圆的方程为 $r=2r_0\cos(\theta-\alpha)$.

如果圆通过极点且圆心在极轴上,那么这时 $b=r_0$,$\alpha=0$,由②式或直接由图 A.11 导出圆的方程为 $r=2r_0\cos\theta$.

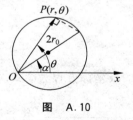

图 A.10

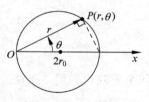

图 A.11

如果极轴与圆在极点相切,这时 $b=r_0$,$\alpha=\dfrac{\pi}{2}$ 或 $\dfrac{3\pi}{2}$,那么由②式或直接由图 A.12 导出圆的方程为

$$r=2r_0\sin\theta, \quad 或 \quad r=-2r_0\sin\theta,$$

如果极点是圆心（图 A.13）,那么这时的圆方程显然为 $r=r_0$.

如果把②式作代数的推广,允许取 $b=0$,那么由②式也能得出 $r=r_0$,所以②式包含了圆的各种情况.

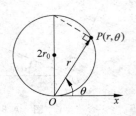
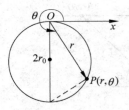

图   A.12

（3）圆锥曲线

根据定义，圆锥曲线是平面内到一定点 F（焦点）的距离与到一条不通过定点 F 的定直线 l（准线）的距离的比等于一个常数 e（离心率）的动点的轨迹．根据这个定义，我们来建立圆锥曲线的方程．

取焦点 F 为极点，经过 F 作准线的垂线与准线 l 相交于点 N，设 F 到 l 的距离是 p，取 FN 的反向延长线为极轴 Fx（图 A.14）．设 $M(r,\theta)$ 是圆锥曲线上的任意一点，连接 FM，作 $MP \perp Fx$，$MQ \perp l$，那么 $\dfrac{|FM|}{|QM|}=e$．因为 $|FM|=|r|$，$|QM|=|p+r\cos\theta|$，所以

$$\frac{|r|}{|p+r\cos\theta|}=e,$$

于是

$$\frac{r}{p+r\cos\theta}=\pm e,$$

从而得

$$r=\frac{ep}{1-e\cos\theta}, \hspace{3cm} ③$$

与

$$r=-\frac{ep}{1+e\cos\theta}.$$

因为这两个方程代表同一条曲线，所以取圆锥曲线的极坐标方程为③式．

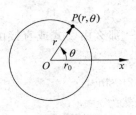

图   A.13

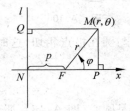

图   A.14

对于某些问题,利用极坐标系建立轨迹的方程要比直角坐标更容易得到解决,而且方程的表达式也比较简单,特别是对于那些绕定点运动的点的轨迹,或与定点有关的一些问题,我们往往选取极坐标系.

例 1　设直线 l 绕其上一点 O 作等速转动,同时有一点 M 从点 O 出发沿直线 l 作等速移动,求动点 M 的轨迹.

解　取 O 为极点,l 的初始位置为极轴 Ox,建立极坐标系(图 A.15).设 l 绕点 O 转动的角速度为 $\omega(\mathrm{rad/s})$,动点 $M(r,\theta)$ 沿 l 移动的速度为 $v(\mathrm{m/s})$,那么过了一段时间 t 后,点 M 的极坐标为

$$r = vt, \quad \theta = \omega t,$$

所以 $\dfrac{r}{\theta} = \dfrac{v}{\omega}$.设 $\dfrac{v}{\omega} = a$,那么有

$$r = a\theta.$$

这就是所求的轨迹方程,这个轨迹叫做等速螺线或称阿基米德螺线.当 $\theta = 0$ 时,$r = 0$;当 θ 增大,r 按比例增大.直线每转过角度 2π 就回到原位,但这时点 M 已向前移了一段距离 $2\pi a$.图 A.15 表示 $r > 0$ 时的情况.

例 2　有一直径为 a 的圆,O 为圆上的一定点,过 O 作圆的任意弦 OP,并在它所在的直线上取点 M,使 $\overline{PM} = b$,试建立适当的坐标系,求点 M 的轨迹方程.

解　取 O 为极点,过 O 的直径所在的直线为极轴建立极坐标系(图 A.16),设 $M(r,\theta)$,$P(r',\theta')$,那么圆的方程为 $r' = a\cos\theta'$.显然有 $r = r' + b$,而 $\theta' = \theta$,所以

$$r = a\cos\theta + b.$$

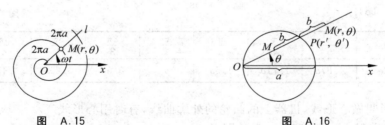

图　A.15　　　　　　　　　图　A.16

这就是所求的轨迹方程,这条曲线叫做帕斯卡蜗线,曲线的图形如图 A.17 所示.

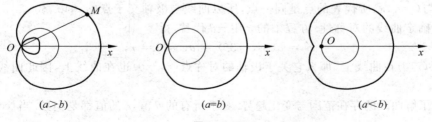

$(a>b)$　　　　　　$(a=b)$　　　　　　$(a<b)$

图　A.17

3. 极坐标方程的图形

描绘极坐标方程的图形与描绘直角坐标方程的图形一样,它的基本方法仍然是描点法,就是把极坐标方程写成 $r=f(\theta)$,在 θ 的允许值范围内给 θ 以一系列的值,求出 r 的对应值,就得曲线上一系列的点,然后画点描图.为了能比较正确而迅速作出极坐标方程的图形,和直角坐标方程一样,先对方程进行适当的讨论,掌握图形的一些性质,然后再用描点法画图.下面举例说明极坐标方程的作图.

例 3　作方程 $r=a(1+\cos\theta)(a>0)$ 的图形.

解　(1) 求曲线与极轴的焦点.设 $\theta=0$,那么 $r=2a$;设 $\theta=\pi$,那么 $r=0$.所以曲线交极轴于点 $(2a,0)$ 且通过极点.

(2) 确定曲线的对称性.方程中的 θ 用 $-\theta$ 代替,得
$$r'=a[1+\cos(-\theta)]=a(1+\cos\theta)=r,$$
所以如果点 (r,θ) 是曲线上一点,那么它关于极轴的对称点 $(r,-\theta)$ 也一定在曲线上,因此曲线关于极轴对称.

(3) 了解曲线的存在范围与变化趋势.对于所有的 θ 值,对应的 r 的值都是实数,当 θ 从 0 逐渐增大时,r 的值从 $2a$ 逐渐减小;当 θ 增大到 π 时,r 减小到 0,当 θ 从 π 增至 2π 时,r 从 0 增至 $2a$,所以曲线是封闭的.

(4) 描点绘图.求出 r,θ 的对应值,根据(2),曲线对称于极轴,所以我们只要描出曲线从 $\theta=0$ 到 $\theta=\pi$ 的一部分,其余根据对称性画出来(图 A.18).

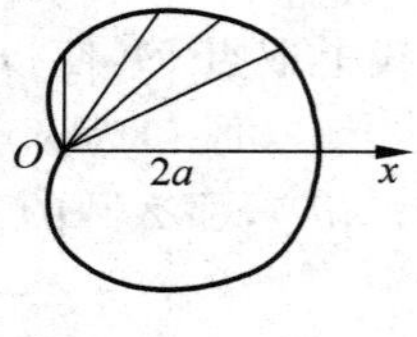

图　A.18

θ	0	$\dfrac{\pi}{6}$	$\dfrac{\pi}{4}$	$\dfrac{\pi}{3}$	$\dfrac{\pi}{2}$	$\dfrac{2\pi}{3}$	$\dfrac{3\pi}{4}$	$\dfrac{5\pi}{6}$	π
r	$2a$	$1.87a$	$1.71a$	$1.5a$	a	$0.5a$	$0.29a$	$0.13a$	0

这个图形叫做心形线,机器上的凸轮的外廓曲线,有时用心形线.

例 4　作方程 $r=a\cos3\theta(a>0)$ 的图形.

解　(1) 求曲线与极轴的交点.设 $\theta=0$,那么 $r=a$;设 $\theta=\pi$,那么 $r=-a$,而由极坐标 $(a,0)$ 与 $(-a,\pi)$ 所代表的点是同一点,所以曲线与极轴交于点 $(a,0)$.

(2) 确定曲线的对称性.方程中的 θ 用 $-\theta$ 代替,得
$$r'=a\cos(-3\theta)=a\cos3\theta=r,$$
所以如果 (r,θ) 在曲线上,那么它关于极轴的对称点 $(r,-\theta)$ 也在曲线上,因此曲线关于极轴对称.

(3) 了解曲线的存在范围与变化趋势.对于所有的 θ 值,r 的值都是实数.当 $|\cos3\theta|=1$ 时,$|r|=a$ 为极大值.此时 $\theta=0,\dfrac{\pi}{3},\dfrac{2\pi}{3}$ 及 π.当 $\cos3\theta=0$ 时,$r=0$,也就是当 $\theta=\dfrac{\pi}{6},\dfrac{\pi}{2}$ 和 $\dfrac{5\pi}{6}$

时 $r=0$，曲线三次通过极点．从而可知，当 θ 从 0 增至 $\dfrac{\pi}{6}$，r 从 a 减至 0；当 θ 从 $\dfrac{\pi}{6}$ 增至 $\dfrac{\pi}{3}$ 时，r 从 0 减至 $-a$；当 θ 从 $\dfrac{\pi}{3}$ 增至 $\dfrac{\pi}{2}$ 时，r 从 $-a$ 增至 0；当 θ 从 $\dfrac{\pi}{2}$ 增至 $\dfrac{2\pi}{3}$ 时，r 从 0 增至 a；当 θ 从 $\dfrac{2\pi}{3}$ 增至 $\dfrac{5\pi}{6}$ 时，r 从 a 减至 0；当 θ 从 $\dfrac{5\pi}{6}$ 增至 π 时，r 从 0 减至 $-a$．因为 $(-a,\pi)$ 与 $(a,0)$ 表示同一点，所以当动点的 θ 从 0 增至 π，动点就回到原位，曲线为一条封闭曲线．

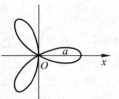

（4）描点绘图　求出 r,θ 的对应值，根据（3），我们只要考虑 $0\leqslant\theta\leqslant\pi$，再根据（2），曲线关于极轴对称，所以只要描出曲线从 $\theta=0$ 到 $\theta=\dfrac{\pi}{2}$ 的一部分，其余根据对称性画出来（图 A.19）．

图　A.19

θ	0	$\dfrac{\pi}{12}$	$\dfrac{\pi}{6}$	$\dfrac{5\pi}{18}$	$\dfrac{\pi}{3}$	$\dfrac{4\pi}{9}$	$\dfrac{\pi}{2}$
r	a	$0.71a$	0	$-0.86a$	$-a$	$-0.5a$	0

这个图形叫做三叶玫瑰线．

4. 极坐标与直角坐标的互化

极坐标系与直角坐标系虽然都是用有序实数对来确定平面内的点的位置，但是它们是两种很不相同的坐标系，同一条曲线，例如直线与圆，在两种坐标系中的方程完全不同；反过来，同一形式的方程，在两种坐标系中也代表着不同的曲线．例如直角坐标系下的方程 $y=ax$ 与极坐标系下的方程 $r=a\theta$，从代数的观点来看是完全一样的，只是用来代表变量的符号不同而已，但是它们的图形，在两种坐标系中完全两样，$y=ax$ 在直角坐标系下是一条过原点的直线，而 $r=a\theta$ 在极坐标系下是一条等速螺线，即阿基米德螺线．

为了研究问题的方便，有时需要把一种坐标系下的方程化为另一种坐标系下的方程．现在我们来建立两种坐标系的关系，以便彼此互化．

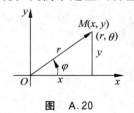

图　A.20

把直角坐标系的原点作为极点，x 轴的正半轴作为极轴，并在两种坐标系中取相同的长度单位（图 A.20）．设 M 是平面上的一点，它的直角坐标为 (x,y)，极坐标为 (r,θ)，于是从图 A.20 可以得出它们之间的关系是

$$\begin{cases} x=r\cos\theta, \\ y=r\sin\theta. \end{cases} \qquad ④$$

利用图 A.3，可证当 $r<0$ 时，上面两个等式仍成立．从④式可以解得

$$\begin{cases} r = \pm\sqrt{x^2+y^2}, \\ \cos\theta = \dfrac{x}{\pm\sqrt{x^2+y^2}}, \\ \sin\theta = \dfrac{y}{\pm\sqrt{x^2+y^2}}. \end{cases} \qquad ⑤$$

利用④式或⑤式,我们可以由已知点的极坐标化为直角坐标,或由已知点的直角坐标化为极坐标;并且可以把曲线的直角坐标方程化为极坐标方程,或把它的极坐标方程化为直角坐标方程.

例5 点 P 的极坐标为 $(7,\pi)$,求它的直角坐标.

解 由④式得点 P 的直角坐标为

$$x = 7\cos\pi = -7, \qquad y = 7\sin\pi = 0,$$

即点 P 的直角坐标为 $(7,0)$.

例6 点 P 的直角坐标为 $(0,4)$,求它的极坐标.

解 利用⑤式,得 $r = \pm 4$,$\cos\theta = 0$,$\sin\theta = \dfrac{4}{\pm 4} = \pm 1$,如果取 $r = 4$,那么 $\cos\theta = 0$,$\sin\theta = 1$,所以 $\theta = \dfrac{\pi}{2}$;如果取 $r = -4$,那么 $\cos\theta = 0$,$\sin\theta = -1$,所以 $\theta = \dfrac{3\pi}{2}$,于是点 P 的极坐标为 $\left(4, \dfrac{\pi}{2}\right)$ 或 $\left(-4, \dfrac{3\pi}{2}\right)$.

例7 化圆锥曲线的极坐标方程 $r = \dfrac{ep}{1-e\cos\theta}$ 为直角坐标方程.

解 用⑤式代入 $r = \dfrac{ep}{1-e\cos\theta}$,得

$$\pm\sqrt{x^2+y^2} - ex = ep,$$

从而有

$$x^2 + y^2 = e^2(p+x)^2,$$

于是得

$$(1-e^2)x^2 + y^2 - 2e^2px - e^2p^2 = 0.$$

这就是圆锥曲线在直角坐标系下的方程,焦点为原点,通过焦点的对称轴为 x 轴.

例8 化双纽线的直角坐标方程 $(x^2+y^2)^2 = a^2(x^2-y^2)$ 为极坐标方程.

解 将④式代入 $(x^2+y^2)^2 = a^2(x^2-y^2)$,得

$$r^4 = a^2 r^2(\cos^2\theta - \sin^2\theta),$$

所以 $r^4 = a^2 r^2 \cos 2\theta$,于是得

$$r = 0, \qquad r^2 = a^2\cos 2\theta,$$

因为 $r^2 = a^2\cos 2\theta$ 包含了 $r = 0$,所以双纽线的极坐标方程为

$$r^2 = a^2\cos 2\theta.$$

常 用 曲 线

名称及方程	曲线(图像)	名称及方程	曲线(图像)
半立方抛物线 $y=ax^{3/2}$ 或 $\begin{cases} x=t^2 \\ y=at^3 \end{cases}$		抛物线 $\sqrt{x}+\sqrt{y}=\sqrt{a}$ $(a>0)$ 或 $\begin{cases} x=a\cos^4 t \\ y=a\sin^4 t \end{cases}$	
蔓叶线 $y^2=\dfrac{x^3}{a-x}$ 或 $\begin{cases} x=\dfrac{at^2}{1+t^2} \\ y=\dfrac{at^3}{1+t^2} \end{cases}$		环索线 $y^2=x^2\,\dfrac{a-x}{a+x}$ 或 $\begin{cases} x=a\,\dfrac{1-t^2}{1+t^2} \\ y=at\,\dfrac{1-t^2}{1+t^2} \end{cases}$	
概率曲线 $y^2=a\mathrm{e}^{-k^2 x^2}$ $(a>0,k>0)$		箕舌线 $y^2=\dfrac{a^3}{a+x^2}$ 或 $\begin{cases} x=a\tan t \\ y=a\cos^2 t \end{cases}$	
笛卡儿叶线 $x^3+y^3=3axy$ 或 $\begin{cases} x=\dfrac{3at}{1+t^3} \\ y=\dfrac{3at^2}{1+t^3} \end{cases}$		星形线 $x^{2/3}+y^{2/3}=a^{2/3}$ $(a>0)$ 或 $\begin{cases} x=a\cos^3 t \\ y=a\sin^3 t \end{cases}$	

名称及方程	曲线(图像)	名称及方程	曲线(图像)
摆线 $x+\sqrt{y(2a-y)}$ $=a\arccos\dfrac{a-y}{a}$ 或 $\begin{cases} x=a(t-\sin t) \\ y=a(1-\cos t) \end{cases}$		圆的渐开线 $\begin{cases} x=a(\cos t+t\sin t) \\ y=a(\sin t-t\cos t) \end{cases}$	
心形线 x^2+y^2+ax $=a\sqrt{x^2+y^2}$ 或 $r=a(1-\cos\theta)$		阿基米德螺线 $r=a\theta$ $(a>0)$	
对数螺线或 等角螺线 $r=\mathrm{e}^{a\theta}$ $(a>0)$		双曲螺线或 倒数螺线 $r\theta=a$ $(a>0)$	
双纽线 $(x^2+y^2)^2$ $=a^2(x^2-y^2)$ 或 $r^2=a^2\cos2\theta$		双纽线 $(x^2+y^2)^2$ $=2a^2xy$ 或 $r^2=a^2\sin2\theta$	
三叶玫瑰线 $r=a\cos3\theta$		三叶玫瑰线 $r=a\sin3\theta$	
四叶玫瑰线 $r=a\cos2\theta$		四叶玫瑰线 $r=a\sin2\theta$	